Hugo Sonnenberg

Betriebslehre und Arbeitsvorbereitung

Band I
Betriebswirtschaftliche Grundlagen

Mit 134 Bildern

7., durchgesehene Auflage

Friedr. Vieweg & Sohn Braunschweig / Wiesbaden

CIP-Kurztitelaufnahme der Deutschen Bibliothek

Sonnenberg, Hugo:
Betriebslehre und Arbeitsvorbereitung/Hugo
Sonnenberg. – Braunschweig; Wiesbaden:
Vieweg
  (Viewegs Fachbücher der Technik)
  Teilw. nur mit Erscheinungsort:
  Braunschweig. – 1.–4. Aufl. erschienen
  nur in 2 Bd.
  1.–4. Aufl. u. d. T.: Sonnenberg, Hugo:
  Arbeitsvorbereitung und Kalkulation

Bd. 1. Betriebswirtschaftliche Grundlagen. –
7., durchges. Aufl. – 1987.

ISBN-13: 978-3-528-44025-1   e-ISBN-13: 978-3-322-85078-2
DOI: 10.1007/978-3-322-85078-2

1. Auflage 1966
2. Auflage 1970
3., völlig neubearbeitete und erweiterte Auflage 1972
4., durchgesehene Auflage 1973
5., vollständig überarbeitete Auflage 1978
6., durchgesehene Auflage 1982
7., durchgesehene Auflage 1987

Das Werk und seine Teile sind urheberrechtlich geschützt. Jede Verwertung
in anderen als den gesetzlich zugelassenen Fällen bedarf deshalb der vorherigen
schriftlichen Einwilligung des Verlages.

Umschlaggestaltung: Hanswerner Klein, Leverkusen
Satz: Friedr. Vieweg & Sohn, Braunschweig
Druck: C. W. Niemeyer, Hameln
Buchbinderische Verarbeitung: W. Langelüddecke, Braunschweig

Vorwort

Der wesentlich von den Ergebnissen der Forschung abhängige technisch-wirtschaftliche Fortschritt bestimmt in entscheidender Weise die Sicherung der Zukunft, der einzelnen Unternehmung und damit auch den Stand der Volkswirtschaft. Ein Kennzeichen dieser Entwicklung besteht darin, daß das Angebot an Gütern und Dienstleistungen nicht nur zunimmt, sondern zugleich ständig neue umfangreichere und kompliziertere Güter auch aus Wettbewerbsgründen entwickelt, produziert und abgesetzt werden müssen.

Jede wirtschaftliche Tätigkeit steht unter dem Zwang nach Rentabilität, nach Erfolg, der sich aus dem systematischen, planmäßigen Zusammenwirken der Produktionsfaktoren ergibt.

Gegeben aus der erforderlichen Teilung der Arbeit vollzieht sich der Produktionsprozeß in vielen Produktionsstufen, die zwar unabhängig voneinander erfolgen, die jedoch schließlich in einem Gesamtsystem miteinander verkettet zum geplanten Gesamtziel führen. Es kommt darauf an, daß dieser komplizierte Prozeß rationell und wirtschaftlich verläuft. Rationalisierung bedeutet jedoch ständige Anpassung an die sich aus dem allgemeinen Fortschritt ergebenden Änderungen. Dabei ist es notwendig, daß die dafür erforderlichen Mittel aus eigenen Leistungen erwirtschaftet werden.

Das ökonomische Prinzip kann jedoch nur dann verwirklicht werden, wenn der aus vielen Einzelprozessen bestehende Gesamtprozeß bis in alle Feinheiten in technischer und wirtschaftlicher Hinsicht qualitativ und quantitativ und die Arbeitsabläufe auch in der zeitlichen Folge *geplant, gestaltet, gesteuert* und *überwacht* werden. In diesem als Regelkreis wirkenden Gesamtsystem ist die Arbeitsvorbereitung als ein wichtiges Untersystem integriert, der eine große Zahl von Funktionen, insbesondere die *Arbeitsplanung und Arbeitssteuerung im weitesten Sinne zugeordnet sind, mit dem Ziel ein Optimum aus Aufwand und Arbeitsergebnis zu erreichen.*

Aus diesen der Arbeitsvorbereitung zugeordneten komplexen Aufgaben sah der Verfasser eine Notwendigkeit darin, die das wirtschaftliche Geschehen und die menschliche Arbeit beeinflussenden Faktoren zu analysieren und die Möglichkeiten ihrer Vorausbestimmung so darzustellen, daß die Bedeutung der Arbeitsvorbereitung und auch die Grundlagen, die sie zur wirksamen Lösung ihrer vielfältigen Aufgaben beim Erzeugungsprozeß anwendet, erkennbar werden.

Über den hohen Rang, den die Arbeitsvorbereitung insbesondere in der gütererzeugenden Wirtschaft einnimmt, bestehen heute kaum noch Auffassungsunterschiede.

Es ging bei der Darstellung des Themas auch darum, nicht nur die wichtigsten Verfahren und Methoden, die zur bestmöglichen Lösung der Einzelaufgaben angewendet werden müssen, zu behandeln, sondern insbesondere die wirtschaftlichen Zusammenhänge darzustellen.

Bei diesem Vorhaben ergaben sich im wesentlichen zwei Aspekte, nämlich der organisatorische und der der Datenermittlung. Der Schwerpunkt wurde auf den betriebswirtschaftlichen Teil, nämlich den der Datenermittlung gelegt. Der betriebswirtschaftliche Aspekt wurde bewußt in den Vordergrund gestellt. Dem Verfasser ist bekannt, daß die Meinungen über die Art der Behandlungen dieses Themas und die Auswahl der Einzelthemen ebenso wie die Funktionen, die der Arbeitsvorbereitung zugeordnet werden, weit auseinander gehen. Das trifft für die Praxis ebenso zu, wie für die Behandlung dieses Stoffes in der Ausbildung.

Die theoretischen Zusammenhänge sind nur an einigen Stellen durch Beispiele ergänzt. Ein komplexes Beispiel ist in Band III erarbeitet. Dabei wird auf Band I und II Bezug genommen.

Der Verfasser war sich der Probleme bei der Bearbeitung dieser umfangreichen Aufgabe bewußt, denn einmal geht es um die Darstellung der Gesamtzusammenhänge und zum anderen um die Auswahl der vielen Einzelthemen, die für diesen Zusammenhang von Bedeutung sind.

Nachdem der erste Nachdruck des in den Jahren 1960 bis 1964 verfaßten Werkes vergriffen ist, wird nunmehr die überarbeitete und erweiterte Auflage vorgelegt. Sie ist für Studierende und für den in der Berufswelt stehenden Ingenieur und Betriebswirt und Techniker geschrieben und besteht nunmehr aus drei Bänden. Band I enthält die wirtschaftlichen Zusammenhänge und die Organisation, Band II hingegen befaßt sich mit den Verfahren zur Ermittlung einiger bedeutender Daten und den wesentlichen Grundlagen der Arbeitsbewertung, in Band III sind die in den Bänden I und II dargestellten theoretischen Grundlagen in einem komplexen Planungsbeispiel angewendet.

Der in diesem Buch dargebotene Stoff wurde nach Erfahrungen ausgewählt, die in einer sich über Jahrzehnte erstreckenden Lehrtätigkeit in den verschiedensten Ebenen und einer vielseitigen Tätigkeit in der Wirtschaft gewonnen wurden.

Die unter den Kurzzeichen NC, CNC, CAP, CAD, CAQ usw. zusammengefaßten Inhalte konnten wegen ihres Umfanges und aus weiteren Gründen nicht dargestellt werden, obwohl ihre Bedeutung für viele Bereiche der Wirtschaft und Verwaltung zunimmt.

Die Darstellungen, insbesondere der Arbeits- und Zeitstudien, beruhen auf der neu herausgegebenen Terminologie des REFA (Verband für Arbeitsstudien und Betriebsorganisation).

Ich danke allen Personen für das Interesse, Ihre Anregungen nach Herausgabe der ersten Auflage, insbesondere Herrn Demleitner, Oberasbach/Nürnberg für die kritische Durchsicht. Mein Dank gilt weiter Herrn Koch, Kassel und schließlich auch dem Verlag und seinen Mitarbeitern.

Hugo Sonnenberg

Kassel, im März 1987

Inhaltsverzeichnis

Formelzeichen

Die im Text mit   versehenen Formelzeichen bedeuten *Istwerte*

A_r	Arbeitszeit		T	Auftragszeit
f_D	Durchlaufzeitfaktor		T_A	Taktzeit
E	Ertrag (Ertragssumme pro Periode)		T_D	Zeitdauer mehrerer Vorgänge (Durchlaufzeit)
E_p	Einsatz (Produktsfaktoren)		T_e	Durchschnittszeit je Einheit
e	Ertrag je Einheit (je Leistungseinheit)		T_F	frühester Zeitpunkt
$f_{(\ )}$	Funktion / abhängig von		T_K	Kapazität (im Zeitmaßstab)
f_B	Beschäftigungsfaktor		T_S	spätester Zeitpunkt
f_{BM}	Maschinennutzungsfaktor		T_t	Transportzeit
G_W	Gewinn (pro Periode; gesamt)		T_l	Lagerzeit
g	Gewinn je Einheit (je Leistungseinheit)		T_p	Prüfzeit
i	Produktionskoeffizient (Indizes)		t_o	optimistische Zeitdauer (Netzplantechnik)
K	Kostensumme (je Periode, je Auftrag)		t_p	pessimistische Zeitdauer (Netzplantechnik)
K_{Be}	Bestellkosten		t_e	Zeit je Einheit (erwartete − Netzplantechnik)
K_f	fixe Kosten (je Periode; zeitabhängige)		t_M	mittlere Zeitdauer (Netzplantechnik)
K_p	Kapital		t_m	wahrscheinliche Zeitdauer (Netzplantechnik)
K_{pa}	Kapazität		t_{pf}	freie Pufferzeit
K_R	Rüstkosten		t_{pu}	unabhängige Pufferzeit
k_e	Kosten je Einheit (je Leistungseinheit)		t_{pg}	Gesamt-Pufferzeit
k_{Fr}	Kosten je Einheit bei Fremdbezug		t_{pS}	planmäßige Durchlaufzeit
k_H	Herstellkosten je Einheit		t_{dS}	planmäßige Durchführungszeit
k_v	variable (veränderliche) Kosten je Einheit (Leistungseinheit)		t_{zwS}	planmäßige Zwischenzeit
			t_{zuS}	Zusatzzeit
k_{pa}	Kapazitätsbelastung je Einheit		t_{Su}	Schlupf
m	Menge (Anzahl)		U	Umsatz (je Periode)
m_S	Menge je Arbeitszeit		U_H	Umsatzhäufigkeit (je Periode)
n	Anzahl		u_d	Umschlagsdauer
n_A	Anzahl Arbeitsplätze		u_v	Umschlagsgeschwindigkeit
n_B	Anzahl Betriebsmittel (Maschinen)		W_E	Wirtschaftlichkeit
P_0	Produktivität		W_G	Wirtschaftlichkeit
q	Produktionsfaktorbewertung		σ_{te}^2	Varianz
R_{Kp}	Kapitalrentabilität		σ_{te}	Standardabweichung
R_u	Umsatzrentabilität		Z_t	Zeitgrad
r	Menge eines Produktionsfaktors		Z_B	Beschäftigungsgrad

I. Arbeitsvorbereitung

1. Wirtschaftliche Bedeutung

Unter dem Begriff „Arbeitsvorbereitung" sind in der Wirtschaft die verschiedensten Aufgaben zusammengefaßt. Im weiten Sinne kann sich dieser Aufgabenbereich von der Erzeugnisentwicklung und -planung bis zur Arbeitssteuerung und -überwachung erstrecken. In der Unternehmensorganisation, auch als Aufbauorganisation bezeichnet, ist dieser Aufgabenkomplex gewöhnlich aufgeteilt und den verschiedensten Ebenen zugeordnet. Teilweise werden Aufgaben auch in Stabsstellen bearbeitet (Bilder I/6, E/4, F/2, F/3).

Mit diesem Thema befassen sich seit vielen Jahren der Ausschuß für wirtschaftliche Fertigung — AWF — und der Verband für Arbeitsstudien — REFA —. Da in den einzelnen Wirtschaftszweigen und Unternehmen die unterschiedlichsten Probleme bestehen, sind die von diesen Organisationen aufgestellten Grundsätze in verschiedenartiger Weise verwirklicht. So faßt der AWF den Begriff „Arbeitsvorbereitung" sehr weit. (siehe III. E. 3. b) und Bild E/3, F/3)

Es wird definiert:

- **Arbeitsvorbereitung**
  Die Arbeitsvorbereitung (AV) umfaßt alle Maßnahmen der methodischen Arbeitsplanung und Arbeitssteuerung mit dem Ziel, ein Minimum an Aufwand und ein Optimum an Arbeitsergebnis zu erreichen, und teilt ihr folgende Funktionen zu:

- *Arbeitsplanung*
  Die Arbeitsplanung umfaßt die einmalig auftretenden Planungsmaßnahmen, welche unter ständiger Berücksichtigung der Wirtschaftlichkeit die fertigungsgerechte Gestaltung eines Erzeugnisses oder die ablaufgerechte Gestaltung einer Dienstleistung sichern. Es geht dabei um die Beantwortung der Fragen:
  Was soll gefertigt oder geleistet werden?
  Wie soll gearbeitet werden?
  Womit soll gearbeitet werden?

- *Arbeitssteuerung*
  Die Arbeitssteuerung umfaßt alle Maßnahmen, die für eine der Arbeitsplanung entsprechende Auftragsabwicklung erforderlich sind.
  Es geht um die Fragen:

  Welche Erzeugnisse sollen in welchen Mengen, in welchen Zeitabschnitten gefertigt werden?
  Wann müssen die Arbeitsaufträge, das erforderliche Material, die Arbeitsmittel, die Arbeitskräfte bereitgestellt sein?

  Wie soll die fristgemäße und termingerechte Arbeitsverteilung auf die einzelnen Arbeitsplätze oder Arbeitsgruppen vorgenommen werden?

- *Überwachung*
  Die Überwachung erstreckt sich auf den zeitlichen Ablauf und teilweise auch auf das wirtschaftliche, quantitative und qualitative Ergebnis.

Es geht darum, die Abweichungen von den geplanten Daten so rechtzeitig festzustellen, daß Planung und Steuerung die zur Erreichung der Planziele erforderlich werdenden Maßnahmen einleiten und regeln können (Bild I/4).

Unter dem Oberbegriff Arbeitsvorbereitung ist somit die Zusammenfassung einer großen Zahl miteinander verketteter Funktionen in einem integrierten System zu verstehen, das die wirtschaftliche und termingerechte Fertigung von Erzeugnissen oder die Darbietung von Dienstleistungen zum Ziele hat. Der letztgenannte Wirtschaftszweig wird dabei in Zukunft das besondere Interesse verdienen, weil hier, volkswirtschaftlich gesehen, große Reserven zur Produktivitätssteigerung bestehen, insbesondere auch durch den sich abzeichnenden Strukturwandel in der Beschäftigtenzahl in den einzelnen Wirtschaftsbereichen (Bilder I/1 und I/2) und der Rationalisierung dieser Arbeitsaufgaben. Mit dem Produktivitätszuwachs sind im allgemeinen auch Veränderungen in der Beschäftigungsstruktur verbunden. Der Zuwachs ist wesentlich bestimmt von den Forschungsergebnissen und der Rationalisierung der Arbeitssysteme (Mechanisierung, Arbeitsmethoden und Arbeitsverfahren, Arbeitsorganisation usw.).

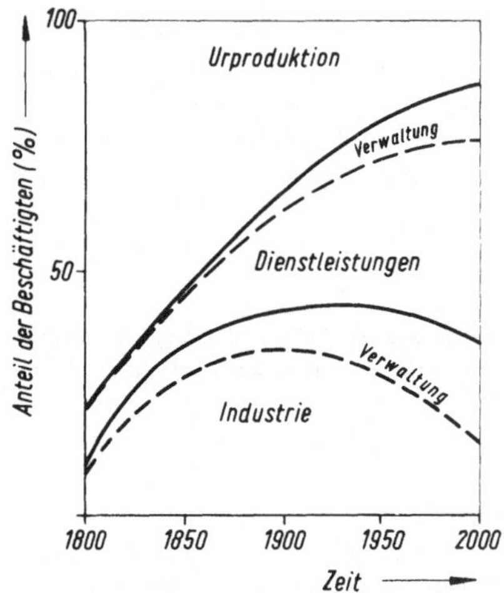

Bild I/1. Relative Verteilung der Beschäftigten in den Wirtschaftszweigen

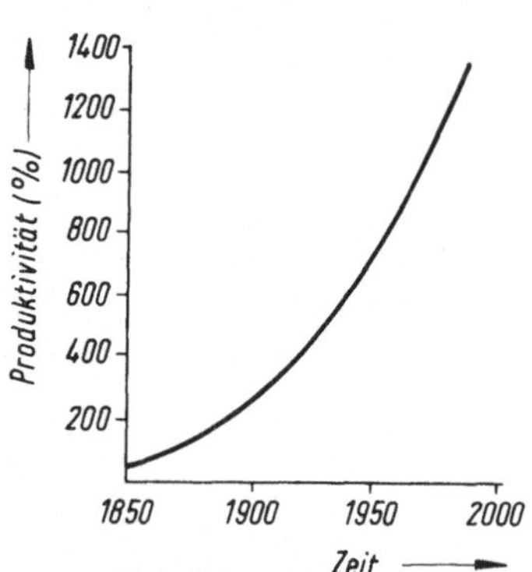

Bild I/2. Tendenz des relativen Produktivitätszuwachses

Jede wirtschaftliche Tätigkeit steht unter der Forderung nach Rentabilität. Dieses Ziel wird jedoch dann am sichersten erreicht, wenn die infolge der Arbeitsteilung in großer Zahl erforderlichen Einzelfunktionen so miteinander verkettet werden, daß sie zu einer reibungslos sich abwickelnden Gesamtfunktion verschmelzen. Die Produktionsfaktoren sind dabei so zu optimieren, daß ein Maximum an Erfolg entsteht. Diese komplexe Aufgabe setzt jedoch die systematische Bearbeitung der großen Zahl von Teilaufgaben und die Anwendung von speziellen Lösungsmethoden voraus. Ausgangspunkt und Endpunkt des sich dabei vollziehenden Kreislaufes ist der Markt, der selbst durch die Hauptkomponenten Angebot und Nachfrage wie ein Regelkreis anzusehen ist, der jedoch hinsichtlich des Zeitpunktes des Eintretens von Störgrößen und der Zeitdauer und Intensität ihrer Wirkungen schwer im voraus erfaßbar ist. Den Markt gilt es zu erforschen und zu analysieren. Aus der Prognose ergeben sich die Erwartungen der Zukunft und so die Aufgaben zur Entwicklung neuer Güter, die nach Abschätzung der Absatzmöglichkeiten letztlich die Planungsgrundlagen bilden.

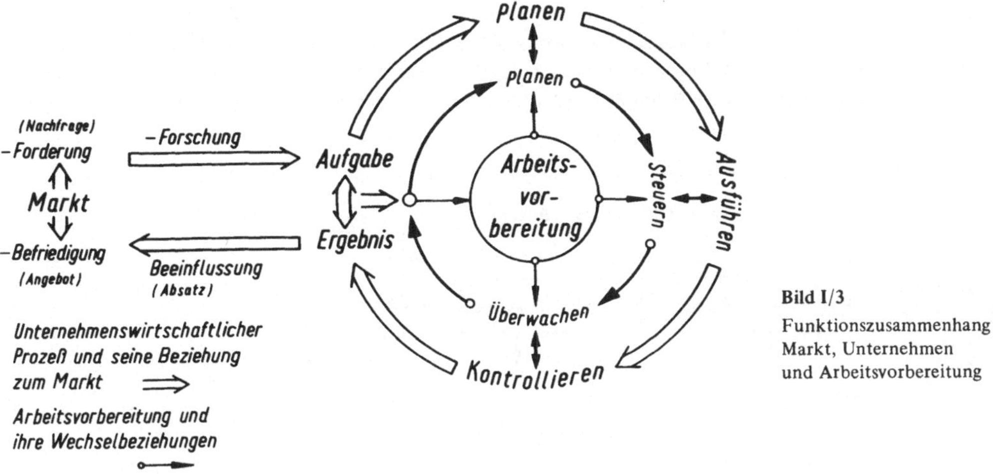

Bild I/3

Funktionszusammenhang
Markt, Unternehmen
und Arbeitsvorbereitung

Dieses System (Bild I/3) enthält zwei Funktionsabläufe, die zueinander in Wechselbeziehungen stehen und in das die Arbeitsvorbereitung integriert ist. Es soll sicherstellen, daß von außen und von innen kommende Störgrößen in zeitlicher, quantitativer und qualitativer Hinsicht die Lösung der Aufgaben und das beabsichtigte Ergebnis nicht gefährden. Aus dem Kreislauf ergeben sich für die Unternehmung die Hauptaufgaben der:

Markterkundung und -beobachtung

Aufgabenstellung: Entwicklung marktgerechter Güter bzw. des Angebotes von Dienstleistungen.
Marktbefriedigung: Absatzsicherung durch zeitgerechte Werbung, termingetreue, preiswürdige Lieferung bei Erfüllung der Qualitätsanforderungen, bei Sicherung der erforderlichen Rentabilität. Der äußere Kreislauf des Systembildes zeigt die zur Lösung der Unternehmensaufgaben erforderlichen *Hauptfunktionen:* (siehe auch II.B. 2. und 3.)

1. Planen

Lieferprogramm nach Güterart, -menge und -qualität und des Absatzes.
Wirtschaftlichkeit, Umsatz, Ertrag, Gewinn, Kapitalbedarf, Produktivität, Rentabilität, Organisation und Datenermittlung. (siehe auch II., B. und C.)
Technologisch, physikalisch-chemischer Verfahren, Fertigungsprinzipien, Kapazität der Anlagen, Maschinen, Stoffe, Beschäftigte.

2. Ausführen

Unmittelbare Aufgaben. Einsatz der Produktionsfaktoren, Nutzung der Anlagen, in zeitlich und wirtschaftlich geplantem Sinne zur Erstellung absatzfähiger Leistungen.
Mittelbare Aufgaben. Wirksamwerden der Organisation als das ordnende, verbindende Glied der großen Zahl der Einzelfunktion.

3. Kontrollieren (Datenerfassen)

Technisch. Quantität, Qualität, Zeit und Ort der Arbeitsabläufe.
Wirtschaftlich. Ertrag, Gewinn, Rentabilität, Wirtschaftlichkeit, Produktivität, Aufwand an Kosten und Zeit auf das Objekt, den Arbeitsplatz und Arbeitsvorgang auf Perioden bezogen. (siehe III. L.)

Der innere Kreislauf des Systembildes umfaßt die Hauptfunktionen, die der Arbeitsvorbereitung zugeordnet sind und die sich in der Praxis im Schwerpunkt mit den Fragen der Fertigung, soweit sie nicht die eigentliche Fertigungsdurchführung betreffen, befassen, wobei die von der AV ermittelten *Daten wohl als das Fundament angesehen werden können auf dem schließlich der wirtschaftliche Erfolg im wesentlichen mitberuht.*

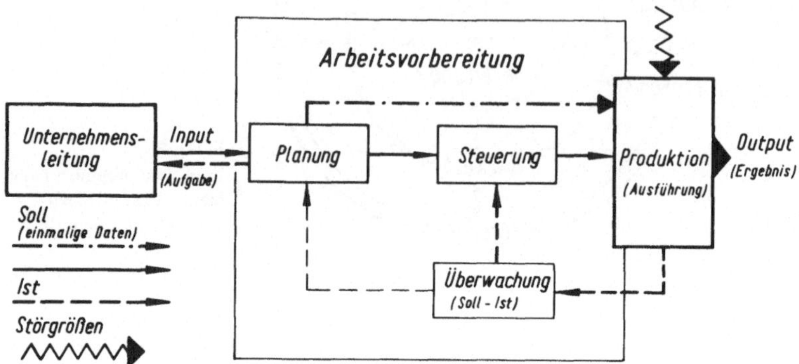

Bild I/4. Regelkreis Arbeitsvorbereitung – Produktion

So ist die Arbeitsvorbereitung für das ökonomische Ergebnis der Arbeit, insbesondere bei der Erstellung von Leistungen jeder Art, ein wesentlicher Träger der ständig erforderlichen Rationalisierung und keine begrenzte Stelle innerhalb der Organisation, der nur Planungsaufgaben, Auftragsabwicklung und -überwachung im engsten Sinne im Bereich der Fertigung übertragen sind, sondern als ein in den Gesamtprozeß der Unternehmensaufgabe integriertes Regel-System anzusehen (Bild I/4), von dessen präziser Arbeitsweise es in erheblichem Maße abhängt, ob die Ziele

- Befriedigung der menschlichen Bedürfnisse
- Steigerung der Produktivität
- Sicherung der Rentabilität und Wirtschaftlichkeit
- Erhaltung der Wettbewerbsfähigkeit und damit der
- Existenz jeden Mitarbeiters
- Gerechte Entlohnung
- Tragbare Arbeitsbelastung, Gewähr der Arbeitssicherheit des Menschen und
- Reibungsloses Zusammenwirken der Produktionsfaktoren

erreicht werden.

Diese Aufgaben können jedoch nur bei optimaler Planung, Steuerung und Überwachung des Ablaufs in zeitlicher und in wirtschaftlicher Hinsicht durch günstigste Kombination der Produktionsfaktoren gelöst werden. Das stellt aber auch an die an diesen Aufgaben tätigen Personen hohe Anforderungen an das Können und eine persönliche Einstellung zu ihren Aufgaben.

Neben der Schwerpunktaufgabe „Planung" bestehen gleichrangig die Funktionen Steuerung und Überwachung. Das Streben nach einem reibungslosen Ablauf im Sinne der Planung wird durch eine große Zahl von inneren und von außen kommenden Störgrößen beeinflußt. Der *Produktionsprozeß selbst vollzieht sich in einem komplizierten, weit verzweigten Ablaufsystem, in dem der Mensch im Zusammenwirken mit den Betriebsmitteln ein geplantes Ergebnis, ein Erzeugnis oder eine Dienstleistung in wirtschaftlicher, qualitativer, und zeitlicher Hinsicht erbringen soll. Dabei schließt dieses System nicht nur, technologische – organisatorische Faktoren, sondern zugleich soziale – menschliche Probleme in sich ein.* Es kommt darauf an, daß alle Störgrößen, die das Erreichen der geplanten Ziele in Frage stellen könnten, nicht nur rechtzeitig und vollständig erkannt, sondern die notwendigen Abwehraktionen wirksam eingeleitet werden. So kann die Arbeitsvorbereitung ihrer Aufgabe nur dann gerecht werden, wenn sie wie ein Regelsystem wirkt. Steuerung und Überwachung sind in diesem Zusammenhang wichtige Teilfunktionen. Voraussetzung ist dabei ein *vollständiger und zugleich zeitgerechter Informationsfluß*, sowie natürlich ein entsprechender Genauigkeitsgrad der in der Planung ermittelten *Daten* der Produktionsfaktoren – Stoff und Arbeitsmittel – und der *festgelegten Arbeitsabläufe nach Inhalt, Folgerichtigkeit* und *Durchführbarkeit*. Die große Zahl der Arbeitsabläufe und Daten erfordert eine einen erheblichen Aufwand verursachende Organisation. (siehe III. L.)

2. Geschichtliche Entwicklung – Notwendigkeit in der Güterproduktion

Eine Übersicht des Gesamtaufgabenbereiches der Arbeitsvorbereitung (AV) gibt Bild I/5. Ihre Aufgaben werden demnach gegliedert in *Arbeitsplanung, Arbeitssteuerung* und *Arbeitsüberwachung*[1]). Im Gegensatz zu der allgemein vorherrschenden Auffassung ist hier im weiten Sinne der Arbeitsvor-

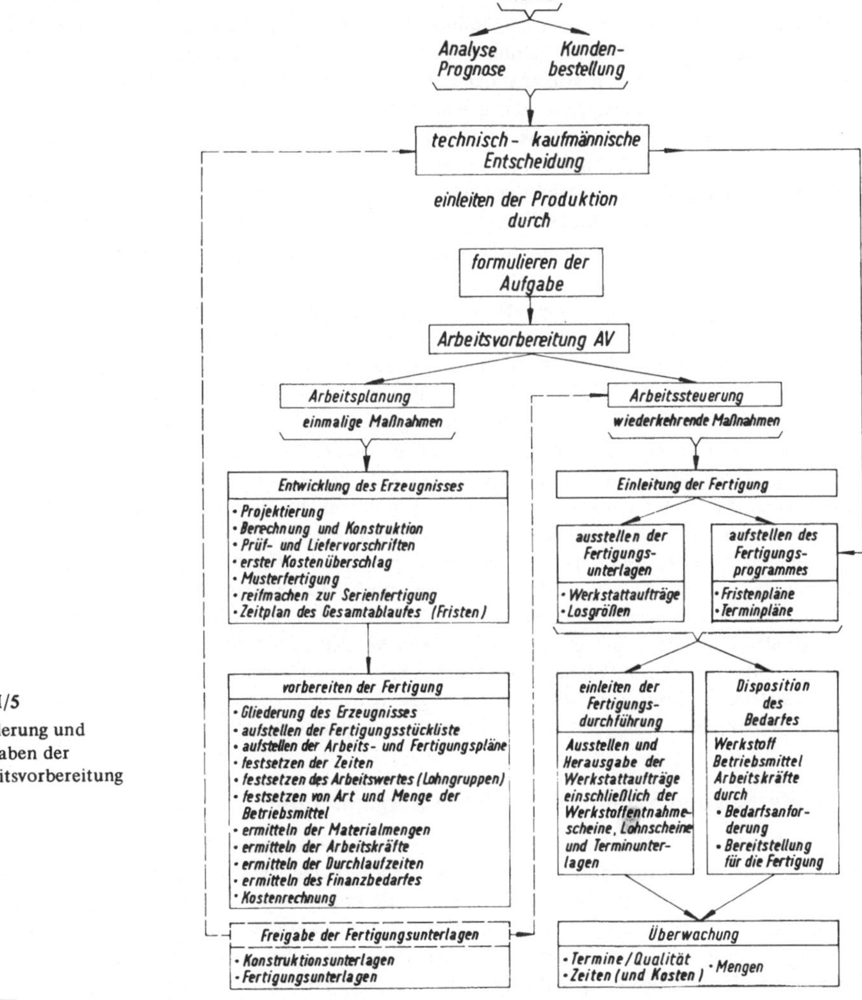

Bild I/5

Gliederung und Aufgaben der Arbeitsvorbereitung

---

[1]) auch als Fertigungsplanung, Fertigungssteuerung, Fertigungsüberwachung bezeichnet

bereitung auch die Entwicklung der Erzeugnisse zugeordnet. Es ist zu unterscheiden zwischen den Funktionen, die der Arbeitsvorbereitung zugeordnet werden, und der Verteilung der selben auf die einzelnen Stellen der Ebenen der Aufbauorganisation (Bild I/6). Tatsächlich bestehen in den meisten Fällen zwei Aufgabengebiete selbständig nebeneinander, und zwar die Erzeugnisentwicklung und die Arbeitsvorbereitung, wobei es der Arbeitsvorbereitung obliegt, die eigentliche Fertigung, also die Herstellung der entwickelten Produkte zu planen, die Fertigung einzuleiten, zu steuern und zu überwachen. Da sich die Überwachung auf den Vollzug mehrerer Aufgaben in einem Betrieb erstreckt, sind der Arbeitsvorbereitung vorwiegend Überwachung des Zeitverbrauchs und des zeitlichen Ablaufes (Fristen und Termine) und schließlich der Qualität sowie der Kosten, übertragen. (Bild E/4, F/2, F/3)

Die Arbeitsvorbereitung hat sich in diesem Sinne seit der Jahrhundertwende innerhalb der Betriebsorganisation zu einem eigenständigen Tätigkeitsgebiet mit klaren, wenn auch von Betrieb zu Betrieb recht unterschiedlicher Aufgabenabgrenzung entwickelt. Ihre Bedeutung nahm im Laufe der letzten Jahrzehnte ständig zu und ihr Anteil an dem wirtschaftlichen Erfolg einer Unternehmung ist heute unbestritten.

Die Notwendigkeit zum Einbau der Arbeitsvorbereitung in die Organisation ergab sich aus der Entwicklung von der handwerklichen zur industriellen Fertigung und von der Einzel- zur Massenerzeugung. Insbesondere waren es folgende Gründe: die räumliche Ausdehnung der Betriebe, die zur Anordnung der mehr oder weniger weit voneinander entfernt liegenden einzelnen Arbeitsplätzen und Produktionsanlagen führten, die dabei gleichzeitig wachsende Anzahl der Beschäftigten, die Vervielfältigung der Arbeitsverfahren und Produktionsmittel und Produktionsverfahren, insbesondere auch die ständige Entwicklung neuer Werkstoffe und schließlich die sich aus dieser Vielzahl von Einflüssen ergebende Teilung der Aufgaben (Arbeitsteilung). Diese Teilung war auch deshalb notwendig, weil der einzelne Mensch nicht mehr allen sich aus dieser Vielfalt ergebenden Anforderungen gerecht werden kann.

Ein großer Teil der heute von der Arbeitsvorbereitung zu bewältigenden Aufgaben wurde bis etwa um die Jahrhundertwende von den Meistern wahrgenommen. Ihnen oblag es, fast ausschließlich aufgrund der ihnen übergebenen Fertigungsaufträge und Konstruktionsunterlagen den Fertigungsablauf zu planen, für die Bereitstellung der Produktionsfaktoren zu sorgen, die Arbeit zu verteilen, zu steuern und zu überwachen. Von ihren Fähigkeiten hing vielfach auch entscheidend der wirtschaftliche Erfolg des Fertigungsvorganges ab. Angesichts der geschilderten Entwicklung der Betriebe zeigte es sich, daß dieser Weg mit dem Fortschritt der Industrialisierung nicht mehr gangbar war, da insbesondere auch durch die räumliche Trennung der Fertigungsstellen die Kette der Produktionsvorgänge nicht mehr in einer Hand lag, so daß die Planung des Arbeitsvorganges, die zeitliche Folge sowie die Steuerung koordiniert und von übergeordneten zentralen Stellen übernommen werden mußte. Der Meister wurde von diesen Aufgaben entlastet und dieselben einem besonderen Personenkreis übertragen, der zunächst ohne theoretische Ausbildung, sondern allein aufgrund praktischer Erfahrungen diese Aufgaben übernahm. Es zeigte sich jedoch, daß praktische Erfahrungen und theoretisches Wissen gemeinsam notwendig waren, um die schwieriger werdenden Aufgaben mit Erfolg zu bearbeiten. Es kann festgestellt werden, daß der Arbeitsvorbereiter im technischen Tätigkeitsbereich sich neben dem Konstrukteur zu einem eigenständigen Berufsstand entwickelte, und dabei sein Anteil hinsichtlich der Anzahl der Beschäftigten in der industriellen Güterproduktion im ständigen Anwachsen begriffen ist. Im allgemeinen ist darunter der Personenkreis zu verstehen, der die Fertigung vorbereitet, jedoch nicht die Erzeugnisse entwickelt.

3. Aufgaben und Stellung in der Gesamtorganisation

In der Wirtschaft sind die der Arbeitsvorbereitung übertragenen Aufgaben, ebenso wie ihre Stellung innerhalb der Gesamtorganisation eines Betriebes, keineswegs einheitlich. Obwohl ihre erstrangige Bedeutung für die erfolgreiche Lösung der dem Betrieb gestellten Aufgaben heute anerkannt ist, nimmt sie je nach der Auffassung der Geschäftsführung und natürlich dem Produktionszweig in der organisatorischen Gliederung einen unterschiedlichen Rang ein. Über ihre Aufgaben sowie die Verfahren und Methoden die sie anwendet, kann hier auch nur eine grundsätzliche Darstellung gegeben werden. Die Arbeitsvorbereitung kann, wie jeder andere Arbeitsbereich in irgendeine Stelle des Organisationssystems eingeordnet sein. Teilaufgaben können auch Stabsstellen zugeordnet werden. Nach den Veröffentlichungen des AWF umschließt beispielsweise die Arbeitsvorbereitung nicht nur die Planung, Steuerung und Überwachung der eigentlichen Fertigung, sondern ihr Aufgabenbereich erstreckt sich auch auf die Entwicklung und Konstruktion des Erzeugnisses (Bild I/5). Diese Auffassung kann im weiten Sinne wohl als Definition gelten. In der Praxis bestehen jedoch beide Aufgabenbereiche selbständig nebeneinander. Nach der vom AWF gegebenen Definition gilt:

1. Die *Arbeitsvorbereitung* umfaßt die Gesamtheit aller Maßnahmen einschließlich der Erarbeitung aller erforderlichen Unterlagen und Betriebsmittel, die durch *Planung, Steuerung* und *Überwachung* für die Fertigung von Erzeugnissen ein Minimum an Aufwand gewährleisten.

   Die Einleitung der Arbeitsvorbereitung erfolgt aufgrund der aus der Marktforschung erzielten Erkenntnisse, indem die Geschäftsführung von sich aus die Initiative ergreift und die Weisungen zur Entwicklung eines neuen Produktes erteilt. Der Anstoß zur Arbeitsvorbereitung erfolgt weiterhin durch die vom Kunden geäußerten Wünsche bzw. seiner Bestellungen von bereits vom Unternehmen angebotenen Erzeugnissen. Die technisch-kaufmännische Geschäftsleitung trifft danach ihre Entscheidungen; der Verkauf gibt die Aufträge eindeutig formuliert an die Arbeitsvorbereitung weiter. Dabei sind für den Umfang der einzuleitenden Vorbereitungen, insbesondere der Aufgaben der *Fertigungsplanung,* die eindeutige Formulierung der Anforderungen an die technische Leistung und Formgebung des Erzeugnisses sowie den etwa erzielbaren Preis und schließlich die voraussichtlichen Produktionsmengen und ihre Verteilung auf die einzelnen Produktionsperioden notwendig.

2. Die *Arbeitsplanung* umfaßt die einmalig zu treffenden Maßnahmen. Diese beziehen sich auf die Gestaltung des Erzeugnisses und die Vorbereitung der Fertigung. (siehe III. H.)

   Die *Entwicklung der Fertigung* umfaßt die Projektierung, Berechnung und Konstruktion des Erzeugnisses, das Aufstellen von Prüf- und Liefervorschriften und aufgrund dieser Unterlagen die Musterfertigung einschließlich der Erprobung der Prototypen. Nach Abschluß dieser Arbeiten erfolgt die Überprüfung und Berichtigung der Konstruktionsunterlagen für die Serienfertigung. Schließlich wird ein erster Kostenvoranschlag aufgestellt, der jedoch nicht von der Konstruktionsabteilung erarbeitet wird. Große Bedeutung kommt dem *Zeitplan* zu, nach dem diese Aufgaben erledigt werden müssen (Bild I/5).

   Die Vorbereitung der Fertigung beginnt mit der Gliederung des Erzeugnisses dem Aufstellen der Fertigungsstückliste sowie der Fertigungs- und Arbeitspläne. Das Festlegen der Fertigungszeiten je Erzeugungseinheit sowie die Ermittlung des Arbeitswertes (Lohngruppen) gehört zu den umfangreichsten und zugleich schwierigsten Aufgaben der Arbeitsvorbereitung, da die Arbeitsvorgänge und deren Zeitbedarf das Fundament aller weiteren technischen und wirtschaftlichen Planungen und zugleich der leistungsgerechten Entlohnung bilden.

   Schließlich werden Art und Anzahl der Betriebsmittel bzw. Arbeitsplätze bestimmt. Auch die Konstruktion von Vorrichtungen und Werkzeugen sowie die Fertigung dieser und sonstiger Betriebsmittel sind in vielen Fällen der Arbeitsvorbereitung zugeordnet. Die Arbeitsplanung ermittelt die Materialmengen je Erzeugungseinheit und legt die Materialformen sowie die Einsatzgewichte fest. Zu nennen sind weiterhin die Ermittlung der Durchlaufzeiten der Fertigung und die Unterlagen zur Bestimmung der Anzahl der Arbeitskräfte aufgrund des von der Geschäftsleitung freigegebenen Bauprogrammes. Schließlich gibt sie der Geschäftsführung wesentliche Unterlagen zur Ermittlung des Finanzbedarfs.

   Nach Abschluß dieser Aufgaben erfolgt die Freigabe der Fertigungsunterlagen, die den einzelnen Aufgabenbereichen, insbesondere auch der Fertigungssteuerung zugeleitet werden.

3. Die *Arbeitssteuerung* umfaßt die Maßnahmen, die zur Durchführung eines Auftrages — Auftragsabwicklung — erforderlich sind. Im allgemeinen handelt es sich um kontinuierliche, in einem bestimmten Rhythmus wiederkehrende, oft auch nur um einmalige Maßnahmen. Die Arbeitssteuerung leitet die Fertigung ein. (siehe III. J.)

Die Grundlage bildet das von der kaufmännisch-technischen Leitung genehmigte Fertigungsprogramm. Sie stellt zunächst die Fristen- und Terminpläne nach Abstimmung mit dem Verkauf und der Kapazität des Betriebes auf. Danach erfolgt das Aufstellen der Fertigungsunterlagen, insbesondere der Werkstattaufträge. Die Arbeitssteuerung legt dabei Auftragsnummern und Losgrößen und die Einzeltermine fest. Sie trifft auch die Dispositionen des Bedarfes an Produktionsfaktoren, nämlich der Werkstoffe, der Betriebsmittel und der Arbeitskräfte, oder bereitet die Unterlagen vor. Sie fordert den Bedarf bei den zuständigen Stellen an. Ihr obliegt außerdem auch die Arbeitsbereitstellung. Schließlich kann ihr auch die Zeichnungsausgabe zugeordnet sein.

4. Die *Arbeitsüberwachung* umfaßt den zeitlichen Ablauf der Produktion, nämlich die Termine, u.U. auch die gebrauchten Zeiten, Werkstoffe, die Güte und Menge der Erzeugnisse sowie das Einhalten von Vorschriften und sonstigen Planungswerten, gegebenenfalls auch die entstandenen Kosten. (III. L.)

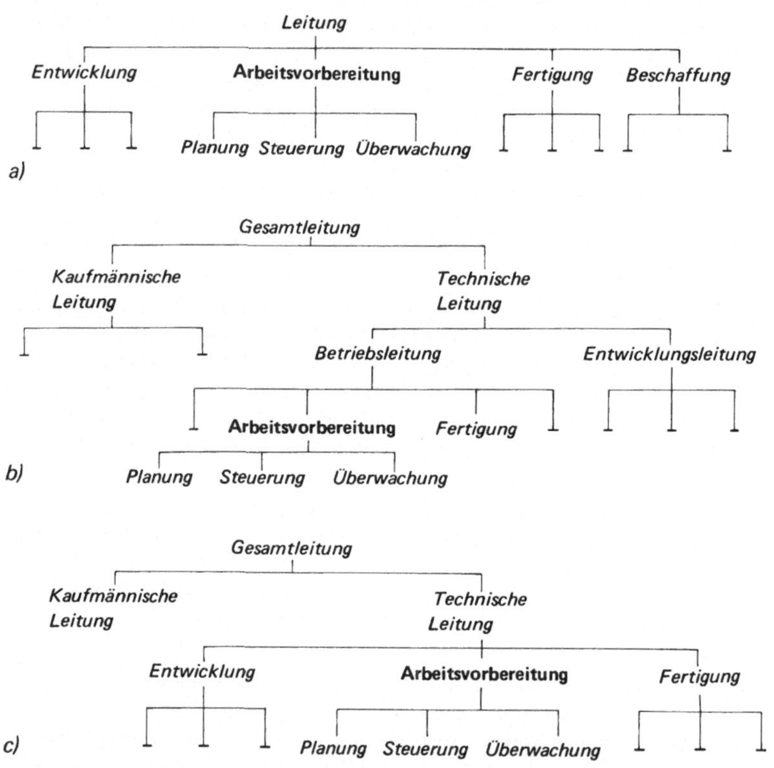

Bild I/6. Beispiele zur Einordnung der Arbeitsvorbereitung in die Gesamtorganisation (Aufbauorganisation)

II. Wirtschaftliche Grundlagen

A. Wirtschaftliche Tätigkeit

1. Allgemeine Zusammenhänge

Die wirtschaftliche Tätigkeit hat hauptsächlich das Ziel, die notwendigen Bedürfnisse der Menschen zu befriedigen. Sie erstrebt darüber hinaus vor allem, den Lebensstandard durch Vermehrung, Verbesserung und Verbilligung der Güter und Dienstleistungen stetig zu heben. Die nachfolgenden Betrachtungen befassen sich jedoch ausschließlich mit der *Gütererzeugung*.

Der wirtschaftliche Fortschritt wird von allen in einer Volkswirtschaft wirksamen Kräften im wesentlichen aber unmittelbar von der Entfaltung der technischen Produktivität, also der *Steigerung des Produktionsvermögens* bestimmt. Güter entstehen durch das Zusammenwirken der Produktionsfaktoren, die bei der volkswirtschaftlichen Betrachtung gegliedert werden in *Kapital, Arbeit* und *Boden-Rohstoffe*. Das Ergebnis des Wirtschaftens zeigt sich jedoch nicht allein in Menge, Art und Qualität der auf dem Markt angebotenen Güter sondern auch in ihren *Preisen*. Den mittelbar und unmittelbar die Preise bestimmenden Faktoren wenden sich die nachfolgenden Ausführungen besonders zu.

Da die Güter je nach ihrer Art durch die unterschiedliche Kombination der Produktionsfaktoren entstehen, hat im Sinne dieser Betrachtung die menschliche Leistung nur einen, wenn auch bedeutenden Anteil am wirtschaftlichen Ergebnis. Die Arbeit kann somit als ein Mittel unter anderen angesehen werden, dessen sich die menschliche Gesellschaft bedient, um die in der Natur vorhandenen Schätze zu heben und umzugestalten, um sich so die neu geschaffenen Güter nutzbar zu machen. Die Bodenschätze werden z.B. erst dann zur Ware, wenn die zu ihrer Hebung und Umwandlung notwendige Arbeit unter Einsatz der sonstigen Produktionsfaktoren aufgewendet wurde. Wirtschaftliche Tätigkeit ist deshalb nicht zu verwechseln mit menschlicher Arbeit.

Das gesamte in einer Volkswirtschaft erarbeitete Ergebnis ist abhängig von einer Vielzahl von Einzelergebnissen. An ihm sind die verschiedensten Wirtschaftszweige, einzelne Personengruppen oder auch nur Einzelpersonen beteiligt. Von ihrem wirtschaftlichen Tun und auch von ihrer Einstellung zur menschlichen Gesellschaft ist es abhängig, in welchem Maße sich der Fortschritt zum allgemeinen Wohle auswirken kann.

Im wesentlichen folgt die wirtschaftliche Tätigkeit dem Prinzip der Vernunft, nämlich im großen und ganzen also dem *ökonomischen Prinzip*. Das Wirtschaftlichkeitsprinzip erstrebt aber als Ergebnis der Anstrengung ein Maximum an Gesamtertrag bei einem Minimum an Kosten, d.h. an Aufwand, der durch den Einsatz von Produktionsfaktoren entsteht. Dieses Streben darf wohl als der generelle Leitgedanke angesehen werden, dem das zweckgerichtete Wirtschaften zugrunde liegt und dessen Wesensmerkmal weiterhin im Rentabilitätsziel, nämlich der Mehrung des eingesetzten Kapitals besteht.

Da der Zweck der wirtschaftlichen Tätigkeit jedoch insbesondere auf die Bedarfsdeckung gerichtet ist, beeinflussen die zwischen Produzenten und Konsumenten bestehenden Wechselbeziehungen das wirtschaftliche Gebaren der einzelnen, selbständigen, als *Unternehmung* bezeichneten Wirtschaftseinheit. Das Maß der Wirtschaftsintensität und des Wirtschaftsergebnisses ist aber nicht nur von den absetzbaren Gütermengen, sondern auch von den erzielbaren Preisen abhängig. Allein die erzielbaren Preise und die erforderlichen Aufwendungen (Kosten) entscheiden schließlich über Erfolg oder Mißerfolg.

Der Erfolg ist nur dann gewährleistet, wenn der Fertigungsprozeß *wirtschaftlich* war, d.h. wenn die Erlöse aus den erzielten Preisen die Kosten übertreffen. Für den Erfolg jeder Wirtschaftstätigkeit ist deshalb schließlich der *Produktivitätsfortschritt,* d.h. die Relation des Tätigkeitsergebnisses bzw. des erzielten Überschusses zum Einsatz maßgebend. Gelingt der Einzelunternehmung die stete Sicherung des wirtschaftlichen Erfolges nicht, so ist ihre Auflösung unabwendbar, denn nur der sich im erzielten Gewinn zeigende Erfolg sichert ihre Zukunft. Sie ist nämlich u.a. davon abhängig, in welchem Maße sie sich den allgemein erzielten Fortschritt nutzbar machen kann. Sie muß in der Lage sein, ihre Produktionseinrichtungen dem jeweiligen Stand der Technik so anzupassen, daß sie wettbewerbsfähig bleibt. Dazu benötigt sie aber Kapitalmittel, die mindestens zu einem Teil aus ihren eigenen Leistungen gewonnen werden müssen. Die wirtschaftliche Wirksamkeit entscheidet u.a. auch über die Existenz der in der Unternehmung tätigen Menschen.

Die Tätigkeitsentfaltung von Einzelpersonen oder Personengruppen, sollte nicht nur von eigennützigem Denken geleitet sein. So liegt es auch im Wesen des Menschen begründet, daß seinem Tätigkeitsdrang zunächst überwiegend ethische Motive zugrunde liegen. Die wesentlichen Ergebnisse menschlicher Arbeit, menschlichen Denkens und Handelns auf dem technisch-wirtschaftlichen und wissenschaftlichen Gebiete sind deshalb auch nicht allein auf den materiellen Eigennutz, den Selbstzweck gerichtet. Den bedeutendsten, den Fortschritt der menschlichen Entwicklung bestimmenden Leistungen lagen vielmehr ideelle Motive zugrunde.

Da die wirtschaftliche Entfaltung nicht nur über den Wohlstand sondern auch über die allgemeine Politik und die soziale Sicherheit eines Volkes entscheidet, liegt es im volkswirtschaftlichen Interesse den gegebenen Möglichkeiten zum Erlangen eines Fortschrittes die besondere Aufmerksamkeit zuzuwenden. Der wirtschaftliche Erfolg beeinflußt schließlich aber weiterhin auch den Stand und die Entwicklung der Kultur; in ihr haben letztlich wieder die geistigen Kräfte ihren Ursprung, die zu einer erfolgreichen Tätigkeit auch auf wirtschaftlichem Gebiete notwendig sind.

Aufstieg und Niedergang einzelner Wirtschaftszweige berühren in neuerer Zeit nicht nur das Leben der unmittelbar Beteiligten, sondern sie beeinflussen mehr als früher andere Wirtschafts- und Personengruppen eines Landes, oft auch die Lebensverhältnisse angrenzender Länder oder gar anderer Kontinente.

Anzahl und Art der Güter werden immer vielfältiger bei gleichzeitig wachsenden Qualitäts- und Funktionsansprüchen. Je hochwertiger aber die Güter werden, desto größer wird die Anzahl der zu ihrer Herstellung erforderlichen Fertigungsstufen, Produktionsmittel und Rohstoffe. Durch diese Tatsachen wird die *Verflechtung der einzelnen Wirtschaftszweige* innerhalb eines Landes, der Nationalwirtschaften zueinander und schließlich dieser mit der Weltwirtschaft immer intensiver.

Die Länder stehen untereinander in immer schärfer werdendem Wettbewerb; denn die Handelswirtschaft verfügt nämlich heute über Verkehrsmittel, die den Güteraustausch über weite Entfernungen in sehr kurzer Zeit bei tragbarem Aufwand ermöglicht. Dadurch können auch Länder, in denen z.B. der eine oder andere Produktionsfaktor nicht ausreichend vorhanden ist oder fehlt – z.B. Bodenschätze wie Erze und Energieträger – hochwertige Güter herstellen und an dem Wettbewerb auf dem Absatzmarkt teilnehmen. So beginnen diejenigen Länder, die sich bisher darauf beschränken mußten, lediglich Bodenschätze zu heben und abzusetzen, mit der eigenen industriellen Veredelung dieser Schätze. Der größere internationale Markt ermöglicht zwar einerseits den Absatz größerer Gütermengen, er verschärft zugleich jedoch andererseits auch die Wettbewerbsbedingungen. Dabei sind die Wettbewerbschancen sehr oft nicht nur von der Höhe der einzusetzenden Produktionsfaktoren, sondern auch von politischen Einflüssen abhängig. Die bestehenden Wechselwirkungen zwischen den wachsenden Lebensansprüchen und der Ausweitung des Güteraustauschs über die eigenen Landesgrenzen hinaus, erfordern die *stetige Verbesserung der Produktionseinrichtungen und -methoden.*

Da im Leben eines Volkes und der Völker untereinander der sich aus einer wirtschaftlichen Tätigkeit ergebende Erfolg den allgemeinen Fortschritt bestimmt, wird die wirtschaftliche Entwicklung deshalb nicht mehr – wie in der vergangenen Zeit – dem Zufall überlassen, sondern sorgsam geplant, beobachtet, gesteuert und beeinflußt. Dies gilt sowohl für die Einzelwirtschaften wie auch für den gesamten Wirtschaftsprozeß, und schließlich für die einzelnen Produktionsabläufe. Mit den vielfältigen und komplizierten Vorgängen und den Tatbeständen in der Wirtschaft, befassen sich eine Anzahl selbständiger Disziplinen, die sich gegenseitig ergänzen.

Es sind hier zu nennen die Volkswirtschaftslehre, die Betriebswirtschaftslehre, die Arbeitswissenschaft, die Arbeitspsychologie und -physiologie, die Soziologie, die Finanzwissenschaft, die Rechtswissenschaften — hier inbesondere das Arbeits- und Sozialrecht, die Natur- und Ingenieurwissenschaften.

2. Die wissenschaftlichen Disziplinen

a) Volkswirtschaftslehre

Sie befaßt sich mit den übergeordneten Zusammenhängen, dem *Gesamtgeschehen innerhalb der Wirtschaft eines Volkes,* also eines in sich geschlossenen Wirtschaftsraumes. U.a. bildet sie auch die Grundlage der staatlichen Wirtschaftspolitik, die sich in der freien Wirtschaft jedoch im wesentlichen auf die allgemeine Finanz-, Markt-, Zoll-, Kredit-, Steuer-, Sozial-, Handels- und Währungspolitik erstreckt.

b) Betriebswirtschaftslehre

Diese beschäftigt sich hingegen mit *den Tatbeständen der einzelnen Unternehmung,* ihren Betrieben und insbesondere mit den einzelnen Objekten, den Erzeugnissen. Die Betriebswirtschaftslehre untersucht die wirtschaftlichen Zusammenhänge bei der Erzeugung der einzelnen Güter und des gesamten Produktionsprozesses. Sie befaßt sich mit der Vorplanung des Quantums der erforderlichen Produktionsfaktoren, deren zeitlichen Einsatz und der nachträglichen Ermittlung der tatsächlich erforderlich gewesenen wertmäßigen Aufwendungen. Dabei geht es vor allem auch um die Festlegung der für die Produktion erforderlichen Kapitalmittel, der Produktionskosten und um die Preise, sowie schließlich der Erzielung eines Erfolges.

c) Arbeitswissenschaften

Sie gehören zu dem Bereich der Betriebswissenschaften. In den letzten Jahrzehnten sind sie zu immer größerer Bedeutung gelangt. Die Arbeitswissenschaften *untersuchen und gestalten die Produktionsabläufe* bis in die kleinsten Vorgänge und ermitteln unter Anwendung bestimmter Methoden den wirtschaftlichsten Fertigungsprozeß. Dabei befassen sie sich jedoch nicht nur mit den technologischen Vorgängen, den Stoffen, Betriebsmitteln, Maschinen, Werkzeugen, der Organisation, sondern auch mit der *menschlichen Arbeitsbelastung und der menschlichen Leistung.* Da die Arbeitswissenschaften auch die Regeln und Werte für die gerechte Entlohnung aufstellen, müssen sie sich notwendigerweise auch mit der *Arbeitsbewertung* beschäftigen.

Durch ihren umfassenden Wirkungsbereich erarbeiten die Arbeitswissenschaften die wichtigsten Grundlagen für die Planung, Steuerung und Überwachung des Produktionsprozesses und sind deshalb maßgeblich an der Produktivitätsentwicklung beteiligt. Zu ihren wichtigsten Hilfswissenschaften gehören die *Arbeitspsychologie und -pysiologie,* sowie insbesondere das *Arbeits- und Zeitstudium* (siehe Band II). Einen Schwerpunkt bildet die Ergonomie. Sie befaßt sich mit der Anpassung der Arbeit an den Menschen und des Menschen an die Arbeit, mit der Belastung und der Beanspruchung des Menschen.[1]

d) Soziologie

Sie befaßt sich mit dem *gesellschaftlichen Zusammenleben der Menschen,* also ihren Beziehungen zur Umwelt und Kultur. Sie stellt die Grundregeln für eine allgemeine Ordnung auf.

3. Sozialprodukt

Alle durch die wirtschaftliche Tätigkeit in einem abgegrenzten Zeitraum hergestellten und im Geldwert gemessenen Güter und Dienstleistungen, werden als Sozialprodukt bezeichnet. In seiner jeweiligen Höhe zeigt sich das Ergebnis der volkswirtschaftlichen Bemühungen. In ihr spiegelt sich zugleich auch der Lebensstandard und die Wirtschaftskraft eines Volkes wider. Die Veränderungen in der Höhe des Sozialproduktes und in seiner Verteilung auf die einzelnen Bevölkerungsschichten geben ein Bild über die Verbesserung oder Verschlechterung der Lebensverhältnisse und des allgemeinen Wohlstandes. Deshalb ist das Ziel des Wirtschaftens direkt und indirekt darauf gerichtet, das Sozialprodukt durch planmäßiges Wirtschaften zu vergrößern.

---

[1] Unter dem Begriff „Arbeitswissenschaften" sind einige Wissenschaftliche Disziplinen zusammengefaßt (siehe Band II. Bild G/2).

a) Zuwachsrate des Sozialproduktes

Der Anstieg des Sozialproduktes ist von einer größeren Anzahl von Einflüssen bestimmt, vor allem jedoch von den Rationalisierungsmaßnahmen, die die Steigerung der Produktivität zum Ziele hat. Unter *Produktivität* versteht man im allgemeinen das *Verhältnis zwischen dem Ergebnis der Leistung,* das sich in der Zahl und dem Wert der erzeugten Güter zeigt *und der Höhe des Einsatzes, der dabei erforderlich gewesenen Produktionsfaktoren.* In der Betriebswirtschaftslehre wird die Produktivität auch durch Kennzahlen ausgedrückt (z. B. durch das Verhältnis von Ausbringung zu Einsatz, Leistungsergebnis je Stunde, Leistungsergebnis je Beschäftigtem).

In einer modernen Wirtschaft wird die Entwicklung der Produktivität nicht mehr der Willkür überlassen. Sie ist durch bewußte systematische Entwicklung und Anwendung der Produktionstechnik sowie der betriebswirtschaftlichen und arbeitswissenschaftlichen Methoden beeinflußbar. Ihre stete Aufwärtsentwicklung ist jedoch im weiten Sinne nicht nur vom erzielten Fortschritt im Bereich der Wissenschaft und Technik, sondern auch von der allgemeinen Wirtschaftslage und dem Wohlstand abhängig, da der Konsum bestimmter Güter vom Einkommen der einzelnen Bevölkerungsschichten, den Lebensgewohnheiten, Existenz-, Kultur- und Luxusbedürfnissen abhängt. In Zeiten der Hochkonjunktur und dem damit verbundenen Einkommensanstieg wird der Gütermarkt stärker in Anspruch genommen als in Zeiten normalen Wirtschaftsverlaufes. Die Nachfrage auf dem Markt wird größer und führt nicht nur zur quantitativen Steigerung sondern auch zur qualitativen Verbesserung der Güter, insbesondere der Konsumgüter.

Die Verbraucher regen ihrerseits die Produzenten durch verstärkte Nachfrage und höheren Konsum an, neue Güter zu entwickeln, die Produktionsvorgänge zu rationalisieren und schließlich die Kapazität, d. h. Produktionsvermögen weiter zu verbessern und auszubauen.

Mit der Hochkonjunktur können jedoch auch negative Auswirkungen verbunden sein. Einseitige Ausnutzung von sich scheinbar bietenden Vorteilen einzelner Interessengruppen oder Personen können Preissteigerungen bewirken und unter Umständen zur Entwertung des Geldes führen. Die Ursache liegt darin, daß Angebot und Nachfrage in ihrem Gleichgewicht wesentlich gestört sind. Steigende Preise täuschen auch nur einen Zuwachs des Sozialproduktes vor, wenn es im Geldmaßstab gemessen wird.

Der Konjunkturverlauf und seine Auswirkungen werden also wesentlich vom Verhalten der Sozialpartner (den Arbeitgebern und Arbeitnehmern) einerseits und von den Käuferschichten andererseits bestimmt. Die Käuferschichten üben also in der freien Marktwirtschaft einen indirekten Einfluß auf die Produktionsplanung aus, indem sie durch ihren Bedarf die Produktionsmengen bestimmen. Sie üben zugleich die Qualitätskontrolle aus, da sie beim Kauf die Güter prüfen.

Schließlich kann das Monopol einzelner Wirtschaftsgruppen oder die Wirtschaftspolitik einzelner Länder die Preise für Rohstoffe und Energie und so die Kosten und die zur Finanzierung der Produktion notwendigen Geldströme beeinflussen und u. U. die wirtschaftliche Entwicklung stören.

b) Messung des Sozialproduktes

Bei der Messung des Sozialproduktes bestehen Probleme, die sich grundsätzlich aus der Erfassung der Zahlenwerte und den Geldwertänderungen ergeben. Da die insgesamt erzeugten Güter und Dienstleistungen nach Mengen und Werten in einer großen und weitverzweigten Wirtschaft nur schwer erfaßt werden können, kann die zahlenmäßige Ermittlung auch über die Feststellung der Einkommenshöhe erfolgen.

Es wird unterschieden

α) das Nettosozialprodukt und

β) das Bruttosozialprodukt.

Die Gliederung und Zusammensetzung zeigt Bild A/1.

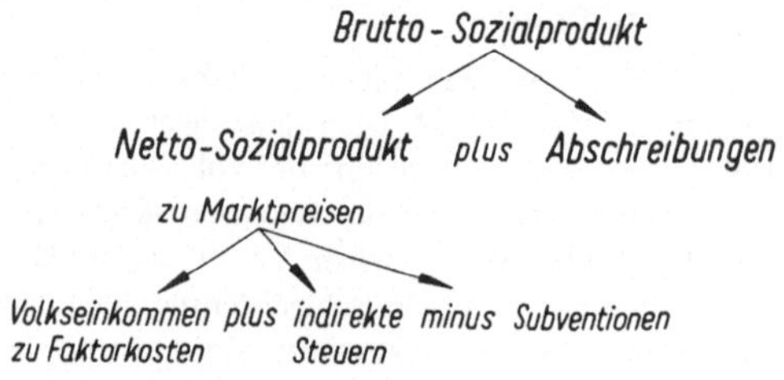

Bild A/1. Schematische Darstellung zur Ermittlung des Bruttosozialproduktes

α) Nettosozialprodukt

In der Höhe des Volkseinkommens spiegelt sich auch der Wert der in der Volkswirtschaft geschaffenen Leistungen wieder. Er ergibt sich aus dem *Einsatz des Produktionsfaktors Arbeit* in Form von Löhnen, Gehältern, Unternehmergewinnen und aus dem *Kapital* in Form von Zinsen, Dividenden, Mieten, Pachten. Es handelt sich also um diejenigen Beträge, die den einzelnen Personen für ihre Leistungen in einer Wirtschaftsperiode zugeflossen und somit erfaßbar sind. Die so ermittelte Gesamtsumme wird als *Volkseinkommen zu Faktorkosten* bezeichnet.

Diese Einkommenssumme der Gesamtbevölkerung muß jedoch vermehrt werden um die Abgaben, die der Staat mittelbar in Form von *indirekten Steuern* einzieht. Es sind diese die Verbrauchssteuern und z. B. die *Mehrwertsteuer.*

Nun sind oft in einer Volkswirtschaft auch Wirtschaftszweige vorhanden, deren Existenz zwar aus politischen oder anderen Gründen lebensnotwendig ist, die sich jedoch aus ihrem eigenen Ertrag nicht selbst erhalten können. Diese Wirtschaftszweige müssen nämlich auf Grund der besonderen Wettbewerbsverhältnisse ihre Erzeugnisse zu Preisen absetzen, ohne daß die ihnen entstandenen Kosten gedeckt oder zur Erhaltung der Betriebe ein angemessener Gewinn erzielt wird. Sie sind insbesondere gegenüber ausländischen Konkurrenten nicht wettbewerbsfähig. Der Staat, also die Allgemeinheit, gleicht die Differenz zwischen dem zur Erhaltung der Existenz dieser Betriebe erforderlichen Preis aus, indem er die als *Subventionen* bezeichneten Zuschüsse gewährt. Durch diese Maßnahmen werden indirekt die zu hohen Produktionskosten abgedeckt und somit auch die Ertragslage und das Einkommen des Personenkreises dieser Wirtschaftszweige verbessert. Da nun das Einkommen dieser Wirtschaftszweige um die Subventionsbeträge zu hoch angegeben ist, muß bei Errechnung des Nettosozialproduktes das Gesamteinkommen wieder um die gleichen Beträge vermindert werden.

Eine weitere Möglichkeit, bei derartigen Situationen regulierend einzugreifen, hat der Staat durch die Steuerpolitik, die Zollpolitik, die Gestaltung seines eigenen Haushaltes und die Geldpolitik der Bundesbank.

β) Bruttosozialprodukt

Bei Errechnung des Bruttosozialproduktes werden die bei der Leistungserstellung verbrauchten Produktionsanlagen berücksichtigt. Ihr Verbrauch entsteht, wie später in der Kostenrechnung noch eingehend dargestellt wird, aus der Nutzung und der technischen Veralterung der Anlagen. Die dadurch entstehenden Wertminderungen werden als *Abschreibungen* bezeichnet. Da diese Beträge im Einkommen der Unternehmer jedoch nicht erfaßt werden, müssen sie dem Nettosozialprodukt hinzugefügt werden. Durch die Abschreibungen sollen die Ersatzbeschaffungen der verbrauchten Investitionsgüter vorgenommen werden. Die *Investitionen* setzen sich aus *Ersatz- und Neuinvestitionen* zusammen. Von der Investitionstätigkeit ist die Entwicklung der Produktionskraft und somit auch des Sozialproduktes abhängig. Die Entwicklung des Sozialproduktes in der Bundesrepublik Deutschland zu den jeweiligen Preisen (Milliarden DM) zeigt die Tabelle A/1. Sie gibt einen Einblick in den enormen wirtschaftlichen Aufschwung nach dem zweiten Weltkrieg.

c) Verteilung des Sozialproduktes

Da sich nun in der Höhe des Sozialproduktes das Ergebnis der Arbeit widerspiegelt, die verrichtete Arbeit aber im Einkommen ihren Gegenwert findet, ist es verständlich, daß dessen Entwicklung und Verteilung die zentralen Themen der Lohn- und Sozialpolitik der Sozialpartner geworden sind. Die stark intensive Wirtschaftstätigkeit der Bundesrepublik führte in den letzten Jahren zu einem außergewöhnlichen Anwachsen des Bruttosozialproduktes von rund 97 Milliarden DM im Jahre 1950 auf etwa 1136 Milliarden DM im Jahre 1976.

Während die Tabelle A/1 die absoluten Werte in DM zeigt, ist in Bild A/2 die relative Entwicklung den absoluten Werten gegenübergestellt. Bei der relativen Darstellung sind die Werte auf die Preise des Jahres 1962 bezogen.

Tabelle A/1: Sozialprodukt in jeweiligen Preisen (in Milliarden DM) in der Bundesrepublik Deutschland

Jahr	Brutto-sozial-produkt	Abschrei-bungen	Netto-sozial-produkt zu Markt-preisen	indirekte Steuern abzüglich Subventionen	Netto-sozial-produkt zu Faktor-kosten (Volks-einkommen)
1950	97,2	10,1	87,1	12,6	74,5
1951	118,6	11,9	106,7	16,4	90,3
1952	135,6	13,3	122,3	19,5	102,8
1954	156,4	13,6	142,8	23,1	119,7
1956	196,4	16,6	179,8	27,8	152,0
1957	213,6	18,3	195,3	29,5	165,8
1959	247,9	21,2	226,7	35,0	191,7
1961	310,4	26,9	283,5	42,7	240,8
1963	384	37,2	346,8	51,0	295,8
1965	460,4	46,4	414,2	58,9	355,3
1966	490,7	50,7	440,0	62,9	377,1
1967	494,6	53,8	440,8	65,7	375,1
1969	601,0	63,7	537,3	77,9	459,4
1970	685,6	74,8	610,8	81,6	529,2
1971	761,9	85,1	676,8	91,1	585,7
1972	833,9	93,6	740,4	101,2	639,2
1973	927,5	103,1	824,4	109,9	714,5
1974p	997,0	115,8	881,3	114,7	766,6
1975p	1043,6	126,2	917,4	119,9	797,5
1976p	1136,3	134,6	1001,7	131,0	870,6

(p: Schätzwerte)

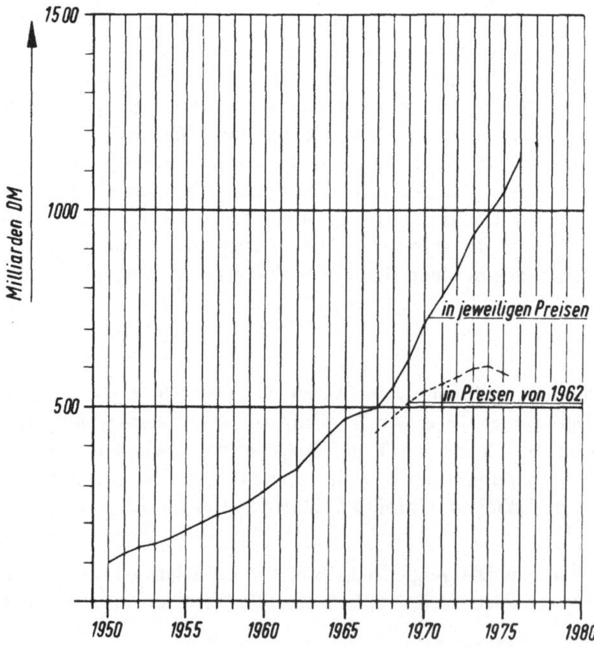

Bild A/2

Bruttosozialprodukt in Milliarden DM für die Bundesrepublik Deutschland in jeweiligen Preisen und in Preisen von 1962

In der Differenz der jeweiligen Werte der beiden Kurven zeigt sich die steigende Tendenz der Preise. Der in absoluten Beträgen gemessene Wert des Sozialproduktes gibt also kein wahres Bild über den realen Zuwachs einer wirtschaftlichen Tätigkeit, weil nicht nur die Anzahl und Art der Güter, sondern auch die Preise gestiegen sein können. Um reale und vergleichbare Werte zu erhalten, müssen deshalb die Effektivwerte auf einen Bezugswert zurückgeführt werden. Für die vorstehende Darstellung werden z.B. die Preise des Jahres 1962 gewählt.

Da nun die Arbeit einerseits im Lohn ihren Gegenwert findet, andererseits aber der Produktionsfaktor „Arbeit" auch den Preis des Erzeugnisses beeinflußt, bestehen natürlich *zwischen Löhnen und Preisen Wechselwirkungen.* Da der Lohn den einzelnen Menschen in die Lage versetzt, seine Bedürfnisse durch Beschaffung der auf dem Markt angebotenen Güter zu befriedigen, ist es natürlich, daß er sein Einkommen möglichst steigern möchte, um sich mehr und bessere Güter kaufen und an den kulturellen Leistungen in höherem Umfange teilnehmen zu können. Schließlich trachtet er auch danach, sein Vermögen zu erhöhen.

Die Höhe des Konsums ist somit auch von den Lebensansprüchen und der Verteilung des Einkommens auf die einzelnen Bevölkerungsschichten bestimmt. Mit abnehmendem Einkommen wird sich zwangsläufig der Konsum vermindern. Steigendes Einkommen kann ihn hingegen erhöhen bzw. die Kapitalbildung fördern. Die Bewegung auf dem Markt ist also von der Kaufkraft der einzelnen Bevölkerungsschichten beeinflußt, sie setzt das Spiel von Angebot und Nachfrage sowie die Löhne und Preise in Bewegung.

Aber auch der Anstieg und der Abfall des Einkommens sind, in ihren absoluten Beträgen gemessen, nur relative Größen. Die schon im vorigen Abschnitt dargestellte Notwendigkeit, das Sozialprodukt auf ein bestimmtes Bezugsjahr zu beziehen, macht es auch erforderlich, zwischen dem *Lohn in seinem absoluten Wert* und dem *Reallohn* zu unterscheiden.

Der Reallohn ist also ein Maßstab für die Gütermenge, die jeweils zu den augenblicklichen Marktpreisen erworben werden kann. Der Anstieg des Bruttoverdienstes und des Realverdienstes ist in Bild A/3 dargestellt. Als Bezugsjahr ist das Jahr 1964 gleich 100 gesetzt. Außerdem enthält die Darstellung

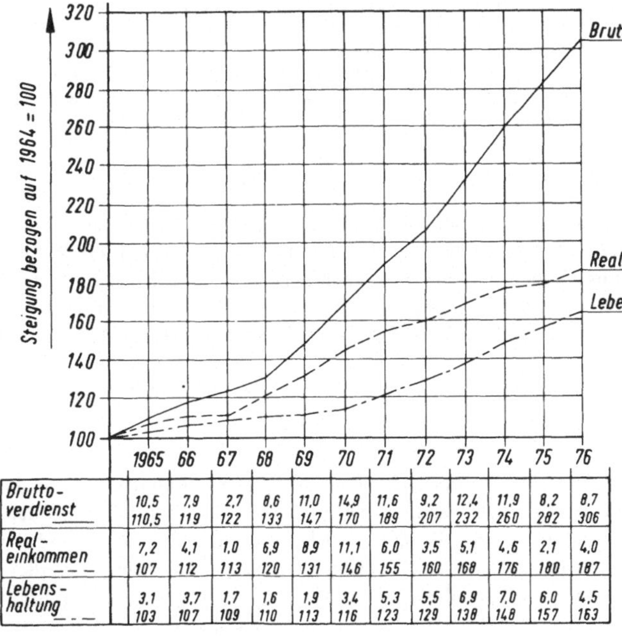

	1965	66	67	68	69	70	71	72	73	74	75	76
Brutto-verdienst	10,5	7,9	2,7	8,6	11,0	14,9	11,6	9,2	12,4	11,9	8,2	8,7
	110,5	119	122	133	147	170	189	207	232	260	282	306
Real-einkommen	7,2	4,1	1,0	6,9	8,9	11,1	6,0	3,5	5,1	4,6	2,1	4,0
	107	112	113	120	131	146	155	160	168	176	180	187
Lebens-haltung	3,1	3,7	1,7	1,6	1,9	3,4	5,3	5,5	6,9	7,0	6,0	4,5
	103	107	109	110	113	116	123	129	138	148	157	163

Bild A/3

Zuwachs in % zum Vorjahr.
Bruttoverdienst und Realeinkommen aller privaten Haushaltungen, Lebenshaltung in %
(Bezugsjahr 1964 = 100)

aber auch die relative Entwicklung der Preise für die Güter. Um den Reallohn mit den Güterpreisen vergleichen zu können, sind nämlich die Preise ebenfalls auf das Jahr 1964 = 100 bezogen.

Der Fortschritt des Lebensstandards zeigt sich an der steigenden Tendenz des Reallohns und des Preisindex. Betrachtet man die Entwicklung in der Bundesrepublik, so zeigt sich die Zunahme des Lebensstandards nicht nur an der steigenden Tendenz beider Werte, sondern auch daran, daß der Reallohn stärker angestiegen ist als der Preisindex.

Der Preisindex wird statistisch ermittelt aus einem Warensortiment, das für einen mittleren Haushalt zusammengestellt ist und das dem jeweiligen Lebensstandard angepaßt wird. Der reziproke Wert des Preisindex ergibt die Kaufkraft des Geldes. Die Tabelle A/2 zeigt die Verteilung des Volkseinkommens auf die verschiedenen Bevölkerungsschichten.

Tabelle A/2: Verteilung des Volkseinkommens (in Milliarden DM) in der Bundesrepublik Deutschland

Jahr	Volks-einkommen	Einkommen aus unselbständiger Arbeit	Einkommen aus Unternehmertätigkeit und Vermögen			
			insges.	der privaten Haushalte	unverteilte Gewinne der Unternehmen mit eigener Rechtspersönlichkeit	des Staates
1950	74,5	44,1	30,5	25,3	4,3	0,9
1957	165,8	100,5	65,3	50,8	11,0	3,6
1961	240,8	150,1	90,7	71,1	15,0	4,6
1965	355,2	229,4	125,2	81,8	19,0	8,4
1969	459,4	299,4	160,0	127,4	25,4	9,2
1970	529,2	353,2	176,0	144,1	23,6	2,1
1971	585,7	400,2	185,5	154,5	21,4	2,4
1972	639,2	439,2	200,0	168,7	22,6	0,6
1973	714,5	498,6	215,9	181,1	24,7	0,4
1974	766,6	546,7	219,9	148,9	24,7	− 1,7
1975	797,5	569,3	228,3	192,5	25,3	− 4,4
1976	870,6		260,4			− 8,4

d) Produktivitäts- und Lohnzuwachs

In der Bundesrepublik legen die Sozialpartner in freier Entscheidung die Höhe der Löhne und der sonstigen sozialen Leistungen fest. Damit ist ihnen gegenüber der Gesamtwirtschaft eine hohe Verantwortung übertragen. Ihre Politik bestimmt neben anderen Einflußgrößen auch über die Stabilität von Wirtschaft und Währung. Sie haben dafür Sorge zu tragen, daß Produktivitäts- und Lohnzuwachs in harmonischer Weise aufeinander abgestimmt werden. Von ihrer Politik ist die gesellschaftliche und wirtschaftliche Entwicklung abhängig.

Die Unternehmer und die Gewerkschaften legen nicht nur die Lohnhöhe, sondern auch die Regeln und Methoden fest, nach denen der Lohn zu bestimmen und zu zahlen ist. Diese Regeln sind in den *Mantel-* und den *Lohntarifen* enthalten.

Der Staat hat in einer Demokratie mit freier Marktwirtschaft keine Möglichkeit, unmittelbar auf die Lohn- und Preisentwicklung Einfluß zu nehmen. Die Partner sind autonom. Nur indirekt ist es dem Staat in friedlichen Zeiten möglich, beispielsweise über die Zoll- und Finanzpolitik und auf Grund der von ihm erlassenen Gesetze − insbesondere der Arbeits- und Sozialgesetzgebung − wirksam zu werden. Da die Gewerkschaften als Vertreter der in unselbständiger Arbeit stehenden Menschen bislang direkt noch keinen Einfluß auf die Güterproduktion, die Dienstleistungen und die Preise ausüben, ist es verständlich, daß sie bestrebt sind, den der Leistung der Arbeitnehmer entsprechenden Anteil am Sozialprodukt über die Löhne und die sonstigen sozialen Leistungen zu erwirken.

Die Produzenten sind hingegen aus Wettbewerbsgründen daran interessiert, ihre Erzeugnisse zu günstigen Preisen auf den Markt zu bringen. Dies können sie jedoch nur dadurch erreichen, daß sie die Einsatzhöhe der einzelnen Produktionsfaktoren, zu denen ja auch die Arbeit gehört, in wirtschaftlich tragbaren Grenzen halten. Die Steigerung der Produktivität erreichen sie vor allem durch den wirtschaftlichen Produktionsablauf, indem sie die Produktionsfaktoren so beeinflussen, daß das Ergebnis der Arbeit zunimmt. In Bild A/4 ist der prozentuale Anstieg der Produktivität und der Anstieg der Löhne für einige Jahre dargestellt. Das Bild zeigt, daß der jeweilige Zuwachs keineswegs parallel verläuft. Lohnerhöhungen führen, sobald sie den Produktivitätszuwachs übertreffen, entweder zur Verminderung des Gewinnes oder sie erfordern die Erhöhung der Preise. Steigende Preise vermindern die Absatzchancen und beeinflussen somit auch die Produktionsmengen, geringere Produktionsmengen führen aber wieder zu höheren Produktionskosten. (s. II.C. und D.)

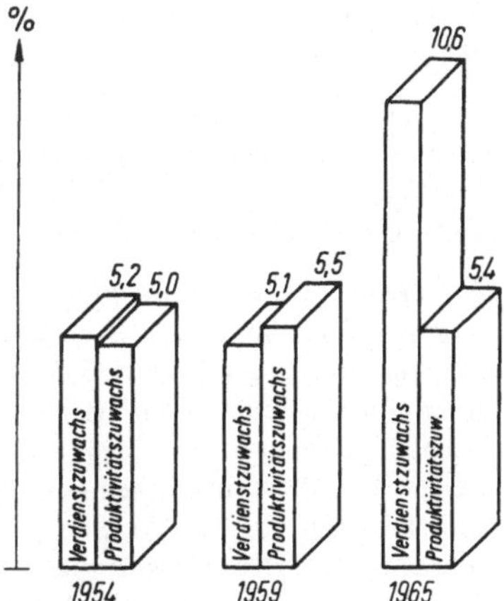

Bild A/4. Prozentualer Brutto-Verdienstzuwachs und Produktivitätszuwachs zu Preisen von 1954

Aus den sich vollziehenden Wechselwirkungen zwischen steigenden Preisen und steigenden Löhnen, können sich jedoch verhängnisvolle Nachteile ergeben. Die *Preis-Lohn-* bzw. *Lohn-Preis-Spirale* muß im Interesse einer stabilen Wettbewerbsfähigkeit und Währung verhindert werden. Aus der Tatsache, daß der Anteil der Lohnkosten an den Gesamtkosten in einzelnen Wirtschaftszweigen oder bei einzelnen Erzeugnissen relativ gering ist, kann nicht gefolgert werden, daß dann auch der Einfluß von Lohnerhöhungen sich nur unbedeutend auf die Preise auswirke. Die Täuschung entsteht hier nämlich durch die zu engräumige Betrachtungsweise. Es wird dabei übersehen, daß ein Erzeugnis bis zu seiner Fertigstellung eine große Anzahl von Produktionsstufen in den verschiedenen Wirtschaftszweigen durchläuft. In allen Produktionsstufen entstehen aber Lohnkosten, wenn auch in unterschiedlicher Höhe und in verschieden hohen relativen Anteilen an den jeweiligen Gesamtkosten.

Es bestehen aber auch Wechselbeziehungen zwischen Konsum und Produktion, da nämlich der *Kreislauf zwischen Arbeit und Lohn einerseit und Kaufkraft bzw. Konsum und Produktion andererseits* ausgeglichen sein muß. Diesen Kreislauf gilt es zu erhalten, unter Beachtung sonstiger gesamtwirtschaftlichen Einflußfaktoren.

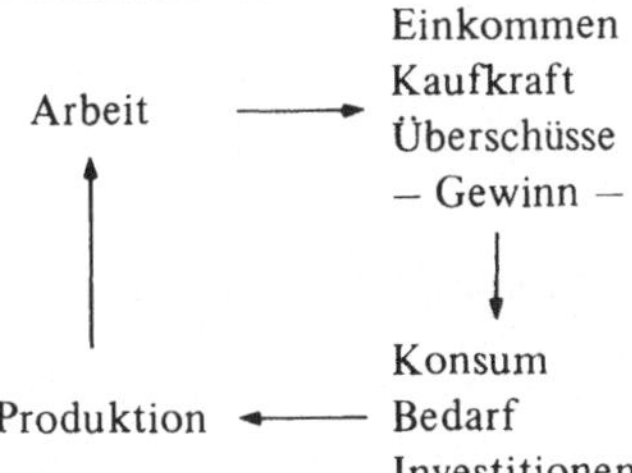

Die Entwicklung von Löhnen und Preisen ist natürlich auch von Angebot und Nachfrage auf dem Arbeitsmarkt und dem Gütermarkt abhängig. Einen wesentlichen Einfluß auf diesen Kreislauf üben die Investionen aus (Wettbewerbsfähigkeit-Beschäftigung).

4. Konjunktur und Zyklus

Unter *Konjunktur* werden die Schwankungen, die sich aus den wirtschaftlichen Aktivitäten im zeitlichen Ablauf (größerer Perioden) ergeben, verstanden.

Die Konjunkturdaten zeigen den Verlauf des Wachstums des volkswirtschaftlichen Tätigkeitsergebnisses (Sozialprodukt) und so auch der einzelnen Wirtschaftszweige über größere Perioden.

Das Handeln der Wirtschaft orientiert sich u.a. auch an den konjunkturellen Schwankungen. Die Unternehmen beziehen im allgemeinen in ihre geschäftpolitischen Entscheidungen den zu erwartenden Trend des Konjunkturverlaufes ein. Die Konjunktursituation beeinflußt u.a. auch die Entwicklung neuer Güter, vor allen jedoch die Bereitschaft zu Investitionen von Produktionsanlagen.

Der Trend wird einerseits vom wirtschaftlichen Verhalten der Produzenten und von den Käufern beeinflußt. In starkem Maße ist er also vor allem von den Aktivitäten der am Marktgeschehen beteiligten Gruppen abhängig (Bilder A/5 bis A/7). Andererseits sind alle Gruppen, die Unternehmen ebenso wie die in ihnen beschäftigten Mitarbeiter von der Konjunktursituation betroffen. Es bestehen komplizierte Wechselbeziehungen zwischen dem Verhalten der Verbraucher, der Produzenten und auch der allgemeinen Politik. Kennzeichen der konjunkturellen Situation sind auch die Veränderungen von Angebot und Nachfrage auf den Märkten. Der Wettbewerb wird bei rezessiver Entwicklung härter und wirkt sich preisdämpfend aus. Bei einer sich erholenden Entwicklung besteht der umgekehrte Trend. Die Konjunktur kann in verschiedenen Maßstäben gemessen werden, und zwar direkt an der Höhe des gesamtwirtschaftlichen Leistungsergebnisses (Sozialprodukt in DM) oder indirekt z.B. an der Zahl der Beschäftigten.

Die Schwankungen können also ihre Erklärung in mehreren miteinander verketteten Ursachen finden. Sind es mehrere Faktoren, so ist die Intensität des Einflusses der einzelnen Faktoren schwierig zu bestimmen. Wesentliche Ursachen sind u.a. in der Überproduktion durch zu große Kapazitäten, in zu hohen Preisen infolge von Kostensteigerungen, in den Geldwertänderungen, den Geldmengen und Geldströmen und sonstigen, wie z.B. aus der allgemeinen Politik sowie aus den internationalen Märkten sich ergebenden Einflüssen zu suchen. Von erheblicher Bedeutung sind auch die durch den Leistungsprozeß erzielten Überschüsse (Gewinne), von denen die Investitionsbereitschaft maßgeblich bestimmt wird.

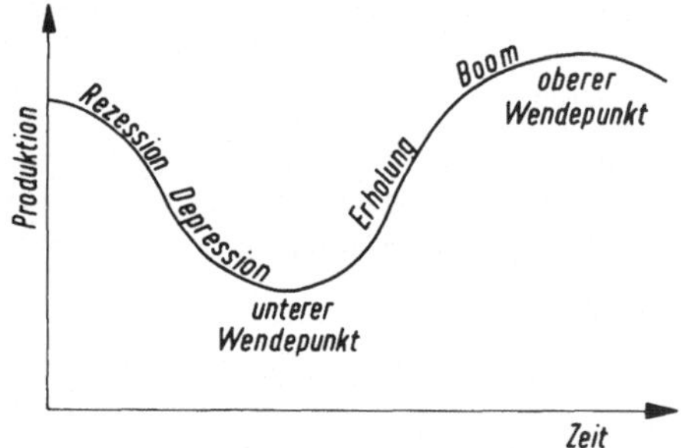

Bild A/5
Die Phasen des Konjunkturverlaufs

Das Beispiel zeigt den Konjunkturverlauf eines bestimmten Energieträgers. Die abfallende Konjunktur ist, obwohl die Gesamtkonjunktur der Wirtschaft eine steigende Tendenz aufweist, durch das Hinzutreten neuer Energieträger verursacht (Bild A/6).

Der *zyklische Verlauf* hingegen betrachtet die Bewegung des Marktes in engeren Zeiträumen (Bild A/7). Seine Charakteristik ist typisch für die saisonbedingten Konsumgüter, wie Spielwaren, Süßwaren. Der Güterverbrauch erfolgt hier nach einer für verschiedene Güterarten sich von Periode zu Periode in gleicher Weise wiederholenden Charakteristik.

Während der Konjunkturverlauf für weiträumige Planungen, z.B. die Erweiterung der Kapazität, von Bedeutung ist, spielt der zyklische Verlauf bei der Planung aller Einzelheiten der Produktion eine große Rolle. Bei hohen zyklischen Schwankungen ergeben sich für die Unternehmung eine größere Anzahl ökonomischer und personeller Probleme.

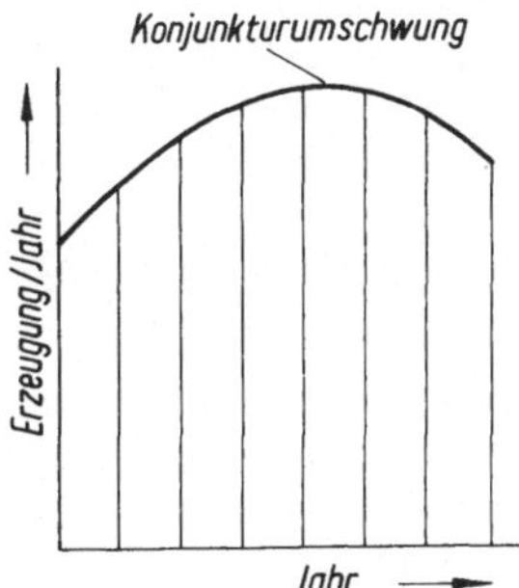

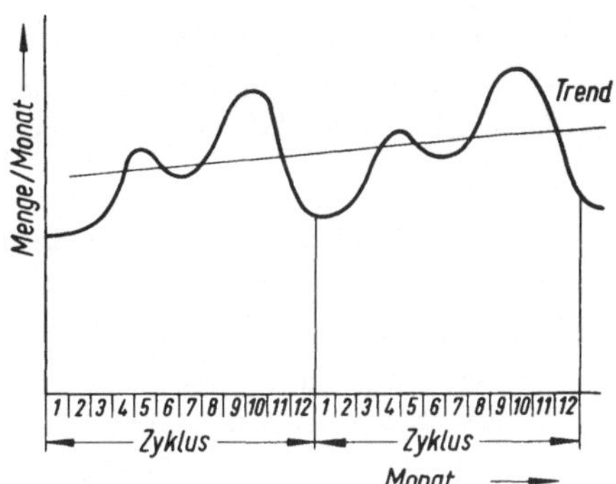

Bild A /6
Entwicklung einer Konjunktur

Bild A /7
Zyklischer Verlauf eines Wirtschaftszweiges

5. Grundlagen der Produktions- und Kostentheorie

a) Allgemeine Begriffe

Da die folgenden Ausführungen sich unter anderem mit Leistungen, Wirtschaftlichkeit, Rentabilität, Aufwand und Kosten befassen, sollen diesen zunächst einige Grundlagen der Produktions- und Kostentheorie vorangestellt werden. Im allgemeinen wird verstanden unter: (Bilder B/1, C/5, L/1)

- **Produktion.** Das *Hervorbringen* von *Leistungen* in einer Unternehmung durch das Zusammenwirken der Produktionsfaktoren. Die Betriebswirtschaft gliedert u.a. in die Faktoren Mensch, Stoff und Betriebsmittel. Dabei umfaßt der Begriff Betriebsmittel im weiten Sinne Räume, Anlagen, Maschinen, Werkzeuge, Vorrichtungen und auch Geld.

- **Kosten.** Der durch den betrieblichen Leistungsprozeß verursachte *Verzehr der bewerteten Produktionsfaktoren.*
  Die Bewertung der *Faktormengeneinheiten* ist abhängig von der Preissituation auf dem Beschaffungsmarkt einerseits, wie z.B. den Stoffpreisen, Energiepreisen, den Löhnen usw., und den innerbetrieblichen Festsetzungen und Dispositionen andererseits, wie z.B. den Abschreibungen und sonstigen kalkulatorischen Daten.

- **Aufwand.** Dem Unternehmen für eine Periode zugerechneter Verzehr ohne unmittelbaren Bezug zum Leistungsprozeß.

- **Ertrag** (auch als *Ausstoß* oder *Ausbringung* bezeichnet). Das in einer Periode durch den Produktionsprozeß erstellte, in Leistungseinheiten gemessene Mengenergebnis. Es zeigt sich in den erzeugten Güterarten- und -mengen sowie in den Dienstleistungen. Der *Ertrag* kann ebenso wie die Produktionsfaktoren bewertet und im *Geldmaßstab* ausgedrückt werden.

- Der **Erlös** ergibt sich aus den an den Markt abgegebenen und von ihm (durch die erzielten Preise) bewerteten Leistungen.

- **Wirtschaftlichkeit – Rentabilität.** Definitionen „Kennzahlen" siehe II.C.4..
  Den tatsächlich erzielten Preisen stehen die durch den Leistungsprozeß verursachten Kosten gegenüber. Ein *wesentliches Ziel jeder wirtschaftlichen Tätigkeit besteht nun darin,* den *Produktionsprozeß* so zu *planen,* zu *steuern* und zu *überwachen,* daß er rentabel ist, das besagt, daß die *erzielten Preise größer* als die entstandenen *Kosten* sein müssen, und daß das für die Durchführung des Prozesses notwendige *Kapital* die erwartete Verzinsung erbringt. (siehe II.C., Band II.F und Band III)

b) Produktionsfunktion (Ertrag)

In den meisten Fällen erfordert die Erstellung von Leistungen den Einsatz und Verbrauch von recht unterschiedlichen Produktionsfaktorarten n und Faktormengen $r_1, r_2, r_3 \ldots r_n$. Es können unterschieden werden:

- **Verbrauchsfaktoren.** Sie umfassen die in Mengeneinheiten gemessenen Faktorarten, die in das *Leistungsergebnis* z.B. die erzeugten Güter, unmittelbar eingehen. Es sind dies inbesondere die Stoffe.

- **Nutzfaktoren** – auch Potentialfaktoren genannt. – Es sind dies die Produktionsfaktoren, die während der Durchführung des Leistungsprozesses durch ihre Nutzung in Anspruch (zum Beispiel die Anlagen und Maschinen) genommen werden. Der durch die Nutzung entstehende Verbrauch – Abschreibungen – geht z.B. nicht unmittelbar in das Erzeugnis ein und ist nicht mehr in ihm sichtbar.

- **Als Produktionsfunktion** x wird die Beziehung für die Faktormengen $r_1, r_2 \ldots r_n$

$$x = f(r)$$

$$x = f(r_1, r_2 \ldots r_n)$$

bezeichnet.

Dabei wird davon ausgegangen, daß die *Faktormengen verfügbar* und insbesondere *substituierbar*, d.h. austauschbar sind.

Die Probleme bestehen jedoch in der Quantifizierbarkeit der Daten dann, wenn gleichzeitig mehrere verschiedenartige Güter erzeugt werden, und gleichzeitig viele Faktorarten und -mengen an dem Leistungsprozeß beteiligt sind. Lösungsmöglichkeiten bestehen, wenn auch nicht immer mit ausreichender Genauigkeit, durch Anwendung der Äquivalenzrechnung.

Das Ergebnis der Produktionsfunktion ist abhängig von der Kombination der Produktionsfaktoren nach Art und Einsatzmengen. Diese sind bestimmt, insbesondere von Dispositionen und von der Planung des Produktionsablaufes in den Arbeitssystemen in wirtschaftlicher, vor allem in organisatorischer, technologischer und in Bezug auf den Menschen in arbeitsmethodischer Hinsicht. Jeder Leistungsprozeß setzt im allgemeinen das Vorhandensein eines mehr oder weniger komplexen Arbeitssystems voraus. Der Vollzug bestimmter Arbeitsmethoden setzt eine entsprechende Leistungsbereitschaft des Menschen und die notwendigen Betriebsmittel voraus.

Dabei haben die Produktionsfaktoren Betriebsmittel und Menschen einen unterschiedlichen Einfluß auf die Höhe des Ausstoßes. Es geht hier darum, die Produktionsfaktorkombination so zu optimieren, daß ein maximaler Ausstoß – Ertrag – erzielt wird. In der Wirtschaft zeigt sich der Ausstoß in der erzeugten Gütermenge und ihrem Wert, der u.a. von der Kapazität und der Wirtschaftlichkeit des Produktionssystems sowie den Erlösen abhängig ist.

Die *Kapazität* wird durch die Faktoren Mensch und Betriebsmittel gebildet. Das Ausbringungsergebnis ist insbesondere vom rationellen Arbeitsablauf und der Wirksamkeit der Betriebsmittel und der Leistung des Menschen abhängig. Unter *Arbeitsablauf* wird das räumliche und zeitliche Zusammenwirken von Mensch und Betriebsmittel verstanden. Die Gestaltung des Arbeitsablaufes in einem Produktionssystem muß humane und ökonomische Aspekte gleichrangig berücksichtigen. Ökonomisch geht es um die Minimierung des Faktoreinsatzes und um die Maximierung des Ausstoßes. Bei der Humanisierung geht es u.a. um die zumutbare Belastung und Beanspruchung des Menschen und die Bezahlung seiner Leistung.

Der *Produktionskoeffizient* i ist eine wichtige Kenngröße für die Beurteilung der Wirksamkeit *eines* Produktionsfaktors

$$i = \frac{r_i}{x}$$

Er zeigt den Einfluß *eines* Produktionsfaktors r_i an der Ausbringung x und ist so ein Kriterium für die Gestaltung der Ertragsfunktion. Dieser Einfluß wird deutlich insbesondere bei der Grenzkostenrechnung (siehe Band II).

Die Produktionsfaktoren können gegliedert werden in:

die *unmittelbar wirkenden* und *eindeutig quantifizierbaren* Faktorarten wie z.B. Fertigungsstoffe, Hilfsstoffe, Energie.

die *mittelbar* wirkenden Faktorarten, also die zeitraumbezogen wirkenden Arten, wie z.B. der durch die Nutzung einer Anlage entstehende Verbrauch, und schließlich in die

dispositiven Faktoren, dies sind z.B. die die Gesamtprozesse und die Abläufe planenden, steuernden und überwachenden Faktoren.

Aus der Vielfalt der Faktorarten und -mengen und schließlich aus den Änderungen, die sich aus dem wirtschaftlichen Geschehen während der Durchführung ergeben können, bestehen auch die Probleme beim Aufstellen der wirksamsten Produktionsfunktion. Es geht bei der Planung auch darum, die Faktoren so zu kombinieren, daß ein Ausstoßmaximum erzielt wird und eine weitgehende Übereinstimmung von Soll und Ist gewährleistet ist. Die Veränderungen können von einsatzmäßiger Δr und von ausbringungsmäßiger Δx Art sein. Es ist dann die

Faktormenge $r + \Delta r$

und der Ausstoß $x + \Delta x$

Grenzproduktivität i des Produktionsfaktors wird bezeichnet der Ausdruck

$$i = \frac{\Delta x}{\Delta r_i}$$

Er zeigt den Einfluß des *jeweils zuletzt* eingesetzten Produktionsfaktors i auf den Ausstoß.

Tabelle A/3

Faktormenge r_i	Ertrag x	Grenzertrag Δx	Durchschnittsertrag e_i
1	4		4
2	10	6	5
3	18	8	6
4	22	4	5.5
5	25	3	5,0
6	27	2	4,5

Als *Durchschnittsertrag* e_i wird der *reziproke Wert der Grenzproduktivität i* bezeichnet

$$e_i = \frac{1}{i} = \frac{x}{r_i}$$

Dieser zeigt den Einfluß der einzelnen Produktionsfaktoren auf den Durchschnittsertrag. Einige Produktionsfaktoren, wie z.B. das Fertigungsmaterial und der Fertigungslohn sind nicht änderungswirksam.

Die Grenzproduktivität zeigt die produktivitätssteigernde Wirkung der jeweils letzten Faktoreinheit. Mathematisch wird sie durch den partiellen Differentialquotienten ausgedrückt

$$\lim_{\Delta r_i \to 0} \frac{\Delta x}{\Delta r_i} = \frac{\delta x}{\delta r_i} = \frac{\delta f(r_1, r_2 \dots r_n)}{\delta r_i}$$

Das *Ertragsgesetz* befaßt sich mit der Gesetzmäßigkeit der Ertragsänderung — des Ertragszuwachses — bei Änderung des letzten Produktionsfaktors n, wobei davon ausgegangen wird, daß die übrigen Produktionsfaktoren $n-1$ konstant gehalten werden.

$$x = f(\underbrace{r_1, r_2 \dots r_{n-1},}_{\text{Konstante } C} r_n)$$

$$x = f(C, r_n)$$

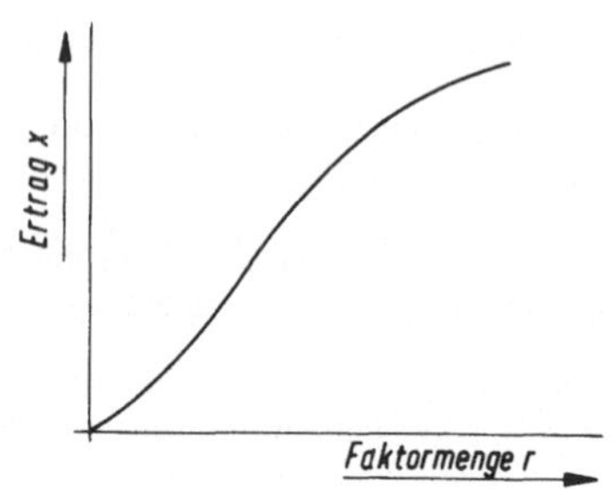

Bild A/8. Ertragsfunktion

Da bei konstantem C nur die Faktormenge r_n den Ertrag beeinflußt, ergibt die graphische Darstellung des Ertragsgesetzes einen S-förmigen Verlauf derart, daß der Ertrag infolge des fixen Faktors C zunächst nur schwach ansteigt, einem Minimum zustrebt und gegebenenfalls sogar abnimmt (Bild A/8). Eine weitere Steigerung der Faktormenge kann sich also sogar negativ auswirken (Tabelle A/3).

Der *Grenzertragswert* ist in diesem Zusammenhang ein Kriterium für die Produktivitätsentwicklung. Er ergibt sich mathematisch aus dem ersten Differentialquotienten der Gesamtertragsfunktion $\frac{dx}{dr} = t_{an}$ des Steigungswinkels. Diese theoretische Betrachtung geht weiter davon aus daß die Produktionsfaktoren substituierbar — d.h. in beliebiger Menge gegeneinander austauschbar sind. Bei gleichbleibender Produktionsmenge für zwei Faktoren r_1, r_2 gilt

$$x = f(r_1, r_2) = \text{konst.}$$

Zum Beispiel

Kombination	
1	2
$r_1 = 2 \cdot 10 = 20$	$4 \cdot 20 = 80$
$r_2 = 5 \cdot 20 = 100$	$4 \cdot 10 = 40$
$x_1 = 120$	$x_2 = 120$

Isoquante wird die graphische Darstellung dieses funktionellen Zusammenhanges bezeichnet (Bild A/9). Das Ertragsgebirge ergibt sich dann, wenn z.B. zwei Faktoren beliebig variiert werden. Die graphische Darstellung zeigt die Ertragsfunktion x für jede Kombination der Faktoren r_1, r_2 … (Bild A/10).

Damit sind auch die *Grenzen* der *praktischen Anwendung* dieser *theoretischen auf Faktormengen* bezogenen *Betrachtung* sichtbar.

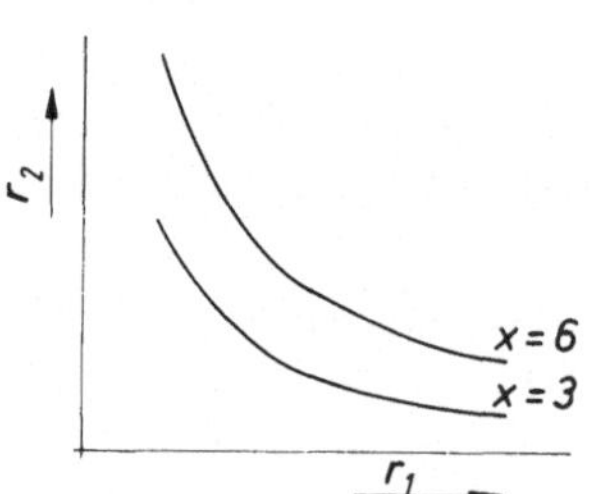

Bild A/9. Verlauf der Isoquanten

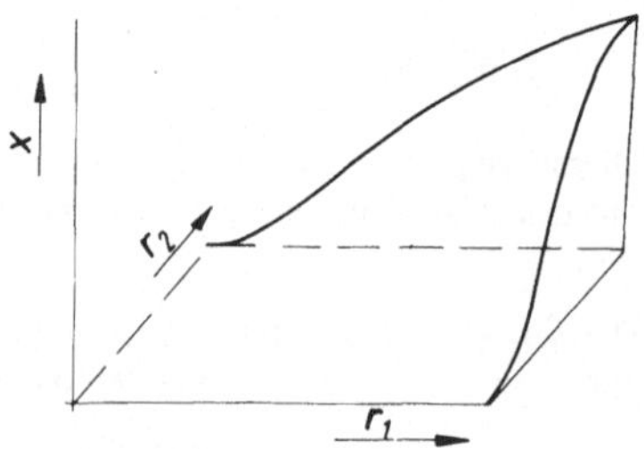

Bild A/10. Ertragsgebirge nach der Produktionstheorie

Bei der industriellen Gütererzeugung erfordert der Leistungsprozeß nämlich einen unterschiedlichen Einsatz von Produktionsfaktoren nach Art und Menge. Der Gesamtertrag eines Unternehmens setzt sich meistens aus Erträgen einer größeren Zahl der verschiedensten Produktarten zusammen, die in der gleichen Periode erstellt werden. Dabei ist es erforderlich, den Einsatz der Produktionsfaktoren ebenso wie den Ertrag in einem allgemein gültigen Maßstab — Geldmaßstab — zu messen, um so die einzelnen Daten addierfähig zu machen. Die Mengenbetrachtung wird durch eine Kostenbetrachtung — Bewertung der Mengen — ersetzt oder ergänzt. Für die Beurteilung des wirtschaftlichen Erfolges ist die Bewertung der Faktoren und Erträge (im Geldmaßstab) notwendig. Eine weitere Abweichung von der theoretischen Betrachtung besteht darin, daß die meisten Produktionsfaktoren nicht substituierbar und beliebig kombinierbar sind.

c) Kostenfunktion und Leistung

Die *Verbrauchsfunktion* zeigt bei dieser Betrachtung die Beziehungen zwischen dem bewerteten Verbrauch, der sich aus dem Einsatz der Produktionsfaktoren ergibt. Werden die Faktoren $r_1, r_2 \ldots r_n$ bewertet mit den Faktorpreisen $q_1, q_2 \ldots q_n$, so ergibt sich die Funktion für die Ausbringung

$$x = f(r_1 \cdot q_1 + r_2 \cdot q_2 + \ldots r_n \cdot q_n)$$

und so auch die Kostensumme, die für die Ausbringung notwendig war.

$$K = r_1 \cdot q_1 + r_2 \cdot q_2 + \ldots r_n \cdot q_n \ \text{(DM)}$$

Der Ausstoß x ist somit auch eine Funktion der Kosten

$$x = f(K), \quad \text{für die Kostenfunktion gilt } K = f(r) \text{ bzw. } K = f(m)$$

In der *Praxis werden deshalb die Betrachtungen vorzugsweise auf bewertete Mengen (die Kosten)* bezogen, denn beim industriellen Leistungsprozeß ist meistens eine Kombination der in den verschiedensten Mengenmaßstäben meßbaren Faktoren wirksam. Die Produktion erfolgt bei den oft umfangreichen und komplizierten Erzeugnissen in einer großen Zahl sich überlagernder und miteinander verketteter Systeme in vielen Produktionsstufen. Die Folgen der zur Lösung der Aufgaben erforderlichen Arbeitsabläufe werden nach Inhalt, Ort, Zeitbedarf und Zeitpunkt der Erledigung und schließlich auch die dafür erforderlichen Produktionsfaktoren vorgeplant.

Da die Kosten für einen bestimmten Ausstoß sich aus einer großen Anzahl Kostenarten (Gattungsbegriff für Kosten gleicher Ursachen, z.B. Materialkosten, Energiekosten, Lohnkosten), die von Einflußgrößen abhängig sind, zusammensetzen, unterscheidet die praktische Kostenrechnung u.a. zwischen fixen Kosten K_f, die in einem System auch bei einer Produktion Null entstehen können und den von den Ausstoßmengen abhängigen Kosten, die als variable Kosten der Mengeneinheit k_v bezeichnet werden (siehe Band II). So ergibt sich für die Erstellung (bei linearem Kostenzuwachs)

1. einer Produktart die Kostensumme für r bzw. m Produkteinheiten

$$K = K_f + \Sigma \, r \cdot q \ \text{(DM)}$$

oder

$$K = K_f + m \cdot k_v \ \text{(DM)}$$

und für die Kosten der Einheit einer Produktart

$$k_e = \frac{K_f}{m} + k_v \ \text{(DM / Einheit)}$$

2. gleichzeitig mehrere n Produktarten

$$K_n = K_f + \sum_{i=1}^{n} (m \cdot k_v)_i \ \text{(DM)}$$

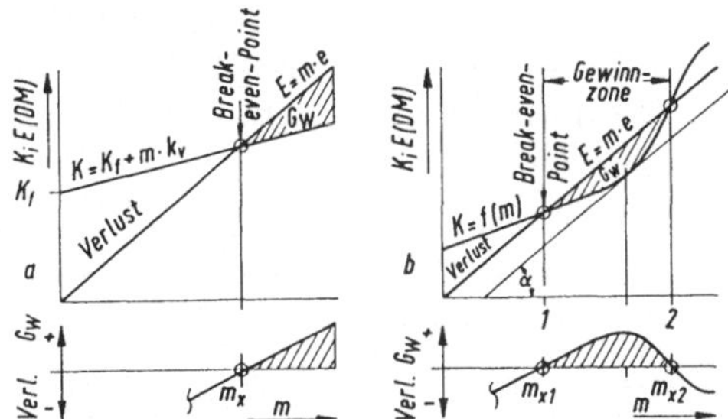

Bild A/11a und b. Kosten-Ertrags-Gewinnfunktion bei *linearer* (a) und *nichtlinearer* (b) Abhängigkeit von m.

Das Problem besteht bei der Kostenrechnung in der Aufstellung der Kostenfunktionen und in der Ermittlung der Daten der einzelnen Kostenglieder unter Berücksichtigung der Einflußgrößen.

Den *Kosten* steht als Ergebnis des Leistungsprozesses der *Ertrag E* gegenüber. Der im Mengenmaßstab gemessene Ertrag wird vom Markt durch den für die Leistungseinheit erzielbaren Preis e, der auch als Erlös bezeichnet wird, bewertet (Bild A/11a und b).

Der Gesamtertrag (-erlös) E für n Produktarten und die Produktmengen m ergibt sich für den Ausstoß in einer Periode

$$E = \sum_{i=1}^{n} (m \cdot e)_i \text{ (DM) und der Gewinn } G_W = E - K \text{ (DM)}$$

Da die Existenz eines Unternehmens von der Rentabilität abhängig ist, muß der erzielte Ertrag größer als die entstandenen Kosten

$$E > K \left(\text{Für die Kapitalrentabilität gilt: } R_{Kp} = \frac{G_W}{K_p} \right)$$

und die notwendige Verzinsung des eingesetzten Kapitals gesichert sein. Ob dieses Ziel erreicht wird ist abhängig von der Gestaltung des Produktionssystems und den darin wirksamen Systemelementen nach Art und Menge und Wert einerseits, und davon ob der Markt sich insbesondere hinsichtlich der erwarteten Absatzmengen und den erzielten Preisen in der erwarteten Weise verhält. Der Produktionsprozeß wird zwar mit Hilfe entwickelter Methoden sehr genau geplant, das Verhalten des Absatz- und Beschaffungsmarktes untersucht und mit Hilfe der Statstik und der mathematisch fundierten Trendberechnungen die Orientierungsdaten ermittelt, es bleibt jedoch immer ein *unberechenbarer Rest der Unsicherheit* und des *Risikos für jede unternehmerische Tätigkeit*. Von besonderer Bedeutung für die Beurteilung der wirtschaftlichen Situation (Kostendeckung) ist u.a. der vom Ausstoß abhängige Break-even-Point

$$m_x = \frac{K_f}{e - k_v}$$

B. Unternehmung

1. Funktion der Unternehmung

Die Unternehmung ist in der *freien Marktwirtschaft* eine wirtschaftlich selbständige Einheit. Sie ist eine das Angebot der Güter bestimmende Komponente im marktwirtschaftlichen Geschehen und stellt die für die Durchführung der Produktion erforderlichen Mittel zum Einsatz der Produktionsfaktoren, insbesondere also das Kapital, zur Verfügung. Sie wird zur Erfüllung der von ihr selbst gestellten Aufgaben gegründet und verfolgt im wesentlichen drei Ziele, nämlich

1. das in die Unternehmung eingebrachte Kapital zu erhalten bzw. es so wirksam arbeiten zu lassen, daß es sich vermehrt; – Rentabilitätsziel –

2. den Bedarf an Gütern und Dienstleistungen des Marktes zu decken,

   schließlich sind zu nennen:

3. z.B. ethische und soziale Ziele. Prestige, Machtziele.

   Im Vordergrund steht jedoch in der Wettbewerbswirtschaft das Rentabilitätsziel. Von der Rentabilität ist u.a. die Existenz des Unternehmens und seiner Mitarbeiter fast ausschließlich abhängig.

Unter Kapital werden dabei alle in das Unternehmen eingebrachten und im Geldwertmaßstabe zu messenden *materiellen* und *immateriellen* Güter verstanden. Zu den materiellen Gütern zählen Geld, Grundstücke, Gebäude, Maschinen, Einrichtungen, Werkstoffe usw., zu den immateriellen die geistigen Güter wie, Patente, Konstruktionen und dgl.

Die *Führung der Unternehmung* erfolgt nach rechtlichen und organisatorischen Regeln und Rechtsformen. Je nach der gewählten Rechtsform (z.B. oHG, KG, GmbH, AG) haftet sie in unterschiedlicher Weise für ihre Handlungen. Die Aufgaben der Unternehmung, die Rechte und Pflichten der der Gesellschaft angehörenden Personen und ihrer Führungsorgane, sind in Verträgen, Satzungen und in der Organisation festgelegt[1].

Der Erfolg der wirtschaftlichen Tätigkeit ist vorwiegend durch das unternehmerische und geschäftsführende Wirken bestimmt. Die Geschäftsführung ist die treibende Kraft. Sie übt die planende, führende und überwachende Funktion aus, erwägt Maßnahmen, trifft Entscheidungen und faßt Entschlüsse. Von ihrem *Wagemut zur Übernahme des Risikos* sowie ihren Ideen ist es abhängig, ob die festgesetzten Ziele mit Erfolg erreicht werden. Sie trifft ihre Entscheidungen auf Grund der Abschätzung der zukünftigen Wirtschaftsentwicklung.

Da in der freien Wirtschaft die Unternehmung als eigenverantwortliche, selbständige Wirtschaftseinheit inmitten des Marktes steht, nimmt sie zur Erfüllung der gestellten Aufgaben Güter und Dienstleistungen aus dem Markt auf und gibt ihre eigenen Leistungen an den Markt ab. Dabei gehört die Sorge um den Absatz der von ihr hergestellten Güter, sowie die Feststellung des Bedarfes und die Bereitstellung der Produktionsfaktoren und schließlich die Erzielung und Überwachung der Wirtschaftlichkeit des Produktionsprozesses zu ihren wesentlichsten Funktionen.

Die in den Markt eingebettete Unternehmung zeigt mit ihren Hauptfunktionen Absetzen, Beschaffen, Produzieren und Verwalten und den sich aus der wirtschaftlichen Tätigkeit ergebenden Daten und Kenngrößen Bild B/1. Ihre Wirksamkeit ist abhängig von wirtschaftlichen, soziologischen und politischen Einflüssen. Das System „Unternehmung" setzt sich aus vielen Untersystemen zusammen, die zueinander in Beziehung stehen. (siehe auch Bild E/4 und L/1)

Jede Unternehmung ist ein mehr oder weniger komplexes System, das zu seiner Umwelt in Beziehung steht, und von den Umweltereignissen betroffen und beeinflußt wird.

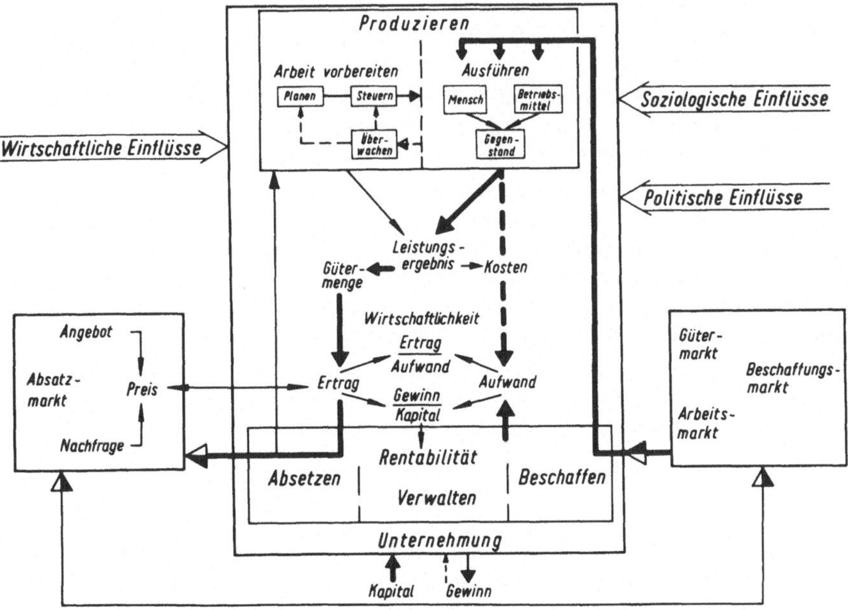

Bild B/1. Zusammenhänge Unternehmung – Markt, Leistung – Wirtschaftlichkeit – Rentabilität

---

[1] *Ott / Wendlandt,* Wirtschafts-, Rechts- und Sozialkunde, Vieweg 1975.

Die *wirtschaftlichen* Einflüsse ergeben sich aus der sich ständig verändernden Wettbewerbssituation auf den Märkten, die sich aus dem Bedarf und der Nachfrage, insbesondere jedoch aus dem Angebot der Konkurrenten ergibt. Sie beeinflußt die Entwicklung der Güter, die Produktionsverfahren und Einrichtungen, die zur kostengünstigen Herstellung der Güter notwendig sind und die Organisation.

Die *sozialen* Einflüsse ergeben sich aus der Entwicklung der menschlichen Gesellschaft, dem Wirken des Staates und der Sozialpartner. Sie beeinflussen die Arbeitsbedingungen durch Gesetze und Verträge, sie bestimmen die Regeln für Leistung und Gegenleistung für die sich aus den Arbeitsaufgaben ergebenden Anforderungen und Beanspruchungen der Menschen usw.

Der *politische* Einfluß besteht neben dem Wirken der Sozialpartner, durch die internationale, insbesondere jedoch durch die nationale Politik der Regierungen; durch die Gesetzgebung im sozialen und gesellschaftlichen Bereich, sowie die Steuer-Geld-Zollpolitik, und durch die Gewährung von Wirtschaftsförderungen, z.B. in Form von Subventionen. Schließlich sind die Einflüsse der internationalen Märkte zu nennen.

In der freien Marktwirtschaft vollzieht sich nun das Geschehen im freien Spiel der Kräfte. Angebot und Nachfrage stehen einander gegenüber und bestimmen die Höhe des Absatzes der Produktion. Dabei wird der Markt im wesentlichen von den wirtschaftlichen Interessen von Produzenten und Händlern und schließlich vor allem von den Konsumenten bestimmt. Die freie Konkurrenz sorgt dabei stets für eine ausgleichende Wirkung zwischen Angebot und Nachfrage, sowie zwischen dem erforderlichen und dem erzielbaren Preis (Bild B/2). Diese Komponenten entwickeln auch die Triebkräfte, die eine Produktivitätssteigerung herbeiführen. Der Markt muß deshalb stets sorgsam von der Unternehmung beobachtet werden, wenn sie dem Konkurrenten nicht unterliegen will. Dies gilt in gleicher Weise auch für den Beschaffungsmarkt.

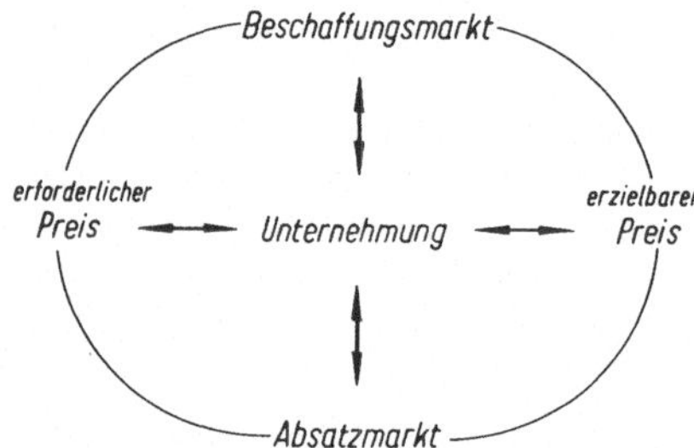

Bild B/2. Unternehmung – Markt – Preis

Die *Marktbeobachtung* erstreckt sich nicht nur auf die Absatzlage des Unternehmens hinsichtlich ihrer einzelnen Erzeugnisse und der geographischen Lage ihrer Abnehmer und deren Bedürfnisse, sondern auch auf die Tätigkeit der Konkurrenten und sich entwickelnder Strukturänderungen.

Da der Absatz bestimmter, bereits angebotener Güter in einer freien Marktwirtschaft nicht immer regelmäßig und in konstanter Höhe verläuft und außerdem neue Bedürfnisse entstehen, ist es notwendig, daß die Unternehmung den Markt laufend und nicht nur gelegentlich beobachtet, um so rechtzeitig finanzielle und technisch-wirtschaftliche Maßnahmen einzuleiten, damit sie ihren Marktanteil in der bisherigen Höhe behält oder gar steigert. Das ist nicht nur ein ökonomisches Erfordernis, sondern auch eine soziale Verpflichtung gegenüber den Beschäftigten, insbesondere zur Sicherung der Arbeitsplätze.

Der gesamtwirtschaftliche Wachstumsverlauf gibt ihr, in Verbindung mit der Marktforschung, die Grundlage für ihre Aufgabenstellungen und Dispositionen für die nähere und weitere Zukunft. Es sind dabei die Tendenzen über größere und kleinere Zeitabschnitte zu ermitteln.

Marketing ist der zusammenfassende Ausdruck für alle Aufgaben, die mit der Herstellung und dem Absatz von Erzeugnissen, insbesondere jedoch mit der *Einführung neuer Produkte zu* bearbeiten sind. *Da Produktionsentwicklung und -absatz und Verkaufsförderung Ausgangspunkte für die weitere Entfaltung und die zukünftigen Erfolge der Unternehmung sind, können sie wohl als die wesentlichste zentrale Aufgabe unternehmerischer Tätigkeit angesehen werden.* Die Entschließung über Art, Ausführung, Menge und Zeitpunkt der Einführung neuer Erzeugnisse beinhaltet wohl auch das größte Risiko der unternehmerischen Entscheidung und erfordert deshalb die zuverlässige Erarbeitung der technischen und wirtschaftlichen Daten, die zu einer umfassenden Planung erforderlich sind. Es gilt dabei, die in den einzelnen Arbeitsbereichen der Unternehmung, wie der Projektierung, Entwicklung, Konstruktion,

Formgestaltung, Fertigungsplanung, Absatzplanung, Finanzplanung, zu erarbeitenden Teilergebnisse nicht nur zusammenzufassen, sondern unter Hinzuziehung von Spezialisten zu bearbeiten und von Anfang an zu koordinieren.

Die *Phase* der Voruntersuchung und Entscheidung beinhaltet u.a. die Durchführung der Markterkundung und die Erarbeitung der sich daraus ergebenden Prognosen, auf denen die Entscheidung über die Durchführung eines Projektes beruhen. Die *Entwicklungs-* und *Planungsphase* hat zwei Hauptaufgaben zu lösen:

- Die *Entwicklung* des Erzeugnisses. Sie umfaßt die Projektierung, den Entwurf in Form von Zeichnungen und Stücklisten usw., sowie die *Fertigung* und Erprobung der Prototypen.

- Die *Planung* der *Produktionssysteme*, der *Abläufe* und die Ermittlung der für die Durchführung der Produktion erforderlichen *Daten* zur Beschaffung der *Produktionsfaktoren*.

Die *Anlaufphase* umschließt die Zeitdauer, die notwendig ist bis zum Erreichen der vollen Kapazitätsnutzung und des geplanten Ausstoßes.

Die *Durchführungsphase* des geplanten *Ausstoßes* und Absatzes ist die Periode während der, die bereitgestellte Kapazität entsprechend der Konjunktur genutzt wird. In dieser Phase müssen die wirtschaftlichen Ziele realisiert werden.

Die *Auslaufphase* beginnt mit dem Zeitpunkt, ab dem sich eine stetig fortsetzende Verminderung des Absatzes einstellt, wobei sich schließlich die Produktion nur noch auf die Herstellung von Ersatzteilen erstreckt.

Die fortschreitende Entwicklung in allen Gebieten der wirtschaftlichen Tätigkeit und die Sättigung des Bedarfes bestimmter Güter sind zwei wesentliche Faktoren, die für die Lebensdauer einer Produktion mitbestimmend sind. Eine vorrangige Aufgabe der Unternehmensleitung besteht deshalb u.U. darin, die typischen Phasen eines Produktionsverlaufes und die wahrscheinlich zu erwartende Zeitdauer der Produktion abzuschätzen, da diese die Kapazitätsnutzung und damit den Ausstoß bestimmt. Die Daten lassen sich aus den verschiedensten Gründen nicht exakt im Voraus bestimmen. Der Grad der Sicherheit ist in der Erfahrung begründet und sollte sich auf die statistische Auswertung von Ist-Daten stützen, die sich aus der Marktbeobachtung ergeben.

Je nach der Erzeugnisart besteht in Abhängigkeit vom Absatz eine mehr oder weniger lange Zeitdauer der Produktion innerhalb der das für das Produktionssystem und die Entwicklung und Planung eingesetzte Kapital amortisiert sein muß. Die Kenntnis der zu erwartenden Zeitdauer der einzelnen Phasen ist schließlich auch deshalb von erstrangiger Bedeutung, weil rechtzeitig vor Beginn der Auslaufphase ein neues Erzeugnis in die Hauptproduktionsphase einlaufen muß, damit größere Schwankungen in der Beschäftigung und negative wirtschaftliche Auswirkungen vermieden werden. Der Verlauf einer Produktion vollzieht sich im wesentlichen in den in Bild B/3 dargestellten Phasen, die auch für die Zeitpunkte unternehmerischer Entscheidungen von Bedeutung sind. (Lebenslauf einer Produktion)

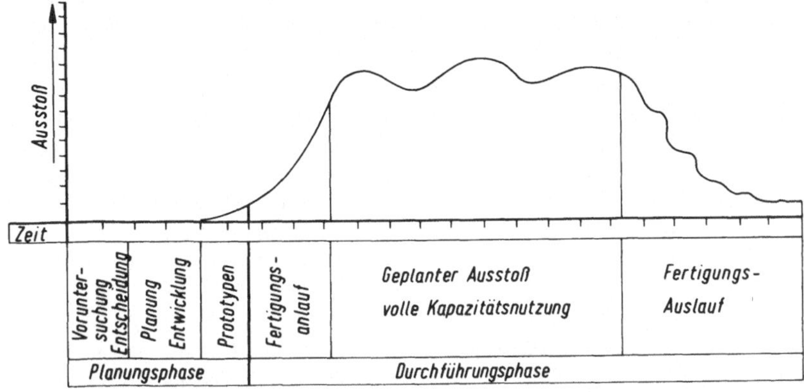

Bild B/3
Phasen der Planung und Durchführung einer Produktion

2. Der Markt

a) Marktforschung

Die Marktforschung hat die systematische Beobachtung des Marktes zum Ziele. Sie wird von den einzelnen Unternehmungen mit unterschiedlicher Intensität betrieben. Da die Märkte hinsichtlich ihrer Entfernung vom Produzenten sowie der angebotenen Güterarten und Mengen immer größer werden, wächst der erforderliche Aufwand für diese Aufgaben. Ihre Bedeutung nimmt auch deshalb zu, weil die Entwicklung der Güter nicht nur einen größer werdenden Zeitraum und Aufwand erfordert, sondern weil die zunehmende Mechanisierung und Automatisierung der Gütererzeugung den Einsatz immer höherer Kapitalmittel erfordert, und deshalb Fehlentscheidungen vermieden werden müssen. Diese Aufgabe gewinnt weiterhin an Bedeutung, weil die Märkte immer größer werden.

Auf eine gute und sichere Marktforschung kann vor allem die Großunternehmung nicht mehr verzichten; denn sie vermindert nicht nur das Risiko, sondern stellt eine wesentliche Grundlage für ihre Dispositionen dar. Sie soll also vor allem die Konkurrenzfähigkeit der Unternehmung erhalten und sie in den Stand versetzen, rechtzeitig preiswürdige Güter anzubieten. Aus der Marktforschung ergeben sich die Aufgaben der Zukunft.

Die Nachforschungen dehnen sich dabei auch auf die *Nebenmärkte* aus, da Entwicklungen und Tendenzen den eigenen Produktionsbereich auch mittelbar beeinflussen können. So wird die Entwicklung neuer Konsumgüter, Stoffe und Verfahren beispielsweise unter Umständen die Produktions- und Investitionsgüterfertigung beeinflussen. Aber auch der *Beschaffungsmarkt* erfordert eine *sorgsame Überwachung.* Es geht dabei darum, die wirtschaftlich und qualitativ günstigsten Einkaufsquellen zu erschließen.

b) Marktanalyse

Die Marktanalyse bedient sich dabei vor allem der *Befragung* des Interessentenkreises – der Abnehmer – und benutzt dazu als organisatorisches Mittel einen *Testbogen.* (Bild D/20)

Die Zusammenhänge wurden hier deshalb in großen Zügen dargestellt, weil sie vor allem bei der Entwicklung der Erzeugnisse und der Planung des Produktionsprozesses interessieren. Die Beurteilung der Qualität der Erzeugnisse wird im Abschnitt D „Rationalisierung" eingehender behandelt, da sie bei der Neuentwicklung und Fertigung der Güter von Bedeutung ist. (Bild D/3)

Die Marktanalyse kann sich z.B. befassen:

1. Mit dem *Erzeugnis;* der *einzelnen Güterart.* Es geht dabei darum, möglichst genau den Gesamtbedarf des Marktes und insbesondere vor allem die Qualitätsforderungen zu erkunden.

2. Mit den *Teilmärkten,* ihrer geographischen Abgrenzung, der Absatzdichte, den Verkehrswegen und dem Abnehmerkreis, da der Absatz auch beeinflußt ist von der Bevölkerungsdichte, den Lebensgewohnheiten, dem Geschmack und den sozialen Verhältnissen der Käuferschichten.

3. Mit den *Abnehmern* und deren Meinungsbefragung hinsichtlich der Qualität des eigenen Produktes und derjenigen des Konkurrenten, der Ermittlung der Wünsche, die eine Verbesserung der Qualität und Preise zum Ziele haben, und schließlich dem voraussichtlichen Bedarf an bereits vorhandenen, schon angebotenen und neu zu entwickelnden Güterarten.

4. Mit dem *Konkurrenten.* Es ist wesentlich zu erfahren, wie hoch dessen Marktanteil ist, wie die Kunden über die Qualität seiner Waren denken, ob seine Erzeugnisse mit Schutzrechten versehen und ob er weiterhin neue Produkte in der Entwicklung hat. Es interessiert auch die Art seiner Werbung und des Vertriebes, hier insbesondere seine Organisation und seine Preisbildung. Von weiterem Interesse können seine Produktionskapazität, die Produktionsmethoden und -einrichtungen, die Kapitalsituation und schließlich die personellen Verhältnisse hinsichtlich der Unternehmensführung sein.

c) Marktprognose

Durch die Marktprognose sollen die *voraussichtlichen Absatzchancen* für die Unternehmung beurteilt werden. Sie soll für die Güterarten die voraussichtlich absetzbaren Mengen und die Qualitätsanforderungen voraussagen. Da auf ihr die Produktionsdispositionen aufbauen, hat sie innerhalb der Unternehmensfunktion eine ebenso wichtige wie verantwortungsvolle und auch schwierige Aufgabe im komplizierten Wirtschaftsgeschehen zu erfüllen. Von ihrer Aussage ist unter Umständen die weitere Existenz der Unternehmung bestimmt. Auf Grund ihrer Voraussage wird der Finanzbedarf ermittelt, das Kapital bereitgestellt, das nach Abschluß der technisch-kaufmännischen Planungen für die Durchführung der Aufgaben erforderlich ist.

3. Marketing – Produktionsmanagement

Die Grundlagen für die Gründung und Führung eines Unternehmens ergeben sich u. a. aus der Orientierung auf dem Markt, seinem Leistungsangebot und seinen Leistungsforderungen. Aus den dabei gewonnenen Daten werden die zukünftigen Ziele und so auch die zu ihrer Verwirklichung erforderlichen Aufgaben, insbesondere zunächst für die Planung und schließlich für die Durchführung festgelegt. Mit dem Marktgeschehen und seinen Wirkungen auf die Unternehmen befaßt sich das Marketing. Für den Marketing-Begriff gibt es nicht nur die verschiedensten Definitionen, sondern in der Wirtschaft werden ihm die verschiedensten Funktionen zugeordnet. Die Marketingfunktion befaßt sich im Schwerpunkt mit dem Absatz und steht neben den Hauptfunktionen Beschaffen, Produzieren und Verwalten gleichrangig. Unter ihm sind alle für den Absatz erforderlichen Funktionen zusammengefaßt. Dabei geht es vor allem darum, aus dem Marktgeschehen die Daten zu ermitteln, die für die unternehmenspolitischen Entscheidungen von Bedeutung und die für eine zukunftsorientierte Entwicklung notwendig sind. Schließlich werden auf dem Markt die Aktivitäten der Konkurrenten, die Markterwartungen und schließlich das Verhalten der Abnehmer und mögliche Änderungstendenzen sichtbar.

Dabei geht es nicht nur um die Planung und Entwicklung neuer Erzeugnisse, sondern auch um die Anpassung der Produkte an veränderte Anforderungen und die Ermittlung des Absatztrends, damit das Fertigungsprogramm rechtzeitig den Absatzerwartungen angepaßt werden kann. So wendet das *Marketing wissenschaftlich fundierte Methoden* der *Statistik* und *Mathematik,* der *Wahrscheinlichkeitsrechnung* und *Regressionsrechnung* und *Psychologie* an.

Vom Marketing gehen schließlich Einflüsse auf die Gestaltung der Aufbauorganisation aus, derart, ob z. B. die einzelnen Funktionsstellen nach Produktgruppen aufgeteilt werden müssen. Bei der marktorientierten Führung wird ein *Produktmanagement* gebildet, dem die Koordinierung zwischen Markt

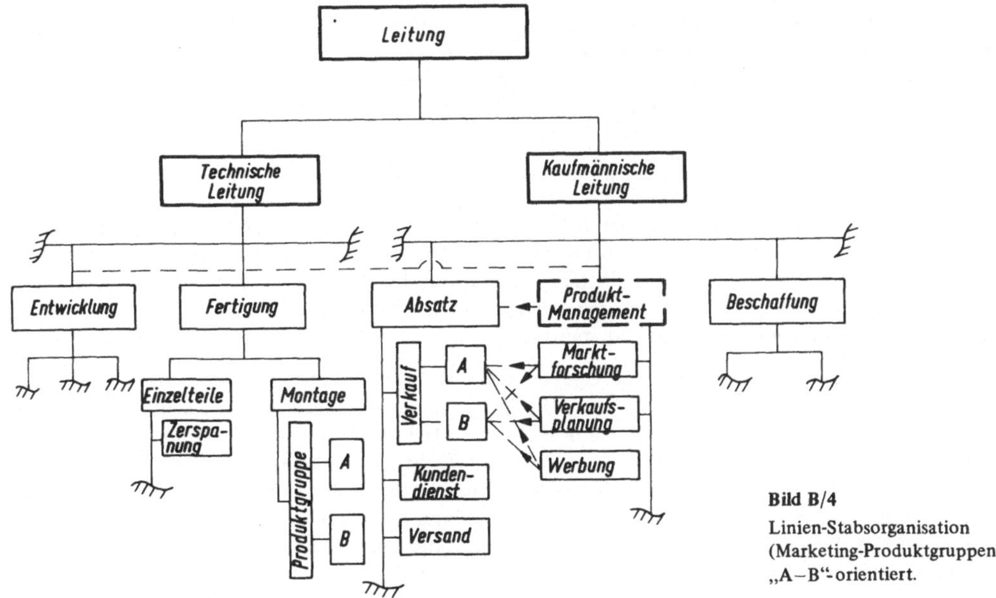

Bild B/4
Linien-Stabsorganisation (Marketing-Produktgruppen „A–B"-orientiert.

und Herstellung übertragen wird. Dabei kann dem Marketing in der Organisation eine Linien- oder eine Stabsfunktion zugeordnet sein (Bild B/4). Wesentlich ist schließlich, daß das Marketing als ein Regelsystem konzipiert wird, dies insbesondere deshalb, weil der Markt Störgrößen vielfältiger Art ausgesetzt ist, die sich auf ein Unternehmen auswirken. Das Marketing ist ein Teilsystem im System Unternehmen, das zugleich mit dem System Markt verkettet ist. Daten müssen zeitgerecht erfaßt, verarbeitet, kontrolliert und analysiert, und Konsequenzen daraus gezogen werden.

4. Finanzierung des Wirtschaftsprozesses

Der betriebliche Leistungsprozeß setzt die notwendigen Kapazitäten in Form von Betriebsmitteln z.B. den Grundstücken, Räumen, Anlagen, Maschinen und den sonstigen Produktionsfaktoren z.B. den Werkstoffen, Betriebshilfsstoffen, Energie usw., die auf den Märkten erworben und bezahlt werden müssen und schließlich die erforderlichen Menschen voraus (siehe auch II.B.7b), Bild H/32.

Bereits bei der Gründung eines Unternehmens hat die Ermittlung des zur Durchführung der Aufgaben erforderlichen Kapitalbedarfs und seine Bereitstellung eine erstrangige Bedeutung. Die richtige Bemessung der Kapitalmittel bestimmt insbesondere auch den zukünftigen reibungslosen Produktionsprozeß, den Zahlungsverkehr und die Rentabilität von Anfang an. Von der Einhaltung der Zahlungsverpflichtungen ist u.a. das Ansehen des Unternehmens und seine Kreditwürdigkeit bei den Geschäftspartnern und den Kreditinstituten abhängig. Eine wichtige Aufgabe besteht in diesem Zusammenhang in der Überwachung der Liquidität. Die Liquiditätskennzahl sagt aus, zu wieviel % die Zahlungsverpflichtungen an einem bestimmten Zeitpunkt gedeckt sind.

$$Liquidität = \frac{Geldanfangsbestand\ plus\ Zahlungseingang}{Zahlungsverpflichtungen}\ 100\ (\%)$$

Nach der Herkunft des Kapitals und seiner Bindungsdauer kann unterschieden werden:

Das *Eigenkapital.* Es wird von den Unternehmensinhabern – Teilhabern – insbesondere bereits im wesentlichen bei der Unternehmensgründung eingebracht und wird den langfristig gebundenen Kapitalmitteln zugeordnet.

Das *Fremdkapital* wird hingegen dem Unternehmen von Dritten – Gläubigern – gegen Sicherheiten zur Verfügung gestellt. Fremdkapital fließt der Unternehmung in Form von Geldmitteln –Bankkredite – zu. Dieser Anteil am Kapitalbedarf wird inbesondere von den Zahlungszielen für die von den Kunden gelieferten Waren –Werkstoffen, Betriebshilfsstoffen, Werkzeugen usw. beeinflußt –. Diese Kapitalmittel stehen in Form von Sachwerten kurz-bis mittelfristig zur Verfügung. Die Finanzierungsstruktur – die Anteile des Eigenkapitals und des Fremdkapitals am Gesamtkapital – beeinflußt die Rentabilität und die Krediterlangung.

Hinsichtlich der Verwendung der Mittel werden unterschieden:

a) *Einmalige Finanzierungsaufgaben.* Sie bestehen bei der Unternehmensgründung in der Kapazitätsbeschaffung, nämlich bei der Anschaffung der Anlagen, der Maschinen, der Räume usw. Schließlich sind zu nennen der Kapitalbedarf für Sanierungen oder bei der Fusion. Einmalige Finanzierungsaufgaben dieser Art treten auch in größeren Zeitabständen z.B. bei der Notwendigkeit von Ersatzbeschaffungen oder von Kapazitätserweiterungen auf.

b) *Laufende Finanzierungsaufgaben.* Sie ergeben sich aus der Durchführung der Produktionsaufgaben. Es geht dabei um die Bereitstellung der Mittel, die für die gekauften und zu bezahlenden Produktionsfaktoren z.B. für den Werkstoff, die Betriebshilfsmittel, Werkzeuge und Vorrichtungen, die Lohn- und Gehaltszahlungen, die Energie, Betriebshilfsstoffe usw. notwendig sind. Diese Finanzierungsaufgaben treten kontinuierlich auf. Sie bedürfen der fortlaufenden Anpassungen an die Veränderungen, die sich aus dem Markt und der Höhe der Produktion ergeben. Sie nehmen in Abhängigkeit von der Nutzung der Kapazität zu oder ab. Die Finanzierungsaufgaben sind in der Aufbauorganisation dem Finanzwesen zugeordnet.

Errechnung der Finanzierungsbeträge

Die Kapitalmittel können in *fixe* und *variable* Anteile eingeteilt werden (siehe Band II und III).

Die *fixen* Anteile ergeben sich im wesentlichen aus dem Kapitalbedarf der für die einmaligen Anschaffungen, wie sie auch im Anlagevermögen der Bilanz ausgewiesen sind. Diese Anteile lassen sich verhältnismäßig sicher berechnen. Grundlage hierfür ist die Planung des Produktionsprozesses. Von Einfluß sind die für die Durchführung der Aufgaben erforderlichen Arbeitssysteme, insbesondere der erforderlichen Betriebsmittel im weiten Sinne und der preisgünstige Einkauf derselben. Die Auswahl der Anlagen und die für die Beschaffung notwendigen Kapitalmittel bestimmen die Wirksamkeit des Produktionssystems, seine Wirtschaftlichkeit und Rentabilität.

Die *variablen* Kapitalmittel bedürfen einer fortgesetzten Anpassung an die Veränderungen, die sich aus der wirtschaftlichen Tätigkeit und auf den Märkten ergeben. Die Grundlage bilden der *Absatzplan,* aus dem der *Produktionsplan* entwickelt wird. (Bild H/17, H/32 und III. L. und Band III.)

Die zu erwartenden *Einnahmen* ergeben sich aus dem *Absatzplan,* also den Absatzmengen und voraussichtlich erzielbaren Preisen.

Für die zu erwartenden *Ausgaben* ist der *Produktionsplan* bestimmend. Die Ermittlung der für die Durchführung eines Produktionsplanes voraussichtlich entstehenden Ausgaben erfolgt aufgrund der in der technischen Planung ermittelten Mengendaten für die erforderlichen Produktionsfaktoren und ihren Preisen – Werkstoffe, Hilfsstoffe, Personalkosten, Energie usw. –. Die Ausgabendaten können jedoch auch aus der Kostenrechnung unter Berücksichtigung der Phasenverschiebungen ermittelt werden, da Ausgaben und Kosten nicht immer in gleichen Perioden anfallen.

Diese Planungsdaten sind jedoch abhängig von einer großen Zahl von Einflußgrößen, u.a. sind zu nennen die Absatzschwankungen, Preisschwankungen. Von erheblicher Bedeutung für den Kapitalbedarf ist der *zeitliche Ablauf* in der Produktion und der Zahlungsverkehr zwischen den Geschäftspartnern.[1]

Entscheidend sind hier die Zeitdauer der Lagerung des Rohmaterials und der Fertigprodukte, die Durchlaufzeit während der Produktion, die Lagerbestände und die Zahlungsziele der Kunden einerseits und die Zahlungsziele der Unternehmung gegenüber seinen Lieferanten andererseits. Veränderungen in den Produktionsmengen, den Preisen und im Zahlungsrhythmus beeinflussen den Kapitalbedarf und so die Liquidität eines Unternehmens. Ein weiterer Einfluß besteht bei nicht ausreichender Wirtschaftlichkeit, also dann, wenn die Kosten die Erlöse längere Zeit nicht decken und sich so durch die Verluste die Kapitalsubstanz vermindert.

Mit diesen Aufgaben insbesondere mit der Kapitalbedarfsermittlung, seiner Beschaffung und der Überwachung befaßt sich die Finanzwirtschaft des Unternehmens. Sie hat dafür zu sorgen, daß dem Unternehmen das Kapital zwar in ausreichendem Maße rechtzeitig, jedoch nicht im Überfluß zur Verfügung steht. *Kapitalüberfluß* vermindert die *Rentabilität,* wenn es brach liegt. Kapitalüberfluß kann zu leichtfertigem Einsatz und verminderter Sparsamkeit führen.

Kapitalmangel behindert jedoch die Entfaltung unternehmerischer Aktivitäten und auch die Bereitschaft zur Übernahme von Risiken. Die Entwicklung neuer Güter kann unterbleiben. Die mit der Rationalisierung verbundenen Investitionen können nicht vorgenommen und so können die Wettbewerbsfähigkeit auf dem Markt und schließlich die Existenz der Unternehmen und damit auch die Arbeitsplätze gefährdet werden. Der Finanzierungsplan ist ein wichtiges Steuerungsmittel. Er gibt Aufschluß über die Zahlungsfähigkeit der Unternehmung. In ihm werden die voraussichtlichen Einnahmen und die sonst verfügbaren Mittel den zu erwartenden Ausgaben in ihrer zeitlichen Folge gegenübergestellt. Die Finanzierungsdifferenz ergibt sich aus der Beziehung

> Einnahmen minus Ausgaben = Zahlungseingang minus Zahlungsausgang
> plus Forderungszugang minus Forderungsabgang
> plus Schuldzugang minus Schuldabgang

---

[1] Für den Kapitelbedarf gilt auch u.a. $K_p = u_d \cdot K$ (siehe C.4. Leistungsprozeß). Durchlauflaufzeit s. 4.4.e.

So ist der Finanzplan auch eine wichtige Grundlage für Investitionsentscheidungen, weil u. a. nicht allein nach dem Gesichtspunkt der Wirtschaftlichkeit und insbesondere der Kosteneinsparungen entschieden werden kann, sondern zusätzlich die Möglichkeit der Finanzierung zu überprüfen und dabei zu klären ist, wie hoch die Eigenfinanzierung möglich ist und wie sich die durch Fremdfinanzierung entstehenden Kosten und der notwendige Kapitalrückfluß zur Tilgung des Kredites auswirken.

5. Überwachung des Wirtschaftsprozesses

Die von der Unternehmung aufgestellte Grundforderung, daß das für die Durchführung des Wirtschaftsprozesses eingesetzte Kapital erhalten und vermehrt werden muß, erfordert eine stetige Überwachung des Wirtschaftsverlaufes. Diese Grundforderung wird jedoch nur dann erfüllt, wenn der Wirtschaftstätigkeit einer Periode der Erfolg beschieden ist. Das sich aus Einsatz und zweckmäßigster Kombination der Produktionsfaktoren ergebende Resultat des Wirtschaftens, bezeichnet man als den *Ertrag.*

Der Ertrag muß wertmäßig den im Geldwert gemessenen Einsatz an Produktionsfaktoren übersteigen. Ist der Ertrag größer als der Einsatz, so wird die Differenz als *Gewinn* bezeichnet, der Erfolg war positiv. Ist hingegen der Einsatz größer als der Ertrag, so ist der Erfolg negativ, es ist ein *Verlust* entstanden, der zur Kapitalminderung führt. Da dies aus vielen Gründen verhindert werden muß, ist es natürlich, daß der Produktionsprozeß so gründlich überwacht wird, daß mögliche Verluste sich rechtzeitig zeigen und durch Einleitung entsprechender Maßnahmen in ihrer Höhe beschränkt oder vermieden werden.

Verluste verzehren Kapital und schwächen damit die Produktionskraft und führen schließlich unter Umständen zur Zahlungsunfähigkeit mit ihren schweren Folgen. Die Unternehmung muß daher danach trachten, den Erfolg stets so hoch zu erarbeiten, daß sie aus eigener Kraft mindestens die laufende Produktion sowie die Produktionsanlagen erhalten und sie dem jeweiligen Fortschritt der Technik anpassen kann, um ihre Wettbewerbsfähigkeit zu wahren.

Nur wenn produktiv gearbeitet wird, ist eine Leistung zu erzielen, die den Erfolg sichert. Er ist also abhängig vor allem von den menschlichen Dispositionen, Entscheidungen und den Fähigkeiten, den Produktionsprozeß bis in die einzelnen Faktorelemente zu planen, zu organisieren und so zu steuern und zu überwachen, daß er störungs- und verlustfrei in der gewollten Weise verläuft.

Aber auch der Gesetzgeber zwingt die Unternehmung zum Schutze der Allgemeinheit und zur Festsetzung der abzuführenden Steuern, das Ergebnis ihrer Tätigkeit nach den von ihm erlassenen Regeln und Gesetzen regelmäßig, und zwar im Jahre mindestens einmal, festzustellen. Er fordert die Ermittlung

1. des Kapital- und Vermögensstandes durch Aufstellung einer *Bilanz* auf einen bestimmten Stichtag, um so die Vermögensänderungen innerhalb des verflossenen Wirtschaftszeitraumes feststellen zu können und

2. des Ergebnisses der Tätigkeit, des Ertrages, und des Erfolges, durch die Aufstellung einer *Gewinn- und Verlustrechnung*

Das organisatorische Mittel, dessen sich die Unternehmungen bedienen müssen, ist die vom Gesetzgeber geforderte *Buchführung.* Die Buchführung zeichnet alle Geschäftsvorfälle in systematischer Form auf, die eine Veränderung des Kapitals und Vermögens bewirken. Sie stellt also nachträglich das Ergebnis der Wirtschaftstätigkeit eines abgelaufenen Zeitraumes fest und gestattet der Unternehmung die Überwachung und gibt ihr zuverlässige Unterlagen für ihre Planungen und Dispositionen. Über die gesetzlichen Bestimmungen hinaus wird jedoch jedes sorgsam geleitete Unternehmen auch in kürzeren Intervallen Erfolgsrechnungen der verschiedensten Art im eigenen Interesse vornehmen, damit es sichtbar werdenden Verlustperioden noch rechtzeitig entgegenwirken kann.

Die Überwachung des Wirtschaftsprozesses darf sich jedoch nicht nur auf einen Zeitraum beschränken, sie muß sich vielmehr auch auf den einzelnen Produktionsvorgang, also die Kontrolle des Produktionsaufwandes für die gesamten und die einzelnen Erzeugnisse erstrecken.

Die folgenden Ausführungen befassen sich nun deshalb mit der *Jahreserfolgsrechnung* – der *Bilanz* – weil in ihr die an einem Stichtag in der Unternehmung vorhandenen Bestände an einzelnen Produktionsfaktoren — Betriebsmitteln, Maschinen, Einrichtungen, Werkzeugen, Stoffen, Geldmitteln, Schulden usw. — zusammengestellt sind und weil ihre Anteilshöhen nicht allein von der kaufmännischen, sondern auch von der technischen Planung und Disposition abhängig sind (siehe III. L. und Band III).

6. Messung des Wirtschaftsprozesses

Den zahlenmäßigen Aufschluß über die wirtschaftliche Tätigkeit der Unternehmung gibt die Bilanz und die Gewinn- und Verlustrechnung. Für den Begriff *Bilanz* gibt es verschiedene Erklärungen, die von dem Standpunkt, von dem aus sie aufgestellt wurde und dem sie dient, abhängen. Sie dient insbesondere der Erfolgsermittlung[1]. Die Gewinn- und Verlustrechnung ist Bestandteil der Jahresrechnung und ermöglicht die Erklärung des erzielten Erfolges.

a) Bilanz

In der Bilanz wird an einem bestimmten Stichtag, meist am 31.12. eines Jahres, auf der Passivseite das in einem Unternehmen eingesetzte Kapital dem Unternehmensvermögen, das auf der Aktivseite ausgewiesen wird, gegenübergestellt.

Die Feststellung des Vermögens kann nach den verschiedensten Prinzipien erfolgen. Die wichtigsten sind

1. das *Prinzip der Bilanzwahrheit.* Die Vermögensfeststellung — Buchführung — muß den gesetzlichen Grundlagen entsprechen;

2. das *Prinzip der Vorsicht.* Der Erfolg und das Vermögen werden eher zu niedrig als zu hoch ausgewiesen.

In Bild B/5 ist eine Bilanz in ihrem grundsätzlichen Aufbau dargestellt, Bild B/6 zeigt eine Bilanz in Zahlenwerten.

In der Bilanz wird der Erfolg als Gewinn (Bilanzgewinn) bezeichnet. Bei der Aktiengesellschaft wird ein Teil des Gewinnes als Dividende an die Aktionäre ausgeschüttet und ein Teil gemäß der gesetzlichen Bestimmungen oder aufgrund geschäftspolitischer Entscheidungen in die Rücklagen eingestellt.

In der Gewinn- und Verlustrechnung (Bild B/6) wird ein Jahresüberschuß von 330 Mill. DM festgestellt. Von diesem Betrag werden in der Bilanz (Bild B/6) 165 + 2 = 167 Mill. DM als Bilanzgewinn ausgewiesen, die schließlich in die Rücklagen übernommen werden. 165 Mill. DM erhalten die Aktionäre als Dividende.

Aktiva	Passiva
Grundstücke	Grundkapital
Gebäude	(Einlagen der Gesellschaft)
Maschinen	Rücklagen
Werkzeuge	Rückstellungen
Einrichtungen	(Garantieverpflichtungen)
Zeichnungen, Patente, Lizenzen	Wertberichtigungen
	(Kundenforderungen)
Rohstoffe	
Hilfsstoffe	Hypotheken
Halbfabrikate	Darlehen
Fertigfabrikate	
Warenforderungen	
flüssige Mittel	Rückstellungen für Steuern
(Bank, Kasse)	Warenschulden
Beteiligungen	Anzahlungen von Kunden
Darlehen	Wechsel
gegebene Hypotheken	Bankschulden

Aktiva-Gliederung: Gesamtvermögen — Betriebsvermögen (Anlagevermögen, Umlaufvermögen), neutrales Vermögen.
Passiva-Gliederung: Gesamtkapital — Eigenkapital, Fremdkapital (langfristiges Kapital, kurzfristiges Kapital).

Bild B/5
Grundsätzlicher Aufbau einer Bilanz

---

[1] Siehe Prof. *Heinen*, Handelsbilanzen. Gabler, Wiesbaden.

Der bei der Aufstellung der Bilanz errechnete

Bilanzgewinn = Summe Aktiva − Summe Passiva

ist in der fertiggestellten Bilanz nicht mehr sichtbar, wenn der Betrag bereits anderen Bilanzposten zugerechnet ist.

Aus der Passivseite − Kapitalseite − ergibt sich der Erfolg (Bilanzgewinn) eines Jahres auch aus der Beziehung

Erfolg = Eigenkapital am Jahresende minus Eigenkapital am Jahresanfang plus Entnahmen minus Einlagen während des Jahres.

Nach neuzeitlichen Auffassungen wird auch der in der Bilanz ausgewiesene Gewinn als Erfolg bezeichnet. Der Erfolg wird also für eine Tätigkeitsperiode mit Hilfe der Bilanz an der Vermögensänderung gemessen. Zwischen dem in der Bilanz ausgewiesenen Vermögen (Bilanzvermögen) und dem Zeitwert des Vermögens, wie er sich z. B. bei der Veräußerung eines Unternehmens ergeben würde, bestehen jedoch im allgemeinen recht erhebliche Unterschiede, da die Bilanz den verschiedensten Zwecken dienen kann und ihrer Aufstellung die unterschiedlichsten Prinzipien z. B. steuerrechtliche oder andere geschäftspolitische Prinzipien zugrunde liegen können. Die Bilanz kann deshalb auch nicht immer das wahre Bild über das wirkliche Vermögen und den aus der wirtschaftlichen Tätigkeit erzielten Erfolg geben.

Insbesondere trifft dies für die Beurteilung des Ergebnisses aus dem betrieblichen Leistungsprozeß zu (Bewertungseinfluß z. b. Abschreibungen).

Einen entscheidenden Einfluß auf die *Rentabilität* hat neben dem auch von den Marktverhältnissen (Preise für Beschaffung und Absatz) und dem vom *Produktionsaufwand* abhängigen *Gewinn* die Höhe des für den *Leistungsprozeß* notwendigen *Kapitals*. Die Grundlagen für die Ermittlung des Kapitalbedarfes bilden die geschäftspolitischen Entscheidungen, die u. a. in der Breite und Tiefe des *Bauprogrammes* und den *Produktionsplänen* sichtbar sind.

Die *Wirksamkeit* der Aktivitäten zeigt sich z. B. im Ausstoß, der Güterqualität, den Kosten, Erträgen und den Überschüssen. Der Erfolg wird maßgeblich bereits bei der *Entwicklung* und *Gestaltung* der *Erzeugnisse* und der Planung der für den *Produktionsablauf* erforderlichen *Kapazität* und der *Organisation vorbestimmt*.

Die im *Anlagevermögen* für die Beschaffung der *Nutzfaktoren* in Form von Anlagen, Räumen, Maschinen usw. verwendeten Kapitalbeträge werden maßgeblich durch die *technisch*-wirtschaftliche *Planung* ermittelt. Diese für Investitionen eingesetzten auch Kapitalkosten verursachenden Beträge können für abgegrenzte Perioden langfristig zweckgebunden als *fixe* Anteile betrachtet und vom Grad der Nutzung als weitgehend unabhängig angesehen werden. Auf Planungsmängel zurückzuführende, die wirtschaftlichen Ziele gefährdenden Fehlinvestitionen sind in den meisten Fällen, wenn überhaupt, mit Verlusten verbunden und gegebenenfalls nur schwer korrigierbar.

Die im *Umlaufvermögen* ausgewiesenen Kapitalbeträge sind hauptsächlich für die Bereitstellung der für den Produktionsablauf notwendigen *Verbrauchsfaktoren*, für die Erfüllung der *Kundenwünsche* in Form der *Vorratshaltung* von Halb- und Fertigerzeugnissen sowie für die Befriedigung des *Zahlungsverkehrs* vorgesehen. Diese Kapitalbeträge sind in ihrer Höhe *nicht konstant*, sie werden von der Beschäftigung, vom Ausstoß, beeinflußt als *variabel* angesehen und verändern zugleich die Verwendungsform. Die angelegten Beträge sind von den *Steuerungsmaßnahmen*, und zwar einerseits von der *Geschäftspolitik*, der *kaufmännischen Seite*, z. B. der *Vorratswirtschaft* in den Lagerbeständen und andererseits von den *Dispositionen* und *Lösungsergebnissen* des technischen *Aufgabenbereiches* bestimmt.

Unter anderem sind es die bei der Erzeugnisgestaltung für die Mengeneinheit festgelegten Werkstoffarten, -formen und -mengen, die sich aus dem Produktionsprogramm ergebenden in Losmengen aufgeteilten Aufträge, der Bestellmengen und Fertigungsmengen, die Fertigungszeiten, die Kosten, insbesondere auch die Durchlaufzeit, von der die erforderliche Kapitalhöhe und so auch die Kapitalkosten abhängig sind (siehe C.4.; H. J. und Band III).

Durch diese betriebswirtschaftlich bedeutenden Daten wird in Verbindung mit der Wirksamkeit der Produktionssysteme die Wirtschaftlichkeit und die von dieser und dem Kapitaleinsatz abhängige Rentabilität entscheidend beeinflußt.

b) Passiva; Kapital

Die Passivseite zeigt die Herkunft des Kapitals. Sie wird auch als Schuldseite bezeichnet. Sie gibt Aufschluß über die bestehenden Kapitalrechte und die Kapitalpflichten, die das Unternehmen eingegangen ist. In fast allen Unternehmen setzt sich das Kapital aus eigenem und fremdem Kapital zusammen.

Das *Eigenkapital* wird von den Unternehmern (Inhabern) in Geld- oder Sachform eingebracht.

So kann auch das Eigenkapital – Grundkapital – als Verbindlichkeit angesehen werden, die das Unternehmen gegenüber den Unternehmenseigentümern eingegangen ist[1].

Das *Fremdkapital* umfaßt hingegen die Ansprüche der Gläubiger, also derjenigen Geschäftspartner, die dem Unternehmen Kapital zur Verfügung gestellt haben. Es sind dies die Verbindlichkeiten (Schulden) des Unternehmens gegenüber Dritten. Diese Kapitalbeträge können dem Unternehmen entweder in Geld- oder in Sachform zugeflossen sein.

Je nach der Dauer, die das Fremdkapital dem Unternehmen zur Verfügung steht, wird zwischen *langfristigem* und *kurzfristigem Kapital* unterschieden.

Als *langfristig* werden im allgemeinen die Fremdkapitalbeträge bezeichnet, die sich das Unternehmen auf dem Kapitalmarkt beschafft, wenn das Eigenkapital zur Bewältigung der festgesetzten Aufgaben nicht ausreicht. Der Kapitalgeber verlangt in diesen Fällen gewöhnlich eine Absicherung und gibt den Kredit in Form von Schuldverschreibungen – Hypotheken, Darlehen und dgl. Zu den *kurzfristigen* Kapitalbeträgen werden im allgemeinen z. B. die Warenschulden, die eigenen Wechsel und die laufenden Bankschulden, die sich aus dem normalen Geschäftsverkehr ergeben können, gezählt.

Rückstellungen muß die Unternehmung vornehmen, wenn am Bilanzstichtage Verpflichtungen bestehen, bei denen sowohl die Höhe der Beträge als auch der Zeitpunkt der Fälligkeit ungewiß sind und die am Bilanzstichtage für die vergangene Wirtschaftsperiode nicht mehr ausgeglichen werden konnten. Es gehören dazu z. B. Steuerforderungen, Schadens- und Ersatzverpflichtungen, Garantie- und Gewährleistungsverpflichtungen, Rechtskosten, Beiträge zu Verbänden und Genossenschaften, Gratifikations-, Pensions- und Lohnansprüche. Rückstellungen sind im *wesentlichen Bestandteil des Fremdkapitals.* Es sind Kapitalanteile, die zur Deckung von Verbindlichkeiten, deren Höhe am Bilanzstichtage nicht genau festliegen, notwendig sind. In der Steuerbilanz müssen die Rückstellungen in der Höhe vorgenommen werden, die den tatsächlich zu erwartenden Beträgen entsprechen. Da sie die Höhe des Gewinnes beeinflussen, müssen sie den steuerlichen Regeln enstprechen.

Rücklagen müssen Aktiengesellschaften vornehmen. Sie dienen der Befriedigung des Gesetzes und soweit sie die vorgeschriebenen Beträge überschreiten, dem späteren Ausbau des Unternehmens und sind praktisch dem Grundkapital hinzuzurechnen. Die gesetzlichen Rücklagen sind für den Ausgleich von möglichen Verlusten vorgesehen. Es handelt sich also in diesen Fällen bereits um die beabsichtigte Verwendung des Gewinnes.

Rücklagen sind Bestandteil des Eigenkapitals (Grundkapital). Sie werden aus dem erwirtschafteten Gewinn gebildet. Bei Aktiengesellschaften handelt es sich um nicht ausgeschüttete Dividenden.

Wertberichtigungen werden vorgenommen für unsichere Forderungen aus Lieferungen an Kunden. Sie ergeben sich z. B. aus Zahlungsschwierigkeiten der Geschäftspartner, und die mögliche Liquidierung von Unternehmen, an die Lieferungen erfolgten.

c) Aktiva; Vermögen

Auf der Aktivseite der Bilanz sind alle Bestandteile verzeichnet, über die das Unternehmen am Bilanzstichtage verfügt. Sie zeigt, wie das Kapital angelegt ist, in welcher Art und Weise es in der Unternehmung arbeitet. Diese Bilanzseite wird auch *Vermögenseite*[2] genannt. Alle bewerteten materiellen und immateriellen Güter werden als Vermögen bezeichnet. Das Gesamtvermögen wird gegliedert in das

> *Betriebsvermögen* – Anlagevermögen und Umlaufvermögen – und das
> *neutrale Vermögen.*

Für das *Gesamtvermögen,* das auch als Brutto- oder Rohvermögen bezeichnet wird, gilt

> *Gesamtvermögen = Eigenvermögen plus Schulden* (DM).

---

[1] In der Literatur besteht hierzu keine einheitliche Auffassung.

[2] Dieser Ausdruck wird obwohl er in der Betriebswirtschaftslehre oft als ungeeignet angesehen wird, in diesem Buch beibehalten.

Es entspricht in seiner Werthöhe stets dem Gesamtkapital. Es gilt auch die Beziehung

Eigenkapital = Gesamtvermögen minus Schulden (DM).

Das in einer Unternehmung an einem Stichtag vorhandene Vermögen wird durch die Inventur festgestellt. An diesem Tage werden alle Gegenstände körperlich und mengenmäßig erfaßt, anschließend im Geldwertmaßstabe bewertet, und zugleich wird auch die Höhe der Schulden festgestellt. In den von Stichtag zu Stichtag ermittelten Vermögensänderungen zeigen sich Gewinn oder Verlust einer Wirtschaftsperiode.

α) Betriebsvermögen

Das Betriebsvermögen dient der eigentlichen Unternehmensaufgabe und wird in das *Anlage-* und *Umlaufvermögen* aufgeteilt.

Anlagevermögen

Es enthält die fest investierten Produktionseinrichtungen, die zur Erfüllung der Unternehmensziele, nämlich der Erzeugung der Güter oder der Erstellung von Dienstleistungen dauernd notwendig sind, und für die keine Veräußerungsabsicht zur unmittelbaren Herbeiführung eines Umsatzes besteht. Diese Vermögensteile werden auch als *langlebige Wirtschaftsgüter* bezeichnet, weil sich ihre Nutzung meistens über viele Bilanzperioden erstreckt. Der in der Bilanz unter Anlagen ausgewiesene Vermögenswert berücksichtigt nicht nur den Anschaffungswert der Gegenstände, sondern auch die bis zu seiner Inbetriebnahme erforderlich gewesenen Aufwendungen und die Wertminderungen.

Umlaufvermögen

Dieses dient dem Leistungsvorgang unmittelbar. Es ändert fortgesetzt seine Vermögensform. Aus Sachwerten werden z.B. Geldmittel und aus Geldmitteln wieder Sachwerte. Denn während des Produktionsprozesses werden die Rohstoffe in Halbfabrikate und diese schließlich in verkaufsfähige Erzeugnisse umgewandelt, die nach ihrem Absatz wieder zu Geldbeträgen werden. Die Geschwindigkeit mit der der Umwandlungsvorgang vor sich geht, hat — wie später noch gezeigt wird — einen erheblichen Einfluß auf die Wirtschaftlichkeit und somit auf den erzielten bzw. erzielbaren Gewinn und die Rentabilität.

β) Neutrales Vermögen

Das neutrale Vermögen dient hingegen Nebentätigkeiten, z.B. der Beteiligung an anderen Unternehmen, durch Kauf von Aktien, Gewährung von Darlehen und dgl.

Der Einfluß der Nebentätigkeit auf das Gesamtergebnis unternehmerischer Tätigkeit soll hier außer Betracht bleiben.

Da aus steuer- und geschäftspolitischen Gründen die in der Bilanz ausgewiesene Vermögenshöhe durch Bewertungsmaßnahmen beeinflußt werden kann, gibt der aus der Vermögenshöhe ermittelte Gewinn allein weder ein wahres Bild über die Intensität des eigentlichen Produktionsprozesses noch über den erzielten Erfolg. Schließlich übt aber auch das Ergebnis aus der Nebentätigkeit einen Einfluß auf die Gesamterfolgshöhe aus.

Auf die sich aus der Vermögensbewertung ergebenden Probleme, wird ihrer großen Bedeutung bei der Messung des wirtschaftlichen Erfolges wegen später noch eingegangen.

Die bisherige Darstellung zeigt jedoch, daß das in der Bilanz sich zeigende Ergebnis von vielen Faktoren bestimmt ist und aus dem Zusammenwirken aller in einer Unternehmung wirksamen Kräfte entsteht.

d) Vermögensbewertung

Die auch vom Gesetzgeber geforderte *Vermögensbewertung* ist ein aus *betriebswirtschaftlicher Sicht bedeutender Vorgang*, da er unabhängig von der Wirksamkeit des Produktionsprozesses die Höhe des Bilanzgewinnes beeinflußt.

Bewerten ist im allgemeinen ein mit *Entscheidungen* verbundenes *Beurteilen und Schätzen*, das sich an *qualitativen Merkmalen* recht unterschiedlicher Art *orientiert*, aus dem sich schließlich auch *quantitative Daten* ergeben.

VOLKSWAGENWERK AKTIENGESELLSCHAFT WOLFSBURG

Jahresabschluß 1969 in Kurzfassung

Bilanz zum 31. Dezember 1969

(in Millionen DM)

Aktiva		Passiva	
Anlagevermögen		Grundkapital	750
Sachanlagen	2.147	Rücklagen	1.590
Finanzanlagen	410	Sonderposten mit Rücklageanteil	110
		Pauschalwertberichtigung zu	
Umlaufvermögen		Forderungen	4
Vorräte	770	Rückstellungen	
Andere Gegenstände des		Pensionsrückstellungen	397
Umlaufvermögens		andere Rückstellungen	641
Lieferungs- und Leistungs-		Langfristige Verbindlichkeiten	130
forderungen	73	Andere Verbindlichkeiten	
Forderungen an verbundene		aus Lieferungen und Leistungen	547
Unternehmen	188	gegenüber verbundenen	
Flüssige Mittel	764	Unternehmen	22
übrige Vermögensgegenstände	240	übrige	234
	4.592	Bilanzgewinn	167
			4.592

Gewinn- und Verlustrechnung für die Zeit vom 1. Januar bis zum 31. Dezember 1969

(in Millionen DM)

Aufwendungen				Erträge	
Materialaufwand	5.119	54,5 % [1])		Umsatzerlöse	9.238
Personalaufwand	2.102	22,4 %		Bestandserhöhung	75
Abschreibungen auf das				Andere aktivierte Eigenleistungen	76
Anlagevermögen		536	5,7 %	Gesamtleistung	9.389
Steuern		721	7,7 %		
Übrige Aufwendungen	912				
./. Finanzerträge	174				
./. übrige Erträge	157				
Mehraufwand aus den übrigen					
Aufwands- und Ertragsposten		581	6,2 %		
Jahresüberschuß		330	3,5 %		
Entnahmen aus Rücklagen		2	100 %		
Einstellungen in Rücklagen		165			
Bilanzgewinn		167			

[1]) Ungefährer Anteil an der Gesamtleistung

Bild B/6.

Bilanz und Gewinn- und Verlustrechnung in Zahlenwerten

Für den Begriff „*Bewerten*" eine allgemein gültige Definition zu fassen, die den gesamten betriebswirtschaftlichen und technischen Bereich umfassend und treffend abdeckt, ist auch deshalb schwierig, weil Bewertungsaufgaben den verschiedenartigsten Zielsetzungen dienen.

Bewerten wird als ein subjektiver Vorgang angesehen, bei dessen Durchführung jedoch spezielle Lösungsmethoden zur Anwendung kommen sollten (z. B.: Wertanalyse, Arbeitsbewertung, Leistungsgradbeurteilung), um das Bewertungsergebnis sicherer und begründbarer zu machen. Das Problem besteht im Finden der Merkmale und ihrer Bedeutung sowie der Merkmalstruktur und der Verteilung des Einflußanteiles (Gewichtes). Bewertungen können auf die Vergangenheit oder die Zukunft gerichtet sein. Auf die Zukunft bezogene Bewertungen beinhalten insbesondere im betriebswirtschaftlichen Bereich mehr oder weniger hohe Risiken auch deshalb, weil Struktur- und Gewichtsveränderungen eintreten können, da die Beurteilungsmerkmale von äußeren und inneren Einflußgrößen abhängen. Bewertungsgrundlagen bilden u. a. geschäftspolitische Überlegung, Prognosen, statistische Untersuchungen, zum Beispiel über die Marktentwicklung (Absetzbarkeit der produzierten Gegenstände), Entwicklung neuer Fertigungsverfahren, Maschinen und Anlagen usw.

Da durch die Bewertung des Vermögens die Bilanzsumme und somit auch der Erfolg aus geschäftspolitischen Gründen beeinflußt werden kann, ist es erforderlich, einige wesentliche Bewertungsvorgänge zu erörtern. Weil im Wirtschaftsleben stets mit Unsicherheiten gerechnet werden muß, wird im allgemeinen das Vermögen – wie bereits erwähnt – in der Bilanz meist recht vorsichtig, d. h. zu niedrig angesetzt.

Bewertet werden jeweils nach Ablauf eines abgegrenzten Wirtschaftszeitraumes alle materiellen und immateriellen auf der Aktivseite verzeichneten Vermögensposten – alle Produktionsmittel und Forderungen, Vorräte sowie sonstige Gegenstände.

Die Unsicherheiten haben außerbetriebliche und innerbetriebliche Ursachen. Sie sind vor allem von der allgemeinen Wirtschaftsentwicklung, sowie von der Marktlage bestimmt, und wirken sich infolge von Fehlplanungen bei der Gestaltung neuer Erzeugnisse, der Produktionsplanung und der Lagerwirtschaft aus.

α) Bewertung des Anlagevermögens

Eine Anlage verliert im Laufe der Zeit an Wert. Die *Wertminderung* ist abhängig von der Höhe der Nutzung und auch von der technischen Veralterung (siehe Abschreibungen Band II). Die Entwicklung neuer Anlagen — Maschinen und sonstige Einrichtungen —, die wirtschaftlicher arbeiten, kann zu Wertminderungen führen, die unter Umständen von größerer Bedeutung für die Höhe des Wertverlustes sind, als die sich aus dem Gebrauch ergebenden Nutzungsverluste. Schließlich können Anlageteile auch ihren Wert dadurch verlieren, daß die Güter, zu deren Herstellung die Anlagen dienten, nicht mehr absetzbar sind.

Die Wertminderungen werden als *Abschreibungen* bezeichnet. Sie sind jedoch nicht nur für die Vermögensfestsetzung von Bedeutung, sondern spielen auch in der Kostenrechnung eine Rolle, da die entstandenen Beträge den einzelnen Vorgängen und somit den Erzeugnissen zugerechnet werden müssen. Sie haben also einen Einfluß auf die Höhe des Preises. Es sei deshalb schon an dieser Stelle darauf hingewiesen, daß die Bilanzabschreibungen und die kalkulatorischen Abschreibungen wesentlich voneinander abweichen können.

β) Bewertung der immateriellen Güter

Sie bereitet besondere Schwierigkeiten. Im wesentlichen geht es um die Festsetzung der *Aktivierungsbeträge* bei hoher Forschungs- und Entwicklungstätigkeit. Da oft ein langer Zeitraum vergeht bis sich eine Verwertbarkeit der Ergebnisse aus dieser Tätigkeit zeigt und es vielfach überhaupt fraglich ist, ob eine unmittelbare Verwertung im Sinne der Güterproduktion möglich ist, wird auch hier nach dem Prinzip der Vorsicht bei der Festlegung der zu aktivierenden Beträge verfahren. Schließlich sind noch zu nennen die Bewertung noch nicht erteilter Schutzrechte für Erfindungen und des Firmenmantels.

γ) Bewertung des Umlaufvermögens

Sie erstreckt sich vor allem auf die *Lagervorräte* an Rohstoffen, Halb- und Fertigerzeugnissen. Die Halb- und Fertigfabrikate werden im allgemeinen auch nur mit dem Herstellungs- und nicht mit dem Veräußerungswert aktiviert. Sie sind in der Bilanz nur mit den Herstellungskosten belastet.

Die Bewertungsprobleme ergeben sich u.a. auch aus den veränderlichen Marktpreisen sowohl für die Rohstoffe wie auch für die einzelnen zum Absatz bestimmten eigenen Fabrikate und aus den Veränderungen hinsichtlich der Absatzmöglichkeit. Durch das Aufkommen neuer, preiswürdigerer und besserer Erzeugnisse seitens der Konkurrenten, eine unerwartete Sättigung des Marktes und schließlich auch der Anforderungs- und Geschmackswandel der Abnehmer können bewirken, daß die Fertigerzeugnisse überhaupt nicht mehr oder nur noch beschränkt absetzbar sind. Oft ist es dann notwendig, Bestände auf den Schrottwert abzuschreiben oder zu geringeren Preisen abzusetzen. Davon können auch die Rohstoffbestände ganz oder teilweise betroffen werden.

δ) Bewertung geringwertiger Wirtschaftsgüter

Schließlich sei erwähnt, daß auch der Gesetzgeber es zuläßt, daß geringwertige Wirtschaftsgüter (bis zu einem bestimmten gesetzlich festgelegten Betrag) nicht aktiviert, sondern sofort vollständig abgeschrieben werden können. In diesen Fällen entstehen Aufwendungen (buchtechnisch), die sich entweder erfolgsschmälernd oder preisbeeinflussend auswirken, da sie, ohne daß sie völlig verbraucht wurden, nur diese Wirtschaftsperiode und schließlich die in diesem Zeitraum produzierten Güter belasten können.

ε) Bewertung der innerbetrieblichen Leistungen

Stellt ein Betrieb Produktionsmittel – Maschinen und sonstige Einrichtungen – für den eigenen Bedarf in Eigenfertigung her, so müssen diese, sobald sie einen bestimmten Betrag übersteigen, auf Grund der Steuergesetzgebung in das Anlagevermögen aufgenommen – aktiviert – werden. Diese als innerbetriebliche Leistungen bezeichneten Vorgänge werden jedoch höchstens zu den Herstellkosten in die Bilanz aufgenommen. Müßten diese Einrichtungen nämlich vom Markt bezogen werden, so hätten sie dann des höheren Beschaffungspreises wegen auch mit einem höheren Betrag in der Bilanz aktiviert werden müssen. Die zu geringe Bewertung dieser im Anlagevermögen ausgewiesenen, für den eigenen Bedarf gefertigten Gegenstände beeinflußt somit auch die Höhe des errechneten Bilanzgewinnes.

Das im allgemeinen praktizierte Niederstwertprinzip ermöglicht den Unternehmen, durch die Abschreibungspolitik sogenannte *stille Reserven* zu bilden. Diese können sowohl im Anlagevermögen wie auch im Umlaufvermögen liegen.

7. Überwachung und Beurteilung des Wirtschaftsprozesses; Kennziffern[1])

Ebenso wie der Produktionsvorgang hinsichtlich seines zeitlichen Ablaufes sowie die dabei verbrauchten und erzeugten Gütermengen und deren Qualität überwacht werden, muß dies auch für die wirtschaftliche Tätigkeit, soweit sie in der Bilanz sichtbar wird, geschehen. Dies erfolgt durch die kritische Betrachtung und Diskussion der Bilanzwerte, und zwar

1. durch die Ermittlung der absoluten Zahlenwerte und deren tabellarische oder graphische Darstellung und Gegenüberstellung,

2. durch die Bildung von Beziehungen der einzelnen Daten zueinander in Form von *Kennziffern.*

Beide Betrachtungsweisen müssen gewöhnlich parallel zueinander vorgenommen werden, weil nur dann die richtigen Folgerungen aus den Unterlagen gezogen werden können. Da Kennziffern im allgemeinen Verhältniszahlen sind, gestatten sie nicht nur eine analytische Kritik der vorliegenden Gesamtzahlen, sondern sie ermöglichen vor allem einen objektiven Vergleich der einzelnen Wirtschaftsperioden einer Unternehmung oder mehrerer Unternehmungen oder einzelner Betriebsteile und Produktionsvorgänge untereinander. Natürlich kommt es dabei darauf an, die sich gegenseitig beeinflussenden Zahlen sinnvoll auszuwählen.

Kennziffern (Kennzahlen) informieren somit über Ergebnisse der wirtschaftlichen Tätigkeit. Sie werden gebildet in dem wichtige quantifizierbare Daten, die sich aus dem wirtschaftlichen Geschehen ergeben, bzw. diese beeinflussen ausgewertet und einander gegenübergestellt werden. Kennzahlen werden gebildet aus absoluten oder relativen Daten. Sie ermöglichen den Vergleich der Ergebnisse aus Vorgängen gleichartiger Arbeitssysteme und fundierte Entscheidungen für die Setzung von Zielen und die Einleitung von Maßnahmen.

Im Folgenden können nur einige im Interesse dieses Buches liegende Kennziffern erörtert werden.

a) Verschuldung

Die Beurteilung der finanziellen Verhältnisse erfolgt durch die Ermittlung des *Verschuldungsgrades* oder des *Finanzierungsgrades (Kapitalstruktur).*

$$Verschuldungsgrad = \frac{Fremdkapital}{Eigenkapital} \times 100\,(\%), \qquad Finanzierungsgrad = \frac{Eigenkapital}{Fremdkapital} \times 100\,(\%)$$

---

1) Für Kennziffern wird auch das Wort *Kennzahlen* verwendet. Sie auch II. C.; III. L.; sowie Band II und III.

Diese Kennziffern zeigen an, wie hoch in einem Unternehmen das Fremdkapital relativ beteiligt ist. Die Kennziffern für

$$Beteiligungsgrad\ des\ Eigenkapitals = \frac{Eigenkapital}{Gesamtkapital} \times 100\ (\%)$$

bzw.

$$Beteiligungsgrad\ des\ Fremdkapitals = \frac{Fremdkapital}{Gesamtkapital} \times 100\ (\%)$$

zeigen hingegen, mit wieviel Prozent das Eigenkapital bzw. das Fremdkapital am Gesamtkapital beteiligt ist. Sie sagen etwa in anderer Weise das gleiche wie der Verschuldungsgrad aus.

Eine zu hohe Verschuldung kann unter anderem ihre Ursache darin haben, daß das Unternehmen grundsätzlich mit zu wenig Kapital ausgestattet wurde und deshalb gezwungen ist, die laufende Produktion über lang- oder kurzfristige Kredite (z.B. Kunden- und Wechselschulden) zu finanzieren, oder daß der Wirtschaftsprozeß Verluste verursachte, die eine Minderung des Eigenkapitals herbeiführten.

Schulden belasten jedoch durch die höheren Zinsleistungen, die sie verursachen, die Produkte in höherem Maße, als dies bei ausreichendem Eigenkapital der Fall wäre. Schließlich sei erwähnt, daß bei der Beschaffung weiterer Kapitalmittel, die beispielsweise zum Ausbau der Kapazität oder zu Rationalisierungen erforderlich werden, diese Kennziffern u.a. wichtige Kriterien zur Beurteilung der Kreditwürdigkeit sind. Die höhere Zinsleistung beeinflußt schließlich die Rentabilität (Bild H/32).

b) Liquidität

Die Liquidität beurteilt die Zahlungsfähigkeit, sie gibt einen Einblick in die Anspannung des Zahlungsverkehrs. Die Kennziffer

$$Liquiditätsgrad = \frac{verfügbare\ Zahlungsmittel}{Verbindlichkeiten} \times 100\ (\%)$$

zeigt, bis zu welchem Prozentsatz die Verbindlichkeiten eines Unternehmens sofort befriedigt werden können. Es werden jedoch Liquiditätskennziffern der verschiedensten Ordnungen gebildet, z.B.

$$Liquiditätsgrad\ I.\ Ordnung = \frac{sofort\ verfügbare\ Mittel}{kurzfristig\ fällige\ Verbindlichkeiten} \times 100\ (\%)$$

oder

$$Liquiditätsgrad\ II.\ Ordnung = \frac{sofort\ plus\ kurzfristig\ verfügbare\ Mittel}{kurzfristig\ fällige\ Verbindlichkeiten} \times 100\ (\%)$$

Die sofort verfügbaren Mittel bestehen aus Barmitteln und Bankguthaben. Die kurzfristig verfügbaren Mittel sind abhängig insbesondere von den Zahlungen der Kunden für Lieferungen. Diese Mittel sind also im Umlaufvermögen der Bilanz ausgewiesen. Vor der Erweiterung der Produktion, z.B. durch die Aufnahme neuer Erzeugnisse, oder den Ausbau der Kapazität zur Mengensteigerung oder bei sonstigen Rationalisierungsmaßnahmen, sollte durch eine eingehende Studie zuvor geprüft werden, ob die im Unternehmen vorhandenen Mittel für diese zusätzlichen Aufgaben ausreichen. Auf jeden Fall sollte sorgsam vermieden werden, daß der laufende Produktionsprozeß infolge schlechter Liquidität gestört wird, weil dadurch zusätzliche Verluste entstehen, die eine finanzielle Krise herbeiführen können, obwohl der eigentliche Produktionsvorgang selbst bisher wirtschaftlich verlief. Dies ist u.a. dann der Fall, wenn im Umlaufvermögen durch fehlerhafte Dispositionen zuviel Kapital gebunden ist (hohe Lagerbestände durch mangelhafte Abstimmung von Produktion und Absatz) oder Störungen im Kapitalrückfluß bestehen (säumige Zahlungen für erfolgte Lieferungen). Bei angespannter Liquidität muß der Produktionsprozeß vor allem so beschleunigt werden, daß die Produktionsdauer geringer wird. Dadurch wird erreicht, daß die für die Produktion notwendige Finanzierung durch kürzere Kapitalbindungsdauer verbessert werden kann. Diese Bedingung erfordert aber eine hohe Produktionsgeschwindigkeit. Sie hat nicht nur einen Einfluß auf die Liquidität, sondern auch auf die bestehenden Wechselbeziehungen zwischen Rentabilität. Wirtschaftlichkeit und Umsatz. Auf diese Einflüsse wird in einem anderen Zusammenhang noch eingegangen (siehe auch II.B.4.7, Bild H/32).

c) Kapitalverteilung

Ob der Produktionsprozeß reibungslos verlaufen kann, die ökonomischen und finanziellen Grundforderungen und schließlich die Mengen- und Qualitätsforderungen an die herzustellenden Güter erfüllt werden, ist u. a. auch davon abhängig, wie das verfügbare Kapital auf die einzelnen Vermögensformen verteilt ist. Auch hier können die Verhältnisse durch Kennziffern veranschaulicht und beurteilt werden. Der

$$Grad\ der\ Anlagedeckung = \frac{Eigenkapital}{Anlagevermögen} \times 100\ (\%)$$

sagt aus, zu wieviel Prozent das Eigenkapital das Anlagevermögen deckt. Es gilt die Regel, daß das Eigenkapital nicht nur das Anlagevermögen, sondern möglichst auch den größten Teil des Umlaufvermögens, insbesondere die Rohstoffe und die Halbfabrikate decken soll. Dieser Kennziffer kommt vor allem auch bei der Liquiditätsbeurteilung besondere Bedeutung zu. Eine allgemeingültige Zahlenfestlegung ist jedoch hier, wie auch bei allen anderen Kennziffern, nicht möglich, da sie von vielen Faktoren abhängig ist und von Fall zu Fall für die einzelnen Wirtschaftszweige bestimmt werden muß.

Ob und wie die Unternehmensziele, insbesondere die ökonomischen erreicht werden, ist davon abhängig, wie die einzelnen Vermögensteile innerhalb des Gesamtvermögens verteilt sind. Die Verhältnisse interessieren hier insbesondere deshalb, weil Kaufmann und Techniker gemeinsam über die Kapitalverteilung bestimmen, und zwar legt

1. der *Kaufmann* durch seine Vorratswirtschaft über die Mengenfestsetzung und die Erschließung der günstigsten Einkaufsquellen das im Umlaufvermögen in den Lagern gebundene Kapital fest. Er bestimmt auf Grund seiner Verbindung zum Markt die Produktionshöhe.

2. der *Techniker* hingegen ist indirekt ebenfalls über die Gestaltung der Erzeugnisse, der dafür erforderlichen Materialmengen und -qualitäten an der Lagerwirtschaft beteiligt. Insbesondere jedoch bestimmt er durch die Wahl der günstigsten Fertigungsmethoden (der Verfahren und Prinzipien) sowie der organisatorischen und technischen Gestaltung des Produktionsvorganges und -flusses, im wesentlichen über die erforderlichen Gebäude, die Maschinen, die Werkzeuge und die Hilfsstoffe und die Zeitdauer des Produktionsablaufes.

Von besonderer Bedeutung sind Typung und Normung; denn diese führen nicht nur zur unmittelbaren Verminderung des Produktionsaufwandes, sondern ermöglichen auch die Herabsetzung der Lagerbestände. Auch wirken sich Typung und Normung auf die Höhe des Anlagevermögens aus, da die Bestände an Modellen und Bearbeitungsvorrichtungen durch sinnvolle Gestaltung des Fertigungsprogrammes geringer werden. Die Kennziffern (Vermögensstruktur)

$$Anlagegrad = \frac{Anlagevermögen}{Betriebsvermögen} \times 100\ (\%)$$

und

$$Umlaufgrad = \frac{Umlaufvermögen}{Betriebsvermögen} \times 100\ (\%)$$

zeigen das prozentuale Verteilungsverhältnis des Anlage- bzw. Umlaufvermögens am Betriebsvermögen. Als Bezugswert kann an Stelle des bilanzierten Betriebsvermögens aber auch das betriebsnotwendige Vermögen gewählt werden. Das betriebsnotwendige Vermögen kann nämlich größer oder kleiner als das bilanzierte sein. Auf die sonstige Bedeutung des Betriebsvermögens und seine Ermittlung wird später eingegangen.

Änderungen in der Verteilung der einzelnen Bilanzpositionen können sich jedoch auch aus der allgemeinen Geschäftspolitik ergeben. Sie bestimmt, in welcher Weise über die dem Unternehmen aus dem Umsatzprozeß wieder zufließenden Barmittel verfügt werden soll. Die Verteilung des Kapitals auf die einzelnen Aktivposten von Bilanzperiode zu Bilanzperiode ist also davon abhängig, ob die zurückfließenden flüssigen Mittel im gleichen Verhältnis den einzelnen Bilanzposten der Aktiva wieder entsprechend den verzehrten Investitions- und den Produktionsgütern zur Ersatzbeschaffung zufließen, oder ob sie in anderer Weise verteilt werden. So kann z.B. das Umlaufvermögen zugunsten der Produktionsanlagen vermindert werden, um diese zu modernisieren. Die Kennziffern können sich also von Periode zu Periode auch aus diesen Gründen ändern.

C. Betrieb

1. Funktion des Betriebes

Die Unternehmung verwirklicht ihr Ziel, indem sie dem Betrieb die Aufgaben und die Nutzung des Kapitals überträgt. Der Betrieb ist somit Bestandteil der Unternehmung. Während die Tätigkeit der Unternehmung nach außen vorwiegend zu den Geschäftspartnern — zum Markt — gerichtet ist, besteht das Wesen des Betriebes darin, daß sich sein Wirken vor allem innerhalb der Unternehmung abspielt. Der Betrieb bleibt somit auch von der Rechtsform und den damit verbundenen Verpflichtungen, die das Unternehmen übernommen hat, unberührt.

Der Betrieb ist also dasjenige organisatorische und technische Mittel, dessen sich die Unternehmung zum Erreichen ihrer Ziele bedient. Ihm wird die Aufgabe, Leistungen zu erstellen, unmittelbar übertragen. Der Betrieb umfaßt alle Faktoren, die er zur Erfüllung der ihm von der Unternehmung übertragenen Aufgaben benötigt. Er setzt dabei die Produktionsfaktoren in Form der Kapitalgüter wie Räume, Maschinen, Werkzeuge und alle sonstigen Betriebsmittel sowie den Stoff und schließlich auch die menschlichen Arbeitskräfte ein.

Unternehmung und Betrieb sind durch den Umsatzprozeß miteinander verknüpft. Der Betrieb muß nun dafür sorgen, daß dieser Leistungsprozeß wirtschaftlich erfolgt, damit einerseits das Ziel, den Gütermarkt zu befriedigen, und andererseits das Ziel, das Kapital zu erhalten bzw. zu mehren, durch den erwirtschafteten Gewinn erreicht wird. Erst durch den betrieblichen Leistungsprozeß werden die investierten Mittel in stetem Kreislauf von der Sachform in die Geldform und von der Geldform wieder in die Sachform umgewandelt.

2. Messung des Leistungsprozesses

Mehrere einander folgende Bilanzen zeigen zwar die Resultate des Wirtschaftens an den Vermögens- und Kapitaländerungen, sie ermöglichen jedoch keinen Einblick in den im Betrieb vollzogenen Leistungsprozeß, der die in der Bilanz ausgewiesenen Vermögensänderungen herbeiführte, denn sie ermittelte den Erfolg durch den Vergleich der Bestände von Stichtag zu Stichtag. Die Bilanzen sagen auch nichts aus über Anzahl, Art und Höhe der wirksam gewesenen Produktionsfaktoren. Sie enthalten darüber hinaus — wie bereits gesagt — Wertberichtigungen am Vermögen, die der Betriebsprozeß nicht verursachte und für die er auch nicht verantwortlich ist. Die Bilanz gibt also keinen Aufschluß über den Gesamtumfang der erzeugten Güter und deren Werte.

Die Entfaltung der wirtschaftlichen Tätigkeit des Betriebes zeigt sich hingegen in der Höhe des bei der Gütererzeugung erfolgten Einsatzes an Produktionsfaktoren und dem Wert, den die dabei hergestellten Güter darstellen. Aufschluß über den im Geldwertmaßstabe gemessenen gesamten Leistungseinsatz (Aufwand) und das dabei erzielte Ergebnis (Erträge) gibt hingegen die *Erfolgsrechnung*, die auch als *Gewinn- und Verlustrechnung* bezeichnet wird. (siehe auch III. L. und Band III)

Die in der Gewinn- und Verlustrechnung ausgewiesenen Daten sind u. a. insbesondere abhängig von

1. der Gestaltung der Produktions- und Arbeitssysteme und ihrer wirtschaftlichen Wirksamkeit. Diese wird bestimmt von den angewendeten technologischen Verfahren, Anlagen und Maschinen, den Arbeitsmethoden und der Organisation

2. dem durch den Produktionsprozeß in einer Wirtschaftsperiode verursachten und im Geldmaßstab bewerten, als Aufwand bzw. Kosten bezeichneten Mengenverbrauch an Produktionsfaktoren und den in Anspruch genommenen Dienstleistungen[1]

3. dem durch den Produktionsprozeß in der Periode erzielten Qualitäts- und Mengenergebnis

4. dem vom Markt in Form der erzielten Preise bewerteten Mengenergebnis des Leistungsprozesses, auch als Erträge bezeichnet, die sich aus den Erlösen ergeben

Es ergibt sich der in einer Wirtschaftsperiode erzielte Überschuß, der auch als Erfolg bezeichnet wird, aus der Beziehung

Erfolg = Summe der Erträge minus Summe der Aufwendungen   (DM)

oder *Gewinn*

$$G_\mathrm{w} = E - A_\mathrm{u}$$

Die Gewinn- und Verlustrechnung wird auch als Erfolgsrechnung bezeichnet. Sie ist Bestandteil der Jahresrechnung der Unternehmung. Der in einer Wirtschaftsperiode erzielte Erfolg wird somit einmal auf dem Wege über die Bilanz und zum anderen Mal auf dem Wege über die Gewinn- und Verlustrechnung ermittelt. Es besteht also kein unmittelbarer Zusammenhang zwischen der Bilanz und der Gewinn- und Verlustrechnung, obwohl die ermittelten zahlenmäßigen Erfolgsergebnisse übereinstimmen.[1]

Um die auf diesen Wegen gewonnenen Zahlenwerte vergleichen zu können, müssen jedoch Beginn und Ende des Rechnungszeitraumes der Gewinn- und Verlustrechnung mit den Bilanzstichtagen zweier aufeinander folgender Bilanzen übereinstimmen. Während nämlich die Bilanz eine *Stichtagrechnung* ist, bezieht sich die Erfolgsrechnung auf einen *Zeitraum* und erfaßt die während dieses Zeitraumes notwendig gewesenen Aufwendungen und als Ergebnis der wirtschaftlichen Tätigkeit die Erträge.

Obwohl die Gewinn- und Verlustrechnung Bestandteil der Jahresrechnung der Unternehmung ist, wird sie hier bei der Betrachtung des Betriebes und seiner Leistungen behandelt; denn bei dieser Betrachtungsweise interessieren die Leistungsvorgänge und die Faktoren, welche über Erfolg oder Mißerfolg des Wirtschaftens entscheiden.

Natürlich sollte die Leistungsrechnung nicht nur jährlich, sondern auch in kürzeren Zeitabständen vorgenommen werden, damit rechtzeitig Maßnahmen zur Abwendung von Verlusten eingeleitet werden können.

Diese Kontrollrechnungen erfolgen zusätzlich auf die

Periode bezogen in Form des *Betriebsabrechnungsbogens,* bzw. der *Plankostenrechnung* (Budget) in dem die Kostenarten den Kostenstellen und in Form der

Kostenträgerrechnung in dem die Kosten den *Leistungsergebnissen* (Aufträgen), auch als Kostenträger bezeichnet, zugerechnet werden. Diese Kontrollen sind erforderlich um die Abweichungen und die Ursachen zwischen den Plandaten und den Istdaten ereignisnahe zu erkennen und zu beeinflussen um das Rentabilitätsziel zu sichern.

3. Gewinn- und Verlustrechnung

In der Gewinn- und Verlustrechnung werden für einen Wirtschaftszeitraum die Aufwendungen auf der linken Seite stets den Erträgen auf der rechten Seite gegenübergestellt. In Bild C/1 ist der übliche Aufbau einer solchen Periodenrechnung wiedergegeben (vgl. auch Bild B/6).

---

[1] Bei Berücksichtigung von Abgrenzungsdifferenzen „Zusatzkosten" zwischen Betriebsabrechnung und Finanzbuchhaltung (Band II, Kalkulatorische Kosten, z. B. Abschreibungen, Zinsen)

Die Zahlenwerte und ihre Verteilung auf die einzelnen Positionen geben Aufschluß über das wirtschaftliche Geschehen der Vergangenheit. Die Gewinn- und Verlustrechnung bildet eine wichtige Grundlage für die Überwachung des Leistungsprozesses, insbesondere aber gibt sie Aufschluß über die Kosten- und Ertragslage. Sie erleichtert die unternehmerischen Dispositionen und zeigt Ansatzmöglichkeiten zur Steigerung der Wirtschaftlichkeit und für die Abwendung von zukünftigen Verlusten durch Rationalisierung des Leistungsprozesses.

a) Aufwand

Der wertmäßige und in der Erfolgsrechnung ausgewiesene *Verbrauch aller Produktionsfaktoren innerhalb einer Periode*, wird allgemein als Aufwand bezeichnet. Es gibt die verschiedensten Erklärungen für diesen Begriff. (siehe auch II. A 5)

Im Sinne der Jahresrechnung sind Aufwendungen die einer Wirtschaftsperiode zugerechneten Werte für den Verbrauch — Verzehr — von Gütern und die Inanspruchnahme von Dienstleistungen für die Gesamttätigkeit innerhalb der Unternehmung.

Gewinn- und Verlustrechnung vom 1.1.19 .. bis 31.12.19 ..

Aufwand	Ertrag	
Einzelkosten:	*Erlöse:*	Betriebs-Erträge
Fertigungsmaterial	Verkaufserlöse der abgesetzten	
Fertigungslöhne	Produkte	
Gemeinkosten:	Lagerbestandsänderung	
Gehälter	*Neutrale Erlöse:*	Neutrale Erträge
Löhne	aus Beteiligungen	
Sozialaufwand, gesetzlich	(Zinsen, Darlehen,	
Sozialaufwand, freiwillig	Veräußerung von	
Betriebshilfsstoffe	neutralen Vermögen)	
Energie	*Außerordentliche Erlöse:*	außerord. Erträge
Abschreibungen	(z.B. Veräußerungen aus	
Betriebssteuern	dem Anlagevermögen)	
sonstige		
Sonderkosten:		
Provisionen		
Frachten		
neutraler und außerordentlicher Aufwand		

(Betriebsaufwand)

Bild C/1. Schema einer Gewinn- und Verlustrechnung

Da die zur Leistungserstellung erforderlichen Produktionsfaktoren aus dem Markt aufgenommen werden müssen, entstehen der Unternehmung Zahlungsverpflichtungen. Diese Zahlungsverpflichtungen und die vorgenommenen Zahlungen müssen nicht mit den Aufwendungen zeitlich übereinstimmen. Der Unterschied zwischen Zahlungen und Aufwendungen wird später noch deutlich gemacht.

Da die Tätigkeit der Unternehmung außer auf einen Hauptzweck — die Erzeugung von Konsum-. Investitions- oder Produktionsgütern — auch auf die verschiedenartigsten Nebentätigkeiten gerichtet sein kann, wird in der Gewinn- und Verlustrechnung deshalb der Gesamtaufwand gegliedert in

α) Betriebsaufwand

β) neutraler Aufwand

γ) außerordentlicher Aufwand.

Diese Gliederung ist notwendig, um feststellen zu können, in welchem Tätigkeitsbereich der Erfolg erarbeitet wurde.

α) Betriebsaufwand

Er wird auch als Zweckaufwand bezeichnet und enthält nur den Werteverzehr – die Inanspruchnahme von Produktionsfaktoren – eines Zeitabschnittes, der allein dem Hauptzweck des Betriebes diente. Bei der Güterproduktion ergibt er sich aus dem im Geldwertmaßstab gemessenen Verzehr von Stoffen, sowie Arbeit und Kapitalgütern aller Art. Die hergestellten Güter können sowohl für den Absatz als auch für den innerbetrieblichen Verbrauch bestimmt sein. Solche innerbetrieblichen Aufwendungen sind z.B. dann gegeben, wenn der Betrieb einen Teil seiner Produktionseinrichtungen, z.B. Werkzeuge, Vorrichtungen und sonstige Einrichtungen, selbst herstellt, und wenn diese nicht für den Absatz bestimmt sind und dann nicht aktiviert werden müssen bzw. wenn sie gemäß den gesetzlichen Bestimmungen zur Vermögenserhöhung führen und zu aktivieren sind.

Das besondere Kennzeichen des Betriebsaufwandes besteht auch darin, daß er nicht nur einem Zeitraum, sondern mit Hilfe von Kalkulationsmethoden den einzelnen Erzeugnissen oder gar den einzelnen Leistungsvorgängen und den Arbeitsverrichtungen zugeordnet werden kann. Dieser Aufwand wird dann allgemein auch als Kosten bezeichnet. *Kosten entstehen somit aus dem Güterverzehr und der Inanspruchnahme von Dienstleistungen zum Zwecke der Erstellung einer bestimmten Leistung.* Dazu gehören auch die Verpflichtungen gegenüber der Allgemeinheit in Form von Steuern und sonstigen Abgaben.

Eine Sonderheit stellen z.B. auch die Kapitalkosten dar. Sie sind nicht Gutsverzehr im Sinne des Wortes; denn das Kapital soll sich ja nicht verzehren. Es verursacht jedoch schon durch seine Bereitstellung Aufwand in Form von Zinsen und außerdem als Folge der Nutzung der Kapitalgüter die als Abschreibungen bezeichneten Wertminderungen. Das Kapital übt bei der Leistungserstellung zwar eine Nebenfunktion aus; es ist jedoch gemeinsam mit dem Produktionsfaktor „Arbeit" die den Wirtschaftsprozeß wesentlich beeinflussende Kraft. Einerseits belastet es also schon allein aufgrund seiner Bereitstellung eine Wirtschaftsperiode bzw. den Produktionsvorgang, während es zugleich andererseits erst den Einsatz der leistungsoptimalen Produktionseinrichtungen ermöglicht.

β) Neutraler Aufwand

Er entsteht für die verschiedensten Nebentätigkeiten einer Periode. Es ist jener Aufwand, der also nicht zur unmittelbaren Erfüllung des Betriebszweckes vorgenommen wird und dem somit auch keine Betriebserträge gegenüberstehen. Seine wesentlichen Merkmale bestehen darin, daß er rein periodengebundener Aufwand bleibt und nicht die zum Verkauf bestimmten Produkte unmittelbar belastet. Oft wird dieser Aufwand aus den erzielten Gewinnen vergangener Perioden bestritten.

Als neutral werden jene Aufwendungen angesehen, die sich aus der Betätigung z.B. auf sozialem Gebiete ergeben. Sie können z.B. durch die laufende Unterhaltung von Wohngebäuden, Erholungseinrichtungen und sonstiger ähnlicher Einrichtungen verursacht werden, die der Unternehmung gehören. Sie können aber auch einmaliger Art sein, z.B. Schenkungen, Spenden und dgl. Ihnen können, müssen aber keine Erträge gegenüberstehen.

Zu neutralen Aufwendungen werden auch die sich aus Beteiligungen an anderen Unternehmen ergebenden Aufwendungen gerechnet, z.B. Aufwendungen beim Kauf von Aktien, Gewährung von Darlehen und dgl.

γ) Außerordentlicher Aufwand

Er ergibt sich oft indirekt aus den Haupttätigkeiten. Diese Aufwendungen sind aber gewöhnlich von einmaliger Art und Höhe, und wenn sie wiederkehren, meistens auch unregelmäßig in ihrer zeitlichen Folge. Zu ihnen gehören beispielsweise Veräußerungsaufwendungen beim Verkauf nicht mehr benutzter Produktionseinrichtungen.

Es seien schließlich noch die *Erlösschmälerungen* erwähnt. Diese entstehen erst beim Umsatzprozeß, also nach der Abgabe der Erzeugnisse an den Käufer. Sie bestehen z.B. in Preisnachlässen, Mängelrügen und Konventionalstrafen z.B. infolge von Terminverzögerungen. Derartige, sich aus dem Verkaufsvertrag und sonstigen Vorgängen ergebenden Minderungen, sind nicht eigentlicher Aufwand im Sinne des Wortes. Sie werden im allgemeinen also auch nicht auf der Aufwandseite, sondern auf der Ertragsseite ausgewiesen. Ebenfalls werden die erlösschmälernden Rabatte und Skonti als Aufwand angesehen.

Der *Gewinn* ergibt sich zwar nachträglich nach Abrechnung einer Wirtschaftsperiode; er ist aber schließlich – wie später in der Kostenrechnung noch eingehend gezeigt wird – ebenfalls geplanter Aufwand. Er wird in der Erfolgsrechnung auf der Aufwandseite ausgewiesen und bei der Preisbildung bereits dem Aufwand – den Kosten für das einzelne Produkt – als kalkulatorischer Gewinn zugeordnet und ergibt so den erforderlichen Ertrag, wenn die Leistungserstellung erfolgreich sein soll.

Der tatsächlich erreichte Erfolg der wirtschaftlichen Tätigkeit zeigt sich also in der Gewinn- und Verlustrechnung in der Gegenüberstellung von Erträgen und Aufwendungen (Bild C/2).

In der Bilanz zeigt er sich an den Änderungen der Bestände – Aktiva – die den Passiva gegenübergestellt werden (Bild C/3) und wird auf der Passivseite ausgewiesen (Vorbilanz).

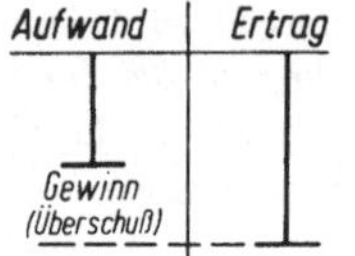
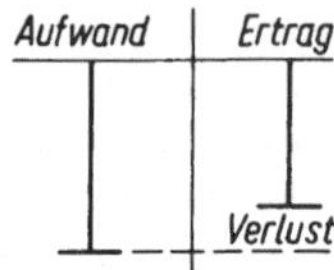
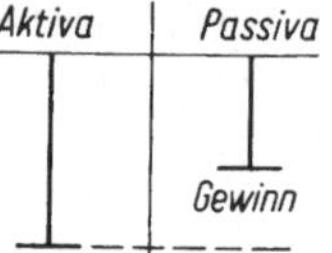
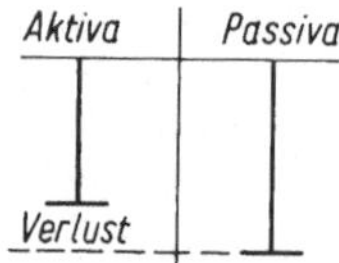

Bild C/2. Bildliche Darstellung der Gewinn- und Verlustrechnung   **Bild C/3.** Bildliche Darstellung der Bilanz

b) Aufwand – Kosten – Ausgaben

Es ist notwendig, diese drei Begriffe eindeutig voneinander abzugrenzen. Im Gegensatz zum Aufwandsbegriff, der der Periodenrechnung angehört, gehört der Kostenbegriff zur Leistungsrechnung. Unter *Kosten* versteht man im allgemeinen den bei der Leistungserstellung erforderlichen oder den tatsächlich notwendig gewesenen Werteverzehr an Produktionsfaktoren. Diesen im eigentlichen Produktionsprozeß entstehenden Kosten, stehen die betrieblichen Leistungen –Betriebserträge – gegenüber. Ein wesentliches Merkmal der Kosten besteht auch darin, daß sie im Preis für die Güter verrechnet werden und zu Erträgen in Form von Erlösen oder zu Bestandsänderungen führen (Kosten ist bewerteter Güterverzehr).

Kosten sind somit die aus dem *Hauptzweck der Unternehmung entstehenden Betriebsaufwendungen,* die sowohl Perioden als auch den einzelnen Leistungen und Arbeitsvorgängen zugerechnet werden können. Der als Kosten bezeichnete Werteverzehr ist jedoch nicht identisch mit dem Begriff „Ausgaben" (siehe auch Betriebsaufwand, sowie in Band II – Betriebsabrechnungsbogen und Kostenträgerrechnung).

Ausgaben ist ein Begriff aus dem Zahlungsverkehr. Es werden darunter die gezahlten Geldbeträge zur Erfüllung von entstandenen Verpflichtungen verstanden. Sie werden im allgemeinen auf Grund eines Rechtsaktes (Kaufvertrages) und den damit verbundenen Zahlungsverpflichtungen ausgelöst. Sie zeigen sich also in Zahlungsvorgängen zwischen den Geschäftspartnern (siehe Bild C/5).

Ein besonderes Merkmal besteht auch u. a. darin, daß durch Ausgaben Umwandlungen in den Vermögensformen vorgenommen werden können. Aus Geldmitteln werden Sachwerte usw., ohne daß sich dabei etwas an der Vermögenshöhe des Betriebes ändern muß. Es werden z. B. Geldmittel für die Anschaffung einer Anlage ausgegeben. Die im Umlaufvermögen der Bilanz enthaltenen flüssigen Mittel (Bankguthaben oder Bargeld) vermindern sich dann um den gleichen Anschaffungsbetrag, um den sich das Anlagevermögen vermehrt. Die bei der Anschaffung erfolgte Ausgabe wird im Anlagevermögen aktiviert. Es hat sich also grundsätzlich an der Vermögenshöhe zunächst nichts geändert. Die Vermögensminderung erfolgt erst mit Beginn der Nutzung und verteilt sich auf viele Perioden.

Ausgaben können den Kosten vorausgegangen sein, sie können innerhalb einer Periode mit den Kosten gleichzeitig entstehen oder den Kosten mit zeitlicher Verzögerung folgen.

Ausgaben, die sich aus der Anschaffung von Anlagemitteln ergeben, werden nämlich erst im Laufe der Nutzungsperiode entsprechend dem damit verbundenen Werteverlust zu Kosten. In diesem Falle können die Ausgaben den Kosten zeitlich weit, zum Teil um Jahrzehnte, vorauseilen. Dies gilt besonders für die langlebigen Wirtschaftsgüter, wie Gebäude, Maschinen (Bild C/4). Es gibt auch Ausgaben die Aufwand sind und zur Minderung des Vermögens führen, ohne daß sie als Kosten anzusehen sind. Sie sind am Leistungsvorgang nicht beteiligt.

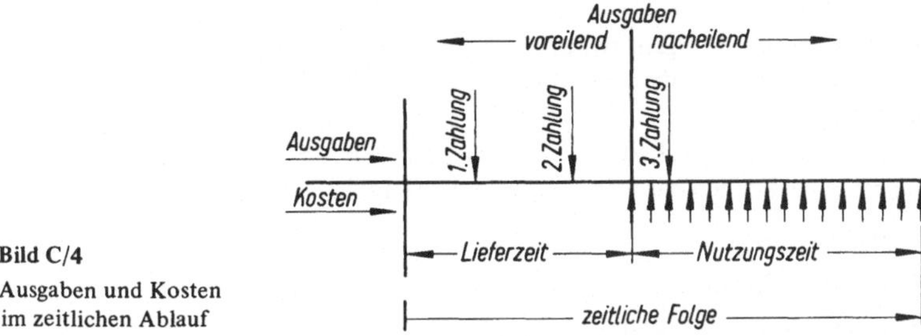

Bild C/4
Ausgaben und Kosten
im zeitlichen Ablauf

Periodengleich sind Ausgaben und Kosten z.B. für Lohnzahlungen, Sozialbeiträge und bei Zahlungsverpflichtungen, die sich aus dem Energieverbrauch ergeben.

Die Ausgaben folgen zeitlich den Kosten später in denjenigen Fällen, in denen die Zahlungsbewegung nach dem Werteverzehr, also z.B. nach dem Beginn der Nutzung eines Betriebsmittels erfolgt, oder dann, wenn beispielsweise der Stoff der Produktion zu einem Zeitpunkt zugeleitet wurde, bei dem der Zahlungsanspruch des Lieferanten noch nicht befriedigt wurde.

Es sei darauf hingewiesen, daß es Kosten gibt, die keine Ausgaben verursachen können. Zu ihnen gehören beispielsweise der kalkulatorische Unternehmerlohn bei Personengesellschaften, kalkulatorische Wagnisse usw. Schließlich können aber auch Ausgaben für die Beschaffung der Güter entstehen, die sich bei ihrer Nutzung nie verzehren und somit auch keine Kosten verursachen. Beim Kauf eines Grundstückes tritt z.B. auch nach Beginn der Nutzung keine Vermögensänderung ein, weil sich ein Grundstück im Sinne des Wortes nicht verbraucht.

c) Ertrag

Ebenso wie die verschiedenen Aufwandsarten voneinander abgegrenzt werden müssen, ist es notwendig, im Interesse der Überwachung des Wirtschaftsprozesses und des Erfolges zwischen den verschiedensten Ertragsarten zu unterscheiden und sie so voneinander abzugrenzen, daß bestimmten Aufwandsarten die entsprechenden Erträgen gegenübergestellt werden können und dadurch nicht nur das Gesamtergebnis, sondern auch der Erfolg und Mißerfolg der einzelnen Teilbereiche der Wirtschaftstätigkeit ermittelt werden können. *Der Ertrag ist also ein Begriff aus der Periodenrechnung.* Es gibt für ihn natürlich (in der Literatur) ebenfalls die verschiedensten Erklärungen. Unter *Ertrag* versteht man allgemein das *wertmäßige Ergebnis der gesamtwirtschaftlichen Tätigkeit* einer Unternehmung. Grundsätzlich kann der Ertrag

periodengebunden sein, wie er in der Erfolgsrechnung ausgewiesen wird, oder auch auf

die *Leistungen* (die *Leistungseinheit*) bezogen sein, die sich in den erstellten Güterarten und -mengen zeigen — Leistungsrechnung.

Es ergibt sich bei einem Ertrag je Einheit e bei m Gütereinheiten und für n Güterarten die Ertragssumme[1]

$$E = \sum_{i=1}^{n} (m \cdot e)_i \quad (DM).$$

---

[1] Der Ertrag kann auch insbesondere bei Wirtschaftlichkeitsrechnungen auf die Produktionsstunde bezogen werden. Der Ertragsbegriff ist in den folgenden Ausführungen nicht identisch mit „Gewinn", siehe auch II. A. 5.

Der Ertrag (tatsächlicher) kann für die *Vergangenheit* ermittelt werden oder auf Grund des Absatz- und Produktionsplanes, den geplanten Güterarten und Gütermengen, und den voraussichtlich erzielbaren Erlösen (kalkulierte Erlöse — Preise) vorausberechnet werden, denn der Ertrag einer Periode setzt sich schließlich aus einer Vielzahl der im Leistungsvorgang enstandenen Einzelerträge der erzeugten Güter zusammen.

Da Wechselbeziehungen zwischen Aufwendungen, Erträgen und dem Erfolg bestehen, wird natürlich der Ertrags- und Aufwandsentwicklung besondere Aufmerksamkeit gewidmet. Sie wird geplant und gesteuert.

Der in der Erfolgsrechnung ausgewiesene *Ertrag einer Wirtschaftsperiode* wird entsprechend den ihm gegenüberstehenden Aufwendungen gegliedert in

α) Betriebsertrag,

β) Neutraler Ertrag und

γ) Außerordentlicher Ertrag.

Der Erfolg der wirtschaftlichen Tätigkeit ist jedoch nur dann erreicht, wenn die tatsächlichen Aufwendungen geringer waren als die bei der Preisbildung vorberechneten Aufwendungen und wenn der erforderliche Preis auch tatsächlich erlöst werden konnte. Übersteigt hingegen der Aufwand den vom Markt her erzielbaren Erlös, weil die Produktion nicht im gewollten Sinne verlief, so bleibt der erstrebte Erfolg aus. Der Unternehmung entstehen Verluste, die sich in der Bilanz als Vermögensminderungen zeigen.

Der gesamte Betriebsertrag E einer Periode beinhaltet (wenn der Leistungsprozeß wirtschaftlich war), also unabhängig von der Anzahl und der Art der erzeugten Güter, die Summe des Einsatzes an Stoff s, an Arbeit a, an sonstigen Sach- und Betriebsmitteln (einschließlich Kapital) b und den Gewinn G_W.

$$E = \Sigma(s) + \Sigma(a) + \Sigma(b) + G_W \quad \text{(DM)}.$$

Der gesamte Betriebsertrag ergibt sich jedoch auch aus den einzelnen in einer Periode hergestellten Güterarten n und deren Mengen m, sowie den für sie eingesetzten Produktionsfaktoren und dem Gewinn je Erzeugungseinheit g:

$$E = \sum_{i=1}^{n} m_i(s_i + a_i + b_i + g_i) \quad \text{(DM)}.$$

Der von der Unternehmung erzielte Erfolg wird natürlich erst nachträglich errechnet. Da er jedoch positiv sein soll, müssen obige Gleichungen erfüllt werden. Das bedeutet nach der gegebenen Definition für den Begriff „Ertrag", daß den Aufwendungen der Gewinn bei der Vorbestimmung der Leistungshöhe bereits vorher zugerechnet werden muß, wie das ja auch bei der Preisfestsetzung geschieht, indem dem errechneten Aufwand, also den Kosten, die die einzelnen Erzeugnisse verursachen, der Gewinn in kalkulatorischer Form zugeschlagen wird.

Wie weit sich die Ergebnisse der Soll- und Istrechnung decken, ist einerseits eine Frage der Genauigkeit mit der die Vorausrechnung erfolgt und wie weit es andererseits gelingt den Leistungsverlauf in der gewollten Weise durchzuführen. Schließlich ist jedoch weiterhin von *Einfluß, welche Preise für die an den Markt abgegebenen Leistungen erzielt wurden, da diese die in der Gewinn- und Verlustrechnung ausgewiesene aus den Verkaufserlösen gewonnene Ertragshöhe einer Wirtschaftsperiode beeinflussen.* Wie weit die erforderlichen Preise und die sich als Verkaufserlöse im Ertrag niederschlagenden tatsächlich erzielten Preise übereinstimmen, ist eine Frage der Marktsituation einerseits und der Leistungsfähigkeit des Betriebes andererseits. Nur wenn der Ertrag die Aufwendungen oder, betrieblich gesehen, die Summe der Kosten übersteigt, ist der Bestand des Betriebes gesichert.

Im Sinne der Gewinn- und Verlustrechnung entsteht der Ertrag aus den an den Markt abgegebenen und von ihm bewerteten Leistungen, und den (mit den Herstellkosten belasteten) Bestandsänderungen.

Da die weiteren Betrachtungen sich nicht mit der Unternehmung, sondern mit dem Betrieb befassen, wird die sonst übliche genaue Unterscheidung zwischen

Ertrag und Aufwand sowie Preisen und Kosten

und auch der Preise und Erlöse nicht mehr exakt vorgenommen, da ohnehin Zusammenhänge zwischen Erträgen und Preisen bzw. Erlösen sowie zwischen Aufwendungen und Kosten bestehen und es sich hier um jeweils gleichartige Begriffe handelt.

α) Betriebsertrag

Er hat normalerweise am Gesamtertrag den größten Anteil, da er aus der Haupttätigkeit der Unternehmung entsteht. Er setzt sich aus den Verkaufserlösen und den Bestandsänderungen zusammen. Der Betriebsertrag umfaßt diejenigen Werte, die den in einem Wirtschaftszeitraum geschaffenen Leistungen zugerechnet wurden, um den beim Produktionsvorgang durch den Einsatz der Produktionsfaktoren entstandenen Werteverzehr auszugleichen; denn der hier als Aufwand bezeichnete Verzehr an Gütern, sowie die in Anspruch genommenen Dienstleistungen müssen von den zur Abgabe an den Markt bestimmten Erzeugnissen übernommen werden.

Die als Verkaufserlöse ausgewiesenen Erträge entstehen aus den tatsächlich umgesetzten bzw. den verkauften Gütern. Den im Geldwertmaßstab gemessenen Einsatz an Produktionsfaktoren wird bei der Ertragsvorplanung — die mittels Preisbildung erfolgt — der Gewinn zugerechnet. Die Verkaufserlöse sind also identisch mit den erzielten Preisen.

Diejenigen Güter, die zwar hergestellt aber in der verflossenen Wirtschaftsperiode nicht abgesetzt werden konnten, wirken sich als *Bestandsänderungen* aus. Die hier erfaßten Beträge enthalten natürlich nur die bei der Leistungserstellung erforderlich gewesenen Aufwendungen. Die Bestandsänderungen ergeben sich aus der Tatsache, daß produzierte und abgesetzte Gütermengen in Abhängigkeit von der Marktentwicklung nicht übereinstimmen. Ist die Produktion größer gewesen als der Absatz, so vermehrt sich der Lagerbestand. Ist sie kleiner gewesen, so wird er vermindert. Schließlich sind die Werte der noch in der Fertigung liegenden und nicht fertiggestellten Erzeugnisse zu erfassen.

Der größte Anteil am Ertrag sollte sich aus der Haupttätigkeit der Unternehmen ergeben. Im Produktionsunternehmen wird er als Betriebsertrag bezeichnet. Die Erfolgsrechnung muß den in den meisten Fällen bestehenden ungleichen Rhythmus zwischen Produktions- und Absatzmengen berücksichtigen. Der gesamte Betriebsertrag E einer Periode ergibt sich

$$E = \underbrace{\sum_{j=1}^{n} (m \cdot e)_j}_{\substack{\text{Umsatz-}\\\text{erlös}}} + \underbrace{\sum_{j=1}^{n} (m_E - m_A)_j \cdot k_{ej}}_{\substack{\text{Wert der Bestands-}\\\text{änderung}}} + \underbrace{\sum_{j=1}^{n} (m_F \cdot k_H)_j}_{\substack{\text{Wert der Halb-}\\\text{fabrikate}}} \qquad \text{(DM)}$$

n Produktarten m_F in der Fertigung befindliche Mengen

m abgesetzte Mengen e Erlös je Mengeneinheit

m_E Lagerbestandsmenge am Jahresende k_e Wert (Kosten) der Einheit (des Lagerbestandes)

m_A Lagerbestandsmenge am Jahresanfang k_H Wert (Kosten) der Einheit der im Fertigungskreislauf befindlichen Erzeugnisse

Während die Daten für die Umsatzerlöse aus dem Rechnungswesen (durch den Verkauf) bekannt sind, müssen alle noch im Betrieb befindlichen Erzeugnisse (Bestände der Halb- und Fertigfabrikate) durch die Inventur mengenmäßig erfaßt und anschließend bewertet werden.

β) Neutraler Ertrag

Er ergibt sich, ebenso wie der außerordentliche Ertrag, aus Nebentätigkeiten, also aus denjenigen Handlungen der Unternehmung, die dem Betriebsziel nicht unmittelbar dienten. Ihm stehen die neutralen Aufwendungen gegenüber. Neutrale Erträge können sich z.B. aus Zinseinnahmen, Mieteinnahmen, Erlösen aus der Veräußerung von Beteiligungen und der Ablösung von Darlehen ergeben.

γ) Außerordentlicher Ertrag

Dieser kann sich z. B. aus den an den Markt abgegebenen Gütern ergeben, die eigentlich nicht für den Umsatz bestimmt waren oder aus dem Verkauf von nicht mehr benötigten Anlagen oder verbrauchten Anlagen. Außerordentliche Erträge sind gewöhnlich einmalig in ihrer Art und können wirtschaftlich auch einem anderen Zeitabschnitt zugehören.

Leistungen, die für den eigenen Betrieb erstellt wurden, wie die Fertigung von Vorrichtungen und Werkzeugen, beeinflussen natürlich, wenn sie nicht aktiviert werden, den errechneten Erfolg, da sie im Ertrag ebenfalls nicht enthalten sind.

δ) Aktivierte Eigenleistungen

Leistungen die für den eigenen Betrieb vorgenommen und die in der Bilanz aktiviert wurden, zeigen sich auch auf der Ertragsseite der Gewinn- und Verlustrechnung (siehe Bild B/6).

Diesen Leistungen stehen allerdings in den meisten Fällen Aufwendungen gegenüber, die höher waren als ihnen tatsächlich zugerechnet wurden. Da sie also gewöhnlich nur zu den Herstellkosten aktiviert wurden und somit nicht immer den tatsächlichen Aufwand decken, wirken sie sich auch in der Gewinn- und Verlustrechnung gewinnmindernd aus.

4. Leistungsprozeß

Durch den Produktionsprozeß wird ein Kreislauf in Bewegung gebracht, der sich einerseits im Fluß von Gütern der verschiedensten Art und Menge zwischen Lieferer, Betrieb und Kunden sowie in der Inanspruchnahme von Dienstleistungen zeigt (Leistungskreislauf), und der andererseits in der Bewegung von Geldmitteln im Zahlungsverkehr (Geldkreislauf) erkennbar wird.

a) Leistungs- und Geldkreislauf

Beim Leistungsprozeß werden auf der Leistungsseite Güter aller Art vom Markt aufgenommen und im Produktionsprozeß in neue Güter umgewandelt, die schließlich wieder an den Markt abgegeben werden. Durch die Inanspruchnahme der Lieferer entstehen dabei auf der einen Seite der Unternehmung Verpflichtungen, die zu Zahlungsvorgängen führen, auf der anderen Seite erfolgen Zahlungseingänge, die aus Güterlieferungen an den Kunden oder aus Dienstleistungen entstanden sind.

Diese Vorgänge müssen in stetem Kreislauf so ablaufen, daß die dabei im Leistungsprozeß entstandenen Kosten geringer sind als die Werte, die sich aus dem Zahlungskreislauf ergeben. Der Leistungsprozeß muß also dem Prinzip der Wirtschaftlichkeit folgen, wenn dieser Prozeß in Bewegung bleiben soll. Die Vorgänge sind in Bild C/5 im Prinzip dargestellt. Hierin werden auch die Begriffe Produktion, Kosten, Leistungen, Erträge, Erlöse, Umsatz und Zahlungen sichtbar.

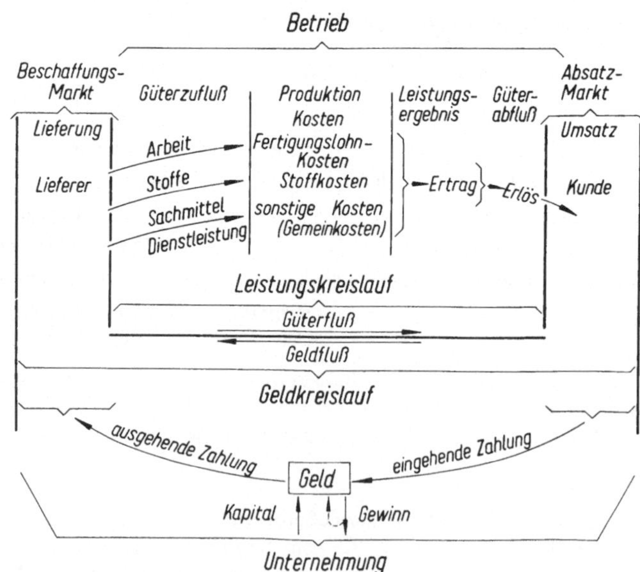

Bild C/5. Leistungs- und Geldkreislauf

Der Gewinn G_W einer Wirtschaftsperiode ergibt sich aus der Beziehung

$$G_W = E - A_u$$

wenn E der Ertrag und A_u der Aufwand. Wird der Betriebsaufwand als Kosten K bezeichnet so gilt

$$G_W = E - K$$

b) Rentabilität; Kennziffern

Das Ergebnis der betrieblichen Tätigkeit kann nicht allein aus den Mengen und Werten der insgesamt erzeugten Güter (Ertrag) beurteilt werden. Es zeigt sich erst im erwirtschafteten Gewinn, der jedoch in seiner absoluten Höhe noch kein eindeutiges Urteil über die Wirksamkeit des Wirtschaftsprozesses gestattet. Der Gewinn muß vielmehr in Relation zum Kapital gebracht werden, weil die Unternehmung darauf bedacht ist, das eingesetzte Kapital entsprechend dem mit der Unternehmenstätigkeit eingegangenen Risiko zu mehren. Letztlich geht es um die Feststellung, wie hoch sich das Kapital im Produktionsprozeß verzinst hat. Der Erfolg einer Periode wird deshalb nicht nur an der absoluten Zahlenhöhe des Gewinnes, sondern durch Rentabilitätskennziffern beurteilt, indem der Gewinn zum Kapital in bezug gesetzt wird. Es gilt allgemein

$$Kapital\text{-}Rentabilität = \frac{Gewinn}{Kapital} \; ,$$

$$R_{Kp} = \frac{G_W}{K_p} \; .$$

Die Rentabilitätskennziffer ist also abhängig

vom *eingesetzten Kapital* und von der *Höhe des erzielten Gewinnes.*

Für das Volkswagenwerk betrug die Kapitalrentabilität: des Grundkapitals (Nach Bild B/6)

$$R_{Kp} = \frac{330 \text{ Mill.}}{750 \text{ Mill.}} \cdot 100 = 44\,\%,$$

des Grundkapitals + Rücklagen

$$R_{Kp} = \frac{330 \text{ Mill.}}{750 + 1590 \text{ Mill.}} \cdot 100 = 14\,\%$$

und die Dividende (Kapitalrendite der Aktionäre)

$$R_{Kp} = \frac{165 \text{ Mill.}}{750 \text{ Mill.}} \cdot 100 = 22\,\%^{1)}$$

α) Einfluß des Kapitals[1]

Da das Kapital verschiedenen Ursprungs sein kann, ist es erforderlich, noch weitere Kennziffern zu bilden, damit man die Rentabilität feststellen und überwachen kann:

$$Rentabilitätskennziffer \; des \; Eigenkapitals = \frac{Gewinn}{Eigenkapital} \; ,$$

$$\frac{Rentabilitätskennziffer \; des}{Gesamtkapitals} = \frac{Gewinn \; plus \; Zinsen \; des \; Fremdkapitals}{Gesamtkapital}$$

$$\frac{Rentabilitätskennziffer \; des}{betriebsnotwendigen \; Kapitals} = \frac{Gewinn}{betriebsnotwendiges \; Kapitel}$$

---

1) Siehe Beispiel S. 59. Bei der Bilanzanalyse werden weitere Kennzahlen gebildet. Von Bedeutung ist u. a. auch die Rendite (Dividendenrendite), bezogen auf den Kurs bei der AG.

Die letzte Rentabilitätskennziffer ist dann von Bedeutung, wenn der Betrieb mit einem zu geringen oder zu hohen Kapital ausgestattet ist. Ist die Eigenkapitalausstattung zu gering, so muß der Kapitalmarkt zusätzlich in Anspruch genommen werden. Dieses Kapital ist im allgemeinen kurzfristig fällig und verursacht gewöhnlich einen höheren Zinsaufwand als langfristiges Kapital. Der dem Unternehmen verbleibende Erfolg wird um diesen Kapitaldienst vermindert und beeinflußt somit auch die Kennziffern. Werden die Kennziffern mit hundert multipliziert, so erhält man die *Verzinsungsprozentsätze*. Als betriebsnotwendiges Kapital wird das im Anlage- und Umlaufvermögen enthaltene Kapital, das ständig dem Betriebszweck dient, bezeichnet. Bei seiner Berechnung sind die Kapitalbeträge zu berücksichtigen, die dem Unternehmen durch die Zahlungsziele der Lieferanten oder durch die geleisteten Anzahlungen von den Kunden gewährt werden:

$$Betriebsnotwendiges\ Kapital = Betriebsvermögen\ minus\ \frac{(Beträge\ aus\ den\ Zahlungszielen}{plus\ Vorauszahlungen)}\quad (DM)..$$

Die Grundlagen für die Errechnung des Kapitalbedarfes bilden u.a. die aus der technischen Planung gewonnenen Ergebnisse. Insbesondere sind es die für die Durchführung des Leistungsprozesses erforderlichen Kapazitäten und der Einsatz weiterer Produktionsfaktoren, z.B. Energie, Werkstoffe. Von großem Einfluß ist die von der Ablauforganisation abhängige Zeitdauer für die Produktionsdurchführung, die auch als Durchlaufzeit bezeichnet wird. Kapitalhöhe und Zeitdauer bestimmen die Höhe des Kapitaldienstes und beeinflussen so die Kapitalrentabilität (siehe auch Band III).

Es genügt nicht, nur die Gesamtrentabilität aus der Jahresrechnung nach Ablauf einer Wirtschaftsperiode zu ermitteln, sondern diese durch die wirtschaftliche Herstellung des einzelnen Erzeugnisses im voraus sicher zu stellen. Diese Bedingung wird erfüllt durch Planung und Einsatz der günstigsten Produktionsverfahren, Produktionsmittel und Stoffe, die Entwicklung bester Arbeitsmethoden für den einzelnen Arbeitsvorgang und wenn man bereits bei der Gestaltung – Konstruktion – des Erzeugnisses die wirtschaftlichen Belange berücksichtigt. Der Gesamterfolg ergibt sich schließlich aus einer Summe von Teilerfolgen, der nur durch Anwendung betriebswirtschaftlicher und fertigungswirtschaftlicher Grundsätze erreicht werden kann. In diesem Falle sind die Daten auf der Leistungsseite stets größer als auf der Zahlungsseite.

Es ist deshalb erforderlich, nicht nur die Kennziffern zu errechnen, sondern zur allgemeinen Urteilsbildung müssen die einzelnen sie beeinflussenden Größen beobachtet werden. Die Rentabilität zu gewährleisten und stetig zu verbessern ist auch eines der Hauptziele der Rationalisierung.

β) Einfluß des Gewinnes

Der Gewinn hat in der Wirtschaft viele Funktionen. Er bestimmt Entwicklung und Zukunft eines Unternehmens, er sichert die Wettbewerbsfähigkeit, die Sicherheit der Arbeitsplätze und ermöglicht die Rationalisierungsfinanzierung. Er ist der Ausgleich für das hohe Risiko jeder wirtschaftlichen Tätigkeit und ein Kreditkriterium für die Beurteilung der Wirksamkeit des Leistungsprozesses.

Da sich der Gewinn aus der Differenz zwischen Ertrag und Aufwand ergibt, konzentrieren sich Planung, Steuerung und Überwachung des Betriebes einerseits darauf, den Aufwand (Kosten) in der minimalmöglichen Höhe zu halten, während andererseits versucht wird, auf dem Markt den günstigsten Preis zu erzielen. Die Höhe des erreichbaren Gewinnes ist also von verschiedenen Einflüssen abhängig, die in Wechselwirkungen zueinander stehen. Die funktionellen Beziehungen und die Einflußgrößen werden insbesondere bei der *Kostenrechnung* und dem *Arbeits- und Zeitstudium*, das sich ja mit der Arbeitsgestaltung, den erforderlichen Kosten und Zeiten beschäftigt, deutlich. Auf den Einfluß, der sich aus der Bewertung des Vermögens bei Aufstellung der Bilanz ergibt, sei lediglich noch einmal hingewiesen.

γ) Ertrag – Gewinn – Fertigungszeit – Kapazität

In den meisten Unternehmungen werden innerhalb einer Wirtschaftsperiode eine Vielzahl verschiedener Güterarten hergestellt. Der sich aus ihnen ergebende Gesamtertrag E setzt sich zusammen aus den Einzelerträgen e (DM/Einheit), deren Mengen m (Einheit) und der Anzahl der einzelnen Güterarten n:

$$E = m_1 \cdot e_1 + m_2 \cdot e_2 + \ldots + m_n \cdot e_n \quad (DM)$$

Dieser Sachverhalt wird im betriebswirtschaftlichen Sinne als *Ertragsgesetz* bezeichnet. Es wird dabei vorausgesetzt, daß der Einzelertrag je Güterart e konstant ist und der Gesamtertrag E sich mit der Produktionsmenge proportional verändert:

$$E = \sum_{i=1}^{n} (m \cdot e)_i \quad \text{(DM)}.$$

Wenn das ökonomische Ziel erreicht werden soll, muß der Einzelertrag e nicht nur die beim Leistungsprozeß entstandenen Kosten k_e (DM/Einheit) sondern auch den Gewinn je Einheit g (DM/Einheit) in sich einschließen. Es ist also auch der Gesamtertrag für alle Güterarten

$$E = \sum_{i=1}^{n} m_i (k_e + g)_i \quad \text{(DM)}.$$

wobei also in den Durchschnittskosten der Erzeugungseinheit k_e die insgesamt erforderlichen, im Geldwert gemessenen Produktionsfaktoren erfaßt sind.

Dabei ist angenommen, daß die Kosten ebenfalls konstant sind. Das ist jedoch in Wirklichkeit nicht immer der Fall. Kosten sind nämlich von vielen Einflüssen abhängig und setzen sich aus *fixen* und *veränderlichen* Bestandteilen zusammen.

Unter vorstehender Annahme ist auch der erzielbare Gesamtgewinn eine Funktion der Produktionsmenge.

Der Gewinn ist von vielen Einflußgrößen abhängig. Außer von den Absatzmengen und den vom Markt bestimmten Erlösen wird er von der Wirksamkeit der Produktions- und Arbeitssysteme und insbesondere von den für die Durchführung der Arbeitsabläufe erforderlichen Zeiten und den dabei entstehenden Kosten bestimmt.

$$G_W = \sum_{i=1}^{n} (m \cdot g)_i \quad \text{(DM)}.$$

Deshalb konzentriert sich die Aufmerksamkeit u. a. auch auf die Mengensteigerung, da proportional mit dieser nicht nur der Ertrag sondern auch der Gewinn wächst. Der Abschnitt I, Band II, Kostenrechnung, befaßt sich mit diesen Zusammenhängen in besonderer Weise; denn der Gesamtgewinn wächst nicht nur proportional mit der Menge, sondern meist wächst zusätzlich auch der Gewinn der Produktionseinheit, weil die Kostenbestandteile (Kostenarten) von der Menge beeinflußt sind. Mit zunehmender Menge sinken die Durchschnittskosten je Mengeneinheit. Natürlich hat die *Marktpolitik der Unternehmung* einen Einfluß. Sie kann darauf hinzielen, den Gesamtgewinn zwar zu erhalten, jedoch den Gewinn je Mengeneinheit zu vermindern, um so durch günstigere Preise den Marktanteil zu vergrößern.

Die Kostensumme K für m Erzeugnisse einer Erzeugnisart, ergibt sich allgemein aus

$$K = K_f + m \cdot k_v \quad \text{(DM)},$$

wobei die fixen Kosten K_f (DM) von der Nutzung der Anlage, also auch von der Produktionsmenge, unabhängig und stets gleich hoch sind und die veränderlichen Kosten k_v (DM/Erzeugungseinheit) mit der Produktionsmenge m (Einheiten) proportional anwachsen. Auf das Erzeugnis bezogen bleiben letztere, als veränderlich bezeichnete Kosten, also konstant.

Da nun der Gesamtertrag einer Erzeugungsmenge m aber die Kosten um den Gewinn g übertreffen muß, ergibt sich der Gesamtgewinn einer Güterart:

$$G_W = m \cdot e - K,$$

$$G_W = m(e - k_v) - K_f \quad \text{(DM)}.$$

Die Gleichung zeigt zunächst, daß der Gewinn eine Funktion der Produktionsmenge ist. Nun ist die Produktionsmenge, wenn die Frage des Absatzes außer Betracht bleibt, jedoch abhängig von der technischen Kapazität K_{pa} der Anlage und der durchschnittlichen Kapazitätsbelastung k_{pa} je Erzeugungseinheit. Es ergibt sich die maximal mögliche Produktionsmenge

$$m_{max} = \frac{K_{pa}}{k_{pa}} \text{ (Einheiten)}.$$

Die Kapazität kann nun in den verschiedensten Maßstäben gemessen werden. Eine der bedeutendsten Maßeinheiten ist die Zeit. Sie soll auch hier bei allen weiteren Überlegungen in der Maßeinheit Minute in die Betrachtungen einbezogen werden. Wird die Anlage im vorstehenden Fall je Erzeugungseinheit mit der Durchschnittszeit T_e (Minuten pro Einheit) beansprucht, so ergibt sich bei einer vorhandenen Gesamtkapazität T_K ein maximales Leistungsvermögen[1])

$$m_{max} = \frac{T_K}{T_e} \text{ (Einheiten)}$$

und damit der maximal erzielbare Gesamtgewinn einer Periode und Güterart

$$G_{Wmax} = \frac{T_K}{T_e}(e - k_v) - K_f \quad \text{(DM)}.$$

Wird das Verhältnis der tatsächlichen Belastung (Ist-Belastung) einer Anlage zu einer Vergleichsbelastung (Kapazität) als Ist-Beschäftigungsfaktor f_B' bezeichnet, so ergibt sich

$$f_B' = \frac{m'}{m_{max}},$$

wobei m' die in einer Periode erzeugte Zahl der Gütereinheiten bedeutet. Es ist auch

$$f_B' = \frac{m' \cdot T_e}{T_K}.$$

Bei einem konstanten Ertrag e und konstanten Kosten k_v ergibt sich der tatsächlich erzielbare Gesamtgewinn bei einem Ist-Beschäftigungsfaktor

$$G_W = f_B' \cdot m_{max}(e - k_v) - K_f \quad \text{(DM)}$$

als eine Funktion der Nutzung, d.h. daß der Gesamtgewinn unter diesen Annahmen von der Nutzung der Anlage, also der erzeugten Gütermenge, abhängt. Der Gewinn erreicht den Wert Null für die Grenzmenge

$$m_x = \frac{K_f}{e - k_v} \text{ (Einheiten)}.$$

Ist der Ertrag je Einheit z.B. auf Grund der Absatzlage als konstant gegeben, so ist die Grenzmenge abhängig von der Höhe der Fixkosten und den veränderlichen Kosten je Erzeugungseinheit. Daraus ist weiter zu erkennen, daß mit zunehmenden Fixkosten und abnehmender Nutzung die Erfolgsschwelle in einem ungünstigeren Bereich kommt. Diese Tatsache wirkt sich besonders bei mechanisierten Produktionsvorgängen aus, weil diese im allgemeinen mit hohen Fixkosten belastet und somit beschäftigungsempfindlicher sind.

---

[1]) Die Durchschnittszeit T_e muß nicht mit derjenigen Durchschnittszeit übereinstimmen, die der Errechnung der Kosten je Erzeugungseinheit zugrunde liegt.

Abschließend soll noch auf den Einfluß, den die Fertigungszeit T_e je Erzeugungseinheit auf die Höhe des erzielbaren Gesamtgewinnes ausübt, eingegangen werden. Da die produzierbare Menge m_{max} von der Kapazität T_K der Anlage und der Zeit T_e abhängt, wird auch der erzielbare Gesamtgewinn von der für den Fertigungsvorgang erforderlichen Zeit beeinflußt.

Der Gesamtgewinn

$$G_W = \frac{T_K}{T_e}(e - k_v) - K_f \quad \text{(DM)}$$

steigt mit abnehmender Zeit T_e an. Unter der Voraussetzung, daß die Kosten und Ertragswerte konstant bleiben, wird der Gewinn $G_W = 0$, wenn infolge abnehmender Produktionsmenge die Kapazität schlechter genutzt oder auch die Kapazitätsbelastung je Erzeugniseinheit T_e größer wird.

Für $G_W = 0$ wird $T_e = T_{ex}$

$$T_{ex} = \frac{T_K(e - k_v)}{K_f} \quad \text{(Zeit/Einheit)}.$$

Es muß jedoch ausdrücklich darauf hingewiesen werden, daß bei dieser vereinfachten Betrachtungsweise die Kosten als konstante Größen angenommen wurden, obwohl allgemein die Tatsache besteht, daß einzelne Kostenglieder von der Zeit selbst abhängig sind. Diese Einflüsse werden jedoch später im Abschnitt I.F, Band II, Wirtschaftlichkeitsrechnung ausführlich dargelegt.

Zusammenfassend kann festgestellt werden, daß der die Rentabilität der betrieblichen Leistung bestimmende Gewinn einer Wirtschaftsperiode abhängig ist von der Menge der hergestellten Erzeugnisse und deren Wert − Erträge − und dem wirtschaftlichen Einsatz der Produktionsfaktoren − den entstandenen Kosten. Er wird schließlich beeinflußt von der Höhe der Beschäftigung der Produktionsanlagen und vor allem von der Zeit, die zur Herstellung je Produkteinheit erforderlich ist, da zwischen Produktionsmenge, Kosten und der je Erzeugniseinheit erforderlichen Zeit funktionelle Zusammenhänge bestehen (Bild C/6).

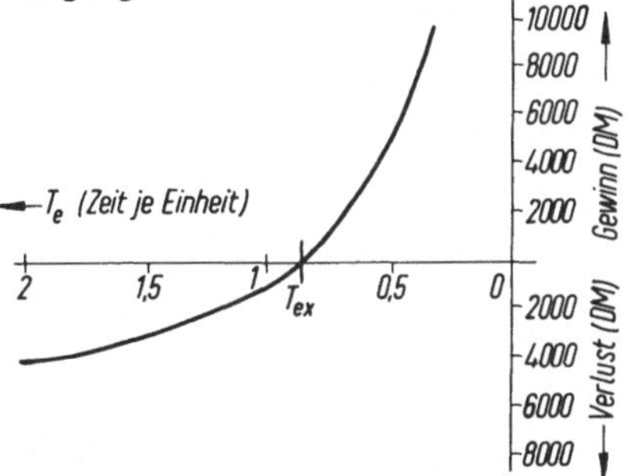

Bild C/6. Abhängigkeit des Erfolges von der Produktionszeit je Erzeugungseinheit

c) Wirtschaftlichkeit − Umschlagsdauer − Umsatzrentabilität −

Die Wirtschaftlichkeit des Produktionsvorganges wird dann erreicht, wenn es dem Betrieb gelingt, die Produktionsfaktoren so zu kombinieren, daß der Leistungsprozeß sich bei den günstigsten Einsatzmengen an Stoff, Arbeit und Sachmitteln vollzieht. Dieses *ökonomische Prinzip* ist dann gewährleistet, wenn der Aufwand − Kosten − und das Ergebnis der Leistungen − Mengen und Werte der Erzeugnisse − in ein optimales Verhältnis zueinander gebracht werden können.

Der Produktionsprozeß war dann wirtschaftlich, wenn die Erträge mindestens die dabei entstanden Kosten decken.

Zur Beurteilung der Wirtschaftlichkeit werden die verschiedensten Kennziffern benutzt, die in gleicher Weise für die Unternehmung wie auch für den Leistungsprozeß anwendbar sind. Die Wirtschaftlichkeit ist z. B. definierbar durch

$$\textit{Wirtschaftlichkeitskennziffer} = \frac{\textit{Summe Erträge}}{\textit{Summe Aufwand}}$$

oder

$$\textit{Wirtschaftlichkeit} = \frac{\textit{bewertete Leistung}}{\textit{bewerteter Einsatz}} > 1. \left(\text{oder } \frac{\textit{Soll-Aufwand}}{\textit{Ist-Aufwand}} \text{ oder } \frac{\textit{Soll-Ertrag}}{\textit{Ist-Ertrag}} \right)^{[1]}$$

---

[1] Nach Prof. Gutenberg.

Bewerteter Einsatz ist der in Kosten bewertete Einsatz der Produktionsfaktoren und Dienstleistungen.

Da nachfolgend jedoch die Wirtschaftlichkeit der betrieblichen Leistung und die diese beeinflussenden Faktoren beurteilt werden, sind die Betriebserträge — Erlöse und Bestandsänderungen — zu dem Betriebsaufwand, also den Kosten in Bezug gesetzt.

$$Wirtschaftlichkeitskennziffer = \frac{Summe\ Ertr\ddot{a}ge}{Summe\ Kosten}$$

$$W_E = \frac{E}{K} \, .$$

Das ökonomische Prinzip ist verwirklicht, wenn der ermittelte Zahlenwert > 1 ist. Die Erträge übersteigen dann die Kosten um den erzielten Gewinn. Es kann deshalb auch

$$W_E = \frac{K + G_W}{K} \qquad\qquad W_E = 1 + \frac{G_W}{K}$$

gesetzt und eine Wirtschaftlichkeitskennziffer gebildet werden durch die Beziehung

$$W_G = \frac{G_W}{K} \, .$$

In diesem Falle muß $W_G > 0$ sein und es kann gesetzt werden

$$W_E = 1 + W_G \, .$$

Für das Volkswagenwerk beträgt die Kennziffer (nach Bild B/6)

$$W_G = \frac{330\ \text{Mill.}}{9059\ \text{Mill.}} = 0{,}0364 \, .$$

Schließlich kann aber die Wirtschaftlichkeit auch beurteilt werden aus Mengenvergleichen, indem das Mengenergebnis der Leistung zu den Mengen des Faktoreinsatzes gebildet wird. Da jedoch der Leistungsprozeß in den meisten Fällen aus der Kombination der unterschiedlichsten Güter und deren Mengen besteht, und die Mengeneinheiten von unterschiedlicher Wertigkeit sind, lassen sich derartige Kennziffern in den seltensten Fällen bilden, bzw. ist ihre Aussagefähigkeit begrenzt.

α) Rentabilität und Wirtschaftlichkeit

Umschlagsdauer — Umschlagsgeschwindigkeit

Obwohl im allgemeinen die Rentabilitätsbeurteilung vor allem in Zusammenhang mit der Periodenrechnung der Unternehmung erfolgt, sollen hier die Wechselbeziehungen zwischen der Wirtschaftlichkeit des Produktionsvorganges und der betrieblichen Leistung dargestellt werden. Dabei müssen bei der Beurteilung des Betriebes die sich aus den geschäftspolitischen Maßnahmen ergebenden Einwirkungen — z.B. Vermögensbewertung, Kapitalsituation, Markteinfluß auf die Preise, die Erträge aus den Nebentätigkeiten usw. — auf den in der Jahresrechnung ausgewiesenen Gewinn außer Betracht bleiben. Hier interessieren vielmehr nur diejenigen Zusammenhänge, die sich allein aus der Wirtschaftlichkeit des Produktionsprozesses und des sich daraus entwickelnden Umsatzprozesses ergeben, denn die Gesamttätigkeit einer Unternehmung kann u.U. unrentabel gewesen sein, obwohl der Leistungsprozeß des Betriebes selbst dem ökonomischen Prinzip gerecht wurde.

Da einerseits die Rentabilität vom erzielten Gewinn und dem Kapital abhängt, andererseits jedoch Beziehungen zwischen Gewinn, Gütermengen und Kapital bestehen, ist es notwendig, diese sich gegenseitig beeinflussenden Größen und ihre Verhältnisse zueinander darzulegen. Ein Kriterium zur Beurteilung dieser Zusammenhänge besteht im Verhältnis vom vorhandenen Kapital zu den entstandenen Kosten. Diese Kennziffern werden bezeichnet als (eingesetztes, betriebsnotwendiges Kapital)

$$Umschlagsdauer = \frac{Kapital}{Kosten},$$

$$u_\mathrm{d} = \frac{K_\mathrm{p}}{K}.$$

$$Umschlagsgeschwindigkeit = \frac{Kosten}{Kapital},$$

Für das Volkswagenwerk ergibt sich (Nach Bild B/6)

$$u_\mathrm{d} = \frac{2340 \text{ Mill.}}{9059 \text{ Mill.}} = 0{,}258 \text{ Jahre}$$

$$u_\mathrm{v} = \frac{K}{K_\mathrm{p}}$$

und

$$u_\mathrm{v} = \frac{9059 \text{ Mill.}}{2340 \text{ Mill.}} = 3{,}87 \text{ pro Jahr.}$$

Aus der Umformung der Gleichung ergibt sich der Kapitalbedarf

$$K_\mathrm{p} = \frac{K}{u_\mathrm{v}}.$$

Das bedeutet, daß mit zunehmender Umschlagsgeschwindigkeit der Kapitalbedarf und damit auch die Kapitalkosten abnehmen. Die Umschlagsgeschwindigkeit selbst wird erhöht, wenn es gelingt, die Gütermenge in einer Periode zu steigern, ohne daß die Kosten je Gütereinheit im gleichen Verhältnis zunehmen, denn die Kostensumme ist eine Funktion der Gütermengen und der Kosten je Gütereinheit. Aus der gegebenen Definition für die Kapitalrentabilität ergibt sich, wenn der Ausdruck $K_\mathrm{p} = \frac{K}{u_\mathrm{v}}$ eingesetzt wird:

$$Kapitalrentabilität\ R_\mathrm{Kp} = \frac{G_\mathrm{W}}{K_\mathrm{p}}$$

$$R_\mathrm{Kp} = \frac{G_\mathrm{W}}{K} \cdot u_\mathrm{v},$$

und da $W_\mathrm{G} = \dfrac{G_\mathrm{W}}{K}$ ist besteht auch die Beziehung

$$R_\mathrm{Kp} = W_\mathrm{G} \cdot u_\mathrm{v}.$$

Dieser Ausdruck sagt aus, daß die Rentabilität von der Wirtschaftlichkeit und der Umschlagsgeschwindigkeit abhängig ist. Natürlich beinhalten diese einfachen Beziehungen eine große Anzahl von Problemen, weil sich die einzelnen Größen wechselseitig beeinflussen.

Für das Volkswagenwerk ist (nach Bild B/6)

$$R_\mathrm{Kp} = 0{,}0364 \cdot 3{,}87 = 0{,}14 = 14\,\%$$

β) Umsatzrentabilität und Umsatzhäufigkeit

Eine weitere Kennziffer, an der sich das wirtschaftliche Geschehen eines Betriebes zeigt, ist die

$$Umsatzrentabilität = \frac{Gewinn}{Umsatz}$$

$$R_u = \frac{G_W}{U} \, .$$

Für das Volkswagenwerk ist

$$R_u = \frac{330 \text{ Mill.}}{9389 \text{ Mill.}} = 0,035 = 3,5 \% \, .$$

Diese Kennziffer gibt mit hundert multipliziert an, mit wieviel Prozent sich der Umsatz verzinst hat.[1]) Da der Umsatz alle an den Markt abgegebenen Güter umschließt, zeigt dieser Prozentsatz auch an, wie hoch die Produkte durch die Gewinnanteile belastet wurden. Wie bereits erörtert, bestehen zwischen Umsatz und Gütermengen und den durch ihre Herstellung verursachten Kosten einerseits und dem Kapital und den Kosten andererseits Beziehungen, die auch auf die Rentabilität einen Einfluß ausüben. Wird die aus dem Verhältnis von Umsatz zu Kapital gebildete Kennziffer bezeichnet als

$$Umsatzhäufigkeit = \frac{Umsatz}{Kapital} \, ,$$

$$U_H = \frac{U}{K_p} \, ,$$

so zeigt diese Kennziffer, wie oft das Kapital in den an den Markt abgegebenen Gütermengen und Werten umgesetzt wurde. Gelingt es, diesen Prozeß zu beschleunigen, so steigt damit auch die Kapitalrentabilität, oder die Ware kann bei gleicher Kapitalrentabilität billiger verkauft werden. Die Unternehmenspolitik ist vielfach an dem Grundsatz orientiert, sich durch günstige Preise einen möglichst hohen Marktanteil zu sichern, sich also mit kleinen Preisen pro Erzeugungseinheit zu begnügen, um durch größere Mengen die gleiche Rentabilität zu erzielen.

Mit größer werdender Umsatzhäufigkeit ändert sich der Umsatz nach der Beziehung

$$U = U_H \cdot K_p$$

Für das Volkswagenwerk ist (nach Bild B/6)

$$U_H = \frac{9389 \text{ Mill.}}{2340 \text{ Mill.}} = 4,01 \, ,$$

und

$$U = 4,01 \cdot 2340 \text{ Mill.} = 9383 \text{ Mill.}$$

Der Umsatz kann also durch Verbesserung der Umsatzhäufigkeit vergrößert werden, ohne daß das kostenverursachende Kapital erhöht werden muß. Obige Beziehung eingesetzt, ergibt die Umsatzrentabilität

$$R_u = \frac{G_W}{K_p} \cdot \frac{1}{U_H} \, .$$

Für den Ausdruck $\dfrac{G_W}{K_p} = R_{Kp}$ *eingesetzt, ergibt sich die Beziehung*

Kapitalrentabilität $R_{Kp} = R_u \cdot U_H$.

---

[1]) Die Kennzahl „Umsatzrentabilität" ist nicht identisch mit dem Gewinnzuschlag.

Für das Volkswagenwerk ist (nach Bild B/6)

$$R_{\mathrm{Kp}} = 0,035 \cdot 4,01 = 0,14 = 14\,\%$$

Diese Zusammenhänge zeigen, daß es im Produktionsprozeß darauf ankommt, die Aufmerksamkeit nicht allein auf die Kosten, sondern auch auf den Fertigungsfluß und die Durchlaufzeit zu richten. Es muß nämlich stets dafür gesorgt werden, daß die organisatorischen und technischen Voraussetzungen so gesichert sind, daß der Produktionsvorgang ohne Störungen verlaufen kann. Während die durch den Fertigungsvorgang unmittelbar entstandenen Kosten durch das Rechnungswesen sehr genau erfaßt werden, sind die durch mangelhaften Fertigungsfluß entstehenden Schäden gewöhnlich nur durch gesonderte Untersuchungen zu ermitteln. Untersuchungen, die sich mit dem zeitlichen Ablauf befassen, müssen gleichermaßen auf alle Produktionsfaktoren ausgedehnt werden.

Die *menschliche Tätigkeit* ist daraufhin zu überprüfen, wie weit die Zeiten der Untätigkeit notwendig sind, ob sie vermieden werden können und welche Ursachen für die Zeiten der Untätigkeiten vorliegen. Die Gründe der Untätigkeit können durch Mängel im technisch-organisatorischen Ablauf bedingt sein, sie können auch störungs- oder arbeitsbelastungsbedingt sein. Für den Menschen können sich derartige Ursachen als *Ruhezeiten* auswirken. Während dieser Zeit läuft jedoch ein großer Teil der Kosten weiter, obwohl keine Produktionsleistung erfolgt.

Die *Betriebsmittel* sollen während der Wirtschaftsperiode möglichst ohne Unterbrechungen genutzt werden. Diese als *Brachzeiten* bezeichneten Vorgänge können ebenfalls organisations-, arbeitsablaufbedingt oder störungsbedingt sein, oder ebenfalls vom Arbeiter verursacht werden. Brachzeiten entstehen auch durch die erforderlichen Zeiten für die Pflege und Überholung der Betriebsmittel, sowie durch eine vorhandene Überkapazität infolge von Absatzstockungen oder Fehlplanungen. Brachzeiten werden beim harmonischen Zusammenwirken der Produktionsfaktoren unter Berücksichtigung des Markteinflusses vermieden.

Auch der *Werkstoff* ist hinsichtlich seines Durchflusses zu untersuchen. Er soll möglichst fortlaufend bearbeitet bzw. ohne Unterbrechung von Arbeitsvorgang zu Arbeitsvorgang gefördert werden. Liegezeiten innerhalb der Fertigung, sowie Lagerungszeiten sind zu vermeiden, denn sie verursachen Verwaltungskosten, Raumkosten und Kosten für den Kapitaldienst – Lagerwirtschaft.

Zu den Zielen der Rationalisierung gehört es, insbesondere auch den optimalen Fertigungsfluß zu gestalten. Der Transportorganisation und den Transportmitteln ist hier eine besonders wichtige Aufgabe zugeteilt.

Beispiel: Aus Wettbewerbsgründen muß ein Unternehmen die Kosten seines Produktes senken. Es erzielte bei einem eingesetzten Kapital von 5 Millionen DM bisher eine Umsatzrentabilität von 4 %. Durch eine Kapitalerhöhung von 2 Millionen DM soll die Produktion so rationalisiert werden, daß die Kapitalrentabilität von 5 % auf 8 % ansteigt und die Umsatzrentabilität dann 6 % beträgt.

Aus der Kapitalrentabilität

$$R_{\mathrm{Kp}} = \frac{G_{\mathrm{W}}}{K_{\mathrm{p}}}$$

ergibt sich der bisherige Gewinn:

$$G_{\mathrm{W}} = R_{\mathrm{Kp}} \cdot K_{\mathrm{p}},$$
$$= 0,05 \cdot 5\,000\,000 \; \mathrm{DM/Jahr},$$
$$= 250\,000 \; \mathrm{DM/Jahr}.$$

Aus der Umsatzrentabilität

$$R_{\mathrm{U}} = \frac{G_{\mathrm{W}}}{U}$$

folgt der erzielte Umsatz

$$U = \frac{G_W}{R_U},$$

$$= \frac{250\,000}{0,04}\ \text{DM/Jahr} = 6\,250\,000\ \text{DM/Jahr}.$$

Es errechnen sich die bisherigen Kosten

$$K = U - G_W$$
$$= (6\,250\,000 - 250\,000)\ \text{DM/Jahr}$$
$$= 6\,000\,000\ \text{DM/Jahr}.$$

Bei einem Kapital von 7 Millionen DM muß bei einer geforderten Kapitalrentabilität von 8 % der Gewinn in Zukunft betragen

$$G_W = R_{Kp} \cdot K_p,$$
$$= 0,08 \cdot 7\,000\,000\ \text{DM/Jahr}$$
$$= 560\,000\ \text{DM/Jahr},$$

dabei müßte der Umsatz betragen

$$U = \frac{G_W}{R_U},$$

$$= \frac{560\,000}{0,06}\ \text{DM/Jahr} = 9\,333\,333\ \text{DM/Jahr}$$

und die Kosten $K = U - G_W$

$$K = 9\,333\,333 - 560\,000$$
$$= 8\,773\,333\ \text{DM/Jahr betragen.}$$

Die Wirtschaftlichkeit betrug bisher

$$W_G = \frac{G_W}{K} = \frac{250\,000}{6\,000\,000} = 0,0417 = 4,17\ \%;$$

nach Durchführung der Rationalisierung steigt sie an auf

$$W_G = \frac{G_W}{K} = \frac{560\,000}{8\,773\,333} = 0,0638 = 6,38\ \%.$$

Die Umschlagsgeschwindigkeit des Kapitals muß von

$$u_v = \frac{K}{K_p} = \frac{6\,000\,000}{5\,000\,000},$$

$$= 1,2\ \text{mal pro Jahr}$$

auf $u_v = \dfrac{K}{K_p},$

$$= \frac{8\,773\,333}{7\,000\,000} = 1,253\ \text{mal pro Jahr}$$

also um 4,4 % ansteigen.

Die ermittelten Zahlenwerte bilden die Ausgangsbasis zur Entwicklung des Produktionsplanes. Aufgrund dieser Vorrechnung sind die Erzeugnisse und der gesamte Produktionsvorgang so zu gestalten, daß die Kosten den errechneten Betrag einerseits nicht übersteigen und andererseits das Leistungsergebnis, also die erzeugten, absatzfähigen Güter in qualitativer, insbesondere jedoch in quantitativer Hinsicht den erforderlichen Umsatz ermöglichen. An den erforderlichen Überlegungen sind alle Funktionsbereiche zu beteiligen (Wertanalyse). Die Zusammenhänge werden im Band III. „Planungsstudie eines Produktionssystems" in ihrer Bedeutung sichtbar gemacht.

D. Rationalisierung

Rationalisierung ist ein Wort, das immer wieder Diskussionen für ein altes Streben des Menschen entfacht, nämlich durch *vernünftiges Arbeiten* den Ertrag seines Wirkens zu verbessern. Die Rationalisierung kann als das zusammengefaßte Bemühen angesehen werden, das die Steigerung der Produktion zum Ziele hat. Dieses Bestreben ist so alt wie die menschliche Tätigkeit und erstreckt sich deshalb auch auf alle Gebiete der menschlichen Arbeit.

Die Rationalisierung soll vor allem jedoch dem Menschen nutzen, seine Lebensbedingungen verbessern und seine körperliche und geistige Belastung vermindern. Schließlich sollen Wirtschaftlichkeit und Rentabilität gesichert und die Wettbewerbsfähigkeit erhalten bleiben. (Beispiele siehe auch Band III)

Bei der *Rationalisierung* geht es darum, vorhandene Güter zu verbessern, neue Güter zu entwickeln, Gütermengen zu vergrößern und schließlich gleichzeitig den Einsatz der Produktionsfaktoren zu vermindern. Der Mensch versuchte von Anbeginn an, seine Arbeitsmethoden und Arbeitsmittel zu verbessern, um seine Belastung zu vermindern und gleichzeitig das Ergebnis seiner Arbeit zu steigern. Was jedoch zunächst mehr oder weniger dem Zufall überlassen wurde, *erfolgt in der heutigen modernen Industriegesellschaft zielstrebig und systematisch.* Die Rationalisierung hat die verschiedensten Motive zur Ursache, und zwar sind sie ideellen und wirtschaftlich materiellen Ursprungs.

Die Steigerung der *Produktivität* ist das alte Ziel, das sich die Rationalisierung von Anfang an gesetzt hat. Die Fortschritte erfolgten jedoch nicht kontinuierlich, sondern sprunghaft. Die Erfolge stellten sich zunächst auch nur zögernd ein. Erst in den letzten Jahrzehnten, nachdem diese Ziele von den verschiedensten Kräften planmäßig verfolgt werden, haben sich Erfolge in nicht erwartetem Umfange gezeigt. Sie werden am deutlichsten auf dem Markt, im Angebot der verschiedenartigsten Güter und Dienstleistungen, ihren Mengen und Preisen sichtbar. So übt natürlich auch der Markt einen nicht unbedeutenden Einfluß auf die Rationalisierung aus. Der Fortschritt zeigt sich besonders z.B. an der Erschließung von Energiequellen, z.B. Kernenergie, Erdgas, Öl, der Erzeugung von Stahl und Kunststoffen, um nur einige zu nennen. Die Entwicklung auf dem Gebiete der Stromerzeugung in der Bundesrepublik Deutschland zeigt Bild D/1. So sind aufgrund von Forschungsergebnissen in kurzer Zeit völlig neue Wirtschaftszweige entstanden (Elektronik und Petrochemie).

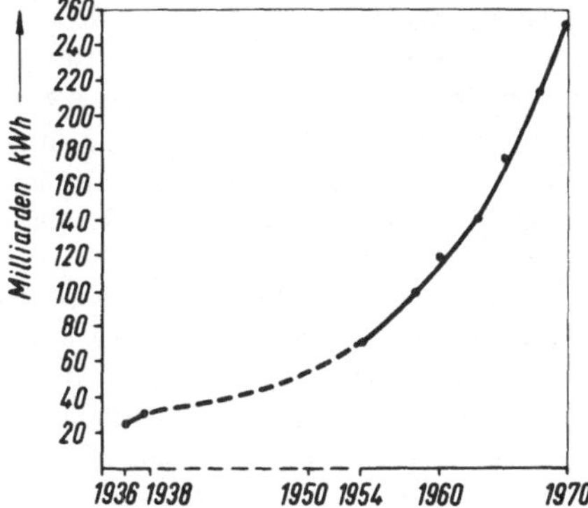

Bild D/1
Energieerzeugung in Milliarden Kilowattstunden
in der Bundesrepublik Deutschland

Da der Rationalisierungsfortschritt nicht kontinuierlich sondern sprunghaft erfolgt, kann er im Zusammenleben der Menschen zu Spannungen und Auseinandersetzungen führen. Sie ergeben sich daraus, daß die Lebensverhältnisse der einzelnen Sozialschichten und ihre Tätigkeiten in unterschiedlicher Weise von den Rationalisierungsmaßnahmen berührt werden, denn der Fortschritt erstreckt sich in der neueren Zeit auf alle Wirtschaftszweige und -bereiche menschlichen Tuns und nicht, wie oft irrtümlich angenommen wird, nur auf jenen Bereich, in dem die Güter unmittelbar produziert werden, nämlich die Produktionsstellen im Sinne des Wortes. Die geistige Tätigkeit wird neuerdings von ihren Ergebnissen ebenso beeinflußt, wie die körperlich-geistige oder die rein körperliche Arbeit. So sind die letzten Jahre dadurch gekennzeichnet, daß in zunehmendem Maße auch die geistigen und verwaltenden Tätigkeiten von dieser Entwicklung mehr und mehr berührt werden. Erwähnt sei die Schaffung mechanisch-automatischer Einrichtungen auf dem Gebiete der Bürotätigkeit, durch die neue Probleme entstehen werden (Elektronik).

Es ist auch ein Irrtum anzunehmen, daß die Rationalisierung nur für die industrielle Fertigung Bedeutung hat. Sie ist nämlich ebenso im Bereich der handwerklichen Fertigung möglich, bei der Einzelfertigung ebenso wichtig wie bei der Serien- oder Massenfertigung, für den Kleinbetrieb ebenso bedeutend wie für den Industriebetrieb. Es unterscheiden sich nur die anwendbaren Methoden und Verfahren sowie die Mittel.

Ein weiteres Merkmal dieser Entwicklung besteht darin, daß die Rationalisierung oft einen Strukturwandel innerhalb der Wirtschaft herbeiführt und daß sich das Tempo des Fortschritts steigert. Wirtschaftszweige stellen ihre bisherigen Produktionsmethoden ein, um sie durch rationellere zu ersetzen. Die Unternehmungen und ihre Betriebe dehnen sich aus. Aber auch innerbetrieblich geht der Strukturwandel vonstatten. Der Einsatz und die Anteile der einzelnen Produktionsfaktoren verändern sich; der Faktor *Kapital* spielt vor allem bei der Mechanisierung und Automation eine bedeutende Rolle. Die Tabelle D/1 zeigt in Prozenten die Verteilung der Produktionsfaktoren einiger Wirtschaftszweige.

Tabelle D/1: Prozentuale Verteilung der Produktionsfaktoren einiger Wirtschafszweige

Wirtschaftszweig	Lohnkosten	Stoffkosten	sonstige Kosten
Feinmechanik	38	25	37
Glas	33	31	36
Maschinenbau	30	34	36
Metallwaren	26	40	34
Fahrzeugbau	20	54	26
Textil	18	57	25
Bau	17	40	43
Kraftstoff	10	67	23

Aber auch die einzelnen Menschen, Personengruppen und Berufszweige werden von ihren Auswirkungen betroffen. Die Tätigkeitsanforderungen verschieben sich und erfordern die rechtzeitige Ausrichtung des Bildungswesens — der Schulung — auf die sich aus der Rationalisierung ergebenden Erfordernisse.

Eingeleitet wurde diese Entwicklung mit Beginn des sogenannten industriellen Zeitalters Mitte des vorigen Jahrhunderts unter dem Begriff der wissenschaftlichen Betriebsführung. Kennzeichnend für diese Entwicklung ist vor allem die Einführung der *Arbeitsteilung*. Auf ihr Wesen wird später noch eingegangen. Es ergaben sich aus ihr völlig neue Aufgaben, nämlich die zentrale *Planung, Steuerung* und *Überwachung* des Produktionsprozesses. Das *Studium* an der *Arbeit,* das darauf hinzielt, die Arbeitsverrichtungen mit geringstem Aufwand an menschlicher Arbeitskraft und der sonstigen Faktoren, also auch zu geringsten Kosten bei gerechter Entlohnung zu erledigen, erhält eine immer größere und umfassendere Bedeutung. Die Arbeitsteilung machte es nämlich erforderlich, den Arbeitsablauf zentral zu planen, die Arbeitsgegenstände zur Erledigung der einzelnen Arbeitsvorgänge an die räumlich auseinanderliegenden Arbeitsplätze in richtiger zeitlicher Folge zu steuern und sie hinsichtlich des zeitlichen

Verlaufes und des ökonomischen Geschehens zu überwachen. Neue Funktionsbereiche mußten entwickelt werden. Das Betriebsgeschehen nur durch den Meister zu beeinflussen wurde abgelöst und an seine Stelle trat in den wichtigsten Bereichen die *wissenschaftliche Betriebsführung*, deren Hilfsmittel u.a. die Organisation, die *Arbeitsvorbereitung* und neuerdings die *Arbeitswissenschaften* sind. Ihnen obliegt die Planung, Steuerung und Überwachung des gesamten Produktionsprozesses. Dem Meister ist in der industriellen Fertigung die planende Tätigkeit abgenommen, sein Wirkungsbereich erstreckt sich in der Hauptsache auf die Durchführung und Überwachung des Produktionsvorganges selbst, damit das wirtschaftlichste Ergebnis, die Qualität erzielt und der Termin eingehalten wird. Sie erstreckt sich vor allem aber auf die Führung und Leitung der Menschen seines Wirkungsbereiches.

Die Entwicklung bis zum heutigen Stande erfolgte in mehreren Stufen, die jedoch in den verschiedensten Kombinationen in allen Zweigen der wirtschaftlichen Tätigkeit in Anwendung sind. Ihre markantesten Merkmale bestehen in

1. der *Einführung der Arbeitsteilung*, d.h. der Aufgliederung des Gesamtablaufes eines Arbeitsvorganges in einzelne Teilvorgänge bei gleichzeitiger Bestgestaltung des Arbeitsablaufes in technisch-wirtschaftlicher Hinsicht[1]).

2. der *Mechanisierung der Arbeitsvorgänge*, durch die Entwicklung und den Einsatz von Maschinen und sonstigen Betriebsmitteln zum Ersatz der menschlichen Muskelkraft, wobei die geistige Tätigkeit, das Steuern und Beobachten des Arbeitsablaufes und die Aneinanderkettung der einzelnen Arbeitsvorgänge noch den Menschen obliegen;

3. der *Automatisierung*, bei der schließlich auch die Verkettung der getrennten Arbeitsverrichtungen durch mechanische Hilfsmittel vorgenommen und dabei der Mensch weitgehend auch noch von der geistig-nervlichen Beanspruchung entlastet wird. Kennzeichnend für diese Stufe ist weiterhin, daß auch der Transport der Gegenstände von Arbeitsvorgang zu Arbeitsvorgang in zeitlich abgestimmter Folge vollmechanisch vorgenommen wird, und dabei der verschiedensten Kraft- und Befehlsübertragungsmittel zur Anwendung gelangen. (Roboter: mechanisch; pneumatisch; hydraulisch wirkende Systeme mit elektronischer Steuerung)

In den meisten Fällen wirtschaftlicher Tätigkeit bestehen die verschiedensten Stufen parallel nebeneinander; der Vollkommenheitsgrad der Automatisierung ist unterschiedlich und von den Produkten und deren Mengen abhängig. Vor allem aber werden neue Werkstoffe entwickelt, Energiequellen erschlossen, neue technologische Verfahren und Methoden angewendet.

Der menschlichen Gesellschaft werden hinsichtlich ihres Zusammenlebens durch die Entwicklung zur automatischen Fertigung neuartige Aufgaben erwachsen. Sie liegen insbesondere auf dem Gebiete der Entlohnung, der Arbeitsbelastung, der Gestaltung der Arbeitsplätze, der Sozialgesetzgebung, des Arbeitsrechtes und Arbeitsschutzes, um nur einige zu nennen. Trotz allem *Für* und *Wider* die Rationalisierung und der besonderen Herausstellung der möglichen Gefahren, die der weitere Fortschritt heraufbeschwören kann, darf aber festgestellt werden, daß bisher die Rationalisierungsbemühungen zur steten Verbesserung der Lebensverhältnisse – des Lebensstandards – aller Bevölkerungsschichten bei gleichzeitig verminderter Arbeitsbelastung führten. Schließlich ist die Rationalisierung aber auch unbedingt zur Erhaltung der Wettbewerbsfähigkeit der Wirtschaft notwendig. Aufgabe der menschlichen Gesellschaft ist es, diese Entwicklung so zu lenken, daß sie sich zum Nutzen aller auswirken kann und die Existenz gesichert ist. Ein Vergleich mit jenen Ländern, die ihre Produktionsmethoden und -verfahren nicht verbesserten, zeigt, daß es *ohne Rationalisierung keine Steigerung der Produktivität, keinen allgemeinen Fortschritt und auch keine Verbesserung der Lebensverhältnisse geben kann.*

---

[1]) Begründer der Arbeitsteilung waren *Windslow Tayler, Henry Ford* u.a. Der Gesamtablauf wird in unterschiedlich große Abschnitte aufgeteilt (in Projekt, Projektstufen, Vorgänge, Teilvorgänge, Vorgangsstufen und Vorgangselemente).

1. Produktivität; Messung

Das Wort Produktivität[1] ist zu einem weit verbreiteten Begriff geworden, der bereits seit Jahrzenten im Zusammenhang mit der wirtschaftlichen Entwicklung und dem technischen Fortschritt innerhalb der Volkswirtschaft, der Unternehmung, der Betriebsteile und der einzelnen Produktionsvorgänge benutzt wird. Stets war man bestrebt, die Resultate des Fortschrittes meß- und vergleichbar zu machen.

Es gibt jedoch keine einzige und allgemeingültige Definition, kein allgemeingültiges Verfahren und auch keinen einheitlichen Maßstab zur Messung der Produktivität. Allgemein kann definiert werden:

$$Produktivität = \frac{Ergebnis\ der\ Leistung}{Einsatz}$$

$$P_0 = \frac{m}{E_p}$$

oder auch in reziproker Form:

$$\frac{1}{Produktivität} = \frac{Einsatz}{Ergebnis\ der\ Leistung} \, .$$

Die Produktivität läßt sich in einzelnen Teilbereichen eindeutiger messen als in ihrer Gesamtheit. Um nämlich die Einflüsse, die den Gesamtfortschritt bestimmen, feststellen zu können, wird z.B. die Produktivität der einzelnen Produktionsfaktoren wie Arbeit, Material, Maschinen oder Anlagen getrennt ermittelt. Bei der praktischen Rechnung ist die Festsetzung der Wertmaßstäbe schwierig. Wählt man den Geldmaßstab, so sind die während der Periode entstandenen Geldwertänderungen zu berücksichtigen. Sie können durch Standardisierung des Aufwandes – der Kosten – eliminiert werden. Man spricht deshalb auch von der *technischen Produktivitätsmessung,* wenn von Mengen des Einsatzes und des Leistungsergebnisses, und von der *wirtschaftlichen Produktivität,* wenn von Geldwerten ausgegangen wird.

Die technische Produktivität kann definiert werden:

$$Produktivität = \frac{Erzeugungsmenge}{Einsatzmenge}$$

bzw. als reziproker Wert:

$$\frac{1}{Produktivität} = \frac{Einsatzmenge}{Erzeugungsmenge} \, .$$

An ihr werden die Ergebnisse der Rationalisierungsmaßnahmen und ihr Einfluß auf den Zahlenwert besonders deutlich. Da jedoch Mengen relative Größen sind, die von den Erzeugnisarten abhängen, ist dieses Verfahren zur Ermittlung der Gesamtproduktivität nicht immer geeignet.

Die Beurteilung des Rationalisierungsfortschrittes einer Volkswirtschaft erfolgt deshalb allgemein durch die Ermittlung der Arbeitsproduktivität:

$$Arbeitsproduktivität = \frac{Wert\ des\ Ergebnisses\ der\ Leistung}{Arbeitseinsatz} \, ,$$

wobei der Wert des Ergebnisses der Leistung aus der Anzahl der bewerteten Güter in DM, der Arbeitseinsatz z.B. in Stunden gemessen werden kann. Da das Leistungsergebnis jedoch im Geldwertmaßstab

---

[1] Produzieren heißt etwas hervorbringen.

gemessen wird, ergeben sich bei diesem Verfahren die bekannten mit den Währungsänderungen verbundenen Probleme. Da schließlich das Zahlenergebnis bei der Produktivitätsermittlung von den verschiedensten, sich auf den Zähler und Nenner der Gleichung auswirkenden Einflußgrößen abhängig ist, muß die Auswahl der Maßeinheiten so sorgsam vorgenommen werden, daß eine objektive Aussage über das Produktivitätsergebnis gewährleistet wird. Die Produktivität kann z.B. in folgenden Dimensionen gemessen werden: Gütermenge je Zeiteinheit; Zeiteinheiten je Erzeugungseinheit: DM je Zeiteinheit; Stoffmenge je Gütereinheit usw. Der Rationalisierungserfolg zeigt sich insbesondere in der Einsparung der Kosten. Die Beurteilung kann durch Kennziffern erfolgen. Als Rationalisierungsrentabilität wird z.B. bezeichnet

$$R_{\mathrm{KpR}} = \frac{Kosteneinsparung}{Kapital} \times 100 \; (\%).$$

In diesem Zusammenhang ist im allgemeinen dann auch die Zeitdauer, die für die Kapitalamortisation T_{Kp} notwendig ist, von Bedeutung

$$T_{\mathrm{Kp}} = \frac{Kapital}{Kosteneinsparung\ je\ Periode\ (Jahr)} \; (Jahre).$$

2. Faktoren zur Steigerung der Produktivität

Kapazität – Fertigungszeit
Wird von der Produktivitätsdefinition

$$P_0 = \frac{m}{E_{\mathrm{p}}}$$

ausgegangen, so zeigt sich, daß das Produktivitätsergebnis verbessert werden kann, wenn entweder die Menge m gesteigert oder der Einsatz E_{p} der Produktionsfaktoren vermindert oder beide Größen gleichzeitig verändert werden.

Die Menge m ist von der Kapazität der Anlage, deren Nutzung und dem Zeitbedarf je Erzeugungseinheit abhängig, wenn die Kapazität im Zeitmaßstabe gemessen wird.

Der Einsatz E_{p} ist hingegen von der Wirtschaftlichkeit des Produktionsprozesses bestimmt. Es gilt also, beide Faktoren so zu beeinflussen, daß ein Produktivitätsfortschritt erzielt wird. Da die beiden Faktoren m und E_{p} aber in Wechselbeziehung zueinander stehen, so sollten die optimalen Verhältnisse ermittelt werden. In den meisten Fällen ist es recht schwierig, die Gesetzmäßigkeiten der sich gegenseitig beeinflussenden Faktoren aufzustellen. Für die Erzeugungsmenge gilt die schon bekannte Beziehung

$$Erzeugungsmenge:\ m = \frac{T_{\mathrm{K}}}{T_{\mathrm{e}}}.$$

Die Menge kann gesteigert werden, indem die Kapazität T_{K} der Anlage verbessert bzw. die Durchschnittszeit je Erzeugungseinheit T_{e} vermindert wird. Dies kann geschehen

1. indem die Absatzlage auf dem Markt verbessert, also durch größere Erzeugungsmengen die vorhandene Anlage besser genutzt wird;

2. indem die Nutzungsmöglichkeit der Anlage durch Beseitigung der sich aus den verschiedensten Ursachen ergebenden Brachzeiten erhöht wird. Dies kann auch geschehen durch Übergang von Einschichten- auf den Mehrschichtenbetrieb, durch Modernisierung bzw. Erneuerung und Erweiterung der Kapazität;

3. indem durch Verfahrens- und Methodenänderungen – Arbeitsbestgestaltung – der Zeitbedarf des Arbeitsablaufes je Erzeugungseinheit beeinflußt und möglichst vermindert wird.

Wurde bisher eine Anlage je Erzeugungseinheit mit T_e belastet, so ergibt sich bei einer Änderung dieser Zeit je Erzeugungseinheit um den Betrag ΔT_e eine Mengenänderung von Δm_{Te}. Für die Gesamtmenge gilt nun die Beziehung

$$m \mp \Delta m_{Te} = \frac{T_K}{T_e \pm \Delta T_e}.$$

Kann außerdem die Kapazität um den Betrag ΔT_K geändert werden, so ergibt sich, wenn man Proportionalität voraussetzt die Gesamtmenge

$$m \mp \Delta m_{Te} \pm \Delta m_{TK} = \frac{T_K \pm \Delta T_K}{T_e \pm \Delta T_e}.$$

Ein echter Produktivitätszuwachs braucht jedoch nicht mit der Verminderung der Zeit allein erreicht zu werden. Mit Änderung von T_K und T_e kann sich nämlich durch die funktionellen Zusammenhänge zwischen Zeiten und Einsatz (Kosten) ebenfalls die Produktivität ändern. Zeitänderungen müssen nicht immer zu Produktivitätsverbesserungen führen. Zeitminderungen wirken sich nur dann positiv aus, wenn die Höhe des *Einsatzes erhalten bleibt, sich vermindert oder wenn der Einsatz nicht im gleichen Verhältnis mit der Zeitänderung wächst.* Ändert sich auch der Einsatz um ΔE_p, so ergibt sich die nun erzielbare neue Produktivität

$$P_{oN} = \frac{T_K \pm \Delta T_K}{(T_e \pm \Delta T_e)\,(E_p \pm \Delta E_p)}$$

und somit der Produktivitätszuwachs

$$\Delta P = P_{oN} - P_o$$

der nur erzielt werden kann, wenn

$$\frac{m \pm \Delta m_{TK} \pm \Delta m_{Te}}{E_p \pm \Delta E_p} > \frac{m}{E_p}.$$

Natürlich sind eine Vielzahl Einflüsse, wie die Formeln zeigen, für die Produktivitätsentwicklung entscheidend und nicht allein, wie oft geglaubt wird, die Zeit je Erzeugungseinheit. So hat der Stoffeinsatz schon konstruktionsbedingt einen erheblichen Einfluß. Es ist deshalb notwendig, alle Produktionsfaktoren zu untersuchen. Sind der Mengensteigerung aus Absatzgründen Grenzen gesetzt, so treten zusätzliche Probleme auf. *Im Mittelpunkt aller Rationalisierungsmaßnahmen stehen also Einsparungen an Zeit und Kosten.*

3. Rationalisierungsbereiche

Das Ziel der Rationalisierung besteht u.a. darin, die Produktivität ständig so zu steigern, daß Wirtschaftlichkeit und Rentabilität gewährleistet sind und die Menschen mit mehr und besseren Gütern versorgt werden. Im folgenden sollen außer dem Einfluß, den die Forschung, der Markt und die Kapazitätsauslastung haben, die wichtigsten Bereiche, die in Bild D/2 in großen Zügen gegliedert sind, nämlich Erzeugnisentwicklung und -gestaltung, Produktion, Stoffwirtschaft und der menschliche Bereich, behandelt werden. Natürlich beeinflussen sich auch hier die Bereiche gegenseitig. So hat der Markt z.B. einen wesentlichen Einfluß auf die Entwicklung der Güter.

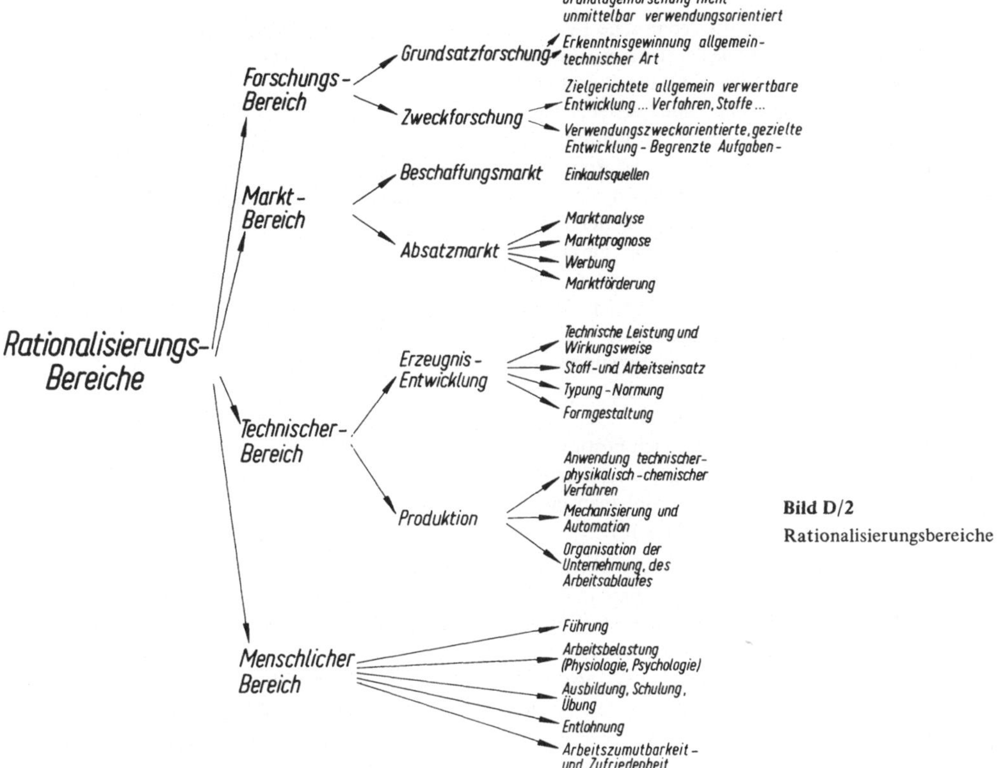

Bild D/2
Rationalisierungsbereiche

a) Erzeugnisentwicklung und -gestaltung

Stoffnutzung – Einfluß auf die Fertigung

Die Forderung an die technische Funktion und Leistung eines Erzeugnisses soll nur soweit bei der Konstruktion eines neuen Erzeugnisses verwirklicht werden, wie es der Vorsprung gegenüber den Konkurrenten erfordert. Die Ansprüche an Qualität und Leistung im Bereich der technischen Funktion sowie die praktische Ausführung bestimmen nämlich im wesentlichen den Aufwand und somit den Preis des Erzeugnisses.

Es besteht deshalb der Grundsatz, im allgemeinen dem Produkt nur die notwendigen Funktionen, die der Markt fordert, schon während der gedanklichen Entwicklung – der Konstruktion – zuzuordnen. *Oft nimmt der Techniker auf diese Forderung nicht genügend Rücksicht; er beachtet bei seiner Arbeit nicht immer die wirtschaftlichen Belange, vielmehr sucht er seine Befriedigung im Erreichen eines Höchstmaßes an technischer Funktion und Leistung.*

Vor der Entwicklung eines neuen Erzeugnisses sollten die auf dem Markt bereits angebotenen Güter einer analytischen Beurteilung unterzogen werden. Neben den technischen Daten, die zur Berechnung und Konstruktion des Erzeugnisses erforderlich sind, sollte vor allem auch die voraussichtlich absetzbare Gütermenge, ihre Verteilung auf die einzelnen Wirtschaftsperioden, die Wünsche der Kunden und die erzielbaren Preise bekannt sein. Es ist eine Aufgabe der Marktforschung unter Mitwirkung der Ingenieure, diese Daten zu ermitteln.

Die Beurteilung eines Erzeugnisses ist je nach seiner Art, Größe und Funktion oft recht schwierig und nicht allein aus absoluten Preisvergleichen möglich. In Bild D/3 sind die maßgebenden Komponenten dargestellt.

Die Beurteilungsmerkmale sind der absolute Preis, die Qualität der Ausführung und die Qualität der technischen Leistung und Funktion.

Beurteilungsmerkmale für die technische Leistung und Funktion sind z.B. das Leistungsvermögen (PS, kW usw.), der Wirkungsgrad, die Kennlinien, die Lebensdauer, die Wartungs- und Betriebskosten, die Austauschfähigkeit von Einzelheiten und Baugruppen, die verwendeten Stoffarten und -mengen, die Anordnung der Bedienungselemente. Eine besondere Bedeutung hat in neuerer Zeit auch die äußere Formgestaltung und die äußere Oberflächenbehandlung sowie das äußere Aussehen, das besonders den Käufer anspricht. Merkmale zur Beurteilung der Ausführung sind vor allem die Präzision, mit der das Erzeugnis und seine Einzelheiten hergestellt sind. Sie zeigt sich in der Maß- und Formgenauigkeit, der Oberflächengüte usw. Die Präzision ist auch bestimmend für Leistung, Wirkungsgrad, Lebensdauer, Wartung, Betriebskosten usw. Mit diesen Problemen befaßt sich auch die Wertanalyse (siehe D.4.).[1]

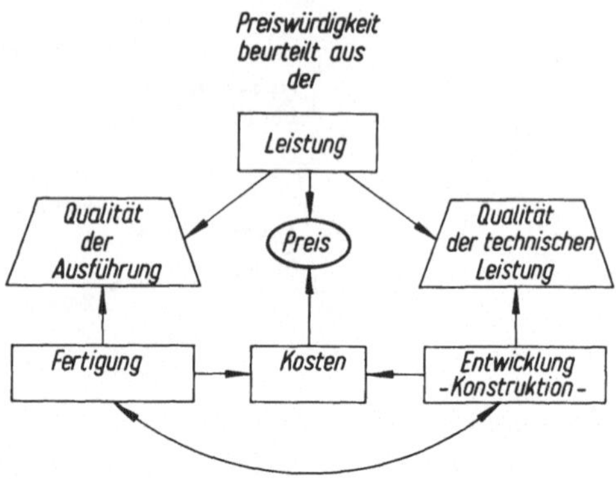

Bild D/3. Faktoren zur Beurteilung eines Erzeugnisses

Da die Güterarten eine sehr unterschiedliche Kostenstruktur aufweisen, ist es wesentlich, bereits beim Entwurf darauf zu achten, daß ein Erzeugnis mit einem Minimum an Kosten hergestellt werden kann. Bei einer Erzeugnisart überwiegen die Stoffkosten, während es bei einer anderen Art die aus Lohn- und Betriebskosten (den Gemeinkosten) bestehenden Fertigungskosten sind. Oft spielen z.B. bei Konsumgütern die Fertigungskosten nur eine geringe Rolle, während die Vertriebskosten z.B. für Werbung und Verpackung, kostenentscheidend sind. Die Kostenstruktur ist schließlich auch wieder abhängig von der Produktionsmenge. (Bilder D/4, D/8)

Überwiegen die Stoffkosten, so kommt es vor allem auf die Auswahl der Materialart, die Formgebung — gewichtssparende, formsteife Ausführung — und die das Materialgewicht bestimmenden Abmessungen an. Ein zu hoher Materialaufwand kann die Ursache dafür sein, daß ein Produkt zu teuer und deshalb dem Konkurrenzfabrikat unterlegen ist, obwohl die Fertigung unter Anwendung der wirtschaftlich günstigsten Produktionsverfahren und Arbeitsmethoden erfolgt. Wesentlich ist es schließlich, wie weit es gelingt, das in die Produktion eingesetzte Stoffquantum so zu nutzen, daß ein günstiger Stoffnutzungsgrad erzielt wird.

$$\textit{Stoffnutzungsgrad} = \left(1 - \frac{\textit{Stoffverlust}}{\textit{Stoffeinsatz}} \right) \times 100 \, (\%).$$

Er sagt aus, wieviel Prozent des ursprünglich eingesetzten Stoffes noch im fertigen Produkt enthalten sind. Der Stoffnutzungsgrad gibt wichtige Rationalisierungshinweise und hat in vielen Wirtschaftszweigen, z.B. in der blechverarbeitenden Industrie, Bedeutung. Hingewiesen sei auf die Forderung nach formschlüssigen Konturen.

Die Stoffverluste sind jedoch nicht allein konstruktions- sondern auch fertigungsbedingt und können den Abfall und den Ausschuß enthalten.

Überwiegen die Fertigungskosten, so ist bei der Konstruktion bereits darauf zu achten, daß bei der Auswahl der Stoffart und Stofform sowie der Festlegung der Bearbeitungsaufmaße auf die wirtschaftlichen Fertigungsmöglichkeiten Rücksicht genommen wird. Wesentlich ist es, dabei die Maße und die zulässigen Maßabweichungen (Toleranz) so festzulegen, daß zwar die Funktion gesichert ist, die Forderungen an die Maßgenauigkeit und Oberflächengüte jedoch in den Grenzen gehalten werden, in denen die wirtschaftlich günstigste Fertigung möglich ist. Einengungen der zulässigen Maßabweichungen bedingen gewöhnlich den Einsatz hochwertiger und damit kostenintensiver Betriebsmittel.

In zunehmendem Maße wurden in den letzten Jahren die Umformverfahren soweit entwickelt, daß Gegenstände aus den verschiedensten Stoffarten mit hoher Maß- und Formgenauigkeit in einem einzigen

---

[1] Ergonomie und Anthropometrie liefern dem Konstrukteur wichtige Unterlagen für die menschengerechte Gestaltung der Erzeugnisse und Betriebsmittel. (siehe III. H. 3 und Band II)

Arbeitsvorgang gefertigt werden können. Dadurch ist es möglich, nicht nur die unmittelbaren, sondern auch die mittelbaren Aufwendungen, z. B. die Kosten für den Transport und die Lagerung herabzusetzen.

Vor allem wurden auch bedeutende Fortschritte auf dem Gebiete der Entwicklung synthetischer Stoffe erzielt. Sie zeichnen sich außer durch hohe Maß- und Formgenauigkeit auch durch gute Oberflächenbeschaffenheit aus und erfordern in den meisten Fällen keine weitere Bearbeitung, da sie in einem Arbeitsgang gefertigt werden können. Ein weiterer Vorteil besteht darin, daß für diese Arbeitsvorgänge geringe Fertigungszeiten erforderlich sind. Der Einsatz derartiger Verfahren ist jedoch nur dann wirtschaftlich, wenn große Produktionsmengen vorliegen, da hohe Investitionen für die Betriebsmittel, wie Formen, Gesenke und Preßwerkzeuge notwendig sind.

Schließlich sei noch auf die Forderung nach leichter Zusammenbaufähigkeit der Einzelteile zu einem Fertigprodukt hingewiesen, da diese Arbeiten sehr lohnintensiv sind. Die Probleme liegen hier in der Einsparung hochwertiger Arbeitskräfte und damit in der Senkung der Lohnkosten.

Da das Gelingen des Gesamterfolges der Wirtschaftstätigkeit aus vielen Teilerfolgen besteht, ist die Koordinierung der einzelnen Teilfunktionen zu einer der wichtigsten Aufgaben geworden, da diese von getrennt arbeitenden Personenkreisen übernommen werden müssen. Das Ergebnis ist deshalb von der sachlichen und persönlichen Befähigung der mit dieser Aufgabe betrauten Personen abhängig. *Konstrukteur* und *Fertigungsfachmann* müssen gemeinsam mit dem *Kaufmann* die optimalen Lösungen suchen. Schon während der Gestaltung müssen deshalb alle verfahrens- und fertigungstechnischen Arbeitsvorgänge und die Fragen des Vertriebes bedacht werden. Diese Überlegungen müssen die erforderlichen Arbeitsplätze, Maschinen, Vorrichtungen, Werkzeuge usw. in sich einschließen. Nachträgliche Änderungen führen zu erheblichen Verlusten, wenn unnütze Investitionen vorgenommen wurden.

In Bild D/4 ist an einem einfachen Bauteil gezeigt, welchen Einfluß die Konstuktion auf die spätere Fertigung und somit auch auf die Herstellkosten hat. Im Ausführungsfalle I ist der Gegenstand aus handelsüblichem Stabsmaterial, im Falle II aus einem Schmiederohling und im Falle III aus Stahlblech gefertigt. Natürlich gibt es auch noch weitere Möglichkeiten. (siehe Wertanalyse II. D. 4)

Fertigungsverfahren

I.
Handelsübliches
Stabmaterial

II.
Preßteil

III.
Stahlblech

Benennung		Fertigungsverfahren		
		I	II	III
Materialkosten	DM/Stck	0,15	0,12	0,04
Fertigungskosten	DM/Stck	3,75	2,08	0,39
Herstellkosten	DM/Stck	3,90	2,20	0,43
Werkzeug-Vorrichtgs.-Kosten	DM	1900,00	2400,00	3800,00
Einsparung/Verfahren	DM/Stck	0	I/II 1,70	I/III 3,47
(I = 100 %)	%	0	I/II 44	I/III 88
Wirtschaftliche Grenzmenge Stck	Verfahren / Verfahren		I/II 295	I/III 555
				II/III 795

Bild D/4. Ausführungslösungen eines Teilerzeugnisses

Außer den Einsparungen an Herstellkosten, die die Tabelle im Bild D/4 zeigt, sei vor allem auf die großen aus der Darstellung nicht hervorgehenden Kapitaleinsparungen infolge geringerer Maschineninvestitionen und somit auch Einsparungen an Raum hingewiesen. Der Kapitalbedarf für diese Investitionen verhält sich für den Fall I zu Fall III wie 2,5 : 1. Schließlich gestattet auch die Ausführung nach Vorschlag III die Ausbringung von bedeutend größeren Fertigungsmengen innerhalb einer Periode, da sich die Fertigungszeiten zwischen Fall I und Fall III etwa wie 6 : 1 verhalten. (Bild D/21)

b) Normung und Typung (Teilefamilien)

Unter Normung im engen Sinne versteht man das Aufstellen von Richtlinien (Normen) für Wirtschaft, Technik, Bürowesen und andere Bereiche. Durch eine *Norm* wird die *„einmalige Lösung einer sich wiederholenden Aufgabe" (Kienzle)* festgelegt. Man unterscheidet dem Inhalt nach zwischen

Maß-, Dienstleistungs-, Güte-, Konstruktions-, Liefer-, Planungs-, Prüf-, Sicherheits-, Sortierungs-, Stoff-, Typ-, Verfahrens- und Verständigungsnorm;

der Bedeutung nach zwischen

    Grund- und Fachnorm;

dem Geltungsbereich nach zwischen

    Werknorm, nationaler und internationaler Norm.

Die für Deutschland gültigen Normen werden vom Deutschen Normenausschuß (DNA) mit Sitz in Berlin aufgestellt. Alle Länder, in denen Normenarbeit geleistet wird, sind der International Organization for Standardization (ISO) angeschlossen.

Die Befolgung der nationalen und internationalen Normen ist grundsätzlich freiwillig, doch können auf dem Weg über Gesetze oder Verordnungen bestimmte Normen zu zwingenden Vorschriften werden, z. B. Sicherheitsnormen für Schweißgeräte, Gasgeräte, elektrische Geräte usw. (sog. Standards).

Die Anregung zur Aufstellung von Normen geht meist von den entsprechenden Wirtschaftszweigen aus, sie kann aber auch vom Staat, von Verbrauchergruppen und anderen Interessenten kommen. Im allgemeinen werden Normen erst dann aufgestellt, wenn über den zu normenden Komplex ausreichende Erfahrungen vorliegen. Von der Normung ausgeschlossen sind Gegenstände, Verfahren usw., die durch besondere Rechte, z. B. Patente, geschützt sind und vom Schutzrechtinhaber nicht bedingungslos der Allgemeinheit zur Verfügung gestellt werden.

Die Normung hat in den vergangenen Jahrzehnten wesentlich zur Rationalisierung in vielen Funktionsbereichen der Wirtschaft und Technik und damit zur Verbilligung ihrer Erzeugnisse beigetragen und nicht zuletzt auch die Struktur einiger Wirtschaftszweige beeinflußt. So sind beispielsweise Spezialunternehmen entstanden, die ihr Produktionsprogramm auf genormte Erzeugnisse (Normteile), wie Schrauben, Splinte, Keile usw. konzentriert haben.

Den Einfluß der Normung auf die Ausbildung eines einfachen Maschinenteiles zeigt die in Bild D/5 dargestellte Zahnradwelle. Alle Stellen und alle Maße, sowie die Bearbeitungs- und Meßwerkzeuge, die durch die Normung beeinflußt sind, wurden gekennzeichnet.

Ein besonderer Zweig der Normung ist die Typung. Durch sie wird versucht, die Wünsche des Marktes hinsichtlich Größe, Funktion, Leistung usw. gleichartiger Erzeugnisse so zu koordinieren, daß er mit einem Minimum der verschiedenen Erzeugnisse der gleichen Art (Typen) befriedigt wird. Auf diese Weise können die produzierten Mengen je Typ erhöht und damit der Preis je Stück gesenkt werden.

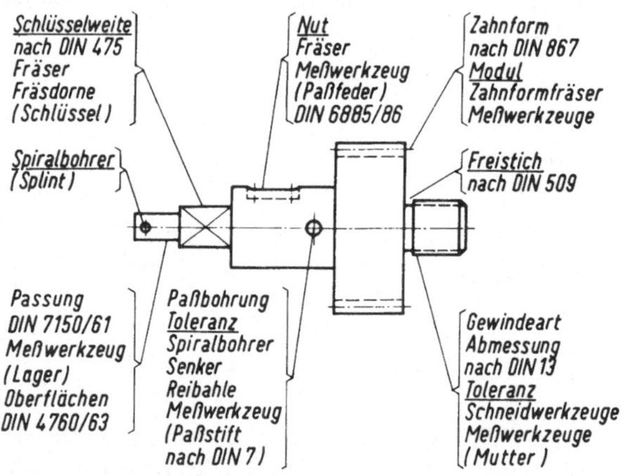

Bild D/5. Normungsbeispiel an einer Zahnradwelle

Von der Typung können alle Erzeugnisse – vom einfachen Maschinenelement bis zum komplizierten Produkt und auch die Organisationsmittel – erfaßt werden.

Ein besonderes Gebiet der Typung ist die Entwicklung von Teilerzeugnissen *(Teilefamilien, Baugruppen)*, die zu unterschiedlichen Enderzeugnissen zusammengesetzt werden können *(Baukastensystem)*.

Die Prinzipdarstellung in Bild D/6 gibt den baukastenartigen Aufbau eines Gasdruckreglers wieder. Ausgehend von einem Grundtyp kann die Ausführungsform durch die Kombination der verschiedenen Anbauteile variiert werden. So ist es möglich, mit wenigen Baugruppen und Einzelteilen die verschiedenen Leistungsansprüche zu befriedigen. (siehe Bild D/9, K/16 bis K/19)

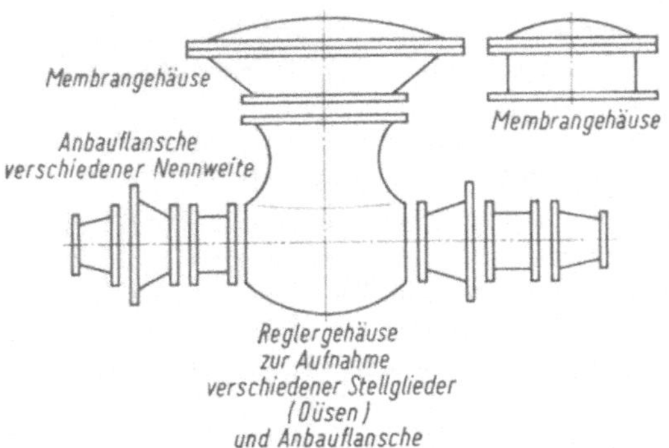

Größe	Typ				
⟶	I	II	III	IV	V
Normteile					
gleiche Bauteile					
gleiche Baugruppen					
typengebundene Teile					

Bild D/6

Baukastenartige Kombinationsmöglichkeit eines Gasdruckreglers

Um die unterschiedlichen Anforderungen an die Gasdruckregler hinsichtlich des Gasdurchflusses befriedigen zu können, wird — wie das Bild zeigt — ein Standardgehäuse verwendet, das mit Düsen verschiedener Querschnitte und mit Anbauflanschen zur Befestigung des Reglers in die Rohrnetze verschiedener Nennweiten versehen werden kann. Die Ansprüche an die Regelgenauigkeit — Kennlinien — können durch Anbau von Membrangehäusen unterschiedlicher Größe erreicht werden. Normung und Typung haben für den industriellen Bereich folgende *Vorteile* und Auswirkungen:

1. Die Herstellungskosten werden durch Beschaffung preisgünstiger genormter Maschinenteile, Geräte, Stoffe usw. in großen Mengen geringer.

2. Die eigenen Fertigungskosten vermindern sich, weil die Fixkosten durch Typenverringerung auf eine größere und wirtschaftlichere Menge verteilt und im allgemeinen stark mengenabhängige Fertigungsverfahren angewendet werden können. Schließlich ergibt sich auch ein größeres Leistungsergebnis aus der menschlichen Arbeit, weil sich der Zeitbedarf je Erzeugniseinheit bei zunehmender Dauer einer gleichen Tätigkeit (Übung) bei oft geringerer Belastung vermindern kann.

3. Die Höhe des Kapitalbedarfs nimmt ab, weil die Lagerkosten einmal durch Typenverringerung, zum anderen infolge einer größeren Geschwindigkeit des Produktionsprozesses geringer werden. Gleichzeitig vermindert der bessere Fertigungsfluß auch die Dauer der Kapitalbindung. Auch die Kapitalkosten je Erzeugungseinheit, die durch typengebundene Betriebsmittel, wie Vorrichtungen, Modelle und Werkzeuge, bedingt sind, werden geringer.

4. Durch ein einheitliches Maß- und Passungssystem wird nicht nur der schnelle Austausch von Einzelteilen und Teilerzeugnissen, sondern auch die rasche Montage während der Fertigung selbst, und der Reparaturen an den bereits an den Markt abgegebenen Erzeugnissen möglich, bei gleichzeitig abnehmender Arbeitsschwierigkeit.

5. Werkzeuge und Meßgeräte können in großen Mengen und mit relativ geringem Aufwand und somit preisgünstig hergestellt werden, weil viele Wirtschaftszweige die gleichen Mittel benötigen.

6. Bei der Konstruktion und Entwicklung neuer Erzeugnisse werden Zeit und Kosten gespart, weil der Konstrukteur gut durchgebildete und erprobte Einzelheiten aus den Normen übernehmen kann.

7. Schließlich werden die Lieferzeiten kürzer.

Ein *Nachteil* der Normung und Typung besteht darin, daß sie sich auf die Güterentwicklung hemmend auswirken kann. So wird z.B. dem Konstrukteur bei bestimmten Aufgaben ein Rahmen vorgegeben, in dessen Grenzen er sich bewegen muß. Auch kann die Typung zwangsläufig zur Schablonisierung von Erzeugnissen führen.

Ein gewisser Individualismus behindert in Europa, vor allem in vielen Zweigen der Konsumgüterproduktion, die Typung. Aus ökonomischen und Qualitätsgründen kann jedoch nicht auf die Typung verzichtet werden, und dem Wunsch nach weiterer Verbesserung des Lebensstandards wird in bestimmten Maße auch der Individualismus zu opfern sein.

In den USA ist die Typung bedeutend stärker ausgeprägt als in Europa. Hieraus erklärt sich teilweise der höhere Lebensstandard in diesem Lande. Während die USA etwa 80 % aller Kraftwagen der Welt bei nur etwa 20 Typen herstellt, entfallen auf die in Europa hergestellten ungefähr 20 % über 100 Typen. Trotz aller Anstrengungen in den vergangenen Jahrzehnten dürften in Deutschland durch ungenügend vorgenommene Typung noch bedeutende Reserven zur Produktionssteigerung vorhanden sein.

Die Kosten für die Herstellung eines Erzeugnisses sind u.a. von der Produktionsmenge abhängig. Die Höhe der Produktionsmenge beeinflußt der Markt. Er bestimmt den möglichen Absatz und die Verteilung der Produktion auf die Wirtschaftsperioden. Der Zusammenfassung der absetzbaren Mengen mehrerer Wirtschaftsperioden zu *einem* Werkstattauftrag sind aus Gründen der Lagerkosten, der Kapitalkosten und der Finanzierung aus wirtschaftlichen Gründen Grenzen gesetzt. Die Entwicklung von Teilefamilien ermöglicht eine rationellere Fertigung.

Zu *Teilefamilien* werden Gegenstände zusammengefaßt, die in ihren *Fertigformen* einander *ähnlich* sind, etwa gleiche *Abmessungen* haben, in einem Auftrag vereinigt und in einem gleichen Arbeitssystem und Arbeitsablauf gefertigt werden können.

Die Verminderung der Fertigungskosten ergeben sich dadurch, daß Rüstkosten eingespart werden können, weil die Betriebsmittel nicht für jede Teileart für die Durchführung der einzelnen Aufträge neu gerüstet werden müssen. In vielen Fällen genügt u.U. ein geringes Umrüsten. Bei hochmechanisierten Betriebsmitteln sind jedoch nicht nur die Rüstkosten, sondern auch die Kosten der Arbeitsvorbereitung (Programmierung), der Werkzeughaltung usw. von Bedeutung. Die Kosten für das Rüsten und die Arbeitsvorbereitung nehmen in Abhängigkeit von der Menge je Erzeugniseinheit hyperbelartig ab. Darüber hinaus ermöglichen größere Mengen die Anwendung wirtschaftlicher Verfahren.

In organisatorischer Hinsicht ist es notwendig in Bezug auf die *Formen Teilefamilien* und für die *Fertigung Fertigungsfamilien* zu bilden.

Für die Klassifizierung der Teile sind die *Merkmale der Formgleichheit* bzw. für die Fertigung die Art und Folge der Arbeitsvorgänge maßgebend.

Bild D/7 gibt lediglich eine Übersicht über den Aufbau der genannten Klassifizierungssysteme.

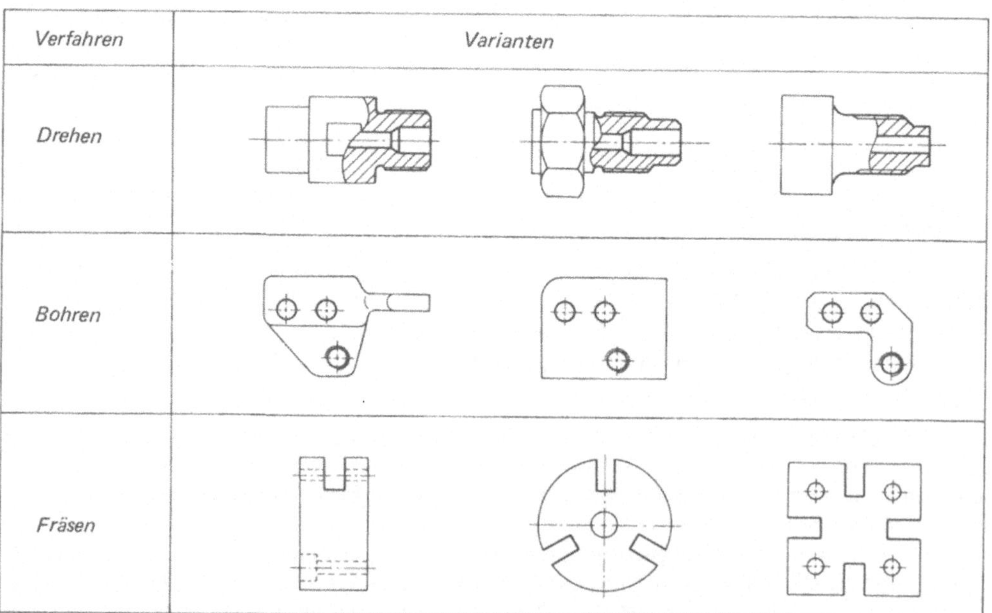

Bild D/7. Teilefamilien

c) Mechanisierung; Automatisierung

Die wachsenden Marktansprüche, und der sich aus der Dynamik der freien Marktwirtschaft ergebende Wettbewerb, der vor allem die wirtschaftlichen Erfordernisse beeinflußt, leitete insbesondere in den Jahren ab 1948 ein intensiveres Mechanisieren des Fertigungsprozesses ein. Parallel dazu werden nicht nur die bekannten Fertigungsmethoden und die Maschinen verbessert, sondern zugleich neue Methoden, Betriebsmittel und Stoffe entwickelt.

Diese Zeit ist weiter dadurch gekennzeichnet, daß die Spanne zwischen den von der Forschung erzielten Ergebnissen und deren Massenverwertung sich ganz wesentlich verkürzte. Gefördert wurde die Tendenz zur Mechanisierung u. a. durch die von *Taylor* bereits Ende des vorigen Jahrhunderts entwickelte Idee, den Arbeitsprozeß in kleine Arbeitsverrichtungen zu teilen. Damit wurde die Entwicklung von der Einzel- zur Serien- und schließlich zur Massenfertigung und die Spezialisierung, die erst die Automatisierung in der jetzt erreichten Stufe ermöglichte, eingeleitet. Die Entwicklung von der Einzel- zur Massenfertigung geht dabei in schnellerem Tempo vonstatten, als dies früher der Fall war. Das ist besonders an dem Angebot von neuen Konsumgütern sichtbar. Der Grad der Mechanisierung der Fertigungsvorgänge und Arbeitsplätze ist etwa durch folgende Stufen gekennzeichnet:

1. Das Beschicken, Steuern und Überwachen der Betriebsmittel geschieht durch den Menschen, wobei einzelne Arbeitsverrichtungen mechanisch ausgeführt werden. – Universalmaschinen[1]), wie Drehmaschinen, Fräsmaschinen, Hobelmaschinen, Schleifmaschinen usw.

2. Das Beschicken und Überwachen der Maschinen erfolgt noch unmittelbar vorwiegend durch den Menschen, während die Steuerung nur noch teilweise durch den Menschen vorgenommen wird. – Halb- und vollautomatische Drehmaschinen, numerisch gesteuerte Drehmaschinen und Bearbeitungszentren.

3. Das Beschicken und Steuern der Betriebsmittel erfolgt vollautomatisch, die Überwachung meistens durch den Menschen, jedoch von einer zentralen Stelle aus unter Zuhilfenahme von Kontrollinstrumenten, wobei gleichzeitig mehrere auch unterschiedliche Fertigungsvorgänge miteinander so verkettet sind, daß auch der Transport von Arbeitsvorgang zu Arbeitsvorgang voll mechanisiert ist. Derartige Anlagen werden als Transferstraßen bezeichnet. (Reihenfertigung)

4. Roboter können schwere, komplizierte, monotone, den Menschen muskelmäßig, geistig-nervlich belastende Arbeiten übernehmen.

Natürlich gibt es in den einzelnen Betrieben viele Zwischenstufen, so daß gleichzeitig nebeneinander mehrere Rationalisierungsstufen bestehen können. Die Mechanisierung hat den Vorteil, daß große Massen durch den Einsatz nur weniger Menschen – bei höchsten Qualitätsansprüchen an das Erzeugnis – hergestellt werden können. Die Betriebsmittel erfordern in den meisten, jedoch bezogen auf den Ausstoß nicht in allen Fällen (siehe Tabelle D/2) einen hohen Kapitaleinsatz, sie sind in wirtschaftlicher Hinsicht mengenempfindlich und verlangen im allgemeinen eine gute Beschäftigung. Sie sind gewöhnlich für spezielle Aufgaben entwickelt und lassen sich bei Erzeugnis- oder Programmänderungen nicht ohne weiteres für neue Aufgaben verwenden. Die Beweglichkeit der Produktionsbetriebe ist also erheblich eingeschränkt. Die Mechanisierung und Automatisierung kann hier nur an einigen typischen Beispielen gezeigt werden. (siehe auch Band III)

Tabelle D/2. Herstellung eines Gegenstandes aus Metall

Maschinenart	Spitzen-Drehmaschine	Revolver-Drehmaschine	Automat	Presse
Anzahl der Maschinen	300	80	22	3
Anzahl der Beschäftigten	300	80	6	3
Kapitalinvestition (DM)	7 500 000	4 500 000	3 000 000	420 000

---

[1]) Allzweck-, Mehrzweckmaschinen.

Durch den hohen Kapitaleinsatz sind mechanisierte Anlagen mit hohen Fixkosten belastet. Die Struktur der Kosten einer Fertigung, die mit Universalmaschinen bzw. mit einer Transferstraße durchgeführt wird, zeigt Bild D/8.

Das linke Säulenpaar zeigt die relative Verteilung der Fertigungskosten (%). Während die Kapitalkosten in der Transferstraße etwa 48 % der Fertigungskosten betragen, erfordern sie bei der Fertigung mit Universalmaschinen nur 25 %. Die Fertigungslohnkosten betragen bei der Transferfertigung nur 6,8 %, während sie bei der Fertigung mit Universalmaschinen 19,5 % erfordern. Vermerkt sei, daß sich diese Zahlenwerte auf eine 100 %ige Nutzung beziehen und daß sich die relative Struktur natürlich mit dem Nutzungsgrad der Anlagen ändert. Sie wird mit geringerer Nutzung für die Transferstraße ungünstiger.

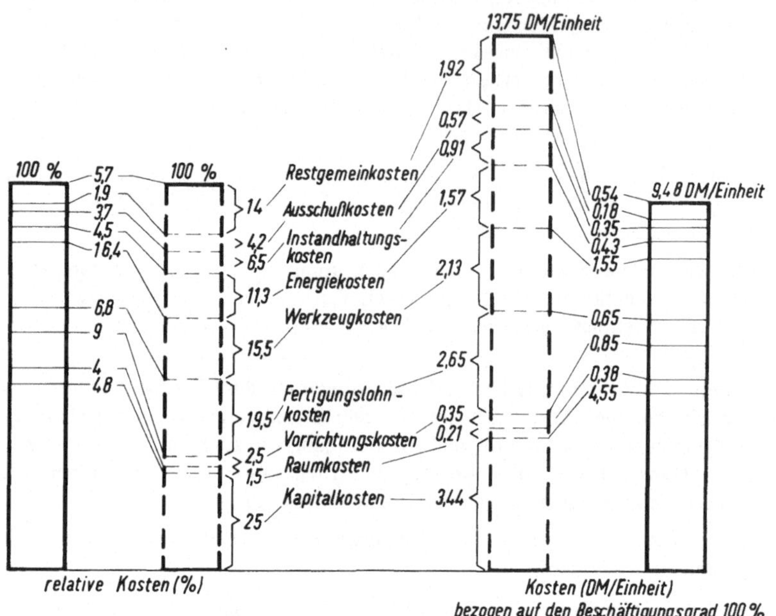

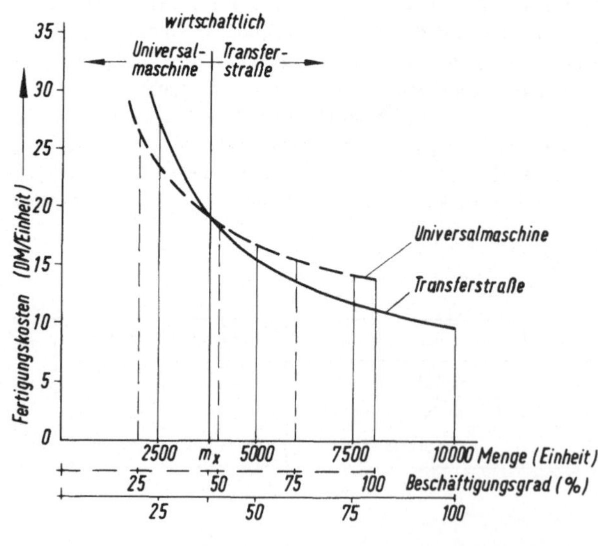

Bild D/8

Gegenüberstellung der Kostenstruktur und Fertigungskosten pro Einheit bei Fertigung mit Universalmaschinen bzw. Transferstraßen (siehe auch Band II Bilder F/4 bis F/6 und G/3)

Diese Tatsachen werden auch deutlich an den im Bild D/8 dargestellten Fertigungsdurchschnittskosten je Einheit in Abhängigkeit vom Beschäftigungsgrad. Außerdem müssen bei einer Wirtschaftlichkeitsbetrachtung nicht nur die Fertigungskosten, sondern auch die die Stoffkosten umschließenden Herstellkosten in die Betrachtung einbezogen werden.

Die Durchschnittskosten je Erzeugungseinheit, nehmen — wie das Bild D/8 zeigt — mit wachsender Menge ab. Die Transferstraße ist zwar erst bei einer Menge $m > m_x$ der mit Universalmaschinen ausgestatteten Anlage überlegen. Ihre Mengenkapazität ist jedoch erheblich größer.

Die der Investitionsgüterindustrie gestellten Aufgaben führten nicht nur zur Entwicklung neuer Fertigungsverfahren und Maschinen, sondern förderten auch die Rationalisierung innerhalb dieser Industrie selbst. An zwei Beispielen soll die Entwicklung zur Automatisierung gezeigt werden.

In Bild D/9 ist schematisch dargestellt, wie durch baukastenartige Kombination einzelner serienmäßig gefertigter Baugruppen Werkzeugmaschinen für Sonderzwecke rationell hergestellt werden können. Der Vorteil besteht hier besonders in der kürzeren Bauzeit, da sich die Konstruktionsarbeiten nur noch auf den Gesamtentwurf und den Entwurf einiger die einzelnen Baueinheiten verbindenden Grundkörper erstrecken, und daß sich, da die einzelnen Aufbaueinheiten in größeren Mengen kostengünstig hergestellt werden können, Preisvorteile ergeben. Schließlich können derartige Maschinen für eine größere Anzahl unterschiedlicher Funktionen gebaut werden. Sie können darüber hinaus, wenn sie ihre Aufgabe erfüllt haben, demontiert und die einzelnen Baugruppen wieder für einen anderen Zweck verwendet werden.

Bei der Entwicklung von Transferstraßen stehen diejenigen Arbeitsvorgänge, die ohnehin weitestgehend auch bisher mechanisch vorgenommen wurden, im Vordergrund. Dies trifft im besonderen Maße für die Arbeitsvorgänge in dem klassischen Gebiet der Zerspantechnik zu. Schwierig ist es hingegen Arbeitsver-

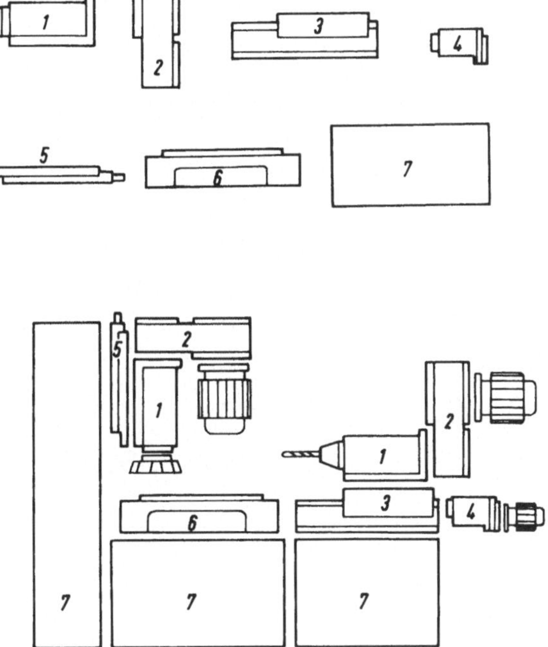

Bild D/9. Nach dem Baukastenprinzip zusammengestellte Maschinen der zerspanenden Fertigung

richtungen zu automatisieren, die vorwiegend von Hand, wenn auch unter Zuhilfenahme von mechanisch arbeitenden Werkzeugen, ausgeführt werden müssen, wie es z. B. bei dem Teil- oder dem Gesamtzusammenbau von Erzeugnissen aller Art geschieht.

Als Beispiel einer Automatisierung wurde deshalb das Einschrauben von Stiftschrauben in einen Motorzylinderkopf gewählt, das zuvor unter Anwendung von mechanischen Handschraubern erfolgte. Die in Bild D/10 schematisch dargestellte Transferstraße hat 5 Stationen und ist mit automatischer Entladestation ausgestattet. Die Zylinderköpfe werden auf Transportwagen aufgelegt. Mit einer hydraulisch betätigten Schiebestange werden die Aufnahmewagen von Station zu Station gefördert. Der Rücktransport der Wagen erfolgt im Maschinenbett. Die Ausbringung beträgt bei einer 80 %igen Nutzung 330 Stück pro Stunde.

Der Einschraubvorgang vollzieht sich wie folgt: Die Stiftschrauben werden in Vibrationsgeräten sortiert, rutschen in Gleitrohren in eine Einzelfallvorrichtung und werden einzeln von einer Spannzange aufgenommen und festgehalten. Der Einschraubkopf nimmt die Stiftschrauben hier auf, schwenkt um 180° und schraubt sie in das Werkstück ein. Die Einschraubköpfe sind so ausgebildet, daß sich jeweils zwei Schraubenspindeln gegenüberliegen. Während eine Spindel eine Stiftschraube aufnimmt, wird gleichzeitig von der gegenüberliegenden Spindel eine Stiftschraube in das Werkstück eingeschraubt.

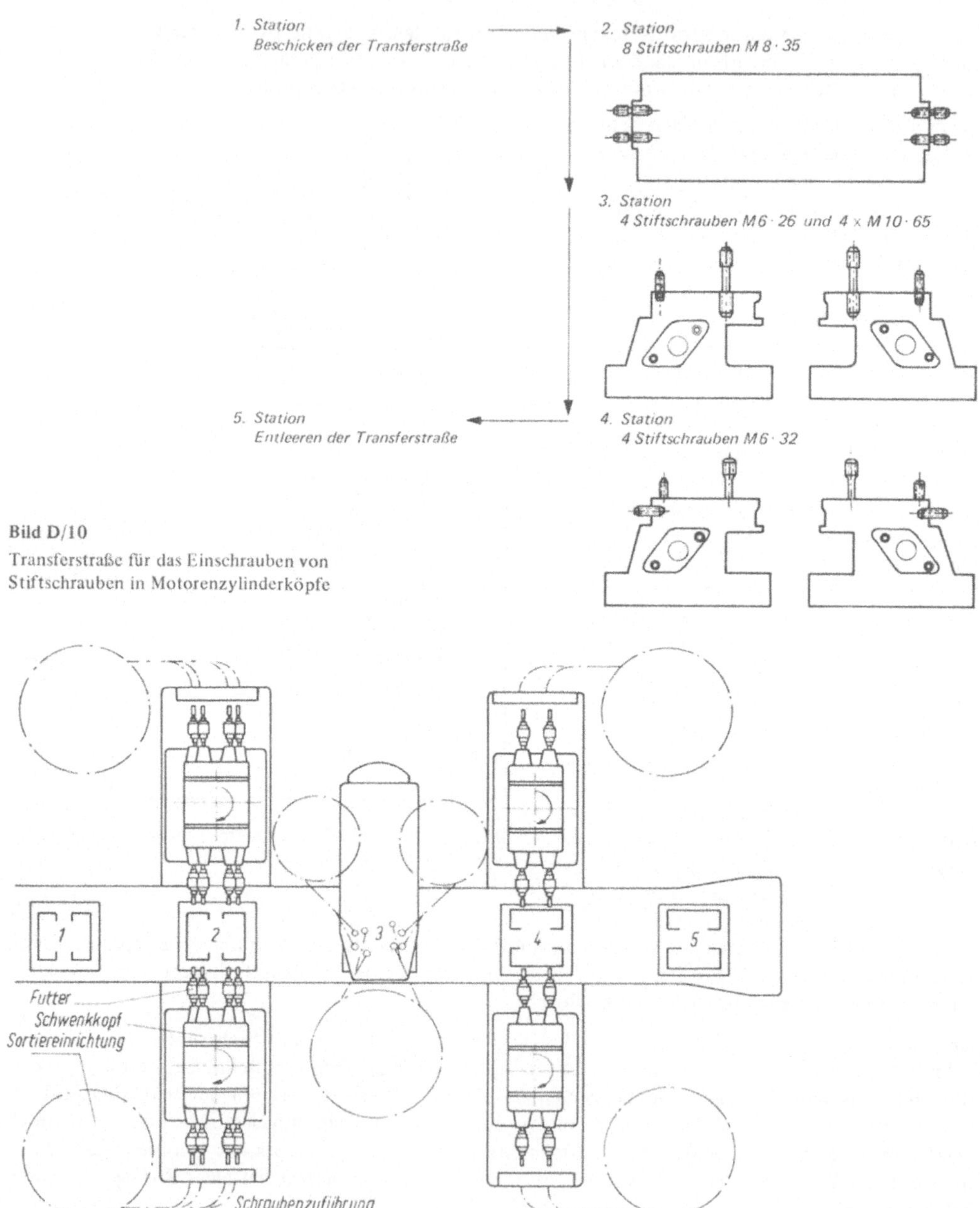

Bild D/10

Transferstraße für das Einschrauben von
Stiftschrauben in Motorenzylinderköpfe

d) Einflüsse des menschlichen Bereiches

Leistungsbereitschaft — Arbeitsbelastung — Schulung

In der Leistungsbereitschaft liegen Ursprung und Erfolg menschlichen Tuns. Dem Ansporn zur Leistung liegen die verschiedensten Motive zugrunde. Es sind dies der Erwerbssinn, der Geltungsdrang, das Streben nach Macht, um nur einige der wesentlichsten zu nennen (siehe auch Band II).

Der einzelne Mensch erreicht seine Ziele durch das Zusammenwirken von Können und seiner Disposition einerseits und seinem Willen zur Leistung andererseits, oft aber auch durch sein rücksichtloses Verhalten gegenüber seinen Mitmenschen. Die hervorragendsten Leistungen sind jedoch auf die den Menschen von der Natur her gegebenen Anlagen und durch ihre Weiterentwicklung durch Schulung und Übung zurückzuführen.

Es ist deshalb auch ein besonderes Kennzeichen der Kulturnationen, daß sie über hochentwickelte Ausbildungsstätten verfügen. Der Ausbildungsaufgaben nehmen sich sowohl die Allgemeinheit, der Staat, wie auch die Wirtschaft an. Die hohe Geschwindigkeit, mit der sich der Fortschritt in neuerer Zeit vollzieht, macht es deshalb auch erforderlich, daß sich die Ausbildung nicht nur auf die Zeit der Jugend, also die eigentliche Schulzeit, sondern auch auf die Erwachsenen während und parallel zur praktischen Tätigkeit erstrecken muß. Die Ausbildung muß sich deshalb dem progressiv zunehmenden technischwissenschaftlichen Wissenszuwachs und dem damit einhergehenden Strukturwandel der Tätigkeitsbereiche ständig und rechtzeitig anpassen (Bilder D/11 und D/12). Der weitere Fortschritt ist aber neben den Faktoren „Können" und „Wollen" von der physischen und psychischen Leistungsfähigkeit abhängig.

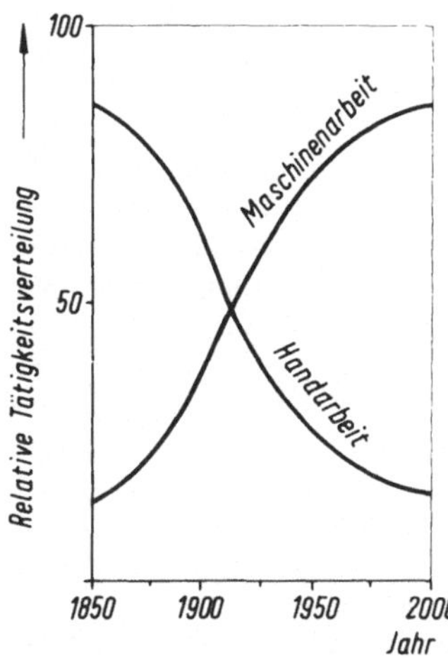

Bild D/11. Tendenz der Änderung der Tätigkeitsarten — Maschinenarbeit und Handarbeit

Bild D/12. Tendenz des Wissenszuwachses in Abhängigkeit von der Zeit

Das Ergebnis menschlicher Arbeit liegt jedoch nicht nur im Verhalten und seiner Einstellung zur Sachwelt und seinem Können, sondern auch im seelischen Bereich begründet. Es ist also ein natürliches Anliegen, daß auch bei der Beschäftigung mit der Sachwelt, wie es ja vorwiegend die Rationalisierung tut, der Mensch im Mittelpunkt aller Überlegungen stehen muß. Denn er bildet eine *leib-seelische* Einheit und unterliegt auch in der vollkommen mechanisierten und automatisierten Arbeitswelt seinen Eigengesetzlichkeiten. Die oft verbreitete Meinung, die Rationalisierung setze sich nur mit der Sache, dem toten Objekt, auseinander, ist ein Irrtum. Diese Auffassung übersieht nämlich, daß das wirtschaftliche Ziel eigentlich nur dann einen Sinn hat, wenn der Fortschritt allen nutzt. Die Leistungsfähigkeit zu erhalten und zu verbessern ist deshalb auch eine der bedeutendsten unter den vielen Einzelaufgaben, die die Rationalisierung zu bewältigen hat. Die wesentlichsten Zusammenhänge zeigt Bild D/13.

Ökonomisch zeigt sich die Leistung des Menschen im erarbeiteten Quantum, der Qualität des Arbeitsergebnisses — der Güte —, dem sorgfältigen Umgang mit dem ihm zur Bearbeitung — Umformung —, übergebenen Material und den ihm anvertrauten Betriebsmitteln.

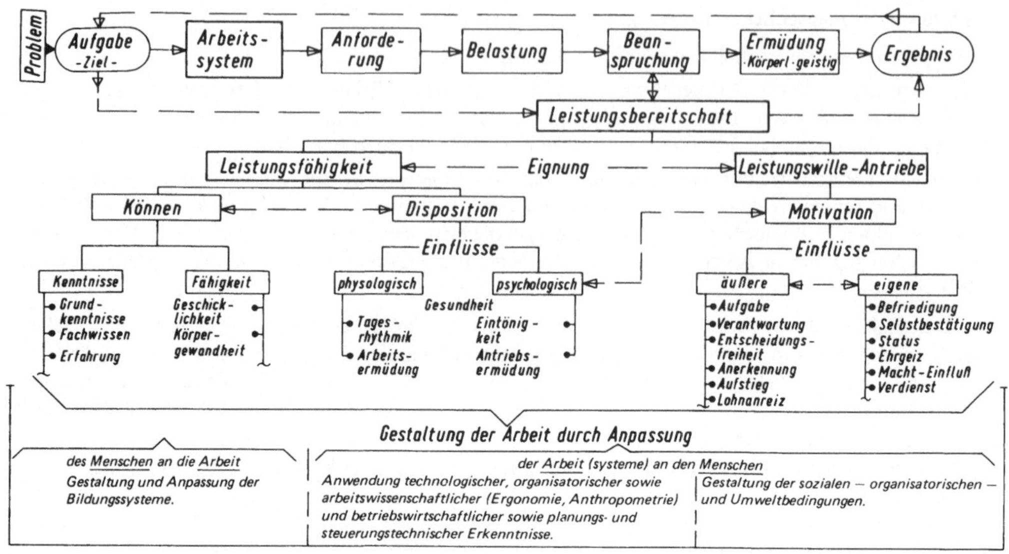

Bild D/13 Komponenten und Beziehungen zwischen Leistungsbereitschaft des Menschen und den Arbeitsanforderungen; Belastung – Beanspruchung und Arbeitsgestaltung (siehe auch Band II, Bild J/11, K/7).

α) **Physiologischer Bereich**

Er befaßt sich mit der Leistungsfähigkeit des menschlichen Körpers insbesondere der Muskelbelastung und Beanspruchung beim Arbeitsprozeß. Da sich die Gesamtbelastung aus einer Summe von Einzelbelastungen zusammensetzt, die von den verschiedensten Einflüssen bestimmt sind, kommt man durch Analyse der Gesamtanforderungen zu den einzelnen Belastungsarten. Es geht darum, festzustellen, welcher Art, Höhe und Dauer die Belastungen sind und durch welche Maßnahmen sie auf das zuträgliche Maß begrenzt bzw. überhaupt herabgesetzt werden können. Überbelastung führt zum vorzeitigen Ermüden und somit zur Leistungsminderung, die letztlich eine Minderung von Menge, Qualität und eine Steigerung der Kosten zur Folge hat. Kostensteigerungen entstehen vor allem dann, wenn Ruhezeiten zum Ausgleich der Ermüdung notwendig sind, insbesondere durch die Brachzeiten der Betriebsmittel, sowie durch Fehlarbeit, die Ausschuß und Nacharbeit verursacht.

Die ehemals mehr oder weniger stark vernachlässigte *Arbeitsgestaltung gilt deshalb heute als eine der wichtigsten und vordringlichen Teilaufgaben innerhalb der Rationalisierungsbereiche.* Die Arbeitsphysiologie befaßt sich mit der Belastung und Beanspruchung des Körpers und der Muskeln und den Maßnahmen diese durch Arbeitsgestaltung in den zulässigen Grenzen zu halten (Ergonomie). Da der Entfaltung der physischen Leistungsfähigkeit des Menschen von der biologischen Seite her Grenzen gesetzt sind, können Leistungssteigerungen vor allem durch Technisierung, also die Entwicklung besserer Verfahren, Betriebsmittel, Arbeitsmethoden, die Mechanisierung und Automatisierung des Arbeitsprozesses und durch die Entwicklung neuer Stoffe erzielt werden.

Der Wandel in der wirtschaftlichen Tätigkeit von der manuellen zur mechanisierten und automatisierten Produktion führte auch eine Änderung der Belastungsstruktur herbei. Diese Entwicklung läßt auch neue soziologische Probleme aufkommen (Bild D/14 und D/15). Die Anforderungen verlagern sich von der physischen immer mehr zur psychischen Seite. Die verstärkte Arbeitsteilung, der Zwang zum Einhalten eines bestimmten vorgeschriebenen Arbeitsverlaufes und Arbeitsrhythmus, ergab neue Belastungsarten und führte zur Forderung der *Anpassung der Arbeit an den Menschen.* Diese Forderung wird erfüllt durch zweckentsprechende Gestaltung des Arbeitsraumes, seine Beleuchtung, Heizung und Belüftung, das Vermeiden von Lärm, Schmutz und sonstigen Umwelteinflüssen und weitestgehender Anpassung der Maschinen, Werkzeuge und Vorrichtungen an den menschlichen Körper, bis zu den einzelnen Bedienungselementen, deren Anordnung an den Maschinen und ihre Ausführungsformen. Schließlich sei die narrensichere Gestaltung des Arbeitsablaufes und unfallsichere Einrichtung des Arbeitsplatzes genannt. Kleine, zunächst unbedeutend erscheinende Nachlässigkeiten haben oft große Auswirkungen für die Gesundheit der Menschen und den ökonomischen Prozeß.

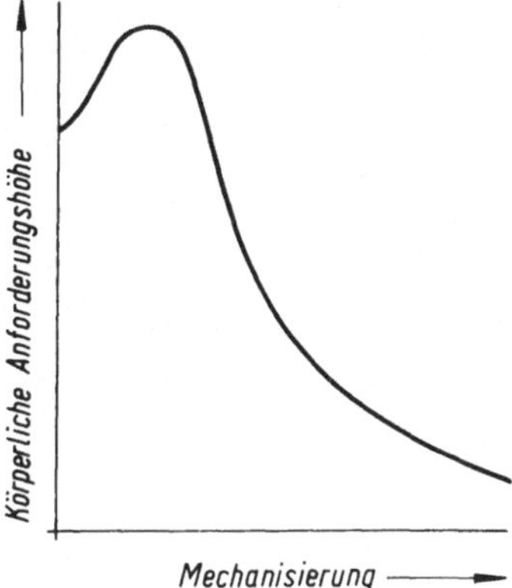

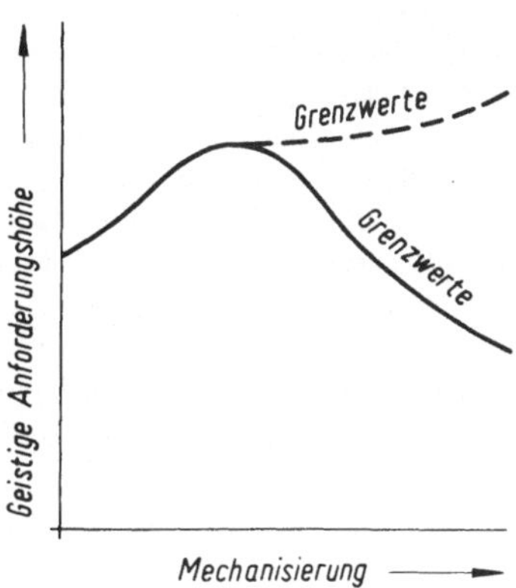

Bild D/14. Tendenz der körperlichen Anforderungshöhe und Abhängigkeit von der Mechanisierung

Bild D/15. Tendenz der geistig-nervlichen Anforderungshöhe in Abhängigkeit von der Mechanisierung

β) Psychologischer Bereich

Mit allen Vorgängen im geistig-seelischen Bereich befaßt sich die Arbeitspsychologie, soweit sie die Arbeitswelt selbst betrifft. Natürlich bestehen zwischen den physiologischen und psychologischen Vorgängen Wechselbeziehungen, weil sie sich gegenseitig beeinflussen. Auch lassen sich die aus dem privaten und betrieblichen Leben ergebenden Einflüsse nicht voll voneinander trennen.

Die Art der Führung einer Unternehmung bzw. des Betriebes übt in diesem Bereich einen bedeutenden Einfluß aus und nimmt eine Schlüsselstellung ein. Es geht hier vor allem um die Auswahl geeigneter Führungskräfte in allen Funktionsbereichen. Neben den sachlichen Fähigkeiten kommt es auf die charakterliche Eignung an. Der einzelne Mensch muß — gleichgültig, welche Teilfunktion er ausführt – das Gefühl haben, daß er sich in geeigneten Händen befindet, gerecht behandelt, sein Können objektiv beurteilt wird und er die seiner Eignung entsprechende Arbeit zugeteilt und den seiner Leistung gerechten Lohn erhält.

Die bereits zuvor dargestellten Erfordernisse haben natürlich auch ihre Auswirkungen auf den seelischen Bereich. So haben, die physischen Belastungen Rückwirkungen psychischer Art. Nicht nur falsche menschliche Behandlung, sondern auch physisch zu anstrengende, zu schneller Ermüdung und Monotonie führende Arbeitsverrichtungen führen zu Mißmut, verstärken den Leistungsabfall und stören vor allem auch die mitmenschlichen Beziehungen. Ein alter Grundsatz lautet: *Den richtigen Mann an den richtigen Platz!* Besondere Bedeutung haben vor allem die Fragen des leistungs- und anforderungsgerechten Lohnes; sie sind neben den ökonomischen Überlegungen maßgebend gewesen für die Entwicklung objektiver, auf wissenschaftlicher Basis entwickelter Lohnsysteme.

Mit der Teilung der Aufgaben in kleinste Teilaufgaben können je nach der Art der Aufgaben, der Arbeitssysteme und der Arbeitsorganisation Belastungen verbunden sein die zu einer hohen geistig-nervlichen Beanspruchung des Menschen führen. Diese Beanspruchungsart kann in vielen Ursachen begründet sein.

Unter anderem bestehen sie darin, daß der Arbeitsablauf aus nur wenigen sehr kleinen Abschnitten besteht, die außer in einer Zwangsfolge in einem festgelegten Zeitrhythmus, insbesondere dann ausgeführt werden müssen, wenn die Arbeitssysteme miteinander verkettet sind. Die Folge kann in einem Extremfall sein, daß dauernd innerhalb einer Schicht nur wenige Gliedmaßen des Körpers jedoch in hoher Zahl an der Ausführung der Arbeitsaufgaben beteiligt sind und zusätzlich durch einen Zwangsrhythmus eine hohe Konzentration bei gleichzeitig bestehender Monotonie besteht. Bei derartigen Arbeitssystemen wird insbesondere, wenn im Zeittakt gearbeitet wird, der Freiheitsraum des Menschen eingeengt. Geistig- nervliche Beanspruchungen ergeben sich jedoch auch bei der Einzelfertigung, bei ständig wechselnden Aufgaben großen Inhalts und großer Arbeitsschwierigkeit in Abhängigkeit von Arbeitssystemen und der Organisation. Die Grundforderung, daß die Arbeit zumutbar und erträglich und schließlich zur Zufriedenheit führen soll, erfordert, daß die Gestaltung der Arbeitssysteme diese Bedingungen erfüllen. Mit den, in diesem Zusammenhang bestehenden Problemen befaßt sich die Ergonomie und die Arbeitsstrukturierung. Die Probleme liegen im sachlich-technologischen, im arbeitsorganisatorischen aber auch insbesondere im menschlichen Bereich deshalb, weil u.a. die individuellen Begabungen, Fähigkeiten, Fertigkeiten und Motive recht verschiedenartig sind. Gleiche Belastungen führen zu unterschiedlichen Beanspruchungen und Befriedigungen. Die bestehenden Zusammenhänge werden der Zielsetzung des Buches entsprechend an anderen Stellen vertieft behandelt. (siehe Bild H/7 sowie Band II)

γ) Organisation

Schließlich sei noch auf den Einfluß der Betriebsorganisation hingewiesen. Ihr obliegt u.a. die Aufgabe, die in diesem Zusammenhang bedeutungsvolle Abgrenzung der einzelnen Sachbereiche und teilt den dort tätigen Menschen ihre Aufgaben zu, legt ihre Befugnisse (Kompetenzen) fest und ist somit für den sachlich-störungsfreien Arbeitsablauf maßgebend, und vor allem für das reibungslose Zusammenwirken der Menschen verantwortlich. Insbesondere geht es um die Aufgabenauflösung in Teilaufgaben, die Planung des Ablaufs, der Kapazität, um die fristgerechte Bereitstellung der Produktionsfaktoren in quantitativer und qualitativer Hinsicht sowie um die Einleitung der Aufgabendurchführung und Überwachung (siehe III. E, F).

δ) Schulung

Die Schulung dient der Weiterentwicklung der den Menschen von der Natur her gegebenen Anlagen. Sie erstreckt sich insbesondere auf die Entwicklung von geistigen und körperlichen Fähigkeiten. Sie hat das Ziel, nicht nur das reine Sachwissen zu vermitteln, sondern vor allem das Denkvermögen so zu bilden, daß der Mensch imstande ist, die oft schwierigen Teilvorgänge zu verstehen, sie zu Gesamtvorgängen zu kombinieren, sowie die Einflüsse zu erkennen.

Die manuellen Fähigkeiten sollen hingegen zur praktischen Beherrschung von handwerklichen Arbeitsverrichtungen durch Schulung und Übung entwickelt werden. Die Aufgaben befassen sich also mit dem Entwickeln von Arbeitsmethoden und der Geschicklichkeit der einzelnen Gliedmaßen. Diese Ausbildungsaufgaben treten einerseits bei der mechanisierten industriellen Fertigung mehr und mehr in den Hintergrund, während sie andererseits bei der Arbeitsteilung und manuell zu verrichtender Arbeitsaufgaben eine große Bedeutung haben. Durch Unterweisung in schriftlicher und praktischer Form und das ständige Üben bestimmter und begrenzter Bewegungsvorgänge — Bewegungsanalyse — sucht man optimale Fertigungszeiten zu erreichen. Dieses Gebiet gehört zum Arbeitsstudium (Arbeitsunterweisung).

Aus dem großen Aufgabenbereich, den die Rationalisierung umschließt, wurden nur diejenigen in diesem Teil erörtert, die nicht im Zusammenhang mit anderen Abschnitten dieses Buches — Markteinfluß, Kostenrechnung, Zeitermittlung usw. — stehen und dort eingehend behandelt werden. Es sei auch darauf hingewiesen, daß alle Teilbereiche in gegenseitigen Wechselbeziehungen zueinander stehen und sich nur schwer getrennt betrachten lassen.

Der Rationalisierung ist der optimale Erfolg nur dann sicher, wenn sowohl alle sachlichen Komponenten, als auch die im menschlichen Bereich liegenden Belange gebührend berücksichtigt werden (siehe Arbeitsstrukturierung und Ergonomie sowie Band II).

Die Rationalisierung des Produktionsprozesses wird sich auch in Zukunft stetig fortsetzen. Neue Werkstoffe, Fertigungsverfahren und -einrichtungen bei gleichzeitiger Mechanisierung und Automatisierung werden in unerwartetem Umfang auch zu strukturellen Veränderungen der Arbeitsanforderungen insbesondere auch der Verantwortung führen.

Einerseits werden andere Belastungsarten entstehen und höhere Anforderungen an die Denk- und Kombinationsfähigkeit der Menschen stellen; denn in den elektronischen, pneumatischen und hydraulischen Kraft- und Steuerungselementen vollziehen sich die Vorgänge unsichtbar. Sie sind schwerer zu begreifen, als die rein mechanisch sichtbaren Bewegungsabläufe. Der sich in kürzeren Zeitabständen in den Arbeitsanforderungen vollziehende Wandel wird es deshalb notwendig machen, daß nicht nur Grundschulung und Berufsausbildung in kürzeren Perioden den sich aus der Rationalisierung einstellenden Gegebenheiten anzupassen, und die Menschen ihrer Eignung entsprechend sorgfältiger auszuwählen sind, sondern daß auch eine Fortbildung und Umschulung der bereits im Berufsleben Stehenden öfter und in größeren Ausmaßen erfolgen muß als bisher. Nur dann werden soziale Spannungen zu vermeiden sein.

Andererseits vermindern sich durch den Einsatz mechanischer Mittel die physischen Arbeitsbelastungen, während die nervlichen Belastungen zunehmen können.

4. Wertanalyse

a) Ziele und Bedeutung

Die wirtschaftliche Herstellung von Gütern wird nicht nur von der rationellen Fertigung also den Verfahren, den Betriebsmitteln, den Arbeitsmethoden, der Arbeitsorganisation, sondern bereits bei der Entwicklung und Gestaltung der Erzeugnisse durch die Auswahl der Stoffart-, Menge- und Form bestimmt.

Die Wertanalyse ist ein System, in dem eine Anzahl verschiedener Arbeitsbereiche mit dem Ziel einer optimalen Gestaltung von Gütern in funktioneller Hinsicht und ihrer rationellen Herstellung integriert sind. Bereits bei der Entwicklung wird die Höhe der Kosten für die Herstellung eines Produktes und die Anwendung eines Verfahrens und der Arbeitsmethoden ganz wesentlich bestimmt. Auf die bestehenden Wechselbeziehungen zwischen den Funktionseigenschaften, der Qualität der Ausführung und der Formgebung einerseits, dem sich aus den Kosten ergebenden erforderlichen Preis und damit der Absatzfähigkeit andererseits wurde unter dem Thema „Rationalisierung" eingegangen. Wertanalyse wird definiert:

> Insbesondere geht es aus wirtschaftlichen und Wettbewerbsgründen darum, Lösungen zu finden derart, daß
>
> ein Produkt die ihm zugeordneten Funktionen bestmöglichst und zuverlässig erfüllt bei einem Minimum an Aufwand — Kosten — die für seine Entwicklung und Herstellung notwendig sind.

Da es sich hier um ein vielschichtiges Problem handelt, an dessen Bearbeitung verschiedene Disziplinen beteiligt sind, können derartige Aufgaben wirksam nur durch systematisches Vorgehen bearbeitet werden. Unter dem Begriff *Wertanalyse* wurden *Methoden zur optimalen Lösung derartiger Probleme entwickelt und angewandt.* Es geht dabei also darum, ein Produkt oder Verfahren unter funktionellen und wirtschaftlichen Aspekten zu optimieren. Die Wertanalyse ist ein ausgezeichnetes Verfahren zur Rationalisierung.

Teamarbeit

Angesichts des dabei erforderlichen hohen Fachwissens, erfordert diese Aufgabenstellung das Zusammenwirken einer mehr oder weniger großen Zahl von Spezialisten. Ein wesentliches Merkmal der Wertanalyse ist deshalb die Teamarbeit, wobei ein Teamleiter aus den mit den verschiedensten Aufgaben — Funktionsarten — in den wichtigsten Funktionsbereichen und Funktionsebenen tätigen Unternehmensangehörigen die Mitglieder dieser Arbeitsgemeinschaft auszuwählen und die Arbeit zu koordinieren hat

(Bild D/16). Organisatorisch werden derartige Aufgaben meistens einer Stabsstelle zugeordnet, die in der Leitungsebene liegt. Der Erfolg dieser *Arbeitsgemeinschaft* ist von der fachlichen Qualifikation, der Einstellung ihrer Mitglieder zur Aufgabe abhängig, die nach einem bestimmten Plan nach Festlegung des Zieles, d.h. der Charakterisierung der Funktion des zu untersuchenden Gegenstandes und festgelegter zeitlicher Folge arbeitet.

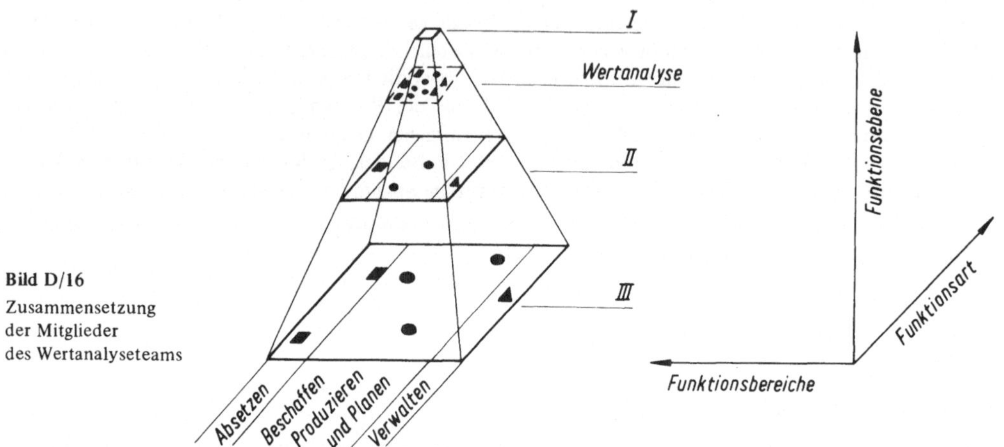

Bild D/16

Zusammensetzung
der Mitglieder
des Wertanalyseteams

Von der Eignung des Teamleiters, seiner Arbeitsweise und Initiative ist es abhängig, ob sich in den Besprechungen die schöpferischen Kräfte der Mitglieder entfalten und durch aktive Mitarbeit neue Ideen und Lösungsvorschläge entwickelt werden. Voreingenommenheit, Resortdenken und Reserviertheit der Mitglieder gilt es nicht aufkommen zu lassen.

Bei der Ideenfindung kann *Brainstorming* (Osborne) angewendet werden. Bei dieser Methode äußert sich eine größere Zahl von Personen spontan und unbefangen zu Lösungsmöglichkeiten, wobei diese Vorschläge nicht sogleich kritisiert werden sollen. Aus den Vorschlägen werden dann die besten ausgewählt und weiter verbessert.

b) Auswahl der Aufgabe

In den meisten Fällen werden in einem Unternehmen eine größere Anzahl verschiedener Produkte hergestellt, wobei sich das einzelne verkaufsfähige Gesamtprodukt wieder aus mehreren Zwischenprodukten — Baugruppen — und Einzelteilen, die die verschiedensten Funktionen erfüllen müssen, zusammensetzen. Für die Untersuchung kommt es darauf an, diejenigen Gegenstände auszuwählen, die zum größten Gesamterfolg führen, denn die Durchführung einer Wertanalyse verursacht selbst einen nicht unerheblichen Eigenaufwand.

Bei der Auswahl der Untersuchungsgegenstände sind u.a. etwa folgende Einflüsse zu berücksichtigen:

> die Absatzhäufigkeit und der Fertigungszyklus, der Umsatz bzw. Gewinnanteil am Gesamterfolg, die Preissituation des Marktes und die Absatzfähigkeit — Menge —, der voraussichtliche Zeitraum der Absetzbarkeit und die Kundenwünsche hinsichtlich der Funktionsansprüche und äußeren Gestaltung, das Verhalten der Konkurrenten, die Rentabilitäts- und Wirtschaftlichkeitssteigerungen, Arbeitsmethoden, Arbeitsorganisation, Betriebsmittel.

Die Höhe der Kosten ist jedoch *stets ein zentrales Thema,* denn ihnen steht der auf dem Markt *erzielbare Preis* und damit die Absatzchance gegenüber. Dabei geht es nicht allein um die Minimierung der Kosten des Herstellbereiches, sondern ebenso um den Entwicklungs-, Materialbeschaffungs- und Vertriebsbereich. In der Vergangenheit wurde der Schwerpunkt bei Kostenuntersuchungen fast ausschließlich in den Bereich der Herstellung gelegt, insbesondere waren die Lohnkosten und die Gemeinkosten der Fertigung Untersuchungsgegenstand. Durch die Mechanisierung und Automatisierung der Fertigung ist jedoch ein bedeutender Strukturwandel eingetreten. Im Sektor derjenigen Güter, die im wesentlichen aus metallischen Stoffen bestehen, beträgt der Stoffanteil 60 ... 70 % der Gesamtkosten, Die relative Kostenstruktur ist natürlich auch von anderen Einflußgrößen abhängig, sie ist selbst bei einem bestimmten Gegenstand nicht konstant. Einflußgrößen sind z.B. Produktmengen, Nutzung einer Anlage usw. Die Entwicklungskosten können eine besondere Bedeutung haben (Bilder D/17 und D/18).

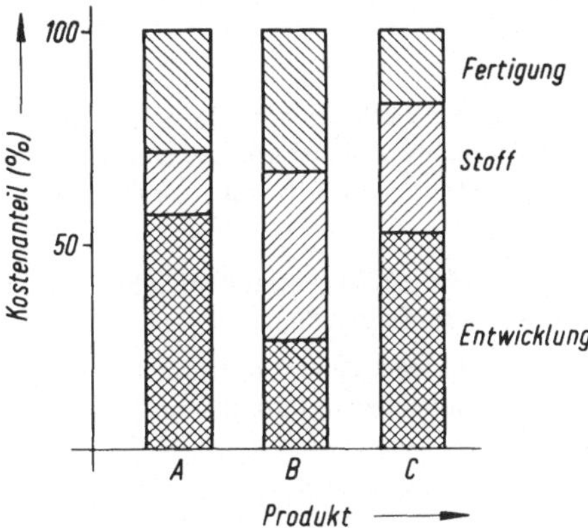

Bild D/17. Relative Verteilung der Kosten bezogen auf die Produktarten (A–C)

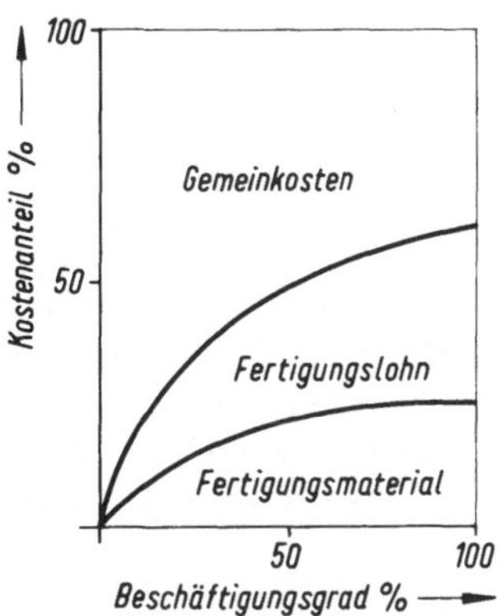

Bild D/18. Relative Verteilung der Kosten in Abhängigkeit vom Beschäftigungsgrad

Tabelle D/3

Produktgruppe	relativer Anteil	Anteil am Umsatz bzw. Gewinn
A	20 %	80 %
B	30 %	15 %
C	50 %	5 %
Summe	100 %	100 %

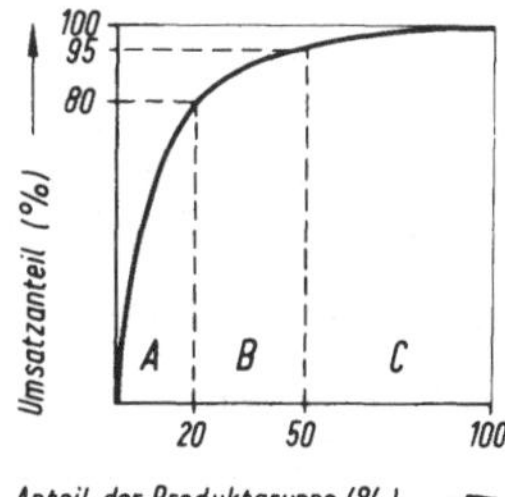

Schwerpunkte für den Ansatz von Analysen können auch aufgezeigt sein durch die sogenannte A-B-C-Analyse. Danach sind nach statistischen Untersuchungen die Produktarten in unterschiedlicher Weise am Umsatz bzw. Gewinn beteiligt (Tabelle D/3).

c) Der Begriff Wert

Ziel der Wertanalyse ist die Wertsteigerung. Im Sinne dieser Analyse ist Wert jedoch nicht unmittelbar identisch mit den Begriffen Kosten oder Preis (Bild D/3). Hier sind vielmehr Wert und Analyse korrespondierende Begriffe im Sinne von *Funktion und Qualität* und *Kosten*. Ein wesentliches Merkmal besteht im Suchen nach der Preiswürdigkeit, d.h. dem funktionsgerechten Preis, wobei es darauf ankommt, diejenigen Funktionen zu ermitteln, die der Markt erwartet und für die er gewillt ist, den erforderlichen Preis zu zahlen. Somit ist der Wert als ein relativer Begriff anzusehen, der vom Zweck, den ein Gegenstand erfüllen soll, abhängig ist. Hinsichtlich des Wertbegriffes wird u.a. unterschieden:

- **Tauschwert:** Wert eines Gegenstandes, den man durch Austausch gegen einen anderen Gegenstand erhält.

- **Kostenwert**: Wert eines Gegenstandes, der sich bei seiner Herstellung aus dem Einsatz und Verbrauch – Kosten – der Produktionsfaktoren ergibt.

- **Gebrauchswert**: Wert der Nützlichkeit im Sinne der Erfüllung einer bestimmten Funktion – Leistung – Aufgabe –.

- **Prestigewerte**: Wert der im Schwerpunkt *nicht* an der Funktionsqualität, dem technischen und wirtschaftlichen Nutzen orientiert ist. Geltung, Ruf, Image, Geschmacksfragen können im Vordergrund stehen.

d) Der Begriff Funktion

Funktion bedeutet hier nichts anderes als *Aufgabe,* die ein Gegenstand erfüllen soll. Die Formulierung der Funktion steht deshalb am Beginn der Durchführung der Wertanalyse, dabei können einem Gegenstand mehrere Funktionen mit unterschiedlichen Prioritäten zugeordnet sein. Es kann unterschieden werden:

- **Hauptfunktion** (Grundfunktion). Sie umfaßt diejenige Aufgabe, die ein Gegenstand im Schwerpunkt erfüllen soll – z. B. Übertragung eines Drehmomentes, Verbinden von Gegenständen.

- **Nebenfunktion** (Zusatzfunktion). Es sind Aufgaben, die einem Gegenstand zusätzlich zugeordnet werden. Das können Funktionen sein, die mit der Hauptaufgabe in keinem unmittelbaren Zusammenhang stehen (siehe Bild D/19, Sicherungsfunktion der Mutter).

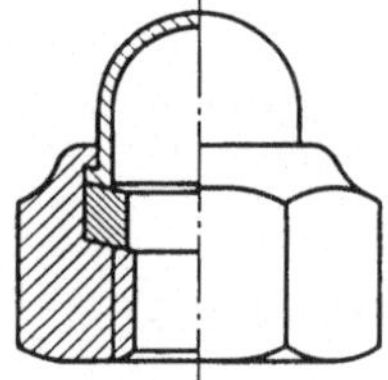

Bild D/19
Kraft-, Schmutzschutz- und
Sicherungsfunktion der Mutter

Bei der Wertuntersuchung ist schließlich auch festzustellen, ob Funktionen, die dem *Ziel nicht nützlich* sind, vermieden werden können. Für den in Bild D/19 dargestellten Gegenstand gilt als

Hauptfunktion: Kraftschlüssige lösbare Verbindungen von verschiedenen Teilen.

Nebenfunktion: Sicherung gegen Lockern, bei gleichzeitigem Schutz gegen Verschmutzung.

Eindeutig ist jedoch nicht immer abgrenzbar, was Haupt- und was nur Nebenfunktion ist. Auszugehen ist von der Aufgabenformulierung.

Bild D/20 zeigt den Aufbau einer Marktanalyse über Gasdruckregler.

Die Analyse erstreckt sich zunächst auf vollständige Geräte, schließlich auf die Baugruppen, die Einzelteile und die Einzelheiten an den Einzelteilen. Es geht dabei darum die wesentlichsten Einflußgrößen in technisch-funktioneller, absatzmäßiger und wirtschaftlicher Hinsicht zu erkunden. Eine solche Analyse bildet als Information eine Grundlage für die Lösung neuer Aufgaben.

e) Die Information

Der Erfolg von Wertanalyseuntersuchungen ist schließlich auch von den Vorbereitungsarbeiten, zu denen auch das Einholen von Informationen gehört, bestimmt. Wesentliche Komplexe sind der *Markt,* die *Untersuchungsbereiche* und die konstruktiven und fertigungstechnischen Lösungsmöglichkeiten.

Der Markt ist insbesondere hinsichtlich der von den Konkurrenten angebotenen Gütern seiner Absatzpolitik – Preise, Rabatte, Lieferzeiten, Absatzmenge usw., nach den Wünschen der Kunden, ihrem Urteil über die Vorteile und Nachteile des derzeitigen Angebotes und nach dem Mengenbedarf der Zukunft zu untersuchen.

Hersteller	Kunze KG	Müller G.m.b.H.
Erzeugnis (Typ) Nr.	GOS. 105	3.54.003
Druckregler		
Nennweite NW		
Eingangsdruck p_e		
Ausgangsdruck p_a		
Durchfluß Q		
Kennlinie		
Abmessungen		
Gewicht		
Charakteristische Konstruktionsmerkmale		
Einsatzgebiete		
Absatzmenge		
Preis		

Bild D/20. Aufbau einer Marktanalyse für Druckregler (Ausschnitt)

Von großer Bedeutung ist bei der Entwicklung von neuen oder bereits gefertigten Produkten in diesem Zusammenhang die Beurteilung der bereits auf dem Markt angebotenen Erzeugnisse. Dieser Teil der Untersuchung erfordert einen hohen Aufwand. Diese Analyse soll eine große Zahl von Fragen, die den Entwicklungsaufwand wesentlich beeinflussen, klären. Vor allem geht es darum, mit Kapital- und Zeitverlusten verbundene Fehlentwicklung zu vermeiden.

f) Untersuchungsbereiche – Fragesystematik

In die Untersuchung sind alle die mit der Produktherstellung und dem Absatz unmittelbar und mittelbar befaßten Personen einzubeziehen. Ein wesentliches Merkmal der Vorgehensweise besteht darin, daß die Bearbeitung der Aufgaben nach Regeln erfolgt und daß für die beteiligten Bereiche ein Fragekatalog aufgestellt ist. Damit soll sichergestellt werden, daß wesentliche Tatsachen bei der Suche nach der optimalen Lösung nicht übersehen werden. Es geht um folgende Themen:

Konstruktionsbereich: Welche Funktionen sind dem Gegenstand zugeordnet und welche technischen zuverlässigen Lösungen sind möglich in Verbindung mit der Wertsteigerung und den Herstellkosten? Kann die Funktion von anderen Gegenständen übernommen werden? – Beurteilung von Abmessung und Gewicht – Auswahl der Fertigungsstoffe und Stoffnutzung, Normung, Typung, Baukastensystem, Toleranz und Oberflächengüte der Teile, Oberflächenbehandlung.

Herstellungsbereich: Herstellverfahren, Betriebs- und Arbeitsmittel – Mechanisierung – Automatisierung – Arbeitsorganisation, Verrichtungsprinzip, Flußprinzip, Arbeitsvorbereitung, Leistung und Lohn, Lager- und Liegezeiten, Qualitätsprüfung, Ausschuß.

Einkaufsbereich: Eigenfertigung oder Fremdbezug, Lieferantenauswahl und -zusammenarbeit und Auswirkungen auf die eigene Beschäftigung bzw. die Kosten, Kostenvergleiche, Preisvergleiche, Termine, Bestellungen und Preise, Transport und -kosten.

Vertrieb: Fragen der Verkaufsförderung, Abnehmerwünsche, Qualität, Funktion, äußere Formgestaltung, Oberflächenbeschaffenheit, Ersatzteile, Lieferzeiten, Transport, Verpackung, Preise, Preisstrategie.

g) Untersuchungssystematik und Bewertung

Da die Wertung von der Funktion ausgeht, sind Alternativen für das Erreichen der festgelegten Funktion zu erarbeiten. Je mehr Alternativen entwickelt werden, umso intensiver ist wohl eine Wertanalyse durchgeführt worden. Dabei kommt es darauf an, Vor- und Nachteile der Lösungsvorschläge herauszuarbeiten und den Kosten gegenüberzustellen. Zuverlässig können diese Ziele erreicht werden, wenn systematisch nach einer Stufenmethode, ähnlich wie es auch im Arbeitsstudium üblich ist, vorgegangen wird (siehe Band II).

Stufe 1 **Ermitteln des Istzustandes:**
Situation auf dem Markt. Situation im Unternehmen. Beschreibung des Gegenstandes, Zeichnungen, Skizzen usw., der Kosten, Ausstoß usw.

Stufe 2 **Kritik — Prüfung des Istzustandes:**
Herausarbeiten von Mängeln, insbesondere der Qualität, Funktion, Gestaltung und Kosten.

Stufe 3 **Entwickeln von Lösungen:**
Gegenüberstellung von Vor- und Nachteilen in funktioneller Hinsicht.

Stufe 4 **Wertung der Lösungen:**
in wirtschaftlicher und absatzfördernder und Überprüfung in qualitativer Hinsicht.

Stufe 5 **Vorschlag zur Einführung:**
Auswahl der Lösung und Festlegung des Einführungszeitpunktes.

Das Ergebnis einer Analyse zeigen die Bilder D/4, D/6 und D/21.

	I	II	III	Fertigteil
Vorschläge	Guß	Druckguß	Formstanzteil	
Funktion	Führung einer Steuerstange			
Arbeitsablauf	1 Drehen 2 Drehen 3 Bohren 4 Fräsen 5 Entgraten	1 Drehen 2 Fräsen	1 Drehen	
Wertung: **1. Allgemein**		Weniger: Arbeitsgänge, Transport, Steuerung, Durchlaufzeit, Maschinen Gleiche Qualität und Funktion Größerer Ausstoß Höhere Vorrichtungskosten	Weniger: Arbeitsgänge, Transport, Steuerung, Durchlaufzeit, Maschinen Gleiche Qualität und Funktion Größerer Ausstoß Höhere Vorrichtungskosten	
2. Investitionen Maschinen für die Bearbeitung	Drehmaschine Bohrmaschine Fräsmaschine	Drehmaschine Fräsmaschine	Drehmaschine	
Vorrichtungen	1 500 DM	8 000 DM	6 000 DM	
3. Herstellkosten	7,30 DM/Stck	2,70 DM/Stck	0,95 DM/Stck	
4. Einsparung		4,60 DM/Stck 63 %	6,35 DM/Stck 87 %	

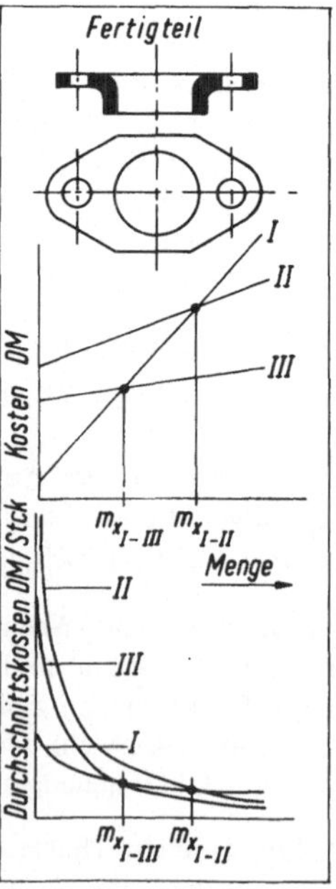

Bild D/21. Wertanalyse eines Führungsflansches

Die sich aus der Analyse ergebenden *Alternativen* müssen schließlich *bewertet* werden, um das *Optimum* aus einer mehr oder weniger großen Zahl von Lösungsvorschlägen herauszufinden. In den meisten Fällen bestehen mehrere Kriterien quantitativer und qualitativer Art gleichzeitig. Dabei besteht das Problem darin, für die qualitativen Kriterien einen Bewertungsmaßstab zu finden. Zunächst geht es darum, die Bewertungskriterien — Lösungsvorzüge — zu formulieren und den ihrer Bedeutung entsprechenden Rang zu finden. Die Quantifizierung kann ähnlich erfolgen wie dies bei der Ermittlung des Arbeitswertes geschieht, in dem den Bewertungskriterien Punktzahlen zugeordnet werden und ein der Bedeutung des Kriteriums entsprechender Gewichtungsfaktor festgelegt wird. Die Bewertungskriterien können eingeteilt werden in folgende Bereiche:

wirtschaftliche   (Kosten, Erträge, Gewinn, Rentabilität, Mengen usw.)

technische   (Leistung, Qualität, Lebensdauer, Verwendbarkeit usw.)

soziale   (Anforderungen, Belastungen, körperliche, geistige; Sicherheit der Menschen usw.)

Die Bewertung erfolgt durch Vergleich der Kriterien untereinander verbunden mit der Punkteverteilung. Das Produkt aus Punktzahl und Gewichtungsfaktor ermöglicht die Bestimmung der Rangfolge. Das so gefundene Ergebnis kann nur als eine Entscheidungshilfe angesehen werden. Die Lösungsauswahl erfolgt nach Einbeziehung von weiteren Kriterien. (siehe Band II, III. O. P. sowie Band III, Bild 32).

Diese Methode sollte jedoch nicht nur bei der Untersuchung des *Istzustandes* einer bestehenden Produktion, sondern bereits bei der *Erstgestaltung* der Erzeugnisse und des Produktionsablaufes angewendet werden, um die mit den Zielsetzungen verbundenen *Funktions-Ablauf-Kosten* und *Gewinnoptimierungen* zu erreichen.

Bei der *Umsetzung* der *Planungsergebnisse*, insbesondere dann, wenn bei bereits bestehenden Prozessen Veränderungen erforderlich werden, sind oft Widerstände der verschiedensten Art zu erwarten. Sie liegen nicht nur im Bereich von *technologischen* und *organisatorischen* Schwierigkeiten, sondern auch in der *menschlichen Verhaltensweise*. Es sollte deshalb die

Stufe 6   **Überwachung vorgesehen werden:**
Kontrolle, Soll-Istvergleich der Zieldaten. Ergründung der Abweichung und Einleitung der Mängelbeseitigung.

III. Organisation

E. Allgemeine Grundlagen

1. Wesen und Aufgaben der Organisation

Ein Betrieb enthält zwar die materiellen Mittel zur Durchführung der ihm übertragenen Aufgaben, diese müssen jedoch zum gemeinsamen Wirken im Sinne der Aufgabe erst den Anstoß und die genauen Weisungen erhalten; d.h. sie müssen so miteinander verkettet werden, daß der Leistungsprozeß sich in einer gewollten Ordnung störungsfrei, zeitlich abgestimmt, kontinuierlich und wirtschaftlich nach dem Prinzip des Arbeitsbestablaufes vollzieht.

Unter Organisieren werden z.B. die Funktionen: Planen, Steuern und Gestalten, Durchführen, Überwachen usw. für alle Bereiche und Ebenen der wirtschaftlichen Tätigkeit verstanden.

Die Prinzipien aufzustellen, nach denen sich eine gewollte Ordnung vollziehen soll, ist Aufgabe der Organisation; denn die Sachwelt allein ist tote Materie, die erst ihr Leben erhält durch die Organisation, in deren Mittelpunkt *der Mensch* als eine die Weisungen gebende und vollziehende Kraft steht. Der Aufbau einer Organisation, das *Ingangsetzen* und *in Bewegung halten* des Leistungsprozesses, erfordert neben der *Mühe vor allem Logik und angewandte Psychologie;* denn die sich bildenden Widerstände bei der Erfüllung von Aufgaben haben sehr oft ihren Ursprung nicht in den sachlichen Schwierigkeiten, sondern in der eigenwilligen Arbeitsweise sowie im Beharrungsvermögen und auch im persönlichen Ehrgeiz einzelner Menschen. Für den Organisationsbegriff gibt es keine einheitliche Definition. Die Organisation wird einerseits als etwas Abstraktes und andererseits als ein Teil der Betriebsmittel angesehen. Sie bedient sich nämlich selbst der verschiedensten Sachmittel, der Maschinen und insbesondere der Formulartechnik. Erst durch die in der Organisation festgelegten Regeln ist das Zusammenwirken der Produktionsfaktoren Mensch, Stoff und Betriebsmittel möglich.

Die Regeln orientieren sich an den Aufgaben und deren Zuordnung zu den einzelnen Tätigkeitsbereichen. Zur Festsetzung der Regeln bedient sich die Organisation besonderer Methoden und Hilfsmittel, z.B. in Form von Plänen, Diagrammen, Anweisungen und Formularen. In ihnen sind die Teilaufgaben, der *Ablauf* der *Verrichtung* und die Funktion, eindeutig abgegrenzt und die erforderlichen Daten festgelegt. Das Formularwesen ist dabei von ganz besonderer Bedeutung, insbesondere deshalb, weil es die Grundlage zur Erfassung der Daten des Leistungsprozesses in ökonomischer Hinsicht ist.

2. Mensch – Technisierung – Organisation

Der Fortschritt der Technisierung in Verbindung mit der Arbeitsteilung, die Zunahme der Produktarten und -mengen, die Vervielfältigung der Produktionsmittel, die Entwicklung von neuen Produktionseinrichtungen und -verfahren und von Stoffen einerseits sowie die Steuerung des Produktionsprozesses, das Überwachen und Erfassen der wirtschaftlichen Daten andererseits bestimmen Aufbau, Umfang und Prinzip der Organisation sowie die Auswahl und den Einsatz ihrer Hilfsmittel. Durch die mit dieser Entwicklung zugleich fortschreitende Arbeitsteilung und Spezialisierung entstehen Schwierigkeiten, die auch einen wesentlichen Einfluß auf die Organisation ausüben. Beim Aufbau einer Organisation sind schließlich vor allem auch die menschlichen Belange zu beachten, denn im Ursprung entscheidet der Mensch über die Höhe der Betriebsleistung und das Funktionieren der Organisation. Die Tätigkeitsbereiche müssen so eindeutig abgegrenzt werden, das Reibungspunkte vermieden werden und die zu erfüllenden Aufgaben den zumutbaren Belastungen und den Anforderungen an das Können entsprechen. Eine Organisation sollte nicht allein an einem autoritären Führungsprinzip orientiert sein. Ein wesentliches Merkmal sollte darin bestehen, daß den einzelnen Mitarbeitern vor allem in den mittleren und unteren Tätigkeitsebenen nicht nur Aufgaben, sondern auch Verantwortung und Kompetenzen übertragen werden und ihnen eine aktive Mitwirkung und Entfaltung der schöpferischen Kräfte und schließlich die Teilnahme an Entscheidungen möglich ist.

Wenn auch das Leistungsergebnis von den materiellen Mitteln des Betriebes, seinem Standort sowie den politischen, sozialen und wirtschaftlichen Verhältnissen einer Volkswirtschaft im wesentlichen bestimmt ist, so hat doch auch der Aufbau einer Organisation, das angewandte Organisationssystem, oft einen entscheidenden Anteil am Ergebnis der wirtschaftlichen Tätigkeit. Die Verhältnisse und Wechselwirkungen sind in Bild E/1 dargestellt. (Band II, Bild J/11, K/7)

Da die industrielle Leistungserstellung *eine Teilung der Arbeit* oft in kleine und kleinste Arbeitsverrichtungen erfordert, ergeben sich Wechselwirkungen auf den Leistungswillen und die Erhaltung der Leistungsfähigkeit des Menschen, insbesondere auch hinsichtlich der Entwicklung seines Könnens. Die *Arbeitsteilung* führt nämlich zu einer Verengung des Aufgabenumfanges mit ihren Vorteilen und auch ihren nachteiligen Auswirkungen. Einige Zusammenhänge sind in Bild E/2 dargestellt. (s. Bild D/13, H/7 sowie H.3.)

3. Der Begriff der Organisation

a) Aufbau- und Arbeitsorganisation

Jede wirtschaftliche Tätigkeit ist mit der Festsetzung von Zielen verbunden. In den meisten Fällen sind dabei gleichzeitig die verschiedenartigsten Ziele (Unterziele), die sich gegenseitig beeinflussen, miteinander verkettet. Aus den Zielen ergeben sich die Aufgaben, die gewöhnlich zur schrittweisen Lösung

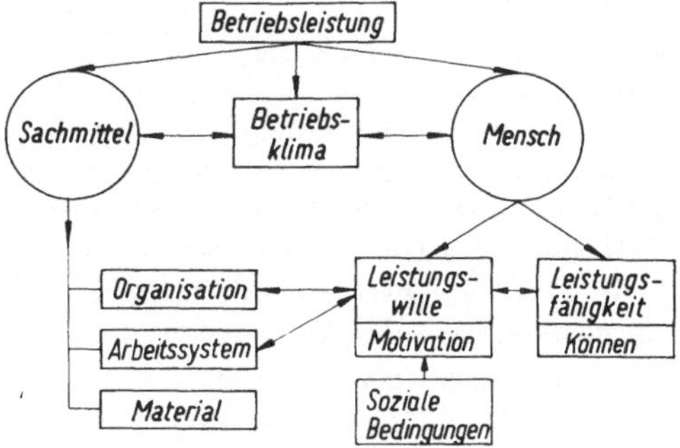

Bild E/1. Einflüsse der Organisation auf die Betriebsleistung

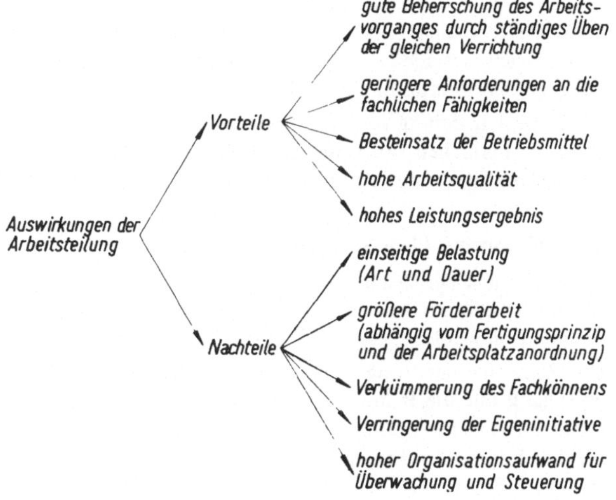

Bild E/2. Schematische Darstellung der Auswirkungen; der Arbeitsteilung

den einzelnen Arbeitssystemen übertragen werden. Die wirksame, zielgerechte Lösung der Aufgaben setzt jedoch eine sich auf viele Faktoren erstreckende Planung voraus. Da die Aufgaben bei der Herstellung komplizierter und umfangreicher Erzeugnisse recht vielseitig sind, ist ein systematisches Vorgehen und die Anwendung von speziellen Lösungsmethoden notwendig (siehe Bild E/4).

Die Durchführung einer Gesamtaufgabe vollzieht sich in mehreren Ebenen und in verschiedenen Phasen, nämlich der *Planung*, der *Steuerung*, der eigentlichen *Ausführung* der Aufgabe (Fertigung), und schließlich in der *Überwachung*, mit der die *Sicherung* eng verbunden ist.

Unter dem Begriff *Organisation* erfolgt die Formulierung und Verteilung der Aufgaben auf die einzelnen Arbeitssysteme und die Bereitstellung der für die Durchführung der Aufgaben erforderlichen Produktionsfaktoren. Sie hat einen wesentlichen Einfluß auf das wirtschaftliche und humane Geschehen in einem Betrieb und legt die Zeitpunkte der Aufgabenerledigung fest.

Unter Organisation ist die Zusammenfassung der Funktionen *Planen, Gestalten, Steuern* (und *Überwachen*) zu verstehen, die der Durchführung, dem eigentlichen Fertigen, vorausgehen. Dabei ist das Ergebnis wesentlich von der Gestaltung, also dem schöpferischen Teil der Planung, abhängig. Unter Gestalten wird die Entwicklung des Erzeugnisses, seine technische Funktionsqualität, seine Formgebung, sowie die Entwicklung der Arbeitssysteme, das Aufstellen der Ordnungsprinzipien verstanden, die erst durch das Zusammenwirken der vielen Arbeitssysteme und ihrer Systemelemente, das Erreichen der Ziele ermöglichen (Gesamtzusammenhänge siehe Band III, Bild 1 Planungsablauf).

Es wird zwischen zwei Organisationssystemen unterschieden, der *Aufbauorganisation* und der *Arbeitsorganisation*, auch *Ablauforganisation* bezeichnet.

Die *Aufbauorganisation* befaßt sich mit der Verteilung der Aufgaben auf einzelne Stellen, ihrer Abgrenzung zueinander, ihrem Zusammenwirken sowie ihren Kompetenzen. Der Organisationsaufbau richtet sich nach vielen Aspekten, u.a. Unternehmensgröße, Produktarten-Mengen, Fertigungsverfahren, Ablaufprinzip, Beschaffungs-, Fertigungs-Absatzorganisation (siehe III. F und Bilder E/4, F/2).

Die *Arbeitsorganisation* (Ablauforganisation) befaßt sich hingegen mit dem räumlichen und zeitlichen Zusammenwirken der Produktionsfaktoren, dem Menschen, dem Betriebsmittel und dem Arbeitsgegenstand. Es geht dabei vorzugsweise um die Gestaltung der *Arbeitsabläufe* in den *einzelnen Stellen*, der *Stellen untereinander*, inbesondere um Abläufe in den Stellen, in den Arbeitsplätzen. Der Arbeitsablauf ist ein wichtiges Element in einem Arbeitssystem, der auf die Wirtschaftlichkeit eines Systems einen bedeutenden Einfluß hat (siehe III. G.)[1].

Über die Gliederungsgesichtspunkte und die Definitionen der Organisationsbegriffe bestehen jedoch keine einheitlichen Auffassungen. Die REFA-Methodenlehre des Arbeitsstudiums gliedert z.B. die Betriebsorganisation in Aufbauorganisation und Ablauforganisation.

b) Funktionen – Planen, Steuern, Überwachen

Planung und Überwachung sind Funktionen, die in den verschiedensten Ebenen und Bereichen bei der Lösung von Aufgaben recht unterschiedlichen Schwierigkeitsgrades notwendig sind. In der Aufbauorganisation werden diese *Funktionen* zum Teil in der *Linie*, zum Teil im *Stab* durchgeführt.

Der Arbeitsvorbereitung werden in der Aufbauorganisation im allgemeinen bei der industriellen Gütererzeugung nur die Planungsaufgabe und Teile der Steuerungsaufgaben des Herstellungsbereiches zugeordnet. Der Schwerpunkt liegt in der Planung der Fertigungsabläufe. Mit der Ablaufplanung ist jedoch die Festlegung der Arbeitsmethoden, der technischen Verfahren und der zu ihrer Durchführung erforderlichen Betriebsmittel, sowie die Ermittlung wichtiger Daten, wie z.B. der Zeitdaten, Mengendaten, Kostendaten, verbunden. Die Ergebnisse dieser Planungsdaten beeinflussen die Wirtschaftlichkeit und die Qualität der Erzeugnisse.

So definiert z.B. der REFA:

> Die Arbeitsvorbereitung umfaßt die Gesamtheit aller Maßnahmen einschließlich der Bereitstellung aller erforderlichen Unterlagen für Arbeitsgegenstand, Menschen und Betriebsmittel mit dem Ziel, durch Planung, Steuerung und Kontrolle für die Fertigung von Erzeugnissen und die Gestaltung von Abläufen jeder Art ein Optimum aus Aufwand und Arbeitsergebnis zu erreichen.

Über die Anzahl und die Inhalte der für ein industrielles Produktionssystem notwendigen Funktionen gibt das Bild E/3 eine Übersicht. Auf eine Darstellung der Auflösung einer Gesamtaufgabe bis in kleinste Teilaufgaben wird zugunsten einer besseren Übersicht verzichtet. Aus dem gleichen Grunde sind auch die zwischen den Teilaufgaben bestehenden Verkettungen und wechselseitigen Einflüsse nicht gezeigt. Aus dem Bild wird jedoch erkennbar, daß ein hoher Aufwand zur Lösung der großen Anzahl von Teilaufgaben notwendig ist. Dies ist auch ein Grund für die in den letzten Jahren eingetretene Strukturveränderung der Tätigkeitsarten. Es besteht für den an der Bearbeitung der direkt an der Gütererzeugung beteiligten Personenkreis ein stark abnehmender Trend. Weitere Ursachen dafür ergeben sich u.a. auch daraus, daß die Güter umfangreicher und komplizierter wurden und die Lösungsmethoden

---

[1] Die Organisationsgestaltung erfordert eine ganzheitliche und keine getrennte Betrachtung von Aufbau- und Ablauforganisation, da Wechselwirkungen bestehen.

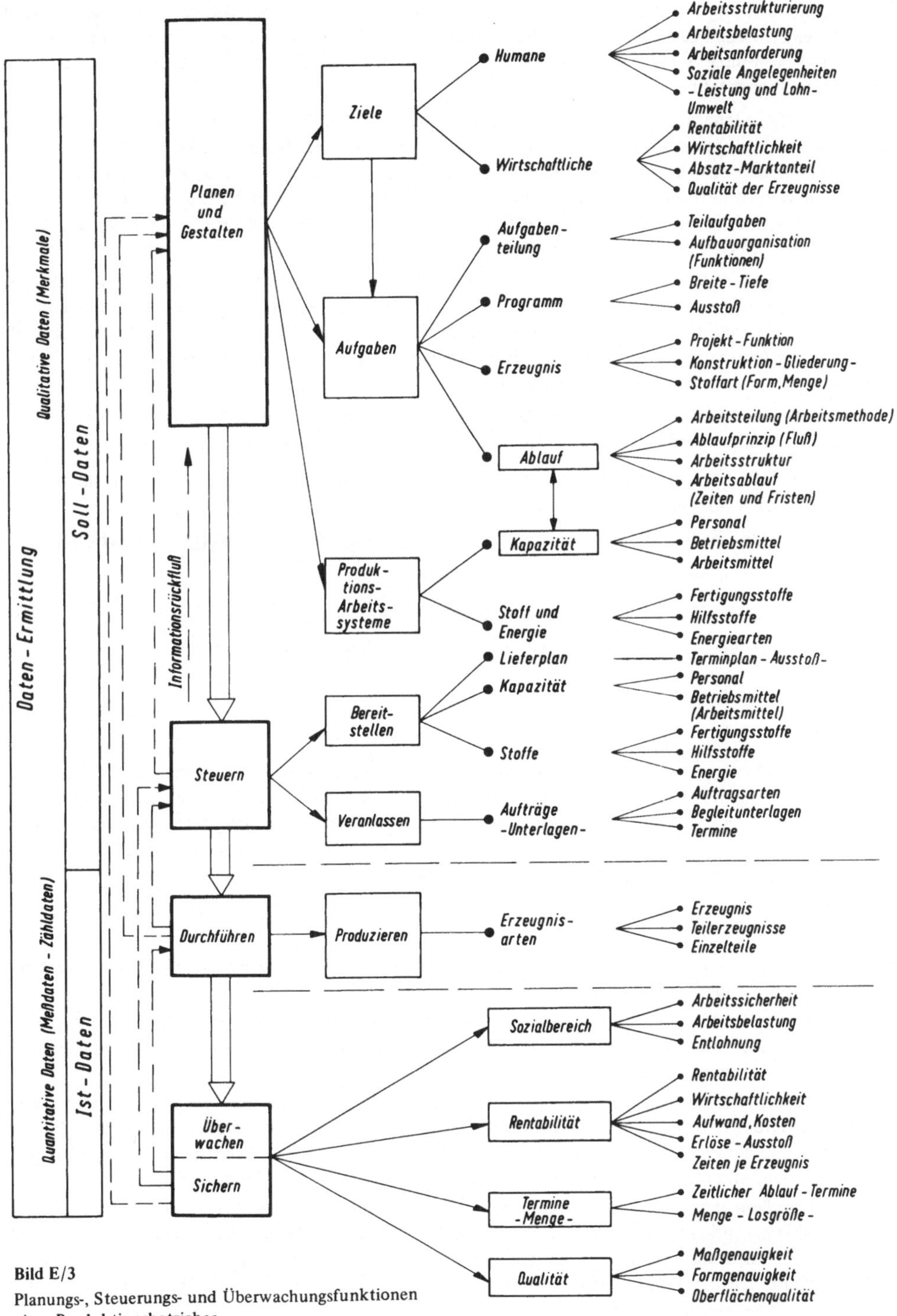

Bild E/3

Planungs-, Steuerungs- und Überwachungsfunktionen eines Produktionsbetriebes

für die verschiedenartigsten Aufgaben zwar genauere Ergebnisse erbringen, daß sie jedoch gleichzeitig einen höheren Aufwand erforderten, und daß schließlich die Fertigungsverfahren mechanisiert wurden. Größere und kompliziertere Güter und ein zunehmender Mengenausstoß erfordern zusätzlich eine kompliziertere Organisation.

Die der- Planung, Steuerung und Überwachung zugeordneten Funktionen sind etwa in der üblichen Folge im Bild E/3 dargestellt. Die Steuerung läuft der Herstellung der Güter voraus, während die Überwachungsfunktionen mit der Güterherstellung paralell verlaufen. Der reibungslose Ablauf in einem Produktionssystem erfordert einen schnellen Informationsfluß, damit Abweichungen zwischen dem Planungssoll und dem Ist unmittelbar festgestellt und die notwendigen Korrekturen rechtzeitig eingeleitet werden können. Das Geschehen wird durch Daten erfaßt.

Datenabweichungen leiten im allgemeinen Regelvorgänge ein. Die Abweichungen haben vielfältige Ursachen. Sie können sich ergeben aus Planungsfehlern, sowie von außen oder innen kommenden Störungen. Größere Unternehmen sind ohne zuverlässige Datenermittlung und schnellen Informationsfluß nicht zu überwachen und zu führen. Daten müssen vorausberechnet oder ermittelt werden für den ökonomischen und den technischen Bereich. (siehe III. L.)

Die *Datenermittlung* im Soll und Ist kann deshalb als eine der wichtigsten Aufgaben angesehen werden, mit der jedoch im allgemeinen ein höherer Aufwand verbunden ist. Es werden unterschieden:

- **Quantitative Daten.** Sie sind konkret feststellbar durch Messen oder Zählen (Mengen in Stück, Zeitdaten in Std. oder Min. Kosten in DM oder DM/Stck. usw.)

- **Qualitative Daten.** Es handelt sich hier um Beschreibungen und Beurteilungen (gut, schlecht usw.).

Eine weitere Gliederungsmöglichkeit besteht in der Einteilung in

> *fixe* und *variable* also zu Einflußgrößen in Beziehung gebrachte Daten oder
>
> absolute, oder absolut bezogene (Stck./Std., Zeit/Stck.) sowie relative Daten (%).

α) **Planen**

Zielplanung

Aus der *Zielsetzung* ergeben sich die Aufgaben. Die *ökonomischen* Ziele erstrecken sich auf die Sicherung und Steigerung des *Absatzes,* wobei gleichzeitig der *Rentabilität* und Wirtschaftlichkeit ein hoher Stellenwert zugeordnet wird. Alle weiteren Planungsarbeiten haben sich an den festgelegten wirtschaftlichen Daten zu orientieren und gleichzeitig die im humanen Bereich liegenden z.T. auch vom Gesetzgeber festgelegten Mindestforderungen zu berücksichtigen.

Aufgabenplanung

Die aus der Zielsetzung resultierende Gesamtaufgabe muß je nach der Größe eines Projektes in eine mehr oder weniger große Zahl von Teilaufgaben aufgelöst werden.

In der *Aufbauorganisation* werden die Stellen festgelegt, denen die Teilaufgaben zur Bearbeitung zugeordnet werden. Bei einer bereits bestehenden Organisation muß sich die Aufgaben-Teilung an dem Organisationssystem orientieren.

Die *Absatzplanung* befaßt sich mit der Aufstellung des *Bauprogrammes,* also mit den Absatzmengen der einzelnen Güterarten und ihre Verteilung, auf die einzelnen Wirtschaftsperioden. Von hoher Bedeutung sind die Qualitätserwartungen des Marktes und die erzielbaren Preise. An diesen Bedingungen und den ökonomischen und humanen Zielsetzungen müssen sich die folgenden Planungsaufgaben orientieren.

Für die *Entwicklung* der *Erzeugnisse* bilden die Markterwartungen die Grundlagen. Zu berücksichtigen sind die Qualitätsansprüche, insbesondere betreffen diese die Funktion, die Lebensdauer, die Formgestaltung, die Präzision der Ausführung und schließlich die Produktionsmengen und die wahrscheinlich erzielbaren Preise. Die Ergebnisse dieser Entwicklungsarbeiten sind die Zeichnungen, Stücklisten, Funktionsbeschreibungen, Betriebsanleitungen usw.

Die *Ablaufplanung* bestimmt das für die Herstellung der Erzeugnisse erforderliche *Produktionssystem*, die Arbeitsplätze und die *Arbeitsorganisation*. Sie kann als die wichtigste und auch aufwendigste Planungsarbeit angesehen werden. Mit ihr ist zugleich die Ermittlung der meisten und wichtigsten auch das wirtschaftliche Ergebnis beeinflussenden Daten verbunden. Ausgangs- und Arbeitsgrundlagen sind die Zeichnungen und Stücklisten sowie das Bauprogramm. Dabei geht es zunächst um die Auflösung der Aufgaben in *Teilaufgaben* und die Festlegung der *Ablaufprinzipien* unter Berücksichtigung der Arbeitsstrukturierung. (siehe Band III, Planungsstudie eines Produktionssystems)

Die Ablaufplanung befaßt sich im Makrobereich mit der zur Herstellung von Gesamt- und Teilerzeugnissen, der Einzelteile erforderlichen Arbeitsteilung. Im Mikrobereich werden die zur Herstellung eines *Einzelteiles* als dem kleinsten Bestandteil eines größeren Erzeugnisses erforderlichen *Vorgänge* und ihre zeitliche Folge in noch kleinere *Ablaufabschnitte* aufgeteilt. Diese feine Ablaufgliederung ist aus organisatorischen, technischen und arbeitsmethodischen Gründen, sowie insbesondere zur Ermittlung der Zeitdaten notwendig. Die *Zeitdaten* bilden die Basis für die Errechnung von wirtschaftlichen Daten (Kosten, Mengen) und der erforderlichen Kapazität bzw. der Auslastung einer vorhandenen Kapazität. Schließlich ist diese analytische Gliederung notwendig für die Lösung von Rationalisierungsaufgaben und für Untersuchungen, die sich mit den Beanspruchungen, der Leistung und der Entlohnung des Menschen befassen müssen. Außerdem werden in der Ablaufplanung die zur Durchführung der Fertigung erforderlichen Betriebsmittel festgelegt. (siehe III. H. und Band II und III)

Aus den Ergebnissen dieser Planungsarbeiten werden, auch in Verbindung mit dem Ausstoß und der erforderlichen Kapazität die zur Errechnung des Kapitalbedarfes erforderlichen Daten gewonnen.

Die Ergebnisse der Planung sind die Pläne für die Ablauforganisation, z.B. die Arbeitspläne, Fertigungspläne, Zeitberechnungspläne, Fristenpläne, Netzpläne, Kapitalbedarfspläne, Arbeitsanweisungen usw.

Bei der Erstellung der Arbeitspläne sind die vom Gesetzgeber festgelegten Mindestbedingungen in Bezug auf die Belastung des Menschen während der Arbeit, und die von den Sozialpartnern aufgestellten Regeln, insbesondere für die der Entlohnung zu beachten.

Planung des Produktionssystems (siehe Band III „Planungsstudie eines Produktionssystems)

Die Kapazitätsplanung steht in einem unmittelbaren Zusammenhang mit den im Bauprogramm festgelegten Mengendaten und der Ablaufplanung. Mit der Planung der zur Herstellung einer Erzeugniseinheit erforderlichen Vorgänge ist unmittelbar der technologische, die Maschinenarten, Vorrichtungen und Werkzeuge bestimmende Prozeß und die Ermittlung des Zeitbedarfes je Mengeneinheit, verbunden. Aus diesen Daten ergeben sich unter Berücksichtigung der möglichen Störungen die Kapazitätsfaktoren Mensch und Betriebsmittel, die für einen bestimmten Ausstoß erforderlich sind.

Die *Stoffart* wird in den meisten Fällen von der Entwicklung festgelegt, da die Eigenschaften von den Funktionsanforderungen des Erzeugnisses abhängen. Die Stofform und -abmessung und damit auch die *Stoffmenge* je *Erzeugniseinheit* wird von der Erzeugnisentwicklung oder der Fertigungsplanung bestimmt. Die Form und Abmessung des Werkstoffes wird auch beeinflußt von technologischen und wirtschaftlichen Forderungen. Auch bei der Wahl der Stoffart sind bereits bei der Entwicklung des Erzeugnisses technologische, arbeitsorganisatorische und insbesondere ökonomische Bedingungen zu berücksichtigen. Die Stoffdaten sind in den Zeichnungen, den Konstruktions- und den Fertigungsstücklisten verzeichnet.

β) Steuern

Die Steuerung leitet die eigentliche Herstellung der Erzeugnisse ein. Die Funktionen der Steuerung bestehen aus dem Bereitstellen und dem Veranlassen. (Bild I/4, I/5)

Der *Bereitstellung* obliegt in Abhängigkeit vom Ausstoß, der Sicherung der *zeitgerechten Verfügbarkeit* der Kapazität und der Stoffe, sowie der Informationsmittel. Sie muß den zur Durchführung des Bauprogrammes erforderlichen Stoffbedarf und den Kapazitätsbedarf und die Auslastung ermitteln.

Die Ergebnisse dieser Aufgaben sind die Terminpläne, Personalbedarfspläne, Maschinen-Arbeitsplatzbelastungspläne, Stoffbedarfspläne. Letztere sind eine Grundlage für die Stoffbeschaffung und die Betriebsmittelbeschaffung und für die Bereitstellung des Personalbedarfs.

Die *Veranlassung* der Durchführung erfolgt durch das Ausfertigen der verschiedensten Auftragsarten und Anweisungen an die Stellen, denen die Ausführung der Aufgaben entsprechend der Aufbauorganisation übertragen wurden. Die wichtigste *Auftragsart* ist der Werkstatt- oder Fertigungsauftrag, und die ihm zugeordneten Begleitpapiere, wie z.B. Stoffentnahmekarten, Lohnscheine, Zeichnungen, Anweisungen, Prüfpläne usw.

γ) Überwachen und Sichern

Kontrollfunktionen sind, je größer ein Unternehmen, je komplizierter die zum Erreichen der Ziele erforderliche Organisation und je schwieriger der technologische Prozeß ist, eine unabdingbare Voraussetzung. Die durch die Kontrolle festgestellten Abweichungen vom Soll müssen durch einen zeitgerechten Informationsfluß Maßnahmen einleiten, damit schließlich die gesetzten Ziele doch erreicht werden.

Kontrollen werden durchgeführt im sozialen und wirtschaftlichen Bereich. Insbesondere werden Qualitätsprüfungen am Erzeugnis durchgeführt (siehe Abschnitt L).

4. Aufgabengliederung

Eine *Gesamtaufgabe* muß je nach Umfang der Komplexität in eine mehr oder weniger große Anzahl *Teilaufgaben* aufgelöst und zur Erledigung den in das Gesamt-Arbeitssystem integrierten Untersystemen zugeordnet werden. Die Untersysteme sind im allgemeinen so aufgegliedert, daß sie bestimmte Aufgabenarten erledigen. Ausgehend von dem *Hauptzweck* werden die Aufgaben gegliedert in direkte und indirekte Aufgaben.

a) Direkte Aufgaben

Diese dienen dem Systemzweck unmittelbar. Im Sinne der Zielsetzung sind sie direkt an der Lösung der Aufgabe beteiligt und bewirken die beabsichtigte Veränderung, insbesondere bestimmen sie die Leistungsergebnisse. Die Ausführung dieser Aufgabenart führt den unmittelbaren, also den zweckgerichteten Fortschritt im Sinne der Aufgabe herbei. Bei der Gütererstellung ist es die sichtbare Veränderung der einzelnen Gegenstände und ihr Zusammenfügen zum absatzfähigen Enderzeugnis.

Insbesondere waren es die direkten Aufgaben, die zunächst organisatorisch erfaßt wurden, da sie bei der Entwicklung der Güterproduktion von der Einzel- zur Serien- und schließlich zur Massenfertigung den weitaus größten Teil, der in einem Betrieb tätigen Menschen sowie der verursachten Kosten beanspruchten. Ihnen wurde auch deshalb besondere Aufmerksamkeit zuteil, weil sich bestimmte Grundverrichtungen, wenn auch nicht völlig gleich, so doch in ihrer grundsätzlichen Art in einem bestimmten Rhythmus wiederholen. Die sich aus den einzelnen Aufgaben ergebenden Arbeitsverrichtungen werden heute hinsichtlich ihres Inhaltes sowie des Bedarfs an Zeit und Betriebsmitteln von der Arbeitsvorbereitung sehr genau vorgeplant.

b) Indirekte Aufgaben

Sie sind an der Durchführung einer Aufgabe nur mittelbar beteiligt. Es sind dies diejenigen Aufgaben, die dem Absatzwesen, Beschaffungswesen, der Verwaltung, der Planung, Steuerung, Überwachung usw. zugeordnet sind. Sie gewinnen eine immer größere Bedeutung, da ihr relativer Anteil ständig zunimmt und daher ihr Kostenanteil bedeutend ist.

Ohne sie können die direkten Aufgaben nicht bearbeitet werden und somit ist auch das Betriebsziel nicht erreichbar. Die Entwicklung der letzten Jahrzehnte ist in der industriellen Tätigkeit dadurch gekennzeichnet, daß der Kostenanteil, den die indirekten Aufgaben verursachen, im steten Wachstum begriffen ist, weil durch höhere Anforderungen an die Produkte die Arbeiten für die Vorbereitung und das Absetzen derselben sowie für die Aufgaben der allgemeinen Verwaltung vielfältiger und schwieriger geworden sind. Oftmals überwiegen die durch die indirekten Aufgaben entstandenen Kosten diejenigen, die der Produktionsvorgang verursacht. Diese Vorbereitungskosten müssen deshalb ebenfalls vorgeplant, nachträglich erfaßt, dem einzelnen Kostenträger zugeteilt und nicht auf alle Kostenträger summarisch verteilt werden. Aus diesen Gründen wird ihnen in letzter Zeit größere Beachtung geschenkt. Diese Tätigkeiten werden immer mehr durchleuchtet und es wird nach Wegen zur Verminderung von Aufwand und Zeit gesucht. Indirekte Aufgaben führen vor allem Kostenstellen aus, die nicht Fertigungskostenstellen sind.

Die indirekten Aufgaben werden deshalb ebenfalls zunehmend rationalisiert. Der Ablauf wird gegliedert indem der Inhalt der Teilaufgaben, der zeitliche Ablauf und die Kosten festgelegt und begrenzt werden.

5. Gliederung der Grundfunktionen – Absetzen, Produzieren, Verwalten –

Für die Entwicklung der Aufbauorganisation ist die Gliederung einer Gesamtaufgabe in Teilaufgaben (Funktionen), die zu ihrer Lösung erforderlich sind, notwendig.

Die Gesamtaufgabe kann in einem Produktionsbetrieb in drei Teilaufgaben, nämlich *Absetzen, Produzieren* und *Verwalten* gegliedert werden. Je nach dem Umfang des Betriebes und der Art und Menge der Produkte, müssen diese Aufgabenbereiche weiter aufgeteilt werden. Bild E/4 zeigt diese Gliederung in groben Zügen. (Natürlich bestehen Gliederungsmöglichkeiten nach anderen Gesichtspunkten.)

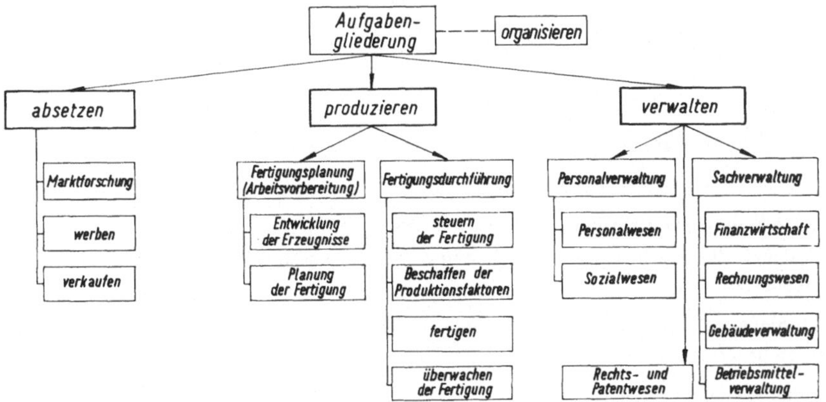

Bild E/4. Gliederung der Aufgaben eines Produktionsbetriebes (Funktionen)

Der Aufgabenbereich *Absetzen* stellt das verbindende Glied zwischen dem Markt (dem Kunden) einerseits und der Produktion andererseits dar. Es ist der Markt zu ergründen. An der Entwicklung eines Unternehmens hat dieser Aufgabenzweig einen entscheidenden Anteil. Das Aufgabenziel ist darauf gerichtet, den Marktanteil nicht nur zu erhalten, sondern ihn möglichst entsprechend dem allgemeinen Wachstum zu vergrößern, indem einmal durch geeignete Werbemaßnahmen versucht wird, räumlich neue Märkte zu erschließen und insgesamt den mengenmäßigen Absatz zu vergrößern und schließlich die Marktentwicklung hinsichtlich neu aufkommender Bedarfsfälle rechtzeitig zu erkennen. In den letzten Jahren wenden die Unternehmungen diesen Aufgaben ihre ganz besondere Aufmerksamkeit zu *(Marketing).* (siehe II. B. 2 und 3.)

Natürlich ist die Wirksamkeit dieses Aufgabenbereiches auch von der Konkurrenzfähigkeit hinsichtlich der Qualität und des Preises der Produkte des Unternehmens abhängig. Gemeinsam mit der Produktion bestimmt dieser Aufgabenbereich also über die weitere Existenzfähigkeit des Unternehmens. Diese Aufgabe ist auch deshalb schwierig, weil es einerseits um die Erfüllung der Wünsche des Kunden in funktionsmäßiger, preislicher und terminlicher Hinsicht geht, und andererseits auch auf die Wirtschaftlichkeit der Produktion Rücksicht zu nehmen ist.

Im Aufgabenbereich *Produzieren* sind hingegen alle Tätigkeiten, die sich mit der Realisierung der gestellten Aufgaben ergeben, zusammengefaßt. Sie erstrecken sich auf die Vorbereitung und die Durchführung der Erzeugung.

Während die Planung, die Projektierung, Berechnung und Konstruktion oft auch die Herstellung und Prüfung von Prototypen umschließt, obliegt dem Teilgebiet *Fertigungsdurchführung* die praktische Herstellung der Erzeugnisse. Dieser Bereich umschließt auch die Beschaffung der Produktionsfaktoren, der Fertigungsstoffe und der Betriebsmittel sowie die eigentliche Fertigung, deren Steuerung und Überwachung. Der Produktionsfaktor Mensch wird hingegen durch die Verwaltung gewonnen. *Die Gesamtheit aller Aufgaben des Teilbereiches Produzieren umfaßt oft in übergeordnetem Sinne auch die als Arbeitsvorbereitung bezeichneten Funktionen.*

Das Teilgebiet *Verwalten* wird im allgemeinen in die Personalverwaltung und die Sachverwaltung gegliedert. Schließlich verfügen große Unternehmungen über Rechtsabteilungen. Eine Sonderstellung wird oft auch dem Aufgabengebiet eingeräumt, das sich mit der Organisation selbst befaßt.

F. Aufbauorganisation

1. Funktionen und Zuständigkeit

Eine wesentliche Aufgabe der Organisation besteht darin

1. die Zuständigkeitsbereiche für die einzelnen Teilaufgaben abzugrenzen und
2. die Regeln, nach denen die Bearbeitung der Aufgaben zu verrichten sind, bis in die feinsten Phasen des Arbeitsablaufes festzulegen.

Innerhalb der Zuständigkeitsbereiche sind den einzelnen Stellen die verschiedensten Grundfunktionen zuzuordnen. Es werden unterschieden

1. die leitende und überwachende Funktion,
2. die ausführende Funktion,
3. die die einzelnen Teilverrichtungen kontrollierende Funktion,
4. die informierende und beratende Funktion.

Fast immer fallen in den einzelnen Zuständigkeitsbereichen die Grundfunktionen in unterschiedlicher Weise und Kombination an und zwar auch die leitende Funktion. Lediglich Grad, Schwierigkeit und Verantwortung, die mit ihr verbunden sind, sind verschieden. Grundsätzlich werden zwei Systeme unterschieden; das Liniensystem und das Funktionalsystem.

2. Organisationsformen

a) Liniensystem

Das Liniensystem auch als *System der unmittelbaren Leitung* bezeichnet, ist dadurch gekennzeichnet, daß von der Führungsspitze ausgehend jeweils fortschreitend bis in die untersten Funktionsstellen nur eine einzige Weisungslinie verläuft. Die Weisungen werden also bei diesem System durch die sich durch den ganzen Betrieb ziehende Vorgesetztenhierarchie stufenweise weitergegeben. Da die Weisungsbefugnis durch die eindeutig festgelegte Vorgesetztenstufung festgesetzt ist, werden Weisungsüberschneidungen und die sich daraus ergebenden Reibungspunkte vermieden. Personelle und sachliche Führung sind bei diesem System in einer Hand. Bild F/1 zeigt das System in schematischer Darstellung.

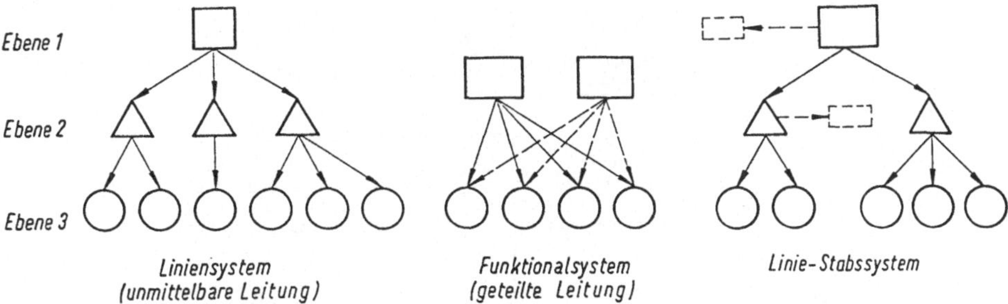

Bild F/1 Schematische Darstellung der Organisationssysteme

Die Gliederung eines Betriebes für Maschinenbau nach diesem System zeigt Bild F/2. Das Liniensystem darf als das am meisten angewandte angesehen werden. Wie weit die Aufteilung der Tätigkeitsbereiche gegliedert werden muß, ist von vielen Faktoren abhängig, u.a. auch vom Aufwand, den die Organisation selbst verursachen darf. Wie gut eine Organisation funktioniert, ist neben den sachlichen Bedingungen von der physischen Leistungsfähigkeit, dem Können der Menschen und ihrer Einstellung zu den ihnen übertragenen Aufgaben abhängig. Aus diesem Grunde müssen umfangreiche, vielseitige und schwierige Aufgaben untergliedert und u.U. einem größeren Personenkreis übertragen werden.

Werden die Betriebsaufgaben nach dem Grad der Anforderung gegliedert, so entsteht ein Gliederungsdreieck, bei dem sich nach der Spitze hin die verschiedensten Anforderungsarten konzentrieren. Die Anforderungen nehmen mit der Entfernung von der untersten Tätigkeitsart zu. Natürlich ist die Zuordnung der Aufgaben zu den einzelnen Aufgabensektoren von Betrieb zu Betrieb verschieden. So kann z.B. der Einkauf auch teilweise oder ganz der technischen Leitung und der Arbeitsvorbereitung zugeordnet werden, da ohnehin ein wesentlicher Teil der dort zu verrichtenden Aufgaben, nämlich die Bedarfsermittlung sowie die Bestandsführung von der Arbeitsvorbereitung vorgenommen wird und erst nach Abstimmung von Bestand und Bedarf, die Disposition möglich ist. (siehe Bild I/6, I/5)

b) Funktionalsystem

Das Kennzeichen dieses *Systems* besteht in *der geteilten Leitung.* Bei schwierigen Produktionsvorgängen kann es erforderlich werden, daß sachliche Weisungsbefugnis und personelle Führung voneinander getrennt werden müssen. Der Nachteil dieses Systems besteht vor allem darin, daß die jeweils nachgeordneten Funktionsstufen von zwei getrennten Stellen Weisungen erhalten können, die u.U. gegensätzlich gerichtet sind. Als Begründer dieses Systems gilt *Taylor.* Er führte das sogenannte Funktionsmeistersystem ein. *Taylor* ging dabei von dem Gedanken aus, daß der die Arbeitsaufgabe ausführende Mensch von verschiedenen Spezialisten beraten und unterwiesen werden sollte, weil seiner Meinung nach nur dann ein optimales Arbeitsergebnis erzielt werden könne. In Bild F/1 ist das Funktionalsystem schematisch dargestellt.

c) Sonderformen und Stabsstellen

Außer den genannten Grundsystemen gibt es noch Sonderformen und zwar derart daß *beide Systeme* in einem Unternehmen *in den verschiedensten Tätigkeitsbereichen und Tätigkeitsstufen nebeneinander* angewendet werden. Oft sind auch Teilbereiche, die mit besonders schwierigen und verantwortungsvollen Aufgaben betraut sind, Stabsstellen zugeordnet. Diese befassen sich meistens mit übergeordneten Aufgaben. Sie haben u.a. beratende und kontrollierende Funktionen und bereiten schließlich Unterlagen zum Fällen von Entscheidungen vor. Sie haben im allgemeinen keine direkte Weisungsbefugnis. Stabsstellen sind meistens unmittelbar solchen Stellen unterstellt, die vorwiegend leitende Funktionen ausüben. Hinsichtlich der ihnen übertragenen Aufgaben sind es Revisions- und Betriebswirtschaftsstellen, sehr oft gehören zu ihnen auch die Zeitstudienabteilungen, die sich mit Grundsatzuntersuchungen und Rationalisierungsaufgaben befassen (Bild F/2). In die Aufbauorganisation kann die Arbeitsvorbereitung teilweise in die Linie oder teilweise für die Lösung von Spezialaufgaben als Stabsstelle eingeordnet sein. Sie kann Weisungsbefugnisse oder nur kontrollierende oder beratende Funktionen ausüben (Bild F/3, B/4).

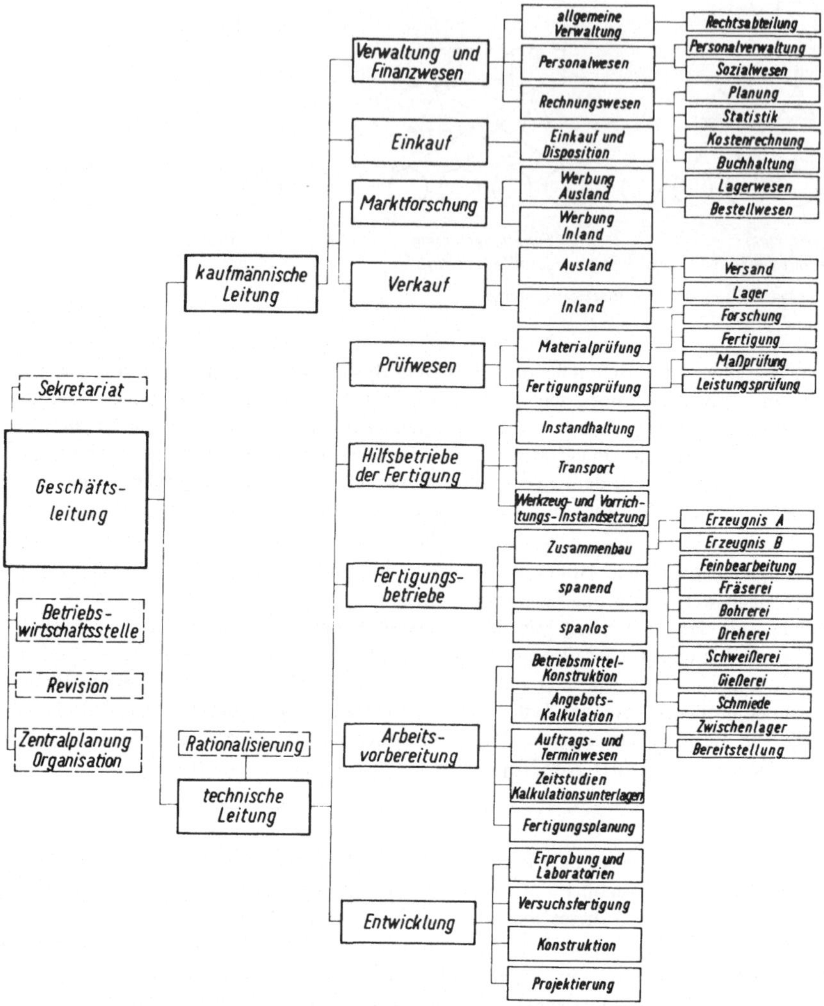

Sekretariat

Geschäfts-
leitung

Betriebs-
wirtschaftsstelle

Revision

Zentralplanung
Organisation

kaufmännische
Leitung

Rationalisierung

technische
Leitung

Verwaltung und
Finanzwesen
- allgemeine Verwaltung
  - Rechtsabteilung
- Personalwesen
  - Personalverwaltung
  - Sozialwesen
- Rechnungswesen
  - Planung
  - Statistik
  - Kostenrechnung
  - Buchhaltung

Einkauf
- Einkauf und Disposition
  - Lagerwesen
  - Bestellwesen

Marktforschung
- Werbung Ausland
- Werbung Inland

Verkauf
- Ausland
- Inland
  - Versand
  - Lager
  - Forschung
  - Fertigung
  - Maßprüfung
  - Leistungsprüfung

Prüfwesen
- Materialprüfung
- Fertigungsprüfung

Hilfsbetriebe der Fertigung
- Instandhaltung
- Transport
- Werkzeug- und Vorrichtungs-Instandsetzung

Fertigungsbetriebe
- Zusammenbau
- spanend
- spanlos
  - Erzeugnis A
  - Erzeugnis B
  - Feinbearbeitung
  - Fräserei
  - Bohrerei
  - Dreherei
  - Schweißerei
  - Gießerei
  - Schmiede

Arbeitsvorbereitung
- Betriebsmittel-Konstruktion
- Angebots-Kalkulation
- Auftrags- und Terminwesen
  - Zwischenlager
  - Bereitstellung
- Zeitstudien Kalkulationsunterlagen
- Fertigungsplanung

Entwicklung
- Erprobung und Laboratorien
- Versuchsfertigung
- Konstruktion
- Projektierung

Bild F/2. Schematische Darstellung der organisatorischen Gliederung eines Produktionsbetriebes – Aufgabenbereiche (Beispiel einer Aufbauorganisation) siehe auch Band III Bild 3.

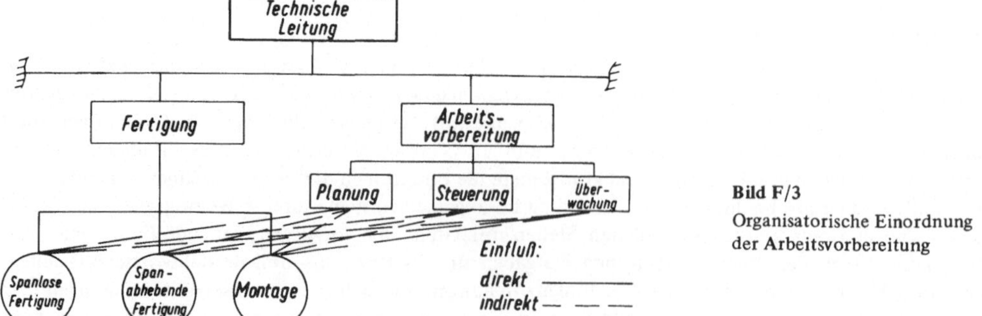

Bild F/3
Organisatorische Einordnung der Arbeitsvorbereitung

G. Arbeitsorganisation – Ablauforganisation

1. Aufgaben der Arbeitsorganisation

Während die Betriebsorganisation sich mit der Aufgabenabgrenzung, der Aufgabenverteilung, also dem Festlegen der Zuständigkeit und den Grundprinzipien der Organisation in übergeordnetem Sinne befaßt, legt die Arbeitsorganisation die Regeln und Grundsätze im einzelnen fest, die eine *Bestgestaltung des Arbeitsablaufes* erfordert. Sie bestimmt zugleich, wer an welcher Stelle, mit welchen Mitteln und welchem Aufwand und zu welchem Zeitpunkt die einzelnen Verrichtungen ausführen muß.

In einem Betrieb sind natürlich nicht alle Vorgänge allgemein erfaß- und regelbar. Stets werden auch Aufgaben bestehen, die im voraus nicht erkannt und für die somit auch nicht die Prinzipien festgelegt werden können, nach denen die einzelnen Arbeitsaufgaben zu verrichten sind. Die Arbeitsorganisation befaßt sich also insbesondere mit den Vorgängen der betrieblichen Arbeit, die in irgendeinem Rhythmus wiederkehren. Bis zu welchem Grad ein Arbeitsablauf organisiert werden kann, ist u. a. auch davon abhängig, wie präzise eine Aufgabe im voraus festgelegt und wie genau die Reihenfolge des Arbeitsablaufes und die zur Erledigung der einzelnen Teilverrichtungen erforderlichen Zeiten vorausbestimmbar sind, bzw. wie weit sich die Teilverrichtungen hinsichtlich ihres Inhaltes festlegen und abgrenzen lassen.

Es interessieren hier also insbesondere die sich aus der Planung und Durchführung der Produktion ergebenden und regelbaren Arbeitsabläufe.

Natürlich erstrecken sich diese nicht nur auf die Fertigungs- und Fertigungshilfsstellen, sondern auch auf den Absatz-, Beschaffungs- und Verwaltungsbereich.

Die zentrale Aufgabe der Planung ist die *Gestaltung* des *Arbeitssystemes* und insbesondere des Ablaufes, der sich aus dem räumlichen und zeitlichen Zusammenwirken der Systemelemente Mensch und Betriebsmittel ergibt mit dem Ziel, eine Leistung hervorzubringen.

2. Einleitung der Planung und Steuerung – Auftrag, Bauprogramm –

Den Anstoß zur Planung, insbesondere jedoch für die *Steuerung,* die die *Durchführung* der *Fertigung veranlaßt,* gibt die Geschäftsleitung aufgrund von eigenen Entschlüssen oder der vom Markt erhaltenen Bestellungen. Die Ziele der Unternehmung und seine Beziehungen zum Markt und den Einfluß, den dieser auf die Entwicklung der Bauprogramme ausübt, sind unter II. A und B behandelt.

Die Durchführung einer Aufgabe setzt einen Auftrag voraus. Der Auftrag gibt den Anstoß, also die Aufforderung zur Ausführung einer bestimmten Arbeit. Er kann in mündlicher, sollte jedoch in schriftlicher Form erteilt werden. Die Auftragsarten können nach verschiedenen Gesichtspunkten geordnet werden. Primär hat der wichtigste Auftrag seinen Ursprung im Absatzmarkt und wird ausgelöst durch

die *Kundenbestellung* oder durch die Ergebnisse der Marktforschung (Entwicklungsauftrag).

Aus diesen beiden Ursachen ergeben sich eine große Anzahl von verschiedenen Auftragsarten und das Bauprogramm, in denen der Tätigkeitsumfang einer Unternehmung in den einzelnen Wirtschaftsperioden festgelegt ist. Dabei sind zu unterscheiden die langfristigen Ziele, die die Entwicklung neuer Produkte zum Gegenstand haben und die kurzfristigen Ziele, die einen bestehenden kurzfristigen Bedarf decken.

Das *Bauprogramm* ist die Basis für den Aufbau und die Entwicklung des Unternehmens, seine Organisation und die Planung und Steuerung. Das Bauprogramm stellt den *Gesamtauftrag* dar, der automatisch in den verschiedensten Ebenen der Aufbauorganisation eine große Zahl weiterer Auftragsarten auslöst, z. B. den Entwicklungsauftrag, Beschaffungsaufträge für Werkstoffe, Hilfsstoffe, Betriebsmittel, sowie die Fertigungsaufträge für die Teilefertigung und den Zusammenbau, die Instandsetzungsaufträge, Versandaufträge usw. Der Auftrag muß klar und eindeutig sein, damit Mißverständnisse ausgeschlossen sind.

Die *Mengenplanung* erfolgt durch die Aufteilung des *Produktionsprogrammes* auf die einzelnen Wirtschaftsperioden. Sie ist eine wesentliche Grundlage für die Planung und Steuerung.

Im *Produktionsprogramm* ist verzeichnet, *welche Produkte* in *welchen Mengen* in *welchen Perioden* hergestellt werden müssen. (siehe Bild H/32, H/38, J/1, L/8), Band III Tabelle 3.

Der Inhalt bestimmt die zu schaffende Kapazität oder sein Inhalt muß insbesondere in quantitativer Hinsicht mit der verfügbaren Kapazität abgestimmt werden.

Bei der strukturellen Betrachtung wird unterschieden zwischen Produktbreite und der Produkttiefe.

Unter *Produktionsbreite* wird die Vielfalt der verschiedenen *Erzeugnisgruppen* die ein Unternehmen herstellt verstanden, z.B. Regler, Ventile, Motoren.

Unter *Produktionstiefe* werden die *Ausführungsarten* (Variationen) einer Erzeugnisgruppe verstanden, z.B. Leistungsbereiche, Nennweiten, Druckbereiche usw. der jeweiligen Erzeugnisarten.

H. Planung

1. Ziele der Planung – Gliederungsaspekte – Produktionssystem

Der Anstoß zur Planung ergibt sich aus den verschiedensten Ursachen und Zielen (z.B. Bestellung des Geschäftspartners, Verbesserung des Marktanteiles, der Erzeugnisqualität, der Rentabilität). Der Anstoß zur Planung erfolgt durch den Auftrag. Die Planung befaßt sich mit der Zukunft. Sie ermöglicht fundierte Entscheidungen und bestimmt zeitlich vorauseilend die zum Erreichen der Ziele erforderlichen Maßnahmen und das notwendige Handeln. Die erforderlichen Maßnahmen werden durch die Aufgaben beschrieben. In der Aufbauorganisation werden die Aufgaben den Stellen zur Erledigung zugeordnet.

Die Durchführung jeder Aufgabe setzt jedoch ein Arbeitssystem voraus. Von der Wirksamkeit eines Arbeitssystemes ist das Ergebnis einer wirtschaftlichen Tätigkeit abhängig.

Die Planung befaßt sich mit der Gestaltung der Systeme. Sie löst eine komplexe Aufgabe in Teilaufgaben auf, legt die Abläufe und ihre zeitliche Verkettung fest und ermittelt alle zur Durchführung einer Aufgabe erforderlichen Systemelemente nach Qualität und Quantität. Planen ist eine schöpferische Tätigkeit, die neben logischem Denkvermögen und Kreativität und dem Vertrautsein mit den Planungsmethoden insbesondere ein hohes Maß an Fachkenntnissen und Erfahrungen in vielen Wissens- und Tätigkeitsgebieten – z.B. der Organisation, der Technologie, der Arbeitsmethoden – erfordert. Insbesondere ist der Mensch, seine Leistungsfähigkeit und Beanspruchung in die Überlegungen einzubeziehen.

Da die Planung selbst eine sehr komplexe Aufgabe sein kann, kann die Gesamtaufgabe nach verschiedenen Gesichtspunkten gegliedert und geordnet werden. Schwierige Planungsaufgaben werden unter Zuhilfenahme spezieller Planungsmethoden gelöst. (Z.B. die Verfahren der Kosten- und Investitionsrechnung, der Zeitermittlung, der Netzplantechnik).

Es sind z.B. folgende Ordnungsgesichtspunkte möglich:

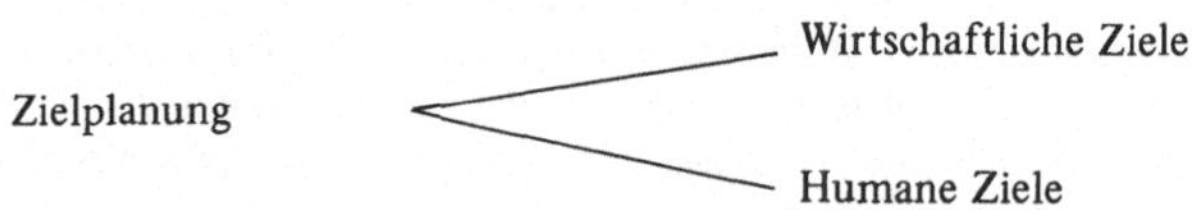

Aus den Zielen ergeben sich die Aufgaben der Planung (Mengenplanung, Kostenplanung, Rentabilitätsplanung, Vermindern der Arbeitsbelastung: Lärm, Klima usw.). Es werden unterschieden:

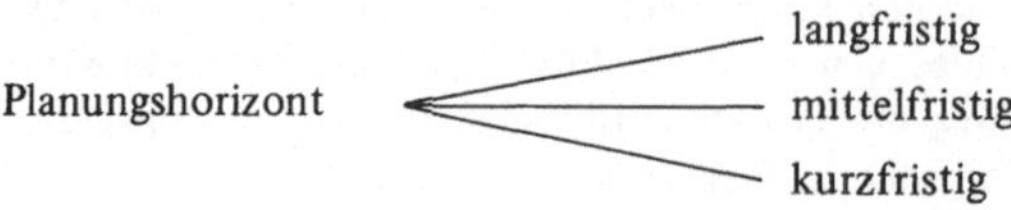

Je umfangreicher und komplexer eine Planungsaufgabe ist, auf umso mehr Organisationsebenen und -bereiche muß sie aufgeteilt werden, desto schwieriger ist jedoch auch die Koordinierung und Zusammenfassung der Einzelaufgaben. Während die Teilplanungen in den Linien- oder Stabsstellen erfolgen können, wird gewöhnlich die Zusammenfassung in der obersten Ebene, der Geschäftsführung und deren Stabsstellen vorgenommen.

Im Sinne der Zielsetzung des Buches befassen sich die Planungsaufgaben im Schwerpunkt mit der Gestaltung von Arbeitssystemen – Planungsebenen – Betrieb, Kostenstelle, *Arbeitsplatz* –, wie sie für die Durchführung von Leistungsprozessen für die Herstellung von Gütern erforderlich sind. Dabei geht es u.a. um die Ermittlung von Daten qualitativer und quantitativer Art und um die Planung von Abläufen.

Nach einer Definition wird unter einem System die Gesamtheit von Elementen verstanden, die zueinander in Beziehung stehen. Bezogen auf den Leistungsprozeß handelt es sich um ein Produktionssystem im übergeordneten Sinne und um Arbeitssysteme im engeren Sinne.

Arbeitssysteme dienen zur Lösung von Arbeitsaufgaben, die je nach Art und Umfang in Teilaufgaben aufgelöst werden. Ein Gesamtsystem besteht aus einer mehr oder weniger großen Zahl von Teilsystemen, die jedoch in den meisten Fällen miteinander verkettet sind. Bild H/1 zeigt ein Hauptsystem, das aus drei hintereinandergeschalteten Teilsystem besteht. Die Aufgaben der Teilsysteme bestehen darin, die in sie eingegebenen Gegenstände stufenweise von einem Eingangszustand bis in den geforderten Endzustand zu verändern.

Bei der Planung geht es dann um die Aufteilung der Gesamtplanungsaufgaben in Teilplanungsaufgaben, die sich mit der Gestaltung der Teilsysteme und der Ermittlung ihrer Elemente und den Abläufen befassen. Bei der Planung bestehen die Ziele nicht allein in der Veränderung der Gegenstände unter Wahrung einer bestimmten Qualität und einem quantifizierten Ausstoß, sondern zugleich sind die Ziele der Wirtschaftlichkeit und Rentabilität festgesetzt und die Forderungen der Humanität zu beachten. Zwischen den in einem System durch den Ablauf zusammenwirkenden Kapazitätselementen bestehen Wechselwirkungen vielfacher Art. So hat der Ablauf eine zentrale Bedeutung bei der Systemplanung, da er das Zusammenwirken der Systeme untereinander und die Vorgänge in den Systemen bestimmt. (Band II, G.3)

Einige Einflußgrößen der Systemelemente, die zueinander in Wechselwirkung stehen, sind nachfolgend zusammengestellt. Systembegriffe sind:

Gegenstand Art, Form, Größe – Ausstoß in der Leistungsperiode – Erzeugnisgliederung, Gruppen, Untergruppen – Werkstoffart und -form, Ersatzteil, Zubehör.

Ablauf Makrobereich: Aufbauorganisation, Ablauforganisation – Arbeitsfluß, Verrichtungsprinzip, Flußprinzip – Artenteilung, Mengenteilung –

Mikrobereich: Ablaufteilung, Vorgang, Teilvorgang, Vorgangsstufe, Vorgangselement – Arbeitsmethode –

Kapazität *Mensch:* Fähigkeit, Kenntnisse, Belastung, Beanspruchung, Umwelt, Arbeitssicherheit – *Betriebsmittel:* Verfahren, Mechanisierungsgrad – Maschinen, Werkzeuge, Leistung, technische Daten – Raum – Umwelt: Lärm, Klima usw.

Informationen (Kommunikationsmittel) Arbeitspläne, Prüfpläne, Unterweisungspläne, Zeichnungen, Listen usw.

Gegenstand Arbeitsgegenstände (z. B. Werkstoffe), die im Sinne der Aufgabe in ihrem Zustand, ihrer Form oder Lage verändert werden sollen

Ausgabe Ergebnis des Veränderungsprozesses

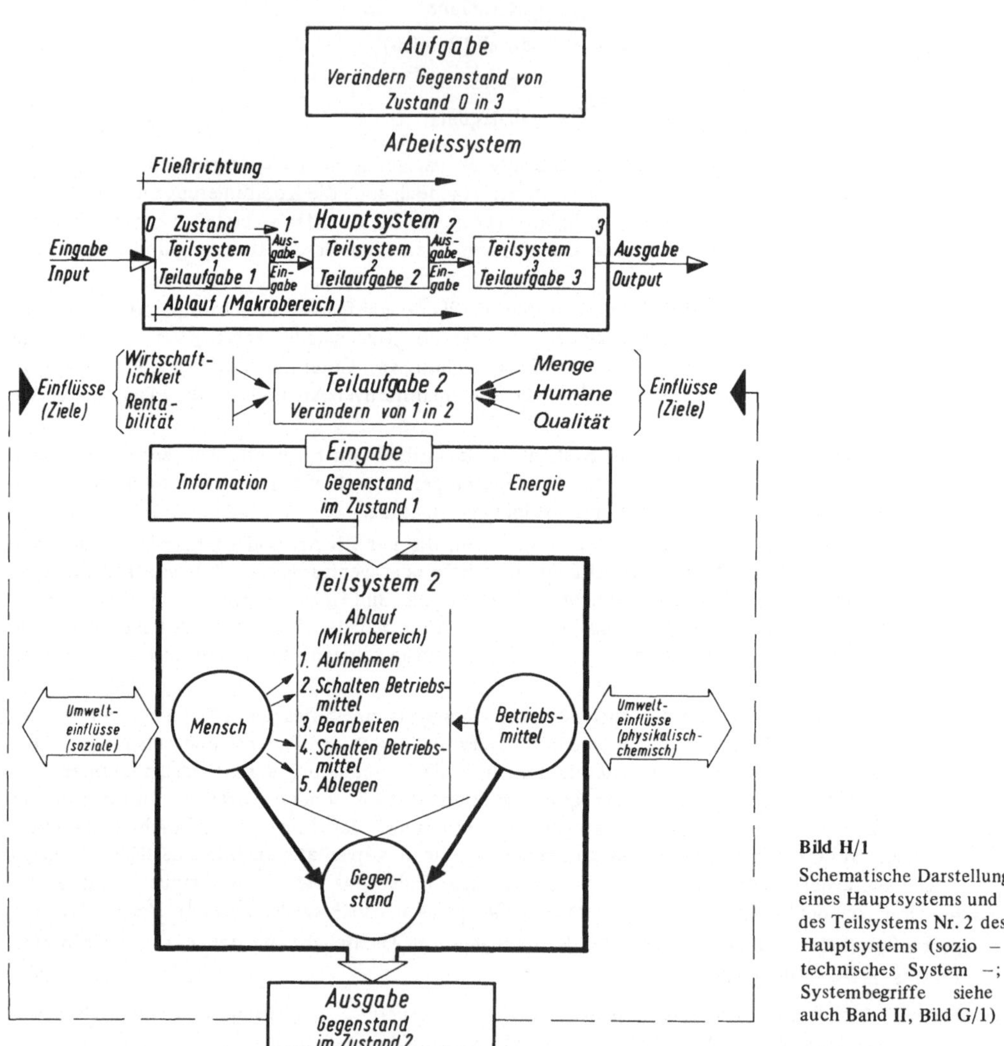

Bild H/1
Schematische Darstellung eines Hauptsystems und des Teilsystems Nr. 2 des Hauptsystems (sozio – technisches System –; Systembegriffe siehe auch Band II, Bild G/1)

2. Gliederung des Erzeugnisses

a) Allgemeine Gesichtspunkte

Ausgangsgrundlage für die Planung eines Leistungsprozesses ist die Festlegung des Bauprogrammes, also des Mengenausstoßes der verschiedenen Güterarten, für die ein Bedarf und Absatz erwartet wird. Die Entwicklung eines Erzeugnisses ist eine der wesentlichsten zunächst zu lösenden Teilaufgaben. Sie kann je nach der Art der Erzeugnisse mit einem hohen Aufwand und Risiko und einer längeren Zeitdauer bis ein herstellungs- und absatzreifer Zustand des Erzeugnisses erreicht ist, verbunden sein. Die Absatz-chancen eines Erzeugnisses sind wesentlich bestimmt von der Qualität der Funktion, der Ausführung, der ansprechenden und funktionsgerechten Formgestaltung und insbesondere der ökonomischen Her-stellung.

Die der Steuerung und der Durchführung vorausgehende Planung, insbesondere der Fertigung setzt vor-aus

1. den *Arbeitsplan,* in dem der zur Erledigung einer Fertigungsaufgabe erforderliche Arbeitsablauf, die notwendigen Arbeitsplätze, Betriebsmittel und insbesondere die Zeitdaten, Werkstoffdaten und die Lohndaten festgelegt werden.

   Die Arbeitsgrundlage für die Erstellung des Arbeitsplanes ist jedoch u.a. die Darstellung des herzu-stellenden Gegenstandes.

2. Die *Zeichnungen* sind die bildlichen Darstellungen der Gegenstände. Sie sind für jedes Einzelteil so auszuführen, daß die *Form* des *Gegenstandes* eindeutig erkennbar ist. Außerdem sind Darstellungen notwendig, aus denen hervorgeht, aus welchen Einzelteilen sich ein Teilerzeugnis oder das Gesamter-zeugnis zusammensetzt, und an welchen Stellen diese Teile im Gesamterzeugnis sich befinden (Zu-sammenstellungszeichnungen).

   Neben den Fertigungsplänen, Arbeitsplänen und Anweisungen sind die Zeichnungen die bedeutend-sten Unterlagen, die für die Herstellung des Erzeugnisses notwendig sind. In den Fabrikationszeich-nungen müssen die Gegenstände so dargestellt und mit Maßen versehen sein, daß Planung und Durch-führung der Fertigung ohne besondere Rückfragen vorgenommen werden können. Die Maße müssen so festgelegt sein, daß einmal die Funktion und der reibungslose Zusammenbau gewährleistet sind, und zum anderenmal in der Fertigung zusätzlich keine Maße errechnet werden müssen. Natürlich sind außerdem die Maßtoleranzen, die Zeichen der Oberflächenanforderungen und sonstige für die Ferti-gung wichtige Hinweise einzutragen und die Normen zu berücksichtigen (siehe Bild H/37). Die zeichne-rische Darstellung des Gegenstandes und die Anforderungen die an sie zu stellen sind, werden im Detail hier nicht behandelt.

3. Die *Stücklisten* sind Zusammenstellungen der zu einem Erzeugnis größeren Umfanges gehörenden Einzelteile.

   Da ein Erzeugnis aus einer mehr oder weniger großen Anzahl von Einzelteilen und Teilerzeugnissen bestehen kann, ist es nicht nur wegen der bessern Übersicht seines Aufbaues, sondern aus weiteren planungstechnischen und ablauforganisatorischen Gründen notwendig, dasselbe systematisch zu gliedern. Bild H/2 zeigt die Gliederung eines einfachen mit einem Tischkasten versehenen Tisches.

   Die einzelnen Erzeugnisse erhalten neben Wortbezeichnungen eine Numerierung nach einem logisch entsprechend der Erzeugnisgliederung entwickelten System (Bild H/3, H/5, K/15 bis K/19).

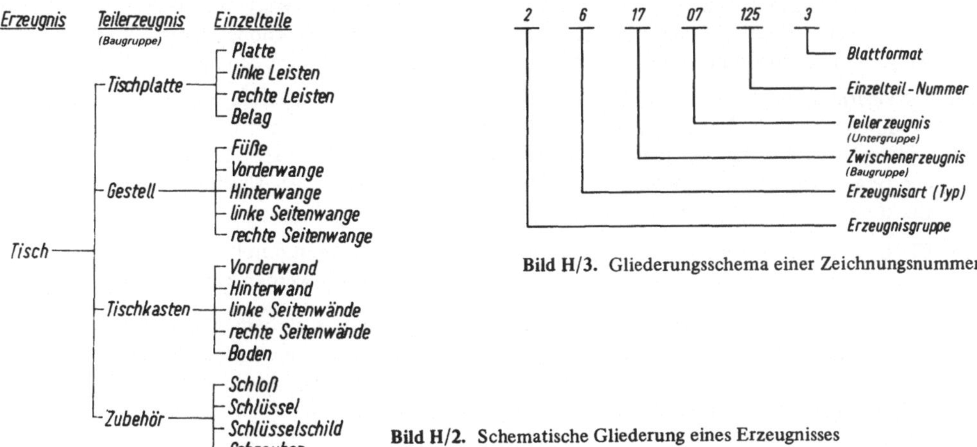

Bild H/3. Gliederungsschema einer Zeichnungsnummer

Bild H/2. Schematische Gliederung eines Erzeugnisses

Durch die Anwendung elektronisch arbeitender Einrichtungen gewinnen die Numerierungssysteme zunehmend an Bedeutung.

Bei der Gliederung der Erzeugnisse in Teilerzeugnisse müssen die Forderungen der verschiedenen Bereiche, insbesondere des Vertriebes, der Fertigung und der Konstruktion koordiniert werden. Bestimmend für die Gliederung sind u. a.

1. die *erforderliche Übersicht* über Art, Umfang und Größe des Objektes. Dabei sind für den Grad der Aufgliederung die Anzahl der Einzelteile und Teilerzeugnisse, aus denen sich das Erzeugnis zusammensetzt, maßgebend. In den meisten Fällen wird auch ein Zusammenhang zwischen Gliederungssystematik und der Zeichnungs-Nummer vorgenommen.

   Durch die Zeichnungsnummer wird das Erzeugnis, insbesondere seine Einzelteile in eindeutiger Weise festgelegt, da der Wortschatz angesichts der Vielfalt gleichartiger Erzeugnisse nicht vorhanden ist, um alle Teile unverwechselbar zu kennzeichnen. Die maschinelle Verwertung der Daten durch Rechner (Computer) macht es in den letzten Jahren immer mehr notwendig, für die Bezeichnung der Gegenstände alphanumerische Zeichen zu verwenden. Den Aufbau einer Zeichnungsnummer zeigt Bild H/3.

   Eine systematisch aufgebaute Zeichnungsnummer legt also nicht nur die Benennung des Einzelteiles fest, sondern sie ermöglicht es zugleich, unmittelbar festzustellen, zu welchem Teil- oder Enderzeugnis ein Gegenstand gehört. Die Nennung des Blattformates wird aus Ablagegründen vorgesehen.

2. die *wirtschaftlichen und organisatorischen Erfordernisse der Produktionsvorgänge.* Die Fertigung der Einzelteile und deren Zusammenfügen zu Teilerzeugnissen und schließlich zum Gesamterzeugnis, kann unter Anwendung der verschiedensten Prinzipien (Verrichtungs- oder Flußprinzip) vorgenommen werden, wobei z. B. bestimmte Teilerzeugnisse in besonderen Betriebsabteilungen oder im Flußprinzip in speziellen Fertigungsstraßen hergestellt werden. Teil- oder Zwischenerzeugnisse müssen vor allem auch dann vorgesehen werden, wenn das Zusammenfügen der dazugehörigen Einzelteile den Einsatz von Maschinen erfordert, die den übrigen Montagevorgang behindern. Durch eine weitgehende Gliederung des Erzeugnisses wird zwar die Übersicht verbessert, da jedoch zugleich die Stellenzahl der Zeichnungsnummer größer wird, steigt auch der Organisationsaufwand erheblich an. Es muß nämlich dabei bedacht werden, daß z. B. die Zeichnungsnummer auf die verschiedensten Formulare im Laufe des Produktionsprozesses zu übertragen ist. Weitgehende Aufgliederungen werden deshalb vorwiegend in der Serien- und Massenfertigung vorgenommen, da sich hier der Produktionsprozeß in einem bestimmten Rhythmus wiederholt.

3. die *Leistungsanforderungen an das Erzeugnis.* Bei der Erzeugnisgliederung muß berücksichtigt werden, daß der sich aus dem Verschleiß von Einzelteilen und Teilerzeugnissen ergebende Ersatzbedarf kurzfristig und kostengünstig befriedigt werden kann. Teilerzeugnisse (Baugruppen) sind z. B. dann vorgesehen, wenn Einzelteile nicht austauschbar sind, weil sie aus funktions-, konstruktions- und fertigungstechnischen Gründen mit anderen Teilen unlösbar verbunden werden müssen.

4. die *Vertriebserfordernisse.* Ihnen ist schließlich ebenfalls Rechnung zu tragen. Ersatzteile sind, soweit sie durch normalen Verschleiß verursacht werden, möglichst aus dem Lagerbestand zu befriedigen und nicht derart, daß bei jedem Kundenbedarf ein besonderer Fertigungsauftrag auszustellen und der Gegenstand im einzelnen herzustellen ist. Auch muß auf die Angebotsvariationen (Zubehör) Rücksicht genommen werden.

5. Die Gliederung in Teilerzeugnisse ist auch dann notwendig, wenn durch Kombination der verschiedenen Teilerzeugnisse verschiedene Gesamterzeugnisse hergestellt werden können (Baukastenprinzip).

Beim Entwurf eines Erzeugnisses sind bereits derartige Überlegungen zu berücksichtigen. Sie ermöglichen nicht nur eine Vergrößerung des Bauprogrammes, sondern zugleich eine wirtschaftlichere Herstellung. So besteht z. B. die Möglichkeit von Ausführungsvariationen für den Tisch, wenn das Gestell mit verschiedenen Tischplatten ausgestattet wird und Tischplatten gleicher Abmessungen mit verschiedenen Furnieren belegt werden (siehe auch BildD/6).

b) Gliederungsprinzipien – Stückliste –

Je nach dem Zweck, dem die Gliederung eines Erzeugnisses dient, kann sie nach verschiedenen Gesichtspunkten erfolgen.

Die Gliederung kann in Tabellenform (Stückliste) oder in bildlicher Darstellung vorgenommen werden. Die bildliche Darstellung gibt zwar einen besseren Überlick über die Struktur; die Zusammengehörigkeitsbeziehungen der Einzelteile und der Erzeugnisgruppen (Baugruppen) zueinander. Sie hat jedoch den Nachteil, daß die zur Durchführung der Planung und Steuerung notwendigen Einzelangaben nicht aus ihr entnommen werden können. Stücklisten bilden, außer für die Planung des Fertigungsablaufes, die Grundlagen für das Beschaffungswesen (Fertigungsmaterial), die Finanzplanung usw.

Stücklisten und Zeichnungen sind also die wichtigsten Grundlagen für alle weiteren Vorbereitungen, die eine hemmungslose Herstellung des Erzeugnisses sicherstellen sollen.

In der Praxis erfolgt die Gliederung des Erzeugnisses formulartechnisch nicht in der Art wie in Bild H/2 dargestellt. Die Vielzahl der Einzelteile, die im allgemeinen zu einem Erzeugnis gehören, erfordern die Anwendung der Listenform. Sie wird als *Stückliste* bezeichnet. Gewöhnlich sind in Übersichtsblättern die Teil- und Zwischenerzeugnisse (Gruppen) und in letzteren die zu den Zwischenerzeugnissen gehörenden Einzelteile verzeichnet (Stücklistenarten siehe auch Bilder K/16 bis K/19 u. Band III)

Die wichtigsten Stücklistenarten sind u. a.:

α) Konstruktionsstücklisten

In der *Konstruktionsstückliste* werden alle zu einem Erzeugnis gehörenden Gegenstände verzeichnet und nach Teilerzeugnissen geordnet, indem sie wörtlich benannt und mit der Zeichnungsnummer bzw. einer laufenden Nummer versehen werden. Außer diesen Angaben ist in der Stückliste vermerkt, wie oft der Gegenstand je Gesamterzeugnis benötigt wird. Schließlich sind auch Materialart und -form, sowie das Gewicht (Roh- bzw. Fertiggewicht) angegeben. Bild H/4 zeigt eine zu einer Fertigungsstückliste erweiterte Konstruktionsstückliste in einfachster Ausführung (siehe auch Band III).

β) Fertigungsstücklisten

Die Fertigungsstückliste ist bereits Bestandteil der Fertigungsplanung und wohl die bedeutendste Grundlage, auch für die Steuerung und die Überwachung (z. B. Kostenrechnung).

Die *Fertigungsstückliste* ist eine Ergänzung der Konstruktionsstückliste. Sie wird von der Arbeitsvorbereitung, insbesondere von der Fertigungsplanung angefertigt indem beispielsweise in ihr verzeichnet wird, *welche* Gegenstände *vollständig* oder *teilweise* im *eigenen Betrieb gefertigt* und welche zur *Beschaffung* von Zulieferanten *vorgesehen* sind. Insbesondere wird ausgehend von der Wahl der zweckmäßigsten und wirtschaftlichen Fertigungsverfahren und Betriebsmittel die Ausgangsform des Rohmaterials (Einsatzgewicht) festgelegt. Schließlich kann die Losgröße und u.U. die Durchlaufzeit der Gegenstände verzeichnet werden[1].

Natürlich enthalten diese Unterlagen darüber hinaus sonstige allgemein notwendige Angaben, wie Tag der Ausstellung, Name, Änderungsvermerke und dgl.

In diesen Listen werden die Gegenstände oft schon so gruppenweise geordnet, daß die Zugehörigkeitsbeziehungen der Einzelteile zu den Erzeugnisgruppen der verschiedensten Ordnung sichtbar werden (siehe Bild H/4). (siehe Band III. Bild 13, Tabelle 13)

γ) Strukturstücklisten -- graphische Darstellung –

Sie gibt in bildlicher Darstellung (Bild H/5) in abstrakter Form eine Übersicht über die Zuordnung der Einzelteile zu den Gruppenerzeugnissen und dieser zum Erzeugnis. In dieser Gliederungsdarstellung wird mit Bezeichnungen, siehe Bild H/4 (diese Darstellung ist jedoch nur bei Erzeugnissen geringeren Umfanges möglich) oder mit Symbolen und Nummernsystemen gearbeitet (Bild H/5). Letzteres ist insbesondere dann erforderlich, wenn die Datenverarbeitung maschinell erfolgt. Dieses System ist von besonderem Vorteil, wenn einzelne Gruppenerzeugnisse für verschiedene Erzeugnisse verwendet werden können. Variationen siehe Bilder D/6 und D/9. (Band III, Bild 13).

---

[1] Für die in Bild H/4 und Bild H/5 mit FE bzw. R bezeichnenden Gegenstände müssen Arbeitspläne Bild H/34 erstellt werden.

Teil-Nr.	Menge a	b	c	Benennung	Zeichnungs-Nr. DIN-Nr.	Werkstoff Bezeichnung	Abmessung	DIN-Nr.	Rohmenge für 100 Erzeugnisse	Art der Fertigung bzw. Bestellung	Bemerkungen
1	2	3	4	5	6	7	8	9	10	11	12
T_1	1			Gehäuse-Fertigteil aus	208-00-00-001.4	Speziallegierung	—			FE	
				Gehäuse-Rohteil nach DIN 17673	208-00-00-002.4		Gesenkteil		102 Stück	FA	s. Liefervereinbarung
G_1	1			Filtereinsatz, vollst., best. aus	208-01-00-000.4	—				FE	
G_2		1		Deckel, vollst., best. aus	208-01-01-000.4	—				FE	
T_2			1	Deckel-Fertigteil aus	208-01-01-001.4	CuZn 39 Pb 2p				FE	hartgelötet
				Deckel-Rohteil nach DIN 17673	208-01-01-002.4		Gesenkteil		102 Stück	FA	
T_3			1	Filterträger	208-01-01-003.4	CuZn 39 Pb 2 F 37	Rohr 35 x 3 x (64 + 3 + 3)	1755	7,0 m	FE	
			1	Hartlotring ϕ 34,5/29,5 x 0,2	208-01-01-004	Hartlot L-CuZn 46		8513	100 Stück	FA	ohne Zeichng.
T_4		1		Filtergewebe	208-01-00-001.4	Drahtgewebe	56 x 220		1,25 m²	FE	s. Liefervereinbarung
T_5		1		Sicherungsfeder	208-01-00-002.4	Federstahl	Draht 0,8	17223-A	120 Stück	FA	
T_6		1		Filtereinsatz	208-01-00-003.4	Spezialmaterial	ϕ29,5 x 56		100 Stück	FA	s. Liefervereinbarung
T_7		1		Sicherungsring	208-01-00-004.4	Federstahl		17 221	100 Stück	FA	
T_8	2			Mutter m 16	DIN 2353	Stahl kadmiert			200 Stück	FN	
T_9	2			Dichtring d 16	DIN 2353	Stahl kadmiert			200 Stück	FN	
T_{10}	1			Dichtring ϕ 50/40 x 1,5	208-00-00.003	SF-CuF 20		17670	120 Stück	FA	ohne Zeichng.
T_{11}	1			Dichtring ϕ 33/28 x 1	208-00-00.004	SF-CuF 20	17 670	17670	120 Stück	FA	ohne Zeichng.
T_{12}	2			Federring B 8	DIN 127	Federstahl		17 221	200 Stück	FN	
T_{13}	2			Sechskantschraube M 8 x 20	DIN 558	3.6		1 654	200 Stück	FN	
T_{14}	4			Zylinderschraube M 6 x 20	DIN 6912	8.8		1 654	400 Stück	FN	
E_{65}				Filter 208, vollständig	208-00-00-000.4					FE	

Bild H/4. Konstruktions- und Fertigungsstückliste für Filter 208, Erzeugnis E_{65} nach Zeichnung Nr. 208-00-00-000.4
FE Eigenfertigung, FA Auswärtsfertigung, FN Normteil

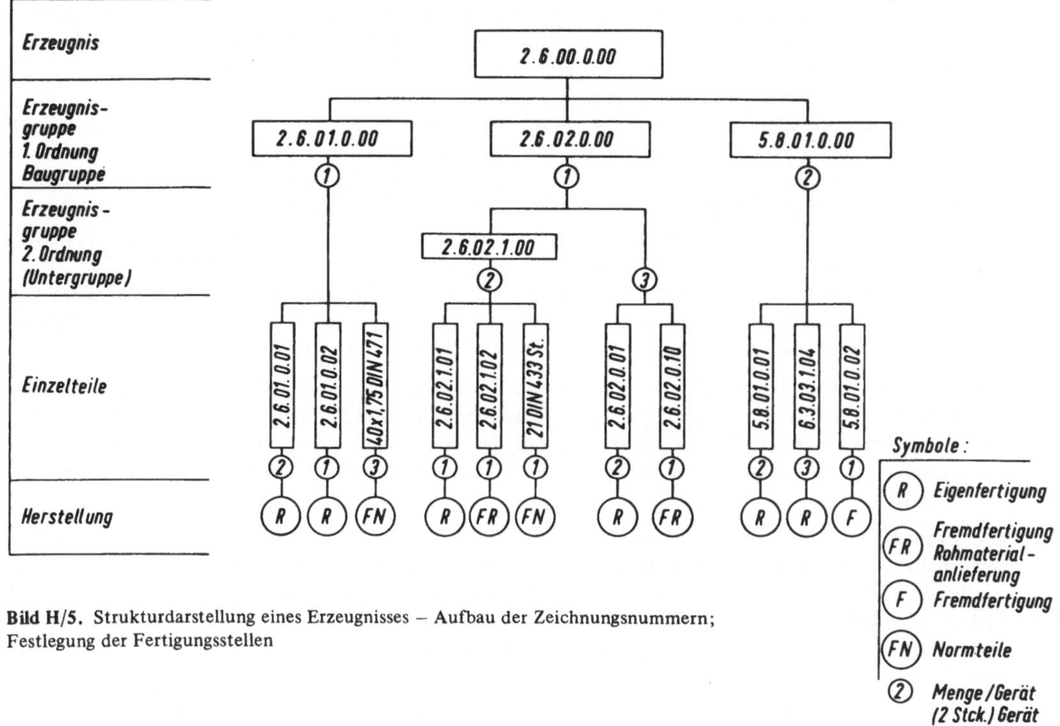

Bild H/5. Strukturdarstellung eines Erzeugnisses – Aufbau der Zeichnungsnummern; Festlegung der Fertigungsstellen

δ) **Sonstige Stücklistenarten – Mengenstückliste, Baukastenstückliste –**

Aus den vorgenannten Stücklisten können den Erfordernissen entsprechend weitere Listenarten abgeleitet werden.

Die *Mengenstückliste.* Sie ist Bestandteil des Montageauftrages. Aus ihr geht hervor, welche Teile in welchen Mengen für die Erzeugnisse höherer Ordnung, Gruppen 1., 2., … Grades, notwendig sind.

Die *Mengenstückliste* zeigt vor allem, welche Mengen gleicher Teile für die Erzeugnisse benötigt werden. Diese Listenart ist eine wichtige Grundlage für die Steuerung, insbesondere auch für das Beschaffungswesen. Die Mengenzusammenfassung ermöglicht eine wirtschaftlichere Fertigung und Beschaffung.

Die *Baukastenstückliste.* Hier besteht ein Bezug zur Strukturdarstellung. Sie ist eine Grundlage für Erzeugnisvariationen. Die gruppenweise Zusammenfassung ermöglicht auf einfachste Weise die Zusammenstellung einer Gesamtstückliste.

3. Ergonomische Gestaltung der Arbeit

a) Arbeitsstrukturierung und Ablaufplanung

Die nachstehend vorgenommene Gliederung eines Projektes von der Projektstufe als eine inhaltlich große Gliederungseinheit bis zur Gliederung der Abläufe in kleinste Ablaufabschnitte, nämlich bis in die Bewegungselemente, erfolgt vorzugsweise nach rein sachlichen Überlegungen, die sich an technologischen, ökonomischen und organisatorischen Aspekten orientieren. (siehe III, H. 4. C., Bild H/12)

Bei der Gestaltung der Arbeitssysteme, insbesondere jedoch den kleineren Systemen (den Arbeitsplätzen) muß aus den bereits genannten Gründen die Ablaufgliederung bis in den Mikrobereich vorgenommen werden. Nach der Definition über den Ablauf stehen zwar das räumliche und zeitliche Zusammenwirken von Mensch und Betriebsmittel mit dem Ziel der Veränderung des Arbeitsgegenstandes im Vordergrund, jedoch können dabei nicht außer Betracht bleiben, die den Menschen unmittelbar berührenden Wirkungen des Systems. Es geht dabei darum, das Arbeitssystem menschengerecht zu gestalten. Unter diesem Begriff werden die verschiedensten Schlagworte, wie z.B. Humanisierung der Arbeit, Chancengleichheit, Demokratie am Arbeitsplatz, Mitwirkung, Mitbestimmung usw. genannt. Sollen diese Wortbildungen in die Praxis umgesetzt werden, so sind sie bei der Systemgestaltung zu berücksichtigen und in die Projektgliederung einzubeziehen. Es darf wohl festgestellt werden, daß ökonomische und humane Forderungen sich nicht ausschließen, denn zwischen Belastung und Beanspruchung des Menschen und dem Leistungsergebnis bestehen Wechselwirkungen. Sicher können die sich aus dem Wirtschaftsprozeß ergebenden Probleme nicht nach einem allgemein gültigen Schema gelöst werden. Die unterschiedlichen, sich aus der Arbeitsaufgabe ergebenden Einflüsse bedürfen vielmehr der individuellen Systemgestaltung. Es geht in diesem Zusammenhang darum, Arbeitsstrukturen zu entwickeln, die einerseits zur Arbeitszufriedenheit des Menschen führen und andererseits die ökonomischen Erfordernisse befriedigen.

Arbeitsstrukturierung erfordert deshalb die *Arbeit so zu organisieren,* daß die dem *Menschen zugeordneten Aufgaben mit seinen Fähigkeiten und Bedürfnissen übereinstimmen.* Daß Bedürfnis und Zufriedenheit keine konstanten Zustände sind, sondern sich fortgesetzt ändern, ist eine bekannte Tatsache, da oft nach der Befriedigung von Bedürfnissen immer neue Bedürfnisse entstehen. Daraus ergibt sich auch die *Notwendigkeit der Motivierung.*

Die Probleme der Arbeitsstrukturierung ergeben sich auch daraus, daß die einzelnen Menschen unterschiedlich auf die Motivationsfaktoren reagieren und deshalb eine alle Beteiligten befriedigende Gestaltung des Arbeitssystems schwierig ist. Die Untersuchungen von *Herzberg* und *Rühl* bestätigen, daß bei verschiedenen Berufsgruppen auch recht unterschiedliche Motivierungsfaktoren zur Zufriedenheit führen. Eine weitere, die Motivierung bestimmende Einflußgröße ist das Lebensalter.

Für die Befragung eines Personenkreises wurden die Motivationsfaktoren geordnet und das in der Tabelle H/1 ausgewiesene Ergebnis ermittelt. Die Tabelle zeigt die Wirkungen der Motivationsfaktoren auf verschiedene Personengruppen.

Tabelle H/1

Befragung nach F. Herzberg	Angestellte Beamte		Facharbeiter		Hilfsarbeiter	
	Zufr.	Unzufr.	Zufr.	Unzufr.	Zufr.	Unzufr.
1. Selbstbestätigung	9	0	40	9	22	13
2. Anerkennung	46	14	24	6	22	7
3. Aufgabe	30	11	46	6	22	47
4. Verantwortung	19	3	27	0	0	7
5. Beförderung	11	7	0	3	11	0
6. Bezahlung	2	1	12	15	33	20
7. Entwicklungsmöglichkeit	5	5	30	3	0	0
8. Beziehung zu Untergebenen	0	4	0	0	0	0
9. Status	1	0	6	0	0	0
10. Beziehung zu Vorgesetzten	8	14	18	34	0	7
11. Beziehung zu Kollegen	20	27	3	15	11	27
12. Führungstechnik	1	20	12	31	0	7
13. Organisation, Management	1	17	18	34	22	67
14. Arbeitsbedingungen	3	18	3	11	11	13
15. Privatleben	0	0	6	3	0	0
16. Berufliche Sicherheit	0	1	0	6	0	0
Anzahl Berichte	140	147	33	35	9	15

Row-label groupings (left margin):
- **Motivatoren**: rows 1–5
- **Zwischenkategorie, die „Zufriedenmacher" und „Unzufriedenmacher" enthält**: rows 6–9
- **Hygienefaktoren**: rows 10–16

Bedeutende Beiträge zur Lösung der bei der Arbeitsstrukturierung bestehenden, sehr komplexen Probleme leisten die Arbeitswissenschaften und zwar die Physiologie, die Psychologie, die Soziologie und die Arbeitsmedizin. Die *Ergonomie* befaßt sich mit der Arbeitsbelastung und Arbeitsbeanspruchung, der Ermüdung und Erholung, die *Anthropometrie* ermittelt die Körpermaße des Menschen, die für die Gestaltung und Bemessung der Betriebsmittel von Bedeutung sind (Bild H/6). Ihre Hauptanliegen sind die Anpassung der Arbeit an den Menschen bzw. des Menschen an die Arbeit, sowie die Erforschung seiner Fähigkeiten und der Dauerbelastungsgrenzen. Die aus der Forschung gewonnenen Ergebnisse sind bei der Arbeitsplanung und Arbeitssteuerung in die Praxis umzusetzen.

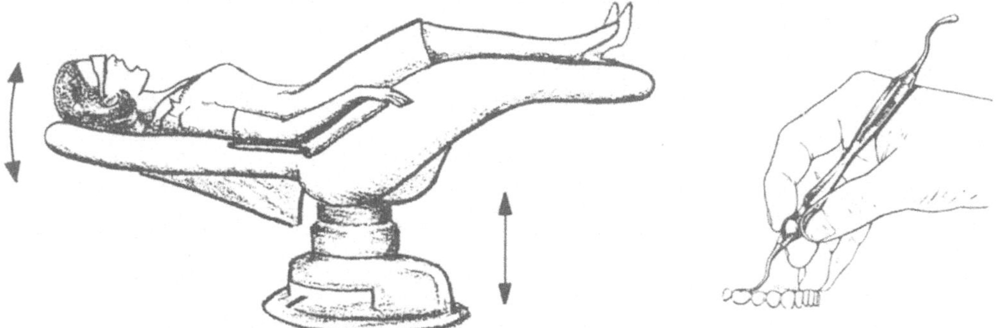

Bild H/6. a) Zahnärztlicher Behandlungsstuhl, b) Zahnärztliches Handforminstrument mit entspannter Feinhaltung und Führung (siehe auch Band II Tabelle J/4 und Bild J/21)

Die Verwirklichung eines Projektes erfordert in Abhängigkeit von seiner Komplexität immer und aus vielen Gründen — Organisation, Verfahren, Betriebsmittel — eine mehr oder weniger feine Arbeitsteilung und so die Aufteilung der Abläufe in Ablaufabschnitte.

Durch die *Arbeitsteilung* — Job Division — werden die Aufgaben in Teilaufgaben zerlegt. Bei der Zerlegung sind organisatorische, technologische und wirtschaftliche Erfordernisse und die *menschlichen Fähigkeiten* zu beachten. Das bedeutet, daß das System so zu gestalten ist, daß möglichst die wichtigsten, den Menschen betreffenden Anforderungen die an die Arbeitsstruktur gestellt werden, erfüllt sind. Die Arbeitsteilung hat ohne Zweifel nicht nur negative Wirkungen auf den Menschen, vielmehr darf festgestellt werden, daß die Arbeitsteilung und die im allgemeinen damit verbundene Spezialisierung in hohem Maße zum Produktivitätsfortschritt beigetragen hat, die schließlich dem Menschen nutzen und ihm u.U. außer materiellem Vorteil auch Beanspruchungs- und Anforderungsminderungen erbringen. Ein Ziel der Arbeitsteilung besteht auch darin, Arbeitsaufgaben von Automaten ausführen zu lassen.

Die negativen Wirkungen können wesentlich vermindert werden, wenn die Erkenntnisse über die Strukturierungseinflüsse beachtet werden. Im Zusammenhang mit der Arbeitsstrukturierung sind die im Schema (Rühl) dargestellten Begriffe von Bedeutung (Bild H/7).

In die Arbeitsstrukturierung ist einzubeziehen das Umfeld — der Raum —, das Führungssystem, das auch mit der Aufbauorganisation eng verknüpft ist, einen wesentlichen Einfluß auf den Freiheitsspielraum hat und bestimmt, wie weit eine Mitwirkung der Menschen jeweils auf die Gestaltung des Arbeitsplatzes, des Ablaufes, der Betriebsmittel und der Organisation möglich ist.

In diesem Zusammenhang ist die Strukturierung des Arbeitsplatzes für die Leistungsentfaltung des einzelnen Menschen oder der Arbeitsgruppen von Bedeutung.

Die *Arbeitsteilung* ist das *Kernproblem*. Durch sie wird der Arbeitsinhalt festgelegt und so meistens die Arbeit vereinfacht. Im allgemeinen ist damit eine Verminderung der Anforderungen an den Menschen und zugleich die Verengung des Arbeitsfeldes verbunden. Als Folgen können sich einstellen einartige Beanspruchung, Verlust von bestimmten Fähigkeiten mangels Übung, insbesondere kann sich Interesselosigkeit einstellen, die sich schließlich leistungsmindernd auswirken kann, wenn Arbeitsaufgaben in zu kleine Teilaufgaben aufgelöst werden. (siehe auch Band II, J. 4 und K.)

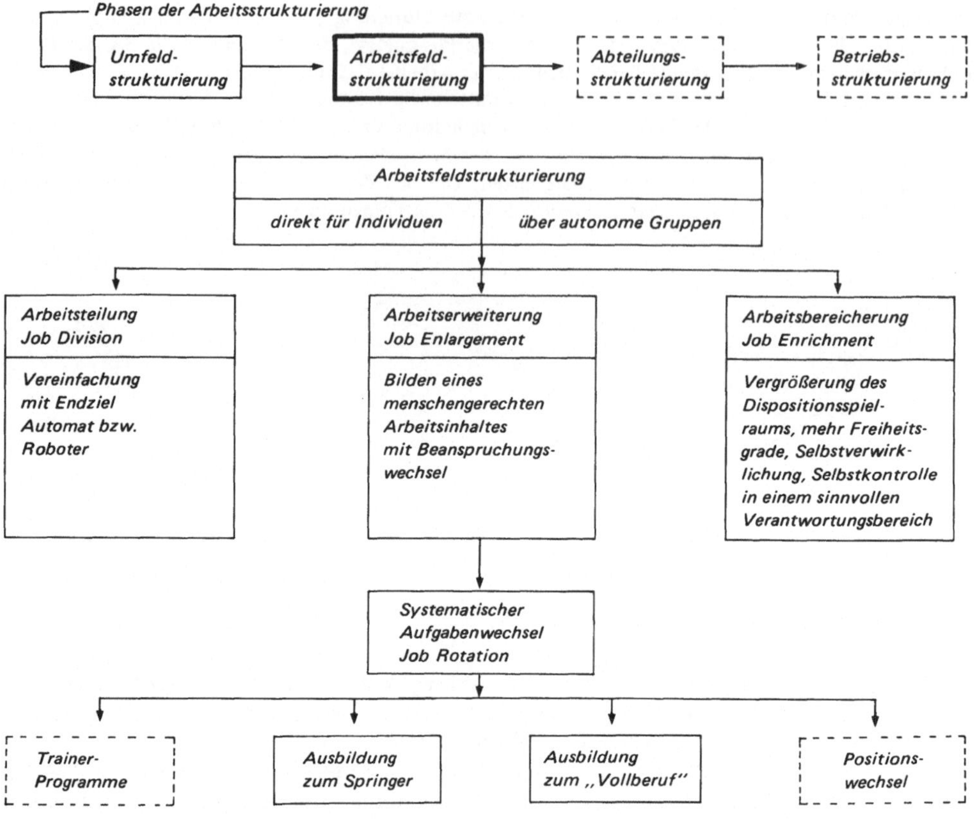

Bild h/7. Zusammenhang der neuzeitlichen Begriffe und Methoden der Arbeitsstrukturierung (Prof. Rühl)

Das Ziel der *Arbeitserweiterung – Job Enlargement –* besteht in der Gestaltung von Arbeitsaufgaben mit menschengerechten Arbeitsinhalten und Beanspruchungen. Diese Forderungen können mehr oder weniger auch durch Arbeitsplatzwechsel erfüllt werden.

Durch *Arbeitswechsel – Job Rotation –* können die nachteiligen Wirkungen zu starker Arbeitsteilung auf den Menschen vermindert oder gar vermieden werden. Da eine Arbeitsteilung unumgänglich ist, können durch Aufgabenwechsel – Platzwechsel – die Aufgabenbereiche vergrößert werden, wie dies bei der Fließarbeit z.T. geschieht. In bestimmtem Rhythmus werden die Arbeitsplätze gewechselt und damit der Arbeitsinhalt und die Zeit, die zur Erledigung der Aufgaben notwendig ist, vergrößert.

Durch *Arbeitsbereicherung – Job Enrichment –* soll der Freiheitsspielraum vergrößert werden. Dies soll erfolgen durch Erweitern der Eigenverantwortung und des Organisationsspielraums für überschaubare Produktionsabläufe.

Die Probleme bestehen darin, organisatorische, technologische und wirtschaftliche Faktoren mit den im menschlichen Bereich liegenden Interessen optimal abzustimmen. Dabei sind die individuell geprägten menschlichen Gegebenheiten von erheblichem Einfluß. Je nach der Leistungsfähigkeit werden nämlich die bei der Erfüllung von Arbeitsaufgaben von den Arbeitssystemen ausgehenden Wirkungen von den Menschen recht unterschiedlich empfunden (siehe Tabelle H/1, Bild E/2).

b) Gesetzliche Grundlagen

α) Menschengerechte Gestaltung der Arbeitsplätze

In die Planung von Produktionssystemen müssen neben den ökonomischen, arbeitsmethodischen, technologischen und organisatorischen Erfordernissen stets gleichrangig die mit der menschlichen Arbeit im Zusammenhang stehende Art und Höhe der Belastungen in die Gestaltung der Arbeitsplätze einbezogen werden. In den letzten Jahrzehnten haben wissenschaftliche Forschung und Praxis sich verstärkt mit den sich aus der Arbeitsbelastung für den Menschen ergebenden Beanspruchungen und ihren Auswirkungen befaßt und die gewonnenen Erkenntnisse verwertet. Dies wird sichtbar an der Gestaltung von Maschinen, Werkzeugen, Arbeitsräumen und Arbeitsmethoden, sowie der Entwicklung von Meßgeräten für die Feststellung physikalischer, die Höhe der Arbeitsbelastung bestimmender Daten.

Unter den wissenschaftlichen Disziplinen waren es zunächst insbesondere die Arbeitsphysiologie und Arbeitspsychologie, die sich mit diesen Problemen befaßten. Über den Begriff „Arbeitswissenschaften" besteht z. Zt. keine einheitliche Auffassung. Auch die Ergonomie wird gemeinhin als *die* Arbeitswissenschaft angesehen. Unter Arbeitswissenschaft ist wohl die Integration mehrerer wissenschaftlicher Disziplinen und ihr Zusammenwirken zu verstehen. (siehe Band II Bild G/2)

Der *Gesetzgeber* befaßt sich zunehmend mit der betrieblichen Arbeit. Dabei geht es neben der Festlegung von Regeln für den sozialen Bereich und für die betriebliche Ordnung, die sich mit den Rechten und Pflichten der Arbeitgeber und Arbeitnehmer befassen, insbesondere um Forderungen, die bei der Ausführung von Arbeitsplätzen einschl. der Umgebung zu erfüllen sind. Die aus der wissenschaftlichen Forschung erzielten Erkenntnisse sind in den verschiedensten Gesetzen, Verordnungen usw. als Normen verankert. Diese werden so zur zwingenden Vorschrift. Damit nimmt der Gesetzgeber auch weitgehenden Einfluß auf die Planung und Gestaltung der Erzeugnisse und die zur Herstellung der Erzeugnisse notwendigen Produktionssysteme.

Aus der großen Zahl der Gesetze und Verordnungen sind im Rahmen des Buches nur einige, aber wesentliche Stellen aus dem Betriebsverfassungsgesetz und der Arbeitsstättenverordnung ausgewählt, die die menschengerechte Gestaltung der Arbeitsplätze berühren und bereits bei der Planung und Ausführung der Projekte berücksichtigt werden müssen.

β) Gestaltungsforderung für den Arbeitsplatz — Arbeitsablauf — und die Umgebung nach dem Betriebsverfassungsgesetz

Das Betriebsverfassungsgesetz enthält nicht nur Gestaltungsbedingungen, die bei der menschlichen Arbeit zu erfüllen sind, sondern es werden den Arbeitnehmern in diesen Fragen Mitbestimmungs-, Mitwirkungs- und Beratungsrechte eingeräumt.

Im dritten und vierten Abschnitt sind die wichtigsten Grundsätze, die bei der Gestaltung und Ausführung von Arbeitsplätzen, Arbeitsabläufen und der Arbeitsumgebung zu beachten sind, festgelegt. Von besonderer Bedeutung sind in diesem Zusammenhang die §§ 87, 90, 91 — Mitbestimmung —. Im *dritten* Abschnitt wird u. a. in § 87 ausgeführt:

6. Einführung und Anwendung von technischen Einrichtungen, die dazu bestimmt sind, das Verhalten oder die Leistung der Arbeitnehmer zu überwachen;

   Regelungen über die Verhütung von Arbeitsunfällen und Berufskrankheiten sowie über den Gesundheitsschutz im Rahmen der gesetzlichen Vorschriften oder der Unfallverhütungsvorschriften;

10. Fragen der betrieblichen Lohngestaltung, insbesondere die Aufstellung von Entlohnungsgrundsätzen und die Einführung und Anwendung von neuen Entlohnungsmethoden sowie deren Änderung;

11. Festsetzung der Akkord- und Prämiensätze und vergleichbarer leistungsbezogener Entgelte, einschließlich der Geldfaktoren.

Der Lohngestaltung liegen bestimmte Entlohnungsgrundsätze und Entlohnungsmethoden zugrunde.

Unter dem Begriff der *Entlohnungs-Grundsätze* werden im allgemeinen die Entlohnungsformen verstanden, wie z.B. der Zeitakkord, Prämienlohn, die Arbeitsbewertung.

Die *Entlohnungsmethoden* legen die Verfahrensart und -weise fest. nach denen die Entlohnungsgrundsätze durchgeführt werden müssen. Es geht z.B. um die Zusammensetzung und den Inhalt der Zeitdaten und die Art ihrer Ermittlung, wie die Zeitaufnahme, Zeitberechnungsverfahren, Multimomentaufnahme; Verfahren der Arbeitsbewertung, wie das Stufenwertzahl- oder Rangreihenverfahren.

Im *vierten* Abschnitt — Gestaltung von Arbeitsplatz, Arbeitsablauf und Arbeitsumgebung — sind in den §§ 90, 91 einige die Arbeitsplatzgestaltung und das Arbeitsstudium insbesondere berührende Ausführungen enthalten:

§ 90. Unterrichtungs- und Beratungsrechte

Der Arbeitgeber hat den Betriebsrat über die Planung:

1. von Neu-, Um- und Erweiterungsbauten von Fabrikations-, Verwaltungs- und sonstigen betrieblichen Räumen,

2. von technischen Anlagen,

3. von Arbeitsverfahren und Arbeitsabläufen oder

4. der Arbeitsplätze

rechtzeitig zu unterrichten und die vorgesehenen Maßnahmen insbesondere im Hinblick auf ihre Auswirkungen auf die Art der Arbeit und die Anforderungen an die Arbeitnehmer mit ihm zu beraten. Arbeitgeber und Betriebsrat sollen dabei die gesicherten arbeitswissenschaftlichen Erkenntnisse über die menschengerechte Gestaltung der Arbeit berücksichtigen.

§ 91. Mitbestimmungsrecht

Werden die Arbeitnehmer durch Änderung der Arbeitsplätze, des Arbeitsablaufs oder der Arbeitsumgebung, die den gesicherten arbeitswissenschaftlichen Erkenntnissen über die menschengerechte Gestaltung der Arbeit offensichtlich widersprechen, in besonderer Weise belastet, so kann der Betriebsrat angemessene Maßnahmen zur Abwendung, Milderung oder zum Ausgleich der Belastung verlangen. Kommt eine Einigung nicht zustande, so entscheidet die Einigungsstelle. Der Spruch der Einigungsstelle ersetzt die Einigung zwischen Arbeitgeber und Betriebsrat.

Ein Schwerpunkt ist in § 90 unter 4. in der Formulierung gesetzt „..., daß gesicherte arbeitswissenschaftliche Erkenntnisse über die menschengerechte Gestaltung zu berücksichtigen sind." Was darunter zu verstehen ist, ist zwar nicht eindeutig und im Detail festgelegt, jedoch fallen wohl darunter Erkenntnisse, welche die Arbeitsphysiologie, Arbeitspsychologie, Arbeitsmedizin usw. gewonnen haben. Es sind wohl Aufgabenstellungen, zu verstehen die unter dem Begriff „Ergonomie" zusammengefaßt sind.

Auch im *sechsten* Abschnitt sind im § 106 — Wirtschaftsausschuß — unter Ziffer (3) eine Anzahl Angelegenheiten, die im Zusammenhang mit der Planung und dem Arbeitsstudium stehen angesprochen und zwar

(1) In allen Unternehmen mit in der Regel mehr als einhundert ständig beschäftigten Arbeitnehmern ist ein Wirtschaftsausschuß zu bilden. Der Wirtschaftsausschuß hat die Aufgabe, wirtschaftliche Angelegenheiten mit dem Unternehmer zu beraten und den Betriebsrat zu unterrichten.

(2) Der Unternehmer hat den Wirtschaftsausschuß rechtzeitig und umfassend über die wirtschaftlichen Angelegenheiten des Unternehmens unter Vorlage der erforderlichen Unterlagen zu unterrichten, soweit dadurch nicht die Betriebs- und Geschäftsgeheimnisse des Unternehmens gefährdet werden, sowie die sich daraus ergebenden Auswirkungen auf die Personalplanung darzustellen.

(3) Zu den wirtschaftlichen Angelegenheiten im Sinne dieser Vorschrift gehören insbesondere

1. die wirtschaftliche und finanzielle Lage des Unternehmens;
2. die Produktions- und Absatzlage;
3. das Produktions- und Investitionsprogramm;
4. Rationalisierungsvorhaben;
5. Fabrikations- und Arbeitsmethoden, insbesondere die Einführung neuer Arbeitsmethoden;
6. die Einschränkung oder Stillegung von Betrieben oder von Betriebsstellen;
7. die Verlegung von Betrieben oder Betriebsteilen;
8. der Zusammenschluß von Betrieben;
9. die Änderung der Betriebsorganisation oder des Betriebszwecks sowie
10. sonstige Vorgänge und Vorhaben, welche die Interessen der Arbeitnehmer des Unternehmens wesentlich berühren können.

γ) Arbeitsschutz und Arbeitssicherheit – Arbeitsstättenverordnung –

In einer größeren Anzahl von Gesetzen, Verordnungen und Vorschriften sind in den letzten Jahrzehnten weitreichende Forderungen festgelegt, die bei der Durchführung von Aufgaben im Arbeitsstudium sowie der Planung und Steuerung zu beachten sind. Insbesondere beeinflussen diese die Gestaltung von Produktions- und Arbeitssystemen. Wesentliche Grundforderungen bestehen darin, daß die durch Arbeit entstehenden Belastungen und die sich daraus ergebenden Beanspruchungen die *Gesundheit* des Menschen nicht gefährden und daß die *Arbeitssicherheit* gewährleistet wird.

Zusätzlich zu den vom Gesetzgeber erlassenen, den Arbeitsschutz und die Arbeitssicherheit betreffenden und zwingend zu beachtenden Gesetzen und Vorschriften sind an der Lösung dieser Aufgaben auch verschiedene Fachorganisationen, Verbände und Vereine (VDI, VDE, DVGW usw.) beteiligt. Die von ihnen gebildeten Fachausschüsse haben Normen und Richtlinien für die verschiedensten Gebiete erarbeitet.

Normen haben im allgemeinen *empfehlenden Charakter;* sie müssen jedoch dann zwingend berücksichtigt werden, wenn sie in Gesetze oder Vorschriften eingebunden sind. Dies kann dann der Fall sein, wenn sie dem Schutz der Menschen bei der Herstellung oder der Anwendung von Geräten und Anlagen dienen. So sind durch *Normen* und *Richtlinien* u.a. *Funktions*bedingungen und -daten, sowie *Qualitäts-* und *Sicherheits*bedingungen zum Schutze der Benutzer von technischen Erzeugnissen festgelegt. In den letzten Jahren sind jedoch durch die Arbeits- und Sozialgesetzgebung zunehmend *Normen* aufgestellt worden, die sich mit den Verhältnissen an den *Arbeitsplätzen,* insbesondere mit dem Ziel befassen, die Arbeitsbedingungen in humaner Hinsicht zu verbessern. Dabei sind zugleich die zu erfüllenden Mindestbedingungen festgelegt.

Aus der großen Zahl gesetzlicher und sonstiger Vorschriften wie z.B. dem Betriebsverfassungsgesetz, dem Arbeitssicherheitsgesetz, der Arbeitszeitordnung, dem Schwerbehindertengesetz, dem Mutterschutzgesetz, der Arbeitsstättenverordnung, Gewerbeordnung, Unfallverhütungsvorschrift usw. werden in diesem Zusammenhang nur einige Stellen aus dem Betriebsverfassungsgesetz und der Arbeitsstättenverordnung, soweit sie die Planung und Ausführung von Arbeitssystemen betreffen, behandelt.

Das *Betriebsverfassungsgesetz* befaßt sich im dritten Abschnitt mit einigen Grundbedingungen des *Arbeitsschutzes.* Zum Beispiel in den Absätzen 1–3 des § 89 – Arbeitsschutz –

(1) Der Betriebsrat hat bei der Bekämpfung von Unfall- und Gesundheitsgefahren die für den Arbeitsschutz zuständigen Behörden, die Träger der gesetzlichen Unfallversicherung und die sonstigen in Betracht kommenden Stellen durch Anregung, Beratung und Auskunft zu unterstützen sowie sich für die Durchführung der Vorschriften über den Arbeitsschutz und die Unfallverhütung im Betrieb einzusetzen.

(2) Der Arbeitgeber und die in Absatz 1 genannten Stellen sind verpflichtet, den Betriebsrat oder die von ihm bestimmten Mitglieder des Betriebsrats bei allen im Zusammenhang mit dem Arbeitsschutz oder der Unfallverhütung stehenden Besichtigungen und Fragen und bei Unfalluntersuchungen hinzuzuziehen. Der Arbeitgeber hat dem Betriebsrat unverzüglich die den Arbeitsschutz und die Unfallverhütung betreffenden Auflagen und Anordnungen der in Absatz 1 genannten Stellen mitzuteilen.

(3) An den Besprechungen des Arbeitgebers mit den Sicherheitsbeauftragten oder dem Sicherheitsausschuß nach § 719 Abs. 3 der Reichsversicherungsordnung nehmen vom Betriebsrat beauftragte Betriebsratsmitglieder teil.

Sicherheitsfachkräfte (Sicherheitsbeauftragte – Ingenieure –) sind zur Gewährleistung von Arbeitsschutz und Arbeitssicherheit nach der Unfallverhütungsvorschrift ab einer bestimmten Betriebsgröße einzustellen, oder wenn keine Fachkräfte im Unternehmen beschäftigt sind, müssen diese Aufgaben überbetrieblichen Stellen übertragen werden.

Die Sicherheitsfachkräfte sollten jedoch nicht nur überwachende Funktionen ausüben, sondern sie sollten vielmehr bereits bei der Planung von Produktionssystemen und Arbeitsplätzen beratend mitwirken und schließlich das Sicherheitsverhalten der Mitarbeiter während der Arbeitsausübung beeinflußen.

Die *Arbeitssicherheitsforderung* schließt nicht nur die Vermeidung von Arbeitsunfällen, sondern auch Maßnahmen zur Verhinderung von Berufskrankheiten in sich ein (Betriebsärztegesetz). Unfälle können berufliche Behinderungen und mögliche Benachteiligungen für die Betroffenen im materiellen Bereich verursachen. Es entstehen dann auch negative Wirkungen für die Wirtschaftlichkeit, sowie erhebliche Belastungen für die Volkswirtschaft und die Allgemeinheit.

Bei der Gestaltung der Arbeit geht es deshalb *darum*, Gefahren grundsätzlich zu *vermeiden*, und den Menschen bei *nicht vermeidbaren Gefahren – Gefahrenquellen – abzuschirmen* und zu *schützen*.

Durch die Entwicklung von Sicherheitsanalysen für die Ablaufabschnitte der einzelnen Arbeitsaufgaben können mögliche Gefahren festgestellt und geeignete Maßnahmen für die Beseitigung bereits im Planungsstadium entwickelt werden. Gefahren können von der Umwelt ausgehen, sie können sich jedoch durch den Arbeitsablauf im Arbeitssystem, nämlich durch die Betriebsmittel, Maschinen, Werkzeuge oder die zu bearbeitenden Gegenstände und schließlich durch den Transport ergeben.

In der *Arbeitsstättenverordnung* sind einige Grundforderungen und Mindestbedingungen festgelegt, die bei der Planung und Ausführung von Produktionssystemen und Arbeitsplätzen einzuhalten sind. Der Verordnung sind für einige die Beanspruchung des Menschen bestimmenden Belastungsarten folgende Ausführungen sinngemäß entnommen.

Die *Arbeitsräume* müssen folgende Abmessungen haben (§ 23)

Grundfläche	8 m² lichte Höhe	2,5 m
> 50 m²		2,75 m
> 100 m²		3,00 m
> 2000 m²		3,25 m

Die freie Bewegungsfläche soll 1,5 m² je Arbeitsplatz betragen und an keiner Stelle weniger als 1 m breit sein (§ 24).

Für *Sozialräume* gelten u. a. folgende Bedingungen: Die Pausenräume müssen für gewerbliche Mitarbeiter leicht erreichbar sein, wenn mehr als 10 Arbeitnehmer tätig sind. Die Grundfläche soll mindestens 6 m² groß und die Fläche je Arbeitnehmer nicht kleiner als 1 m² sein (§ 29).

Für die *sanitären Räume* – Umkleideräume, Waschräume, Toiletten usw. sind die Forderungen in den §§ 29 bis 37 festgelegt.

Mit baulichen Ausführungen – Fußboden, Wänden, Decken, Fenster, Türen, Tore, befassen sich die §§ 8 bis 11.

Der *Luftraum* (§ 23) soll für einen ständig anwesenden Arbeitnehmer in Abhängigkeit von der Art der Arbeit bei

> überwiegend sitzender Tätigkeit 12 m³,
>
> überwiegend nicht sitzender Tätigkeit 15 m³,
>
> schwerer körperlicher Arbeit 18 m³

betragen. Für andere Personen ist zusätzlich ein Mindestluftraum von 10 m³ vorzusehen. Der von den Betriebsmitteln in Anspruch genommene Luftraum ist zusätzlich vorzusehen.

Die *Atemluft* muß den Arbeitsverfahren und der körperlichen Beanspruchung entsprechend ausreichend und der Gesundheit zuträglich vorhanden sein (§ 65).

Die erforderliche Frischluft in m³/Stunde je Person bei sitzender Tätigkeit ist der Tabelle H/2 zu entnehmen.

Tabelle H/2. Richtwerte der Frischluftzufuhr je Person und in m³/Stunde *(E. Grandjean)*

Bei Luftraum pro Person von m³	Frischluftzufuhr von m³/Stunde und Person
2,8	42
5,6	27
7,8	20
14,0	10

Da mit der Arbeitsschwere der Sauerstoffbedarf ansteigt erhöht sich der Luftverbrauch. In Abhängigkeit von der Art und Schwere der Arbeit gelten für die Frischluftzufuhr die in der Tabelle H/3 ausgewiesenen Werte.

Tabelle H/3. Richtwerte der Frischluftzufuhr je Person in m³/Stunde in Abhängigkeit von der Arbeitsschwere

Sehr leichte körperliche Arbeit (z. B. Uhrmacher, Näherin)	30 m³/h
Leichte körperliche Arbeit (Zeichner, Laborant, Schneider, Feinmechaniker)	35 m³/h
Mittelschwere körperliche Arbeit (Werkzeugmacher, Dreher, Schweißer, Tischler)	50 m³/h
Schwere körperliche Arbeit (Montage- und Reparaturschlosser)	60 m³/h

Von besonderer Bedeutung für die Beanspruchung des Menschen sind die Temperatur, der Lärm sowie die Beleuchtung. Diese Belastungsarten bestimmen u. a. auch die Höhe der erforderlichen Sollzeit je Einheit und beeinflussen das Mengenergebnis und die Wirtschaftlichkeit eines Arbeitssystems, da die in der Sollzeit enthaltenen Erholungszeiten von diesen Beanspruchungsarten abhängig sind. Diese Belastungsarten und ihre Auswirkungen sind Gegenstand ergonomischer Untersuchungen.

Die *Raumtemperatur* (§ 6) soll während der Arbeitszeit unter Berücksichtigung der Arbeitsverfahren und der körperlichen Beanspruchung gesundheitlich zuträglich sein. Arbeitsplätze, bei denen durch Hitzewirkung nicht zuträgliche Temperaturen entstehen, sollen gekühlt werden. Die Beanspruchung ist nicht allein von der Temperatur, sondern von weiteren als *Klima* bezeichneten Faktoren, nämlich der Trockentemperatur, Feuchttemperatur, der Luftbewegung und der Strahlungswärme (Hitzeklima) abhängig. Die Klimaphysiologie erfaßt den Klimazustand ausschließlich der Wärmestrahlung unter dem Begriff Effektiv-Temperatur. Darunter wird die Raumtemperatur bei feuchtigkeitsgesättigter und unbewegter Luft verstanden, die bei anderen Klimazuständen empfunden wird.

Die *korrigierte Effektiv-Temperatur* berücksichtigt die Luftgeschwindigkeit. Diese Temperatur kann Diagrammen entnommen werden (Bild H/8).

Die Probleme, die sich aus den Bedingungen „die Arbeit für den Menschen zuträglich zu gestalten" ergeben, sollen für den Fall muskelmäßig schwerer Arbeit unter ungünstigen Klimabedingungen beispielhaft in groben Zügen gezeigt werden. Derartige Probleme können wegen der großen Zahl der schwer erfaßbaren Einflußgrößen nur mit großem Aufwand auch im Rahmen der wissenschaftlichen Forschung gelöst werden. Die Hauptfaktoren sind in diesem Fall die Höhe der Muskelkraft, das Klima und die Wärmestrahlung, wobei diese Hauptfaktoren selbst von weiteren Einflußgrößen abhängig sind. Belastungskombinationen dieser Art beanspruchen vor allem den Blutkreislauf und die Regelung des Wärmehaushaltes des Menschen. Von weiterer Bedeutung ist die Bewegungsgeschwindigkeit. (Band II, J. 4.)

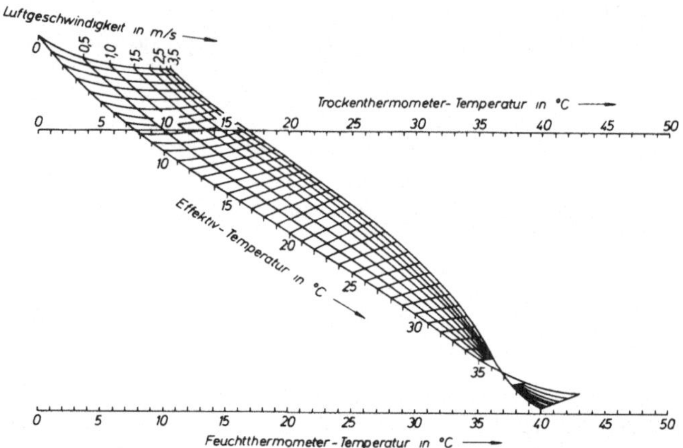

Bild H/8. Diagramm zur Bestimmung der Effektivtemperatur in Abhängigkeit von der Trockentemperatur, Feuchttemperatur und der Luftgeschwindigkeit für den bekleideten Menschen (nach *Yaglou*)

Aus Bild H/8 und Tabelle H/4 gehen die komplizierten Zusammenhänge der das Klima bestimmenden Faktoren hervor. Die von der *Strahlungswärme* ausgehenden Einflüsse sind dabei nicht berücksichtigt. Während die Strahlungswärme mit relativ einfachen Mitteln in ihrer Wirkung vermindert werden kann (z. B. Schutzschirme, Kleidung, Wasserschleier) ist die Sicherstellung eines als erforderlich erachteten Klimas technisch schwierig lösbar und bei größeren Räumen mit einem erheblichen Aufwand verbunden.

Die Probleme ergeben sich aus den Betriebsbedingungen am Arbeitsplatz und der Umwelt, da sich die Klimafaktoren oft verändern — Arbeitsaufgaben, Jahreszeiten, Behaglichkeitsempfindung usw. —, sind *komplizierte Regelmechanismen* notwendig. Ungünstige *Klimaverhältnisse beeinflussen* nicht nur die Leistungsfähigkeit, sondern auch den *Leistungswillen* und gegebenenfalls die *Gesundheit*. Insbesondere können folgende Wirkungen negativer Art die Folge sein:

Ermüdung (Erholungszeit), Minderung von Muskelleistung, geistig, nervliche Leistung (vegetatives Nervensystem), Konzentrationsmängel, Qualitätsmängel. Unfallgefahr. (Band II. J.)

Aus den Klimafaktoren ergeben sich etwa folgende Zusammenhänge und Wirkungen:

Die vom Organismus in Wärme umgesetzte Energie wird vom Blut durch den Körper transportiert. Für die Muskelarbeit wird nur ein geringer Anteil der Energie verbraucht. Der größte Teil wird in Form von Wärme durch Strahlung, durch Konvektion sowie durch Wasserverdunstung auf der Hauptoberfläche und durch die Atmungsorgane an die Umwelt abgegeben. Beträgt die Umgebungstemperatur mehr als 25° bis 30 °C, so erfolgt die Regulierung des Wärmehaushaltes durch verstärkte Schweißverdunstung bei zunehmender Kreislaufbelastung. Bei starker Hitzarbeit wird die Kreislaufbelastung zusätzlich erhöht, da dem Körper Wärme bei hoher Umwelttemperatur von außen zugeführt wird.

Es geht hier darum, dem Planer nur einige Hinweise für die Durchführung seiner Planungsaufgaben in bezug auf die Gestaltung von Arbeitssystemen zu geben und nicht die komplizierten Vorgänge in physiologischer Hinsicht darzustellen. Es geht um die Berücksichtigung der aus der Forschung gewonnenen arbeitswissenschaftlichen Erkenntnisse.

Bei der dynamischen Muskelarbeit, die unter Wärmestrahlung bei ungünstigen Klimabedingungen (Hitzearbeit) ausgeführt wird, müssen nach tariflichen Regeln Erholungszeiten in den Vorgabezeiten enthalten sein.

Der zur Errechnung der Erholungszeiten t_{er} erforderliche Erholungszuschlagsprozentsatz Z_{er} ist abhängig von Hitzestufen und der Zeitdauer der ununterbrochenen Tätigkeit. Die Hitzestufen selbst sind abhängig von der Wärmestrahlung in °C und der Effektivtemperatur. Die komplizierten Zusammenhänge werden in dem Diagramm Bild H/8 sichtbar. Für die anderen Beanspruchungsarten sind weitere Tabellen entwickelt. (siehe Band II, II.J)

Für die das Klima und so das Behaglichkeitsempfinden des Menschen bestimmenden Faktoren gibt *Schulte* die in Tabelle H/4 aufgezeichneten Werte an.

Tabelle H/4. Klimawerte im Betrieb (nach *B. Schulte*)

Art der Tätigkeit	Lufttemperatur °C			Luftfeuchte %			Luftbewegung m/s	Strahlungstemperatur der Umgebung °C
	Min.	Opt.	Max.	Min.	Opt.	Max.	Max.	Optimum
Büroarbeit	19°	20–21°	24°	30	50	70	0,1	0–2°
Leichte Handarbeit im Sitzen	19°	20°	24°	30	50	70	0,1	0–2°
Leichte Arbeit im Stehen	17°	18°	22°	30	50	70	0,2	0–2°
Schwerarbeit	15°	17°	21°	30	50	70	0,4	0–2°
Schwerstarbeit	14°	16°	20°	30	50	70	0,5	0–2°

Darüber hinaus sind von Bedeutung: das Geschlecht, das Alter, die Konstitution und Gesundheit. Ein gleiches Klima ergibt deshalb nicht für alle Menschen ein gleiches Empfinden.

Die *Lärmschutzbestimmungen* enthalten in Abhängigkeit von der Art der Arbeit folgende zulässige Höchstwerte (§ 15)

    55 dB(A) bei überwiegend geistiger Arbeit (Bürotätigkeit)

    70 dB(A) bei einfacher überwiegend mechanisierter Büroarbeit oder ähnlicher Arbeit

    85 dB(A) bei sonstiger Tätigkeit, soweit geringere Werte nicht einzuhalten sind

Dezibel dB(A) ist die Maßeinheit für den Schalldruckpegel (Physikalischer Schalldruck). Der Wert berücksichtigt die Frequenz und die Lautstärke (DIN 45 663 und VDI-Richtlinie 2058). Die Beanspruchung des Ohres ist jedoch zusätzlich abhängig davon, ob die Geräusche gleichmäßig oder an- und abschwellend sind. Es können sich durch den Lärm folgende Wirkungen für den Menschen ergeben:

    30 bis 65   dB(A) können in Abhängigkeit von der gesundheitlichen Verfassung als störend oder gar belästigend empfunden werden

    65 bis 80   dB(A) können außer psychischen Wirkungen zur Verengung der Blutgefäße in Armen und Händen führen

    90 bis 120   dB(A) können bei längerer Einwirkungsdauer bleibende Gehörschäden verursachen
    mehr als 120 dB(A) können bereits bei kurzer Einwirkungszeit zu Hörverlusten führen.

Beleuchtung. Die Arbeitsstättenverordnung (§ 7) sieht vor daß Arbeitsräume von mehr als 2000 m² Fläche durch Oberlicht beleuchtet sein können, also keine Sichtverbindung nach außen haben müssen. Sicherheits- und Notbeleuchtung ist vorzusehen.

Lichtschalter müssen leicht zugänglich und selbstleuchtend sein. Die Beleuchtung ist so anzulegen, daß sich keine Unfall- und Gesundheitsgefahren ergeben.

Erfahrungswerte für die Arbeitsplatzbeleuchtung sind in Abhängigkeit von der Sehaufgabe nach DIN 5035 einzuhalten. Die erforderlichen Nennbeleuchtungsstärken sind in der Tabelle H/5 ausgewiesen.

Tabelle H/5

Stufe	Nennbeleuchtungsstärke E in Lux	Sehaufgabe
1	30	Orientierung, vorübergehender Aufenthalt
2	60	
3	120	Leichte Sehaufgaben mit hohen Kontrasten
4	250	
5	500	Normale Sehaufgaben mit mittleren Details
6	750	
7	1 000	Schwierige Sehaufgaben mit kleinen Details
8	1 500	
9	2 000	Sehr schwierige, langdauernde Sehaufgaben mit sehr kleinen Details
10	3 000	
11	5 000	Sonderfälle, wie z. B. Operationsfeldbeleuchtung
12	10 000	

Bei der Planung der Arbeitsplätze sollen die in der Tabelle enthaltenen Werte um 25 % erhöht werden.

Die Planung muß weiter den Beleuchtungskontrast zwischen Arbeitsfeld und Umfeld sowie die mögliche Blendung berücksichtigen.

Schließlich enthält die Arbeitsstättenverordnung u. a. weitere Bestimmungen, die sich mit der Belastung durch Gase, Dämpfe, Flüssigkeiten usw. befassen.

c) Grundsätze ergonomischer und anthropometrischer Arbeitsgestaltung

Die Wirkungen der Belastungsarten auf den menschlichen Körper und Organismus sind im Zusammenhang mit dem Thema menschliche Arbeit und Leistung, Ermüdung und Erholung in Band II dargestellt. Vorzugsweise ging es dabei um den Einfluß, den die Arbeitsbeanspruchung auf den Energieverbrauch, das Verhalten der Pulsfrequenz und die zum Ausgleich der Ermüdung erforderliche Erholungszeit ausübt. Ebenso sind Grundfragen der ergonomischen und anthropometrischen Arbeitsplatzgestaltung im Band II behandelt. (Band II. Tabelle J/4, Bild J/21)

Zum Vermeiden oder Vermindern der für den Menschen negativen Wirkungen der Belastungen müssen bei der Planung und Ausführung von Arbeitsplätzen die folgenden Belastungsarten beachtet werden. Der Stand der Technik bietet vielfältige Möglichkeiten, die für den Menschen unzuträglichen Belastungen zu vermeiden oder zu verringern.

Belastungsarten

Körperlich-muskelmäßige Belastung	Vermeiden von langdauernder stehender oder sitzender, insbesondere unnatürlicher z.B. gebeugter Körperhaltung, sowie seitlich ausgestreckter Armhaltung (statische Belastung). *Kraftausübung:* Höhe der Kraft möglichst nicht mehr als 200 bis 250 N. Kraftwirkungsstelle in Körpernähe. Waagerechte Kraftwirkung in Armhöhe und vom Körper weggerichtet (Drücken).
	Lastangriffspunkt möglichst nicht weniger als 40 cm vom Boden entfernt. Anheben in gebeugter Kniestellung und aufgerichtetem Oberkörper. Schwerkraft möglichst ausnutzen und mehrere Gliedmaßen beteiligen.

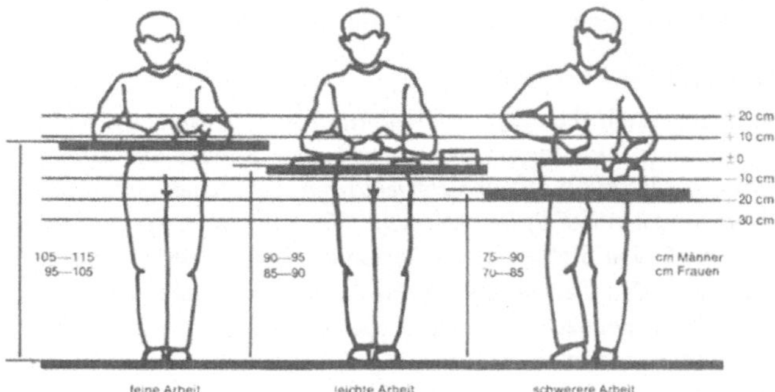

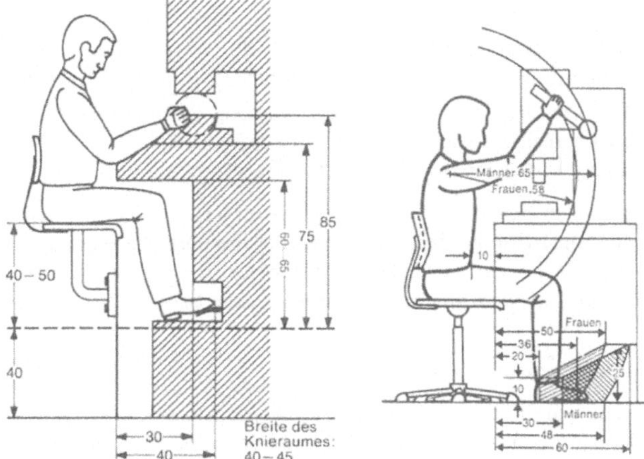

Bild H/9

a) Tischhöhen in Abhängigkeit von der Ellbogenhöhe – hier als Durchschnitt angenommen 110 cm bei Männern, 100 cm bei Frauen – 0-Linie (nach *Grandjean*)

b) Maßverhältnisse (in cm) an einer Exzenterpresse bei sitzender und stehender Arbeitsweise (nach *Stier*)

c) Die Werte für den Wirkraum von Armen u. Beinen bei Männern und Frauen. Werte in cm (nach *Stier*) siehe auch Bild H/6. Band II Bild J/12, J/21

Bewegungsablauf und -geschwindigkeit	Bei der Gestaltung der Arbeitsmethoden bewegungsarme aber auch bewegungsintensive Abläufe vermeiden. Bewegungsbahnen und Entfernungen müssen dem natürlichen Bewegungs- und Greifraum des Körpers entsprechen.

Die Lage der Gegenstände, die Anordnung der Bedienungselemente zu den Betriebsmitteln sollen körpergerecht sein. (Arbeitshöhe von Tischen.)

Zu hohe Arbeitsgeschwindigkeit ist in Verbindung mit der Kraftausübung ebenso wie zu geringe Geschwindigkeit zu vermeiden.

Form und Abmessung der Gegenstände

Die Betriebsmittel, Arbeitsmittel und Gegenstände, insbesondere die Bedienungselemente, wie z.B. Griffe, Hebel, Handräder, Schalter sollen in Form und Abmessung den Gliedern und dem Körper angepaßt sein (Bild H/9).

Geistig-nervliche Belastung, Arbeitssicherheit

Zu inhaltsreiche Arbeitsaufgaben sollen ebenso wie inhaltsarme Aufgaben vermieden werden. Die Vorgänge sollen zuverlässig und sicher ablaufen. Die Zeitdauer für einen Zyklus oder Ablaufabschnitt soll einen Mindestwert nicht unterschreiten. Es ist zu prüfen, ob ein Zwangsrhythmus innerhalb der zumutbaren Grenzen liegt.

Schwierige, sich ständig wiederholende Denk- und Überwachungsvorgänge sollen durch entsprechende Informationsmittel vermieden werden.

Die an den Maschinen angebrachten Bedienungselemente sollen möglichst zentral angeordnet und mit Informationen (Symbolen) über die einzuleitenden Funktionen versehen sein.

4. Ablauforganisation und Ablaufplanung

a) Allgemeine Bedeutung

Während durch die *Aufbauorganisation* eine in Teilaufgaben zerlegte Gesamtaufgabe den nach einem bestimmten Ordnungsprinzip gegliederten Stellen zur Erledigung zugeordnet wird, befaßt sich die *Ablauforganisation mit den Beziehungen der Stellen zueinander und dem räumlichen und zeitlichen Zusammenwirken der Systemelemente Mensch und Betriebsmittel mit dem Arbeitsgegenstand im einzelnen System* – (den Stellen, den Arbeitsplätzen). Die Ablaufplanung steht einerseits deshalb im Mittelpunkt der rationellen Gestaltung des Produktionsprozesses, weil sie sich mit der Auswahl und dem Einsatz der die kostenbestimmenden Produktionsfaktoren Mensch – Betriebsmittel – Arbeitsgegenstand, und andererseits den Anforderungen der Belastung und Beanspruchung des Menschen befassen muß. Der Ablauf wird von vielen Einflußgrößen, z.B. der Art und Menge der Produkte, den Fertigungsverfahren und Betriebsmitteln, der Arbeitsteilung, dem Verrichtungs- oder Flußprinzip, der Arbeitsmethode usw. bestimmt.

Eines der wichtigen Gebiete der Ablaufplanung ist die Arbeitsplanung, die organisatorisch der Arbeitsvorbereitung zugeordnet ist. REFA hat sie z.B. in der Methodenlehre des Arbeitsstudiums definiert.

„Die Arbeitsplanung umfaßt alle einmalig auftretenden Planungsmaßnahmen, wie die fertigungs- und ablaufgerechte Gestaltung der Arbeitsgegenstände und Betriebsmittel, die Festlegung der Arbeitsverfahren, -methoden und -bedingungen sowie die Bereitstellung der Menschen und Betriebsmittel."

Die Ablaufplanung löst eine große Zahl weiterer Planungsaufgaben aus. Unter dem Begriff Arbeitsvorbereitung wird in der Wirtschaft insbesondere die Planung der Fertigung verstanden. In die Arbeitsvorbereitung sind insbesondere integriert, die Fertigungsplanung, die Fertigungssteuerung und schließlich die Überwachung und Sicherung. (siehe Band III.)

b) Arbeitsteilungsprinzipien

Größere und komplexe Aufgaben erfordern die Aufteilung in Teilaufgaben, die von den einzelnen miteinander verketteten Arbeitssystemen durchgeführt werden müssen. Insbesondere in der industriellen Einzel-, Serien- und Massenfertigung ist die Art der Arbeitsteilung eine Grundentscheidung für die weiteren Planungsarbeiten. Sie bestimmt maßgeblich den Ablauf, die Art der Arbeitsplätze – Arbeitsplatztypen – ihre räumliche Anordnung und so den Arbeitsfluß. Sie beeinflußt weiter die Gestaltung des Raumes, des Transportes und die Art der Transportmittel. (Bild H/15, H/16 sowie H/28 bis H/31)

Es wurde bereits bei der Behandlung der verschiedensten Themen erwähnt, daß in den nach neuzeitlichen Gesichtspunkten geführten Betrieben die zur Herstellung eines Erzeugnisses erforderlichen Arbeitsaufgaben nicht nur einer Person, sondern mehreren Personen übertragen werden. Wie weit und in wieviel Teilvorgänge der Gesamtarbeitsinhalt aufgeteilt werden muß, ist u.a. abhängig

1. von der *Erzeugnisart*
2. von der *Produktionsmenge*
3. von *wirtschaftlichen Überlegungen*
4. von den *Produktionseinrichtungen*
5. von den *Fähigkeiten der Menschen,* denen die Arbeitsverrichtungen übertragen werden müssen.

Insbesondere sind es aber die Produktionsmengen, der Umfang des Erzeugnisses und die Fertigungsfristen, die die Verteilung der Aufgaben, die Anzahl der erforderlichen Menschen und der einzusetzenden Betriebsmittel bestimmen. Da in den meisten Fällen mehrere und auch verschiedenartige Erzeugnisse in unterschiedlichen Mengen gleichzeitig hergestellt werden, erfolgt der Arbeitsablauf nach den verschiedensten Prinzipien gleichzeitig nebeneinander. Die Gesamtaufgabe kann entweder nach dem Prinzip der Mengenteilung oder der Artenteilung erledigt werden. Auch ist natürlich die Kombination beider Systeme möglich.

Die Aufteilung einer Aufgabe in Teilaufgaben nach der Mengen- oder Artenteilung beeinflußt auch den *Arbeitsfluß* und damit die *räumliche Anordnung* der Arbeitssysteme. Bei bestehenden Produktionssystemen muß sich die Aufgabenteilung und die Planung der Abläufe u.a. an den vorhandenen Arbeitssystemen und dem Prinzip ihrer räumlichen Anordnung (Verrichtungs- oder Flußprinzip) orientieren.

α) Mengenteilung

Mengenteilung besteht dann, wenn eine Gesamtaufgabe nur einem Menschen übertragen wird. In diesem Falle verrichtet er die verschiedenartigsten Arbeitsvorgänge allein und stellt ein Erzeugnis oder Teilerzeugnis größeren Umfangs vollständig her. Je nach der Produktionsmenge werden also bei diesem System mehrere Menschen mit einer *Vielzahl gleichartiger Arbeitsverrichtungen* gleichzeitig beschäftigt. Dieses System ist in mehr oder weniger ausgeprägter Form in der Einzelfertigung, insbesondere im Handwerk vorzufinden (Bild H/10).

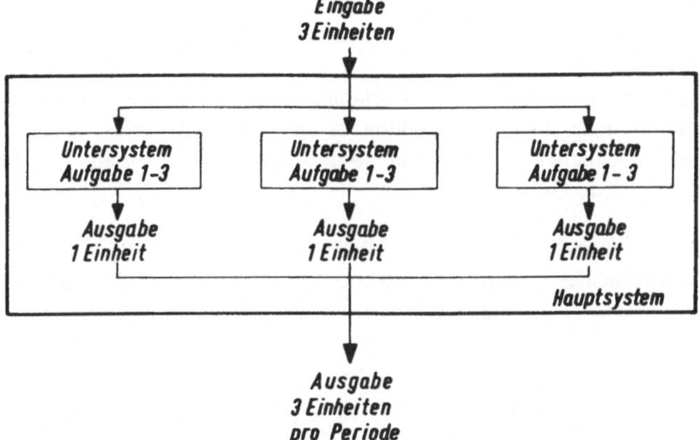

Bild H/10. Prinzip einer Mengenteilung (Hauptsystem mit drei Untersystemen) (Die Gesamtmenge eines Auftrages wird auf mehrere *gleiche* Systeme „Menschen" verteilt, wobei *jedes System* die *gleiche* Aufgabe ausführt)

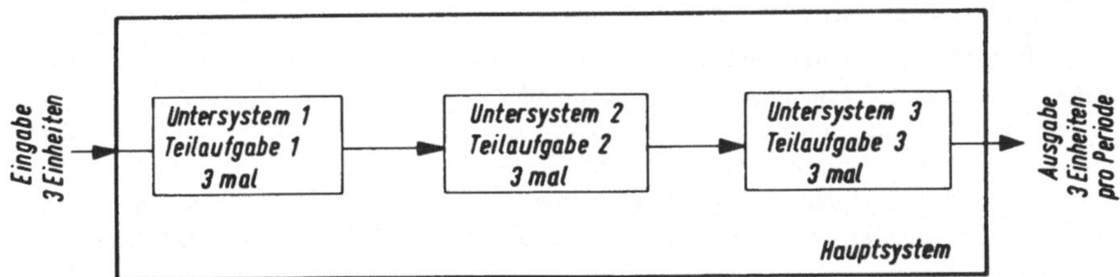

Bild H/11. Prinzip einer Artenteilung (Hauptsystem mit drei Untersystemen) (Die Gesamtaufgabe wird in *mehrere Teilaufgaben verschiedenen* Inhaltes aufgeteilt und von *verschiedenartigen Untersystemen* durchgeführt.

β) Artenteilung

Artenteilung liegt dann vor, wenn die Gesamtarbeit in eine *Anzahl von Teilverrichtungen* aufgegliedert wird und diese Teilverrichtungen auch von verschiedenen Personen ausgeführt werden können. Die Artenteilung ist ein kennzeichnendes Merkmal der industriellen Güterproduktion, insbesondere der Massenfertigung. Sie ist auch deshalb notwendig geworden, weil bei komplizierten Produkten die verschiedenartigsten Produktionsvorgänge mit speziellen Betriebsmitteln ausgeführt werden müssen, die von einem einzelnen Menschen nicht mehr beherrscht werden (Bild H/11).

Die Artenteilung hat natürlich nicht nur Vorteile, sondern auch Nachteile.

Die *Vorteile* bestehen im Erreichen einer hohen Perfektion in der Arbeitsausführung der Menschen, wenn sie nur einen eng begrenzten Arbeitsinhalt zu verrichten haben. Diese wirkt sich in geringen Fertigungszeiten und Kosten einerseits und hoher Qualität infolge des hohen Übungsgrades andererseits aus.

Schließlich ist der Einsatz von Menschen mit geringerer Ausbildung, also geringerem Können, möglich. Der Einsatz von Spezialeinrichtungen führt bei entsprechender Nutzung zu größerer Wirtschaftlichkeit.

Die *Nachteile* bestehen bei einer u.U. zu weit betriebenen Arbeitsteilung in der einseitigen Belastung der Menschen, die evtl. das Einfügen von das Mengenergebnis mindernden Erholungszeiten notwendig werden lassen bzw. die bei Nichtbeachtung dieser Tatsache zu gesundheitlichen Schädigungen führen können. Auch besteht die Gefahr, daß sich die Fähigkeit der Menschen durch eine ständige, einseitige Ausführung eng begrenzter Arbeitsverrichtungen vermindern. Die monotone Wiederholung nur einiger Bewegungsvorgänge, bei denen zudem zusätzlich oft der Geist teilweise oder völlig ausgeschaltet ist, kann zu Mißmut führen. Schließlich wird aber durch die erforderliche Steuerung und Überwachung des Arbeitsablaufes vor allem bei Anwendung des Verrichtungsprinzips der organisatorische Aufwand und der Aufwand für die Förderung der Werkstücke beeinflußt. Auch können sich wirtschaftliche Nachteile wegen ungünstiger Maschinennutzung ergeben.

γ) Arten- und Mengenteilung

In der Fließfertigung kann sich die Notwendigkeit für ein kombiniertes Prinzip, also die gleichzeitige Anwendung der Mengen- und Artenteilung in einem Hauptsystem, ergeben. Dies ist z.B. dann der Fall, wenn aus menschlichen und technologischen Gründen den Inhalt einer Teilaufgabe ein Mehrfaches der Taktzeit T_A ist (Bild H/16).

c) Gliederung des Projektes, des Gesamtarbeitsablaufes; Gliederung des Ablaufes in Ablaufabschnitte

Aus der Definition für den Ablauf geht hervor, daß die Planung des Ablaufes innerhalb der großen Zahl der verschiedenartigsten Planungsaufgaben einen Schwerpunkt insbesondere innerhalb der Fertigungsplanung einnimmt.

Unter Ablauf (Projekt) wird der gesamte zur Herstellung eines Erzeugnisses erforderliche Arbeitsablauf verstanden. Die weitere Aufgliederung des Arbeitsablaufes ist aus vielen Gründen notwendig, insbesondere sind es technologische, verfahrenstechnische, arbeitsmethodische, arbeitsorganisatorische und die Zeitermittlung betreffende Gesichtspunkte, die zu beachten sind. Außerdem muß sich ein Arbeitsablauf eindeutig beschreiben und abgrenzen lassen. Bild H/12 zeigt die Gliederung des Arbeitsablaufes des Projektes „Tisch herstellen" im Ausschnitt.

Die Aufgabe der Ablaufplanung besteht u.a. darin, festzulegen, wo und wie die in eine mehr oder weniger große Zahl einer in Teilaufgaben aufgelöste oder aufzulösende Gesamtaufgabe mit welchen Mitteln (Arbeitssystem) wann und mit welchem Aufwand an Zeit und Kosten durchzuführen sind. Abläufe müssen nicht nur für die Fertigung, sondern für alle Funktionsbereiche – Absatz-, Beschaffungs-, Verwaltungsbereiche – geplant und gestaltet werden. Es geht darum, die Beziehungen der unterschiedlichen Teilsysteme zueinander herzustellen und die Abläufe innerhalb der Systeme zu planen.

Ablaufabschnitte sind Teile eines Gesamtablaufes.

Die Auflösung der Gesamtaufgabe in Teilaufgaben und die zu ihrer Lösung erforderlichen Abläufe beeinflussen die strukturelle

> *Gliederung der Aufbauorganisation* bei der *Erstplanung*, oder es muß sich die Ablaufplanung an einer *bestehenden Aufbauorganisation, den Ablaufprinzipien,* und den *vorhandenen Arbeitssystemen,* denen die Durchführung der Aufgaben übertragen werden sollen, orientieren und die Umwelteinflüsse berücksichtigen.

Es bestehen stets Wechselbeziehungen zwischen Aufbau- und Ablauforganisation, die beim Entwurf einer Organisation und der Ablaufplanung zu berücksichtigen sind. Die Abläufe vollziehen sich *zwischen* den Systemen und *innerhalb* der Systeme.

Die Planung der Abläufe *zwischen* den *Systemen* ist u.a. wesentlich beeinflußt von den technologischen Gesamtproduktionsprozessen und den Verfahren, sowie der *Arbeitsteilung* und der *Anordnung* der *Arbeitssysteme* im Fertigungsfluß. (siehe III.H.5.c))

Die Durchführung einer Gesamtaufgabe erfolgt je nach Art und Größe eines Erzeugnisses in vielen Stufen.

Die Planung der Abläufe *innerhalb* der *Systeme* ist hingegen u.a. abhängig von den Systemelementen Mensch — Arbeitsmethode und Leistungsvermögen — und den Funktionsbedingungen der Betriebsmittel sowie der Werkstoffart und -form der Gegenstände.

Die Ablaufplanung ist in den meisten Fällen mit der Ermittlung von Daten; Kosten, Zeiten, Mengen; Kapazität, Wirtschaftlichkeit usw. verbunden. Sie ist wohl auch deshalb als eine der wichtigsten Planungsaufgaben anzusehen, weil sie eine Ausgangsgrundlage für eine große Anzahl weiterer Planungsaufgaben ist, die für zukünftig vorgesehene Leistungsprozesse durchgeführt werden müssen.

Die Lösung von Aufgaben setzt immer die Bereitstellung von Arbeitssystemen, nämlich den Kapazitäten — Menschen und Betriebsmittel —, voraus. In der Produktion geht es nämlich im wesentlichen um die stufenweise Veränderung von Gegenständen von einem Ausgangszustand in einen Endzustand. Mensch und Betriebsmittel sind durch den Ablauf miteinander verbunden und bewirken die Durchführung der Aufgaben der Zielsetzung entsprechend auch in bezug auf die Wirtschaftlichkeit, sowie auf die Quantität und Qualität der Erzeugnisse. (Bild H/1)

Die *Ablaufplanung* ist stets mit der *Planung* der *Arbeitssysteme,* insbesondere der Festlegung der Verfahren und der Betriebsmittel verbunden. Es ist deshalb notwendig, auch die Belastung und Beanspruchung und das Leistungsangebot des Menschen mit in die Überlegungen einzubeziehen.

Wesentliche Aufgaben der Ablaufplanung werden innerhalb der Aufbauorganisation der Arbeitsvorbereitung, insbesondere der Fertigungs- und Arbeitsplanung zugeordnet. Die Ergebnisse werden in Plänen — Netzpläne, Arbeitspläne, Fertigungspläne, Zeitberechnungspläne, Fertigungs- und Prüfanweisungen — sichtbar. Die Arbeitsplanung legt wesentliche Bedingungen für die Gestaltung der Arbeitsplätze, die Raumplanung und die Raumgestaltung sowie die Transportsysteme usw. fest.

Der Ablauf wird je nach Art und Größe der Aufgabe gemäß den Erfordernissen in Ablaufabschnitte unterschiedlicher Größe und Inhalte entsprechend den Teilaufgaben gegliedert in einen *Makrobereich* und einen *Mikrobereich.*

Im *Makrobereich* werden die zur Erstellung eines größeren, aus mehreren Teilprojekten bestehenden Projektes, oder eines größeren, aus mehreren Teilerzeugnissen und Einzelteilen bestehenden Erzeugnisses erforderliche *Abläufe* und die Beziehungen der Teilabläufe zueinander festgelegt.

Im Makrobereich wird der Gesamtablauf in *Teilabläufe, Ablaufstufen* und *Vorgänge* gegliedert. Eine allgemeingültige Regel über die Abschnittsinhalte für die Teilabläufe und die Ablaufstufen kann nicht festgelegt werden. Die *Makroplanung* stellt also die *Beziehungen* der *Systeme zueinander* auch in *zeitlicher* Beziehung dar. Es wird festgelegt, wie die einzelnen Teilprodukte zu immer größeren Produkteinheiten bis zum Endprodukt zusammengefügt werden. Es geht dabei um die Planung komplexer Produktionssysteme (Betriebe). Der Makrobereich gibt eine Gesamtübersicht des Ablaufes in groben Zügen, wie er bei der Durchführung komplexer Aufgaben notwendig ist. Er regelt das Zusammenwirken der an der Lösung der Aufgaben beteiligten Arbeitssysteme (siehe auch Netzplan Bild H/25). Das Bild H/12 zeigt die Gliederung des Ablaufes für die Herstellung eines Tisches (siehe Band III, Bild 20)[1].

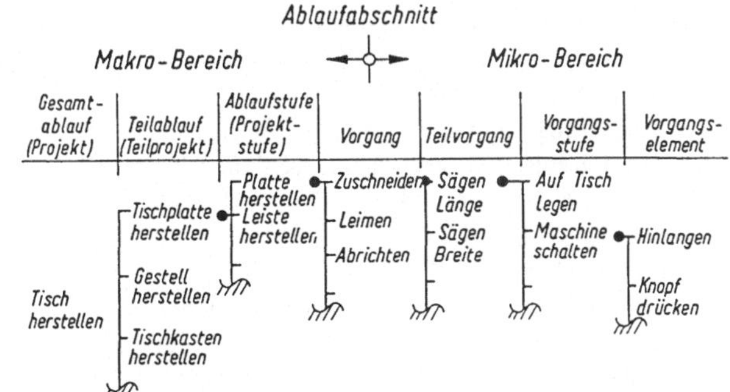

Bild H/12

Gliederung des Projektes (Ablaufes) „Tisch herstellen" für das Erzeugnis Tisch nach Bild H/2 in Ablaufabschnitte

---

[1] Die Aufteilung der Vorgänge in Teilvorgänge, Vorgangsstufen erfolgt nach der Festlegung der Elemente der Arbeitssysteme und der Daten u.a. in den Arbeits- und Fertigungsplänen (siehe Bilder H/34 bis H/36).

Die Gliederung des Gesamtablaufes im Makrobereich wird auch von der Erzeugnisgliederung und der Entscheidung, welche Gegenstände wo, mit welchen Verfahren und Betriebsmitteln, hergestellt werden, beeinflußt.

Die Gliederung in Abschnitte und ihre Abgrenzung ist z.B. abhängig von der Projektgröße. Für das Projekt „Herstellen eines Kraftwerkes" sind die Gebäude-, die Heizungsanlagen-, die Maschinenanlagenherstellung Teilprojekte. Für den Hersteller der Maschinenanlage sind hingegen das Herstellen der Turbinen, der elektrischen Maschinen usw. Teilprojekte.

Der Vorgang ist der kleinste Abschnitt in der Makrogliederung und zugleich der größte Ablaufabschnitt im Mikrobereich.

Die *Ablaufplanung* im *Mikrobereich* befaßt sich hingegen mit den *Vorgängen,* also den *Beziehungen kleinerer Arbeitssysteme* zueinander, jedoch insbesondere mit den *Abläufen* im *System* — in den Arbeitsplätzen —.

Mit Vorgang (z.B. nach REFA) wird der Abschnitt eines Arbeitsablaufes bezeichnet, der in der Ausführung an einer Mengeneinheit eines Arbeitsauftrages besteht. Der Vorgang wiederholt sich bei der Ausführung eines Auftrages *m* mal. Ein Vorgang besteht im allgemeinen aus mehreren Teilvorgängen, manchmal aber auch nur aus einer oder mehreren Vorgangsstufen.

Die *Mikrogliederung* teilt den Vorgang auf in Teilvorgänge, Vorgangsstufen und Vorgangselemente.

Ein Vorgang ist also ein Abschnitt eines Arbeitsablaufes an einer Mengeneinheit eines Arbeitsauftrages. Er kann bestehen aus mehreren Teilvorgängen und Vorgangsstufen. Vorgangsstufen bestehen aus einer Folge in sich abgeschlossener Vorgangselemente. Diese Vorgangselemente lassen sich hinsichtlich ihrer Beschreibung und zeitlichen Dauer nicht weiter unterteilen. Teile eines Arbeitsablaufes werden als Ablaufabschnitte bezeichnet.

Ein *Vorgang* beinhaltet im wesentlichen *alle Teilablaufabschnitte,* die zur Lösung einer mehr oder weniger großen Teilaufgabe in der kleinsten *Systemeinheit* dem Einzelarbeitsplatz, notwendig sind. Der zur Herstellung einer Einheit erforderliche Ablauf wird auch als *Zyklus* bezeichnet. Der Vorgang kann aus Teilvorgängen bestehen.

Teilvorgänge beinhalten die Ablaufabschnitte, die die *schrittweise Veränderung* der Gegenstände, der *Vorgangszielsetzung* entsprechend, bewirken, z.B. Herstellen der Formstellen A, B usw. an einem Teil. Die Teilvorgänge bestehen aus Vorgangsstufen (siehe Bild H/13).

In den *Vorgangsstufen* werden mehrere kleine Bewegungsabläufe zu Ablaufabschnitten zusammengefaßt, die eine in sich geschlossene, zusammenhängende Ablauffolge bilden. Es handelt sich um eine sinnvolle Zusammenstellung von kleinsten Bewegungen, die auch Vorgangselemente bezeichnet werden, z.B. Gegenstand in Bearbeitungslage bringen, Maschinen schalten, Messen usw. Diese Abläufe zeigen sich in einem harmonischen Aneinanderreihen von Vorgangselementen.

Vorgangselemente sind kleinste, im allgemeinen nicht mehr weiter aufteilbare Bewegungen wie z.B. Hinlangen, Greifen, Bringen usw.

Die *Aufteilung* in Vorgangsstufen, insbesondere in Vorgangselemente, ist u.a. bei der Gestaltung von Arbeitssystemen, sowie der Entwicklung von Arbeitsmethoden und schließlich bei der Ermittlung oder Errechnung von Soll-Zeiten, der Entwicklung von Kalkulationsunterlagen, der Anwendung der Systeme vorbestimmter Zeiten usw. notwendig. Die Aufgliederung muß die die Zeit bestimmenden Einflußgrößen usw. berücksichtigen.

Die Gliederung kann in der Praxis bei größeren Projekten nicht in der Darstellung nach Bild H/12 als Informationsmittel vorgenommen werden. Die Organisationsmittel sind die Arbeitspläne, die Fertigungspläne, die Zeitberechnungspläne (Bilder H/34 bis H/36). Die Erstellung dieser Pläne stellen die Schwerpunktaufgaben der Arbeitsvorbereitung dar, da sie auch die Angaben über die vorgesehenen Arbeitssysteme, sowie wichtige Daten enthalten.

Der Einfluß der Arbeitssysteme und der Arbeitsmethode auf die Ablaufgliederung zeigt im Ausschnitt das Beispiel „Herstellung eines Teiles Nr. 1" Bild H/13 nach drei Fertigungsmöglichkeiten (Fall I—III), deren Anwendung natürlich auch von Fragen der Wirtschaftlichkeit abhängig sind, die jedoch in diese Betrachtung nicht einbezogen werden.

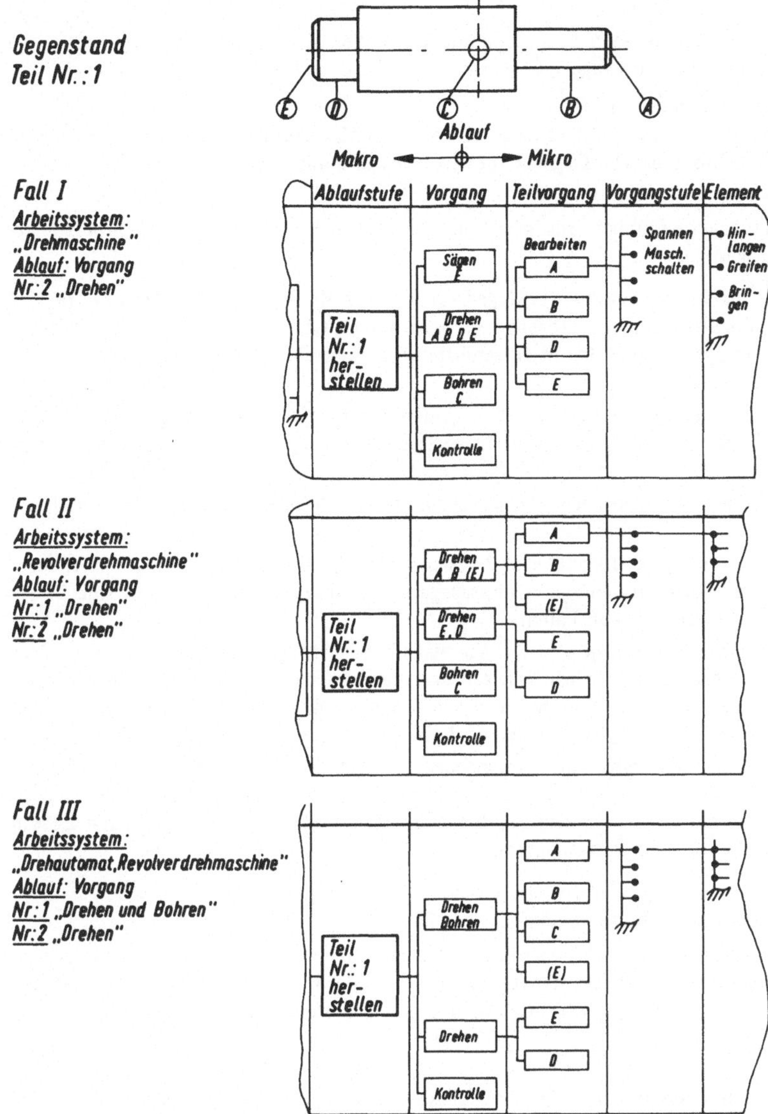

Bild H/13. Ablaufgliederung bei Anwendung von drei verschiedenen Arbeitsmethoden und Betriebsmitteln für die Fertigung des Gegenstandes Teil Nr. 1 (siehe Band III, Bild 20)

Für die drei im Bild H/13 dargestellten Fälle ist der Ablauf wie folgt geplant:

Fall I Ablauf-Vorgang Nr. 2 „Drehen"

Der von Stangenmaterial abgesägte Gegenstand wird aufgenommen und gespannt, die Stellen A und B werden bearbeitet, der Gegenstand wird umgespannt, die Stellen E und D werden bearbeitet, der Gegenstand wird ausgespannt und abgelegt.

Fall II Vorgang 1 „Drehen"

Das Stangenmaterial wird gespannt, die Stellen A und B werden bearbeitet, der Gegenstand wird vom Stangenmaterial (E) getrennt und abgelegt.

Vorgang 2 „Drehen"
Der Gegenstand wird aufgenommen und gespannt, die Stellen E und D werden bearbeitet, der Gegenstand wird ausgespannt und abgelegt.

Fall III Vorgang Nr. 1 „Drehen und Bohren"
Das Stangenmaterial wird gespannt, die Stellen A und B werden (zum Teil überlappt) bearbeitet, die Stelle C bearbeitet (bohren). Der Gegenstand wird von der Stange getrennt.

Vorgang Nr. 2 „Drehen"
Der Gegenstand wird aufgenommen und gespannt, die Stellen E und D werden bearbeitet, der Gegenstand wird ausgespannt und abgelegt.

Die Fertigungsvorschläge für die Herstellung des Gegenstandes nach Bild H/13 zeigen den *Einfluß*, den die Arbeitsteilung, die Ablaufprinzipien, insbesondere jedoch die Arbeitsverfahren und die Arbeitsmethoden auf die Gliederung des Ablaufes in Abschnitte von unterschiedlicher Größe und verschiedenen Inhaltes ausüben.

Ablaufabschnitt wird ein Teil eines Ablaufes an einer Einheit bezeichnet. Abschnitte mit *gleichartigen Inhalten* werden als *Ablaufarten* bezeichnet. Den Ablaufarten werden sinngemäß die Zeitarten zugeordnet.[1]

Arbeitsverfahren werden die technologischen und die zu ihrer Durchführung erforderlichen Maschinen und Anlagen bezeichnet.

Arbeitsmethoden legen die Bewegungsfolgen, den Bewegungsverlauf, also die Bewegungsbahnen usw. fest, die der Mensch bei der Ausführung einer Arbeitsaufgabe *ausführen soll*. Diese *Regeln* sind in den Fertigungsplänen oder den Anweisungen enthalten.

Arbeitsweise ist die *individuelle Ausführung* einer Arbeitsaufgabe. Da die Arbeitsweise und die Verfahren den tatsächlichen Verbrauch an Fertigungszeiten und damit auch die Kosten bestimmen, können die Abweichungen des Ablaufes von dem in der Methode festgelegten Ablauf auch diese betriebswirtschaftlich wichtigen Daten verändern, und schließlich auch die *Qualität* des Erzeugnisses beeinflussen.

In die Ablaufplanung sind jedoch nicht nur ökonomische Überlegungen, sondern ergonomische und anthropometrische Bedingungen einzubeziehen. An dem einfachen Beispiel Bild H/13 wird schon sichtbar, daß die Ablaufplanung eine komplexe Aufgabe im Planungsbereich darstellt, deren Lösung umfassende Kenntnisse und Berufserfahrungen erfordert.

d) Arbeitsfluß und Arbeitsplatzanordnung – Ablaufprinzipien –

Eine wesentliche, die Durchlaufzeit und das wirtschaftliche Ergebnis bestimmende Aufgabe besteht in der Gestaltung des Materialflusses durch die sinnvolle räumliche Anordnung der Arbeitsplätze zueinander. Eine erste Grundlage für die Untersuchung oder Planung von Abläufen ist die Ablaufanalyse.

α) Ablaufanalyse

Die Ablaufanalyse gliedert den Gesamtablauf der zur Erledigung einer Aufgabe notwendig ist in Ablaufabschnitte unterschiedlichen Inhaltes auf. Die Analyse kann sich auf einen Soll-Ablauf oder einen Ist-Ablauf beziehen.

Die Planung befaßt sich bei der Gestaltung eines Systems, mit dem Soll-Zustand. Bei der Untersuchung bestehender Systeme zum Zwecke der Rationalisierung wird der Ist-Ablauf untersucht (siehe Band II Sechsstufenmethode).

Die Feinheit der Gliederung des Ablaufes richtet sich u.a. nach der Systemgröße.

Im Makrobereich interessieren zunächst die Abläufe der Systeme zueinander.

Im Mikrobereich werden hingegen die Abläufe in kleine bis kleinste Abschnitte z.B. in Bewegungselemente aufgeteilt.

---

[1] Siehe Band II; Gliederung der Vorgabezeit und Definition der Zeitarten.

Da die Abläufe in Verbindung mit der erforderlichen Kapazität den Aufwand für die Kosten und Zeiten und die Belastung des Menschen bestimmen, muß bei der Ablaufgliederung auf diese Einflußgrößen Rücksicht genommen werden (siehe auch H.5.c; Bild H/18).

Von bedeutendem Einfluß für die Auswahl der Ablaufprinzipien sind außer den Verfahren, den Betriebsmitteln, der Arbeitsorganisation und den Arbeitsmethoden insbesondere die unter dem Begriff *„Arbeitsstrukturierung"* zusammengefaßten Forderungen an die *menschengerechte Gestaltung* der *Arbeitssysteme.*

Da die Herstellung der Einzelteile je nach Art und Umfang eines Erzeugnisses und das Zusammenfügen derselben in vielen Fertigungsstufen — Arbeitsvorgängen und Teilvorgängen — unter Einsatz der verschiedenartigsten Produktionsmittel erfolgt, ist es erforderlich, die räumlich günstigste Anordnung der Produktionseinrichtungen — der Arbeitsplätze — festzulegen. Das Ziel dieser Aufgabe besteht darin, daß ein Erzeugnis möglichst bei Zurücklegen kürzester Wegstrecken in kürzester Zeit den Betrieb durchläuft und dabei gleichzeitig auch eine gute Übersicht erreicht wird. Bei der Gestaltung des Arbeitsflusses wird der analysierte Arbeitsfluß zweckmäßig nach der Beschreibung der Vorgänge — der Ablaufabschnitte — bildlich dargestellt, insbesondere auch unter Verwendung von Symbolen. Die Analyse sollte die wichtigsten Einflußgrößen wie z.B.: Wegstrecken, Mengen, Zeiten enthalten (Bild H/14). Aus der Ist-Analyse kann so der Sollzustand entwickelt und zeitlich deutlich gemacht werden.

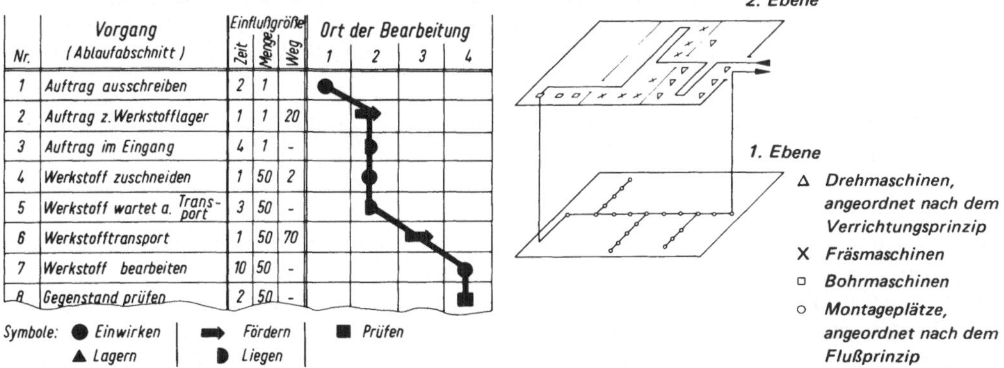

Nr.	Vorgang (Ablaufabschnitt)	Einflußgröße			Ort der Bearbeitung			
		Zeit	Menge	Weg	1	2	3	4
1	Auftrag ausschreiben	2	1					
2	Auftrag z. Werkstofflager	1	1	20				
3	Auftrag im Eingang	4	1	-				
4	Werkstoff zuschneiden	1	50	2				
5	Werkstoff wartet a. Transport	3	50	-				
6	Werkstofftransport	1	50	70				
7	Werkstoff bearbeiten	10	50	-				
8	Gegenstand prüfen	2	50	-				

Symbole: ● Einwirken ▲ Lagern ➡ Fördern ▮ Liegen ■ Prüfen

Bild H/14. Ablaufanalyse (Ausschnitt) eines Fertigungsauftrages unter Verwendung von Symbolen. Räumliche Darstellung des Materialflusses

β) Ablaufprinzipien

Die Gliederungskriterien liegen hier insbesondere in den Beziehungen zwischen Mensch und Betriebsmitteln beim Arbeitsablauf, und den Beziehungen der Arbeitssysteme zueinander.

1. *Arbeitsplatzanordnung und menschliche Arbeit — ortsfeste und ortsveränderliche Arbeitsplätze —*

Bezogen auf die menschliche Tätigkeit wird unterschieden:

der *orstfeste* Arbeitsplatz. In diesem Falle ist der Mensch nur an einem örtlich begrenzten Arbeitsplatz beschäftigt. Er muß zur Verrichtung der ihm übertragenen Arbeit keine Wegstrecken zurücklegen.

der *orstveränderliche* Arbeitsplatz. Der Arbeiter führt an verschiedenen örtlich getrennten Arbeitsplätzen gleichartige oder verschiedenartige Arbeitsverrichtungen aus. Er bewegt sich also nacheinander von Arbeitsplatz zu Arbeitsplatz. Die Arbeitsplätze selbst können mit verschiedenartigen Betriebsmitteln ausgestattet sein (Mehrmaschinenbedienung).

ortsveränderlicher Arbeitsplatz bei *gleichzeitiger Verrichtung von Arbeitsvorgängen.* Der Arbeiter bewegt sich hierbei mit dem Betriebsmittel bzw. dem Arbeitsgegenstand bei fortschreitender Arbeitsverrichtung.

Der ortsfeste Arbeitsplatz ist am häufigsten verbreitet und ist vor allem bei der Einzel- und Serienfertigung typisch.

Der ortsveränderliche Arbeitsplatz ist hingegen vorzugsweise in der Massenfertigung vorzufinden.

Bei der Mehrmaschinenbedienung kann ein Arbeiter gleichzeitig mehrere gleichartige oder verschiedenartige Arbeitsvorgänge parallel ablaufen lassen. Da die Abstimmung des zeitlichen Ablaufes der Arbeitsverrichtung der einzelnen Maschinen nicht immer in der Weise möglich ist, daß die Betriebsmittel ununterbrochen genutzt werden können, ist es in jedem Fall notwendig, die Zweckmäßigkeit dieser Arbeitsplatzanordnung und Bedienungsweise durch Wirtschaftlichkeitsrechnungen zu untersuchen. Die Ablaufprinzipien beeinflussen die Raumplanung unmittelbar (siehe Bilder H/28 und H/29).

2. Arbeitsplatzanordnung und Fertigungsfluß bei ortsfesten Arbeitsplätzen
– Verrichtungsprinzip – Flußprinzip – Takt –

Nicht allein aus ökonomischen, sondern auch aus terminlichen Gründen zur Abkürzung der Fertigungsdauer eines Erzeugnisses kommt es bei der Planung des Produktionsprozesses darauf an, den günstigsten Fertigungsfluß zu erzielen. Unter *Fertigungsfluß* wird der Durchlaufweg, den der Stoff, die Einzelteile bzw. die Teilerzeugnisse bis zur Fertigstellung des Gesamtproduktes zurücklegen, verstanden. Die einzelnen Arbeitsplätze sind dann derart anzuordnen, daß die von Arbeitsfolge zu Arbeitsfolge zurückzulegenden Wegstrecken so gering sind, daß ein Optimum erzielt wird. Die Arbeitsplätze können angeordnet werden nach (Bild H/15), (siehe auch H.5.c)

α) dem Verrichtungsprinzip – Werkstattfertigung –
β) dem Flußprinzip (Fließarbeit – Reihenfertigung –

Verrichtungsprinzip

Hier werden Arbeitsplätze räumlich zusammengefaßt, an denen Arbeitsverrichtungen gleicher Art, ausgeführt werden, die auch die gleichen Mittel erfordern (z.B. Drehen, Fräsen, Bohren, Hobeln, Schleifen, Schweißen, Schmieden, Montieren, Lagern, Prüfen usw.). Dieses, das älteste Prinzip, wird vorzugsweise bei der Einzelfertigung und der Kleinserienfertigung, also bei kleinen und mittleren Produktionsmengen angewandt. Es hat den Vorteil der größeren Beweglichkeit bei Änderungen des Erzeugungsprogrammes, der einzelnen Bestandteile des Erzeugnisses und schließlich der günstigeren Nutzung der Maschinen. Es erfordert jedoch gegenüber dem Flußprinzip einen größeren Aufwand für die Steuerung und Überwachung der Fertigung sowie größere Durchlaufzeiten und u.U. einen hohen Transportaufwand.

Flußprinzip – Takt –

Die Arbeitsplätze werden hier entsprechend der Folge der Arbeitsvorgänge unmittelbar nacheinander angeordnet. Der zu bearbeitende Gegenstand fließt also direkt auf kürzestem Wege von Arbeitsplatz zu Arbeitsplatz (Reihenfertigung).

Folgen die Arbeitsvorgänge einander nicht nur in lückenloser Folge, sondern ist der *Fortschritt von Arbeitsplatz zu Arbeitsplatz auch noch zeitlich abgestimmt, so ist der als Fließarbeit bezeichnete Bestzustand des Arbeitsflusses erreicht.*

Der Fertigungsfluß kann dabei entweder kontinuierlich oder periodisch erfolgen. Der Einsatz von mechanischen Transportmitteln ist jedoch kein Kennzeichen für die Fließarbeit, sondern der Zeitrhythmus.

In der Praxis ist innerhalb eines Betriebes oft die Kombination von Verrichtungs- und Flußprinzip anzutreffen. Bild H/15 zeigt eine solche Kombination. Eine Anzahl verschiedener Einzelteile werden im Verrichtungsprinzip und im Flußprinzip gefertigt, während der Zusammenbau derselben nach dem Fließprinzip erfolgt. Dabei können Gegenstände von etwa gleicher Größe, die zu ihrer Fertigung die gleichen Betriebsmittel in annähernd gleicher Folge beanspruchen, zu Fertigungsgruppen (Teilefamilien) zusammengefaßt werden. Dieses Prinzip macht sich also bei ungenügender Belastung der Betriebsmittel,

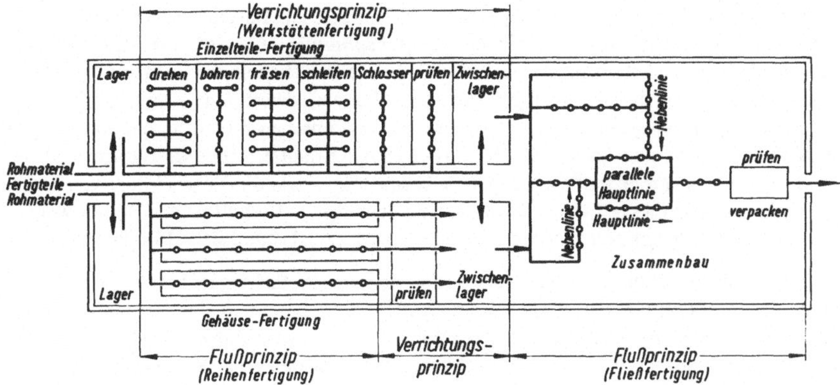

Bild H/15. Schematische Darstellung der räumlichen Anordnung von Arbeitsplätzen nach dem Verrichtungs-, dem Fluß- und dem Fließprinzip (Makrosystem)

wenn nur einzelne Teile darauf gefertigt werden, das Flußprinzip zunutze und ermöglicht somit eine wirtschaftliche Fertigung. Bei komplizierten und umfangreichen Erzeugnissen werden die Teilerzeugnisse – Baugruppen – bei der Fließarbeit in Nebenlinien montiert, die schließlich in die Hauptlinie einmünden. Es werden Nebenlinien verschiedenen Grades unterschieden. Sind für Arbeitsverrichtungen mehrere gleiche Arbeitsplätze erforderlich, so können diese hintereinander angeordnet werden oder die Hauptlinie wird geteilt und parallel weitergeführt (siehe auch Bild H/16).

Bei Anwendung des Fließprinzipes besteht ein Problem darin, daß die einzelnen Arbeitsverrichtungen oder Teilverrichtungen so abgegrenzt werden müssen, daß der Inhalt jeder Teilverrichtung möglichst die gleiche Zeit je Mengeneinheit erfordert. Die Zeitdauer, die jeweils eine Mengeneinheit beanspruchen darf, wird als Taktzeit bezeichnet. Es ist

$$Taktzeit = \frac{Arbeitszeit}{Erzeugungsmenge\ je\ Arbeitszeit}\ mal\ Bandwirkungsfaktor$$

$$T_A = \frac{A_r}{m_S} \cdot f_B \qquad (f_B \text{ berücksichtigt gegebenenfalls Ablaufunterbrechungen und sonstige Störungen})$$

Ist die Zeit je Einheit t_e eines Arbeitsvorganges ermittel, so errechnet sich die Anzahl der für diesen Arbeitsvorgang erforderlichen gleichen Arbeitsplätze

$$n_A = \frac{t_e}{T_A}.$$

Die Abgrenzung des Arbeitsinhaltes einer Verrichtung muß dabei möglichst so vorgenommen sein, daß n_A eine ganze Zahl ergibt (Bild H/16).

Der Arbeitsinhalt eines Taktes darf nur so groß sein, daß die Arbeitsaufgabe innerhalb dieser Zeit bei einer Normalleistung verrichtet werden kann. Im Idealfall ist diese Abstimmung dann erreicht, wenn

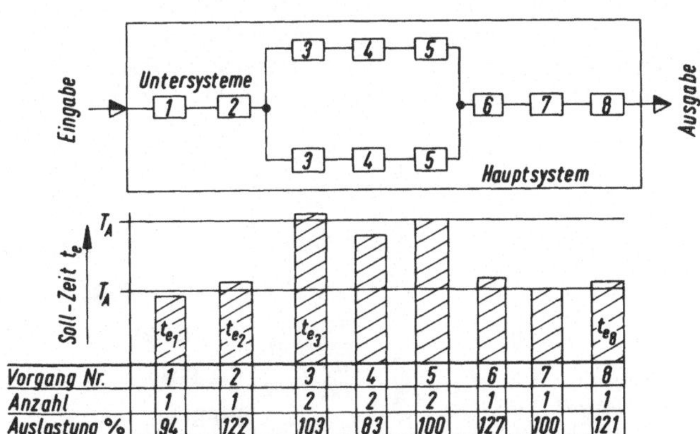

Vorgang Nr.	1	2	3	4	5	6	7	8
Anzahl	1	1	2	2	2	1	1	1
Auslastung %	94	122	103	83	100	127	100	121

Bild H/16. Fließfertigung (Soll-Zeit t_e, Taktzeit T_A) Leistungs-Zeitabstimmung für die Vorgänge in den einzelnen Untersystemen

die Vorgabezeit je Einheit an allen Arbeitsplätzen gleich der Taktzeit ist. Da dies jedoch nicht immer möglich ist, ergeben sich hieraus die *Probleme der Leistungsabstimmung*. Gelingt eine ideale Abstimmung nicht, so müssen diejenigen Arbeitsplätze, bei denen die Zeit je Einheit die Taktzeit übersteigt mit Personen besetzt werden, die diese Leistungen erbringen können. Diese Maßnahme ist natürlich infolge der begrenzten Leistungsfähigkeit und Überlastbarkeit des Menschen nur in beschränktem Umfang durchführbar (Arbeitsplatzwechsel innerhalb der Arbeitszeit). Erneute Arbeitsgestaltung und der Einsatz von zeitmindernden bzw. arbeitsentlastenden Betriebsmitteln sowie die Entwicklung von besseren Arbeitsmethoden oder Fertigungsverfahren führen oft zu günstigeren Verhältnissen. Häufig werden diese Ziele auch zusätzlich durch Konstruktionsänderungen erreicht. (Auslastung siehe Bild H/16.)

Die Vorteile des Flußprinzips bestehen im wesentlichen in geringeren Lieferfristen, höherer Wirtschaftlichkeit infolge kürzerer Kapitalbindung und geringeren Stoffmengen innerhalb des Fertigungsflusses, der Verwendung von Fördermitteln und der Lagerhaltung sowie des Aufwandes für die Verwaltung (Lohnverrechnung und Leistungsrechnung) und schließlich des Aufwandes für Steuerung und Überwachung. Vor allem zwingt dieses System zu optimaler *Arbeitsplatzgestaltung*.

Die Nachteile bestehen in der Unbeweglichkeit des Betriebes, sowie den Umstellungsschwierigkeiten auf andere Produkte, sobald Änderungen konstruktiver Art notwendig sind oder Absatzschwierigkeiten entstehen. Das Risiko nimmt zu. Störungen wirken sich meistens unmittelbar auf alle Arbeitsplätze aus. Die optimale Nutzung der Betriebsmittel ist nicht immer möglich.

Grundsätzlich ist bei der Planung des Flußprinzipes dem Transport der Gegenstände, also der Auswahl des Transportsystemes und der Transporteinrichtungen besondere Aufmerksamkeit zu schenken.

e) Gesamtablauf in der Zeit

α) Allgemeine Bedeutung

Der zur Erledigung einer Aufgabe notwendige Ablauf und die für den Ablauf erforderliche Zeitdauer ist ein zentrales Thema der Planung, insbesondere auch in wirtschaftlicher und terminlicher Hinsicht. Kurze Zeitdauer bedeutet durch geringe Bindungsdauer des erforderlichen Kapitals geringere Kosten und durch schnelleres Erreichen des Zieles auch schnelleren Kapitalrückfluß und damit geringere Kapitalbeträge (Bild H/17).

Bei der Aufnahme der Produktion neuer und komplizierter Güter muß wegen der Finanzierung der entstehenden Kosten der Ablauf hinsichtlich des Zeitbedarfes vorgeplant werden. Auch der Wettbewerb zwingt die Unternehmungen dazu, von Beginn der Entscheidung über die Aufnahme der Produktion eines neuen Gegenstandes an bis zum Beginn der Auslieferung, die Hauptaufgaben vor allem in ihrem zeitlichen Ablauf zu planen und zu überwachen. Bild H/19 zeigt einen Plan, in dem der zeitliche Ablauf der Teilaufgaben von Beginn der Projektierung bis zur Auslieferung der ersten Geräte im Prinzip dargestellt ist. Die Verminderung der Zeitdauer für die Entwicklung eines Produktes ist vor allem aus Wettbewerbsgründen von Bedeutung. Das frühere Erscheinen eines Erzeugnisses auf dem Markt sichert einer Unternehmung gegenüber dem Konkurrenten den Vorsprung. Da dieser jedoch immer nur einen be-

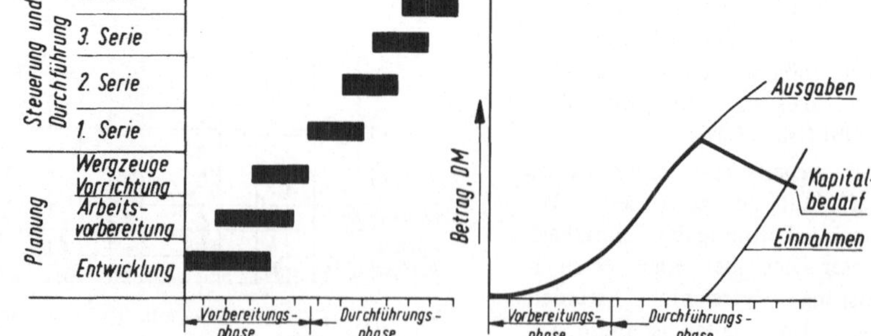

Bild H/17
Durchlaufzeit
und Kapitalbedarf

grenzten Zeitraum andauert, sind die Unternehmen gezwungen, ständig neue Erzeugnisse zu entwickeln und die Dauer bis zur Aufnahme der Serienfertigung zu planen und den Plan auf seine Einhaltung zu überwachen. Zeitliche Abläufe wurden vorzugsweise bisher dargestellt in Zeitbalkendiagrammen (Gantt-Diagramm), Meilensteindiagrammen. Für derartige Aufgaben wird neuerdings die Netzplantechnik angewendet. Es sollen die optimalen Lösungen ür die Durchlaufzeiten und die Kosten gefunden werden (siehe auch II. B. 4, Bild H/32, J/4 sowie Band III).

β) Ermittlung der Durchlaufzeit

Unter Durchlaufzeit T_D (Soll-Zeit) wird die Zeitdauer, die zur Erledigung einer bestimmten Aufgabe in einem Arbeitssystem notwendig ist verstanden. Die Betrachtung kann sich auf die Zeitdauer eines Ablaufes in einem kleinen oder in einem großen und sehr komplexen System beziehen (siehe Projektgliederung Bild H/12). Die Durchlaufzeit ist die Gesamtzeitdauer für Abläufe innerhalb und zwischen den Arbeitssystemen. Sie setzt sich zusammen aus der Summe der planmäßigen Durchlaufzeit t_{pS} und der Zusatzzeit t_{zuS}.

Für die *Durchlaufzeit* gilt

$$T_D = \sum_{\gamma=1}^{n} (t_{pS} + t_{zuS})_\gamma .$$

Die *planmäßige Durchlaufzeit* t_{pS} besteht aus der Zeit für die eigentliche *Auftragsdurchführung* t_{dS} und der Zwischenzeit t_{zwS}

$$t_{pS} = t_{dS} + t_{zwS} .$$

Die *Durchführungszeit* t_{dS} entspricht im allgemeinen der Auftragszeit

$$T = t_r + m \cdot t_e \qquad {}^1)$$

Die *Zwischenzeit* t_{zwS} entsteht für den planmäßigen Transport zwischen den einzelnen Arbeitssystemen und für das planmäßige Liegen bis zur Durchführung der Aufgabe in und zwischen den einzelnen Systemen.

Unter Zusatzzeit t_{zuS} wird die Zeitdauer verstanden, die zusätzlich zur planmäßigen Zeit notwendig ist für Arbeiten, die ihre Ursache in Störungen während der Durchführung der Aufgabe haben können.

Die Errechnung der Durchlaufzeit kann vereinfacht werden durch Anwendung eines *Faktors* f_D der den Anteil der Zusatzzeit berücksichtigt

$$f_D = 1 + \frac{t_{zuS}}{t_{pS}} . \qquad {}^1)$$

Die *Zusatzzeiten* müssen durch gesonderte Untersuchungen gewonnen werden. Sie sind von verschiedenen Einflußgrößen abhängig (Organisation, Materialflußstörungen, Betriebsmittelstörungen, Verrichtungsprinzip, Flußprinzip usw.).

Für n Einzelaufgaben ergibt sich dann die Durchlaufzeit

$$T_D = \sum_{\gamma=1}^{n} (f_D \cdot t_{pS})_\gamma \quad \text{oder} \quad T_D = \sum_{\gamma=1}^{n} (f_{zuS} \cdot t_{dS} + t_{zwS})_\gamma, \quad \text{wobei } f_{zuS} = 1 + \frac{t_{zuS}}{t_{dS}}$$

unter der Voraussetzung, daß die Kapazität diesen Ablauf zuläßt. Sobald jedoch kein signifikanter Zusammenhang zwischen der Zusatzzeit und planmäßigen Durchlaufzeit (Auftragszeit) besteht, kann die Rechnung nicht mit dem Faktor f_D durchgeführt werden. Vielmehr müssen dann die Zeitbeträge in absoluten Werten ermittelt und eingesetzt werden.

${}^1)$ Es kann notwendig sein, bei der Errechnung der Durchführungszeit den Zeitgrad zu berücksichtigen.

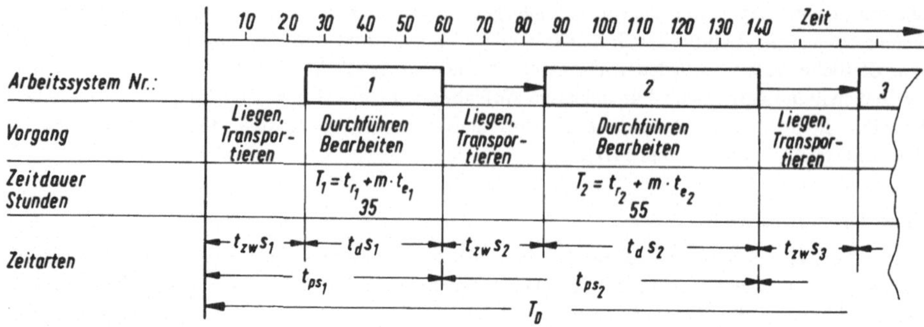

Bild H/18. Graphische Darstellung der Durchlaufzeit

Die Zusammenhänge des für die Herstellung eines Gegenstandes erforderlichen Ablaufes und die Durchlaufzeit zeigt Bild H/18, sie bilden die Grundlagen für die Erstellung der Fristen- und Terminpläne (siehe H.8.b), J.2.b), c), d)).

γ) Graphische Darstellung der Durchlaufzeit komplexer Arbeitssysteme

Die Gesamtdurchlaufzeit für ein komplexes Objekt und die Ermittlung der Zeitpunkte für Beginn und Ende der Teilaufgaben wird mit Hilfe von bildlichen Darstellungen, den Zeitbalkendiagrammen, den Meilensteindiagrammen oder den Netzplänen ermittelt.

Die Probleme bestehen bei der Bestimmung der Durchlaufzeit jedoch durch die Verkettung des Durchlaufes bei komplexen Aufgaben dann, wenn eine große Zahl von Einzelaufgaben hinsichtlich des Zeitpunktes für den Beginn bzw. die Beendigung ihrer Durchführung von anderen Aufgaben abhängig ist. Die Arbeitsvorbereitung, insbesondere die Planung, kann z.B. erst dann mit der Durchführung ihrer Aufgaben beginnen, wenn die Konstruktionsunterlagen vollständig oder teilweise vorliegen (Bild H/19).

Balkendarstellung von zeitlichen Abläufen

Im *Zeitbalkendiagramm* (Bilder H/19 und H/20) ist die zur Verrichtung von Aufgaben oder Teilaufgaben erforderliche Zeitdauer einschließlich der Zeitdauer für sonstige mittelbare Vorgänge – wie z.B. Liegezeiten, Risikoereignisse usw. – aneinandergereiht. Derartige Diagramme dienen z.B. der Terminierung und gleichzeitig der Ermittlung der Kapazität oder der Kapazitätsauslastung, des Personalbedarfes und Kapitalbedarfes.

In *Meilensteindiagrammen* sind hingegen die Anfangs- und Endergebnisse dargestellt.

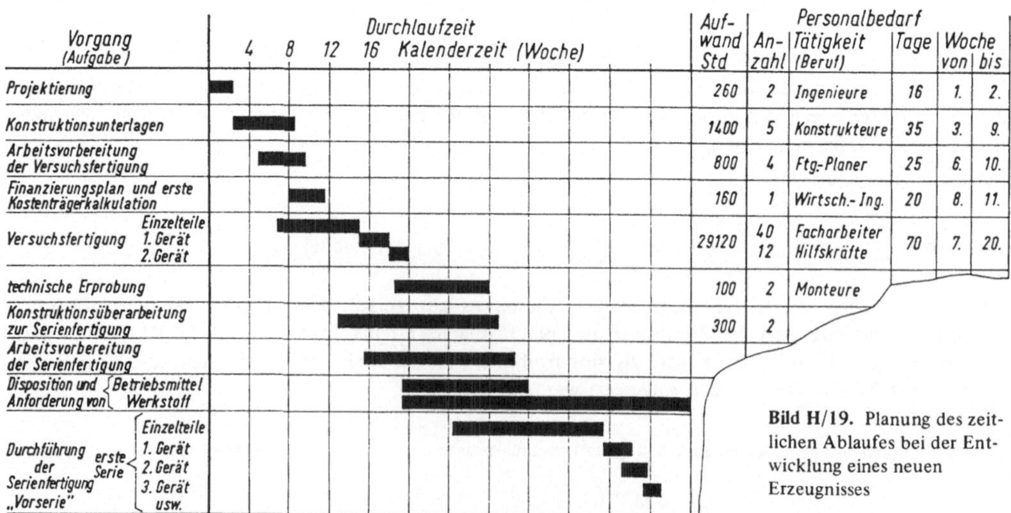

Bild H/19. Planung des zeitlichen Ablaufes bei der Entwicklung eines neuen Erzeugnisses

Die Durchlaufzeit für ein Erzeugnis wird wesentlich von seinem strukturellen Aufbau, der Möglichkeit, welche Abläufe nur hintereinander und welche parallel vollzogen werden können, beeinflußt. Im Zusammenhang mit der Kapazität und der Kapazitätsbelastung treten besondere Probleme bei stark veränderlichen Bauprogrammen auf. Aus den Durchlaufplänen ergeben sich die erforderlichen Kapazitäten,

in denen ermittelt werden muß, wieviel und welche Betriebsmittel und Mitarbeiter, zu welchem Zeitpunkt für die planmäßige Durchführung der Aufgaben benötigt werden, oder welche Kapazitäten notwendig sind, um den geplanten Ablauf durchzuführen bzw. wie bei einer ausgelasteten Kapazität Arbeitsvorgänge auf einen anderen Zeitpunkt verschoben werden müssen, und wie sich dies auf alle Folgeabläufe auswirkt (siehe Kapazitäts-Terminplanung Bild J/4).

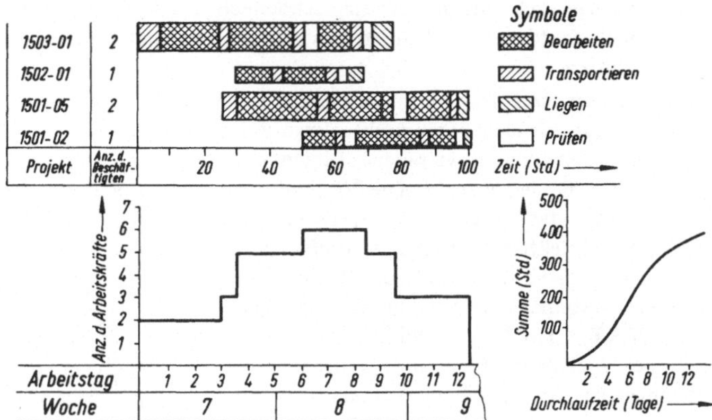

Bild H/20. Zeitbalkendiagramm und Beschäftigten-Planung und Summenkurve der Stunden

Aus der errechneten Durchlaufzeit, die für die Herstellung der einzelnen Projekte — Einzelteile — notwendig ist und ihrer Verkettung mit anderen Einzelteilen oder den Projektstufen — Herstellung der Baugruppen — ergibt sich die Durchlaufzeit für ein komplexes Gesamtprojekt (siehe auch Fristenplan, Terminplan und Kapazitätsbelastung). Die Zusammenhänge zeigt Bild H/38a.

Aus dem Zeitbalkendiagramm ist die Summenkurve der Fertigungsstunden mit ihrem charakteristischen S-förmigen Verlauf abgeleitet. Diese kann insbesondere bei der Serienfertigung in Verbindung mit dem Terminplan (Bild H/38) für die Planung des Personalbedarfes und auch zur Überwachung des Arbeitsfortschrittes verwendet werden. Stimmen der terminliche Ablauf und der jeweils bis zu einem Stichtag der bisher angefallene Stundenaufwand nicht überein, so können die Ursachen leichter aufgeklärt und gegebenenfalls die Plandaten berichtigt bzw. die möglichen Störungen rechtzeitig beseitigt werden (Bilder L/8, L/9).

Netzplandarstellung

Wirtschaftliche und steuerungstechnische Bedeutung. Der Netzplan (Netzwerk) ist ein graphisches Darstellungssystem aller zu einem Vorhaben (Projekt) gehörenden Einzeltätigkeiten (Aktivitäten). Das Ziel des Netzplanes ist es, die komplizierten Verknüpfungen der sich mittelbar bzw. unmittelbar beeinflussenden, hintereinander oder parallel verlaufenden Tätigkeiten eines Projektes terminlich (evtl. auch kostenmäßig) überschaubar zu machen.

Die Praxis zeigt, daß nicht alle zur Berechnung eines Netzwerkes notwendigen Werte *determiniert* (d.h. bestimmt) sind. Vielfach haben die Werte *stochastischen* Charakter, d.h. sie sind zufälliger Natur, die sich aber mit der *Wahrscheinlichkeitsrechnung* beschreiben lassen. Die immer umfangreicher werdenden Projekte und der damit verbundene hohe Kapitaleinsatz erfordern, daß das Risiko und der zeitliche Verlauf vom Start zum Ziel *minimiert,* sowie das ökonomische Ergebnis *maximiert* werden.

Diesem Minimierungs- bzw. Optimierungsverlangen wird durch den Einsatz entsprechender mathematischer Verfahren (*lineare Programmierung* u.a.) bei den verschiedenen Netzplantechniken Rechnung getragen.

Diese Planungsverfahren wurden insbesondere bei Großprojekten wie z.B. in der Luftfahrtindustrie entwickelt und angewendet. Sie sind u.a. auch ein wichtiger Bestandteil der Entscheidungsvorbereitung — Operations Research.

Netzpläne sind Modelle, die auf Hypothesen beruhen. Natürlich müssen bei ihrer Aufstellung auch äußere Einflüsse und sonstige Bedingungen, wie Kapazität, Arbeitskräfte, Lieferanten usw. in die Überlegungen einbezogen werden. Die Aufstellung von Netzplänen erfordert das Durchdenken von Abläufen unter Einschluß der möglichen Störeinflüsse. Netzpläne machen vor allem die kritischen, die terminbestimmenden Vorgänge, sichtbar, auf die sich schließlich Überlegungen, durch welche Maßnahmen eine Verkürzung der Projektdauer möglich ist, bzw. auf welche Stellen sich die Überwachungsmaßnahmen konzentrieren müssen.

Netzplandarstellungsarten[1]). In *Netzplänen* werden die Ereignisse als Knotenpunkte dargestellt, die durch mit Pfeilen versehene Linien miteinander verbunden werden. Die Verbindungslinien stellen die Tätigkeiten – Aktivitäten – wie z.B. Projektieren, Fertigen, Prüfen usw. dar. (Aufbauend auf diesen Grundüberlegungen wurden verschiedene Verfahren entwickelt, z.B. PERT, CPM[2]) – s. Bild H/21). Ebenso wie bei den Zeitbalken- und Meilensteindiagrammen besteht auch beim Netzplan das Problem in der *Aufstellung* der *Tätigkeiten*, ihrer *Folge* und *Zeitdauer,* sowie in der Überlegung der Maßnahmen, die schließlich zu optimalen Lösungen führen. Dabei stehen neben dem zeit-

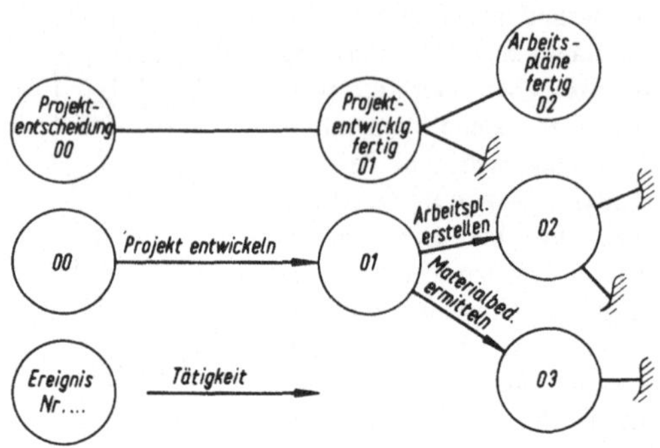

Bild H/21. Systemdarstellung für ereignisorientierte oder tätigkeitsorientierte – aktivitätsorientierte – Netzpläne

lichen Verlauf vor allem Kostenzuwachs und Kapitalbedarf im Mittelpunkt. Das in den Bildern H/19 und H/20 dargestellte System kann diesen Forderungen vor allem hinsichtlich der Verkettung der Vorgänge bzw. der Ereignisse und vor allem die die Gesamtdauer vom Start bis Endziel bestimmenden kritischen Tätigkeiten nur schwer sichtbar machen, und es können kaum mathematische Beziehungen – eine Voraussetzung für die maschinelle Verarbeitung der Daten – aufgestellt werden. Im Wesentlichen bietet dagegen die Netzplantechnik folgende Vorteile:

1. eine große Zahl von Tätigkeiten und die sich aus ihnen ergebenden Ereignisse, sowie ihre *Abhängigkeiten* lassen sich graphisch in übersichtlicher Form darstellen;

2. diejenigen Tätigkeiten, welche hinsichtlich *ihrer Zeitdauer* für das frühmöglichste Erreichen des Endzieles *kritisch* sind, werden besonders sichtbar und sind von Bedeutung für die Überwachung des Ablaufes. Auf sie konzentrieren sich Überlegungen, die eine Verkürzung der Projektdauer zum Ziele haben;

3. die mit dem Projektfortschritt erforderlichen Finanzierungsmittel bzw. die entstehenden Kosten können hinsichtlich Höhe und Zeitpunkt sicherer vorbestimmt und überwacht werden.

Die als *Ereignisse* bezeichneten Ziele werden im Netzwerk als geometrische Figuren – Kreise, Quadrate – markiert, an oder in denen die für das jeweilige Ereignis wichtigen Daten verzeichnet werden. Dabei kommt es darauf an, ein Ereignis genau abzugrenzen und die Ereignisfolgen logisch so festzulegen, daß der Gesamtverlauf störungsfrei vollzogen werden kann (Bild H/22).

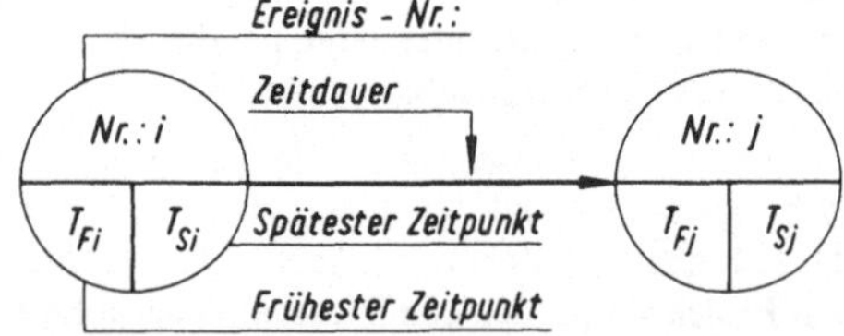

Bild H/22. Anordnung der Daten und Symbole in den Knoten und an den Linien

---

[1]) Es sind Netzplansysteme in großer Zahl entwickelt worden, die im Rahmen dieser Arbeit nicht dargestellt werden können. Die Ausführungen beschränken sich deshalb auf das Grundsätzliche, auf diejenigen Aspekte, welche etwa den Systemen gemeinsam sind.

[2]) PERT-Programm Evaluation and Review Technique, zu deutsch etwa Programm-Planungs- und Überwachungstechnik. CPM-Critical Path Method, heißt Methode des kritischen Pfades.

Tätigkeiten (Aktivitäten) stellen die mit Pfeilen versehenen Verbindungslinien zwischen den einzelnen Ereignissen dar (anders bei CPM). Gegenüber dem Zeitbalkendiagramm müssen jedoch die Linien weder parallel verlaufen, noch müssen sie in einem Zeitmaßstab dargestellt werden. Die Zeitdauer von Ereignis zu Ereignis i, j wird gewöhnlich als Zahl an diesen Linien verzeichnet.

Es werden also unterschieden, *ereignisorientierte* oder *tätigkeitsorientierte* Systeme. Netzpläne sind also so aufgebaut, daß entweder die Ereignisse (PERT) oder die Tätigkeiten (CPM) im Vordergrund stehen (Bild H/21).

Mathematisch-statistische Zusammenhänge. Die *Zeitdauer* als wichtiges Element beim Aufstellen der Netzpläne einer Tätigkeit wird geschätzt oder aufgrund von Erfahrungsdaten (Zeitmessungen oder Momentaufnahmen) unter Hinzuziehung der Wahrscheinlichkeitsrechnung ermittelt. Es werden für die Zeitdauer unterschieden (Bild H/23):

die *optimistische* − kürzeste − Zeitdauer t_o

die *pessimistische* − längste − Zeitdauer t_p

die *wahrscheinliche* Zeitdauer t_m

die *erwartete* Zeitdauer einer Aktivität t_e

die *mittlere* Zeitdauer t_M

Unter der Annahme *asymmetrischer Wahrscheinlichkeitsverteilung* ergibt sich als Näherungswert die Erwartungszeit (gewogenes Mittel)

$$t_e = \frac{t_o + 4 \cdot t_m + t_p}{6},$$

wobei sich errechnen:
die Varianz

$$\sigma_{t_e}^2 = \frac{(t_p - t_o)^2}{36},$$

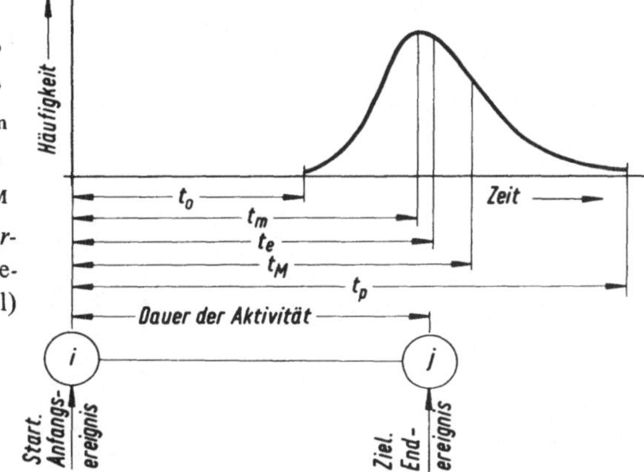

Bild H/23. Wahrscheinlichkeitsverteilung für die Dauer einer Aktivität, zwischen dem Anfangsereignis und dem Endereignis

die Standardabweichung

$$\sigma_{t_e} = \frac{t_p - t_o}{6},$$

und die mittlere Zeitdauer

$$t_M = \frac{t_p + t_o}{2}.$$

Sind also für eine Tätigkeit die Zeitdaten t_o, t_p, t_m bekannt, so ergibt sich die Streuung − Unsicherheit − für die Erwartungszeit zwischen einem Anfangsereignis i und einem Endereignis j

$$t_e \pm \sigma_{t_e}.$$

Schlupf, Pufferzeit und kritische Wege. Den zuvor dargestellten mathematischen Überlegungen zufolge können sich für das Eintreten von Ereignissen (i und j) ergeben:

T_{Fi} bzw. T_{Fj} frühester Zeitpunkt,

T_{Si} bzw. T_{Sj} spätester Zeitpunkt,

Von diesen Daten sind Schlupf, Pufferzeit und insbesondere der *kritische Weg* abhängig.

Der *kritische Weg* ist in einem Netzplan derjenige Weg, der die *kleinste Pufferzeit* hat. Er bestimmt die Gesamtdauer für die Durchführung eines Projektes und damit den Zeitpunkt für das Eintreten eines Zieles, von dem aus durch Rückwärtsrechnung die Pufferzeiten ermittelt und die Knoten terminiert werden können. Der *kritische Weg* steht deshalb im Mittelpunkt der Überwachung, weil insbesondere hier eintretende Verzögerungen im Ablauf das Endziel unmittelbar beeinflussen.

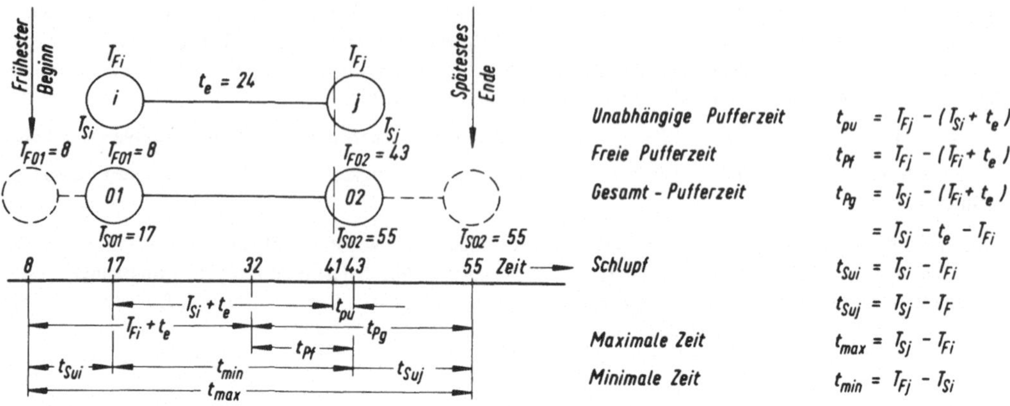

Unabhängige Pufferzeit $t_{pu} = T_{Fj} - (T_{Si} + t_e)$

Freie Pufferzeit $t_{pf} = T_{Fj} - (T_{Fi} + t_e)$

Gesamt-Pufferzeit $t_{pg} = T_{Sj} - (T_{Fi} + t_e)$

$= T_{Sj} - t_e - T_{Fi}$

Schlupf $t_{Sui} = T_{Si} - T_{Fi}$

$t_{Suj} = T_{Sj} - T_F$

Maximale Zeit $t_{max} = T_{Sj} - T_{Fi}$

Minimale Zeit $t_{min} = T_{Fj} - T_{Si}$

Bild H/24. Die wichtigsten Begriffe und Zeiten eines Netzplanes

Die Verhältnisse sind z. B. zwischen dem Ereignis i (01) und dem Folgeereignis j (02) dargestellt (Bild H/24).

Netzplandarstellung (Knoten). Die für den Ablauf wichtigen Daten werden in die Netzpläne eingetragen und der kritische Weg besonders hervorgehoben (Bild H/25). Die wichtigsten Daten werden entweder in die Knoten oder an die Verbindungslinien eingetragen.

In der folgenden Tabelle sind die Ausgangsdaten und die sich daraus ergebenden Puffer- und kritischen Wegedaten errechnet und in Bild H/25 ausgewiesen. Dargestellt sind die zur Abwicklung eines Projektes I/A erforderlichen Aktivitäten in einem Netzplan nach CPM dem der gleiche Ablauf als Zeitbalkendarstellung (nach *Gantt*) gegenübergestellt ist.

i	j	Aktivität	D_{ij}	FS	FE	SS	SE	TP
0	1	Vorklären Projekt I/A	2	0	2	0	2	0
1	2	Beschaffen Fertigungseinrichtung	3	2	5	2	7	2
1	3	Konstruieren Teil C	4	2	6	2	6	0
1	4	Herstellen Prüfeinrichtung	4	2	9	2	11	5
2	4	Fertigen Teil A	4	5	9	7	11	2
2	7	Fertigen Teil B	3	5	8	7	13	5
3	5	Festlegen Prüfmethode Teil C	4	6	10	6	12	2
3	6	Fertigen Teil C	6	6	12	6	12	0
4	8	Funktionsprüfung Teil A	3	9	12	11	14	2
5	6	- Scheintätigkeit -	0	10	12	12	12	2
6	9	Funktionsprüfung Teil C	4	12	16	12	16	0
7	8	Prüfung Teil B	1	8	12	13	14	5
8	9	Montieren Teilprojekt D aus Teil A und B	2	12	16	14	16	2
9	10	Montieren Projekt I/A aus D und C	3	16	19	16	19	0
10	11	Abnahmeprüfung Projekt I/A	1	19	20	19	20	0

Nach CPM bedeuten

$D_{i,j}$ Dauer einer Aktivität

FE Frühester Endzeitpunkt

SE Spätester Endzeitpunkt

FS Frühester Startzeitpunkt

SS Spätester Startzeitpunkt

TP Totale Pufferzeit

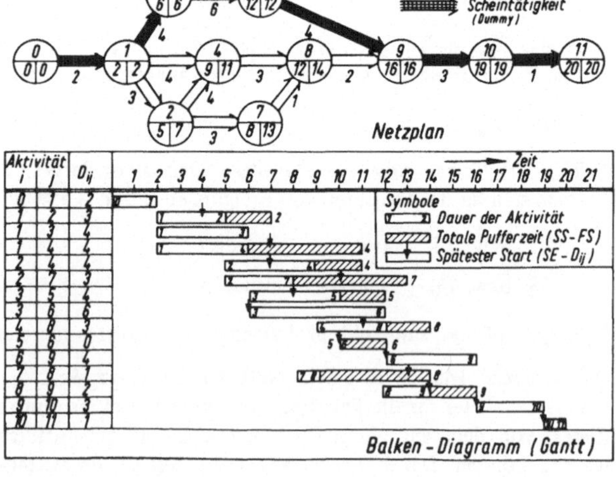

Bild H/25. Netzplan und Balkendiagramme nach *Gantt*

5. Kapazitätsplanung

a) Zeitlicher Ablauf und Kapazität

Die Lösung von Aufgaben setzt die notwendige, aus Menschen und Betriebsmitteln bestehende Kapazität voraus. Zwischen den zur Durchführung eines Projektes erforderlichen Abläufen und Zeiten einerseits und der Kapazität andererseits bestehen unmittelbare Wechselbeziehungen (siehe auch Band III).

Unter *Kapazität* werden die für die Durchführung einer Aufgabe *erforderlichen Betriebsmittel* nach *Art* und *Menge* und die notwendigen *Menschen* mit ihrem Leistungsangebot, d.h. ihren Kenntnissen und Fertigkeiten verstanden.

Bei der Erstplanung der Kapazität eines Arbeitssystemes ergeben sich für bestimmte Mengenanforderungen aus den geplanten Abläufen, den dafür erforderlichen Belegungszeiten je Mengeneinheit unter Berücksichtigung von möglichen Störungszeiten die qualitativen und quantitativen Soll-Kapazitätsdaten.

Bei einer vorhandenen Kapazität muß sich jedoch die Planung des Durchlaufes an den bestehenden Kapazitätsdaten und der Auslastung der Kapazität orientieren, d.h. der Ablauf muß sich nach Inhalt und zeitlicher Folge nach der vorhandenen freien Kapazität richten. Besondere Probleme ergeben sich deshalb in der Einzel- und Serienfertigung, wenn der zeitliche, den Termin bestimmende Ablauf festzulegen ist, bei dem die Kapazitätsbelegung berücksichtigt werden muß. Beeinflußt wird die Planung dann, wenn sich das Produktionsprogramm nach Art und Menge von Periode zu Periode und zugleich

die Ablaufstruktur nach Betriebsmittelart und Belegungszeit ändert, und zudem noch die Abläufe nicht voraussehbare Störungen aus den verschiedensten Ursachen erfahren, so daß die Abstimmung der Belegungszeitpunkte immer erneut vorgenommen werden muß.

Die Kapazität kann in verschiedenen Maßstäben, insbesondere im Mengen-, Geld- oder *Zeitmaßstab* (Fertigungsstunden) gemessen werden.

Die Kapazität muß je nach dem Genauigkeitsgrad der Planung in Teilkapazitäten aufgeteilt werden. Nur so werden vor allem Kapazitätsengpässe sichtbar.

Für eine Grobplanung, wie sie z.B. für die Ausarbeitung eines Angebotes notwendig ist und die stets mit einer Terminplanung verbunden ist, kann eine Gesamtkapazitäts- und Belegungsplanung ausreichend sein. Hier kann als Maßstab u.U. auch der Geldmaßstab (Umsatz) gewählt werden (Bild H/27).

Die Qualität der Kapazitätsplanung entscheidet über Menge und Qualität der Erzeugnisse und die Liefer-

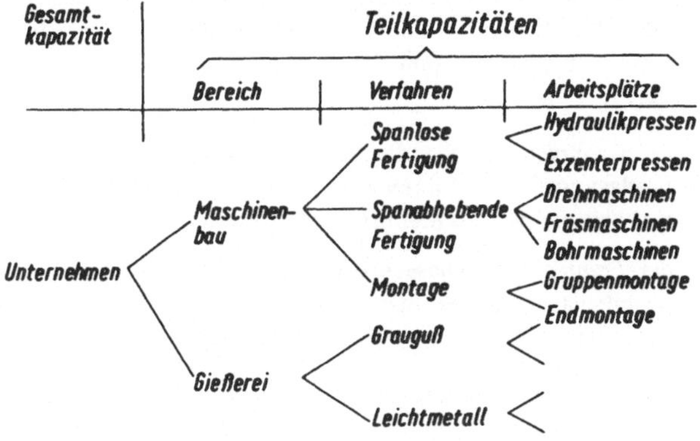

Bild H/26. Gliederung der Kapazität in Teilkapazitäten

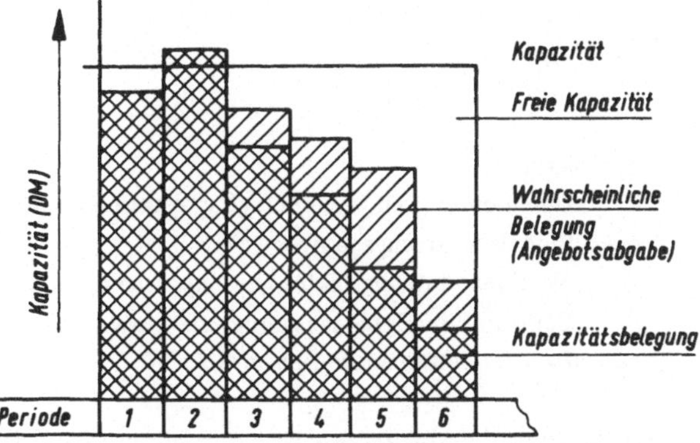

Bild H/27. Kapazität und Kapazitätsbelegung im Geldmaßstab

zeit einerseits und zugleich andererseits über die Wirschaftlichkeit und die Rentabilität des eingesetzten Kapitals, denn durch sie werden die Verfahren – Betriebsmittel – nach Art und Menge ermittelt. Siehe auch Kapazitätsbelastung (Bilder J/2 bis J/4, L/6 bis L/8).

α) Planung des Betriebsmittelbedarfes – Arbeitsplätze und Maschinen –

Das Leistungsvermögen eines Betriebes ist u. a. von der Art und der Anzahl der Produktionseinrichtungen abhängig. Da zwischen der technischen und der wirtschaftlichen Leistung und der Beschäftigung einer Anlage Wechselbeziehungen bestehen, ist es nicht nur wesentlich, die geeigneten Produktionseinrichtungen zu planen, sondern sie auch in den richtigen Mengen so zu ermitteln, daß einerseits die absetzbaren Gütermengen mit Sicherheit preiswürdig hergestellt und andererseits ihre kontinuierliche Nutzung gewährleistet ist. Überkapazität ist ebenso verhängnisvoll wie der Kapazitätsmangel. Kapazität und voraussichtliche Nutzung müssen so miteinander abgestimmt sein, daß neben dem wirtschaftlich erzielbaren Optimum der Kundenkreis befriedigt werden kann.

Betriebsmittelplanung und *Raumplanung* müssen schließlich auch die menschlichen Belange berücksichtigen. Die technische Planung bestimmt zwar die Anzahl der Betriebsmittel und damit auch den erforderlichen Raum, das Ergebnis des Arbeitsprozesses ist aber nicht nur von den technischen Einrichtungen, sondern auch von den Menschen abhängig. Deshalb muß zur Erhaltung der Leistungsfähigkeit des Menschen dafür gesorgt werden, daß die Erfordernisse nach ungehinderter unfallsicherer Bewegungsmöglichkeit des Menschen sowie guter Belüftung, Beleuchtung und geringer Lärmentwicklung erfüllt werden. Die Einplanung von arbeitsentlastenden Fördermitteln, die zugleich dem reibungslosen Materialfluß dienen, ist von besonderer Bedeutung. Die Planungsarbeiten müssen sich in gleicher Weise auf die unmittelbaren und die mittelbaren Arbeitsvorgänge erstrecken. Es kann unterschieden werden zwischen

1. der *Grobplanung*. Sie dient zunächst der Ermittlung der Größenordnung einer Anlage sowie der Festlegung der Verfahren in groben Zügen. Ihr folgt nach den von der Betriebsleitung getroffenen Beschlüssen die Durchführung der genauen Planung des Projektes.

2. der *Feinplanung*. Diese erstreckt sich auf die Ermittlung von Art und Anzahl der erforderlichen Arbeitsplätze und Betriebsmittel und, soweit es sich um die Maschinen und Apparate handelt, insbesondere auch um ihre räumliche Anordnung (siehe Fertigungsprinzipien).

Während die Grobplanung mit spezifischen Werten arbeitet, bilden für die Feinplanung die Arbeitspläne und die im Bauprogramm festgelegten Produktionsmengen die Planungsgrundlagen. Aufgrund der in den Arbeitsplänen festgelegten Betriebsmittel und Fertigungszeiten je Erzeugniseinheit errechnet sich die Anzahl der Betriebsmittel

$$n_{\mathrm{B}} = \frac{m_{\mathrm{S}} \cdot T_{\mathrm{e}}}{A_{\mathrm{r}}} \cdot \frac{1}{f_{\mathrm{BM}}} \cdot \frac{1}{\dfrac{Z_{\mathrm{t}}}{100}} \; .$$

A_{r} Arbeitszeit

T_{e} Durchschnittszeit je Einheit (Kapazitätsbelastungszeit je Einheit)

m_{S} Produktionsmenge je Arbeitszeit

f_{BM} Maschinennutzungsfaktor (Er berücksichtigt die nicht vermeidbaren Brachzeiten)

Z_{t} Zeitgrad (%) (Er berücksichtigt die Auswirkung des menschlichen Leistungsgrades auf die Zeit)

n_{B} Zahl der einzelnen Betriebsmittel.

Der Maschinennutzungsfaktor f_{BM} ist ein Erfahrungswert, der auf statistischem Wege gefunden werden kann. Der Zeitgrad ergibt sich aus der Zeitstatistik (siehe auch Band II und Band III).

β) Planung des Arbeitskräftebedarfes

Diese Planungsarbeiten müssen zwei Forderungen erfüllen. Zunächst gilt es den Gesamtbedarf an Arbeitskräften zu unterteilen, denen die unmittelbaren und die mittelbaren Aufgaben zugeteilt werden. Diese müssen schließlich weiter hinsichtlich der Anforderungen an das Können und die sonstigen Fähigkeiten aufgrund der den Personen zugeordneten Funktionen aufgeteilt werden (siehe Band II Arbeitsbewertung – Anforderungsermittlung –).

Für die Ermittlung des Bedarfes der mit den unmittelbaren Aufgaben beschäftigten Personen bilden die Arbeitspläne und die Produktionsmengen einer Periode die Grundlage, auf die sich die Rechnung bezieht. Schon bei der Entwicklung der Arbeitspläne muß auch auf die Arbeitsmarktsituation Rücksicht genommen werden. Die Überlegungen bei der Fertigunsplanung erstrecken sich deshalb nicht nur darauf, den Arbeitsvorgang nach rein ökonomischen Gesichtspunkten zu gestalten, sondern zugleich die Arbeitsanforderungen, die die Arbeitsverrichtungen an den Menschen stellen, zu berücksichtigen. Bei bestehendem Mangel an Facharbeitskräften muß die Planung die Arbeitsabläufe so gestalten, daß sie nach einer entsprechenden Anlernzeit möglichst auch von jedem Menschen ausgeführt werden können. Bei der Ermittlung der Arbeitskräfte sind außer den Erzeugungsmengen und den auf die Normalleistung bezogenen Fertigungszeiten zu berücksichtigen:

1. die beim Einlauf einer neuen Fertigung erforderlichen Mehrzeiten. Diese Zeitbeträge haben ihre Ursache im menschlichen und sachlichen Bereich. Im menschlichen Bereich sind sie durch die Einarbeit, das Eingewöhnen in die neuen Arbeitsbedingungen und die Einübung erforderlich, die insbesondere bei der Serien- und Massenfertigung einen großen Einfluß haben. Die Einarbeit ist hingegen von besonderer Bedeutung beim Einsatz von neu eingestellten Arbeitskräften.

   Im sachlichen Bereich gibt es eine größere Anzahl Ursachen, die in ihrer Art und Zeitdauer von der Größe des Betriebes, der Art und Größe der Produkte, den Qualitätsanforderungen, den Fertigungsverfahren und -methoden und auch von der Steigerung der Ausbringung von Periode zu Periode abhängig sind. Sie entstehen also vorzugsweise in der Serien- und Massenfertigung und haben z.B. ihre Ursachen in mangelhaften Zeichnungen, fehlenden Hilfsmitteln, Mängeln an den Vorrichtungen und Werkzeugen, in der Verwendung anderer als der geplanten Werkstoffarten sowie in Störungen, die durch Mängel in der Organisation verursacht wurden.

2. die durch den gesetzlichen Urlaub und durch Krankheit entstehenden Ausfälle. Da der Urlaub und die Ausfälle durch Krankheit sich nicht gleichmäßig über das ganze Jahr verteilen, muß dies bei der Gestaltung des Bauprogramms dadurch berücksichtigt werden, daß in diesen Perioden die Ausbringungszahlen entsprechend vermindert oder, wenn die Möglichkeit gegeben ist, zusätzliche Arbeitskräfte eingestellt werden.

Die zur Durchführung der mittelbaren Aufgaben erforderliche Personenzahl wird summarisch ermittelt. Dabei kann entweder von prozentualen Verhältniszahlen ausgegangen werden oder die Anzahl der in den einzelnen Bereichen zu besetzenden Arbeitsplätze individuell bestimmt werden. Die prozentuale Verhältniszahl dient außerdem der Überwachung der Personalentwicklung.

In Einzelfällen wird auch vom Arbeitsanfall ausgegangen. Der Anteil der in diesem Bereich Beschäftigten nimmt ständig zu. Diese Arbeitsaufgaben und die sich daraus ergebenden Arbeitsanforderungen sind deshalb in verstärktem Maße Gegenstand von Untersuchungen. Spezialuntersuchungen werden insbesondere im Bereich der Bürotätigkeit durchgeführt, um die Arbeiten mehr als bisher zu mechanisieren. Dabei sollen Personal- und Kosteneinsparungen erzielt und vor allem der Arbeitsfluß beschleunigt werden. Aus diesen Studien werden die Besetzungspläne und damit der Personalbedarf konkret ermittelt.

γ) Planung des Raumbedarfes

Diese Planung befaßt sich mit der Festlegung der Betriebsstätten einer Unternehmung in geographischer Hinsicht – dem Standort, sowie der Ermittlung der Größe und Gestaltung der Räume und der Lage der Räume zueinander.

Die Raumplanung ist eine Teilplanung der Gesamtplanung eines Produktionssystems und ist mit der technologischen und der Ablaufplanung eng verknüpft. Sie muß jedoch nicht nur diese und die wirtschaftlichen Erfordernisse, sondern die vielfältigen Bedingungen, die sich aus der Forderung nach einer menschengerechten Gestaltung der Arbeit ergeben, erfüllen. Die Schwerpunkte liegen in der Arbeitsstrukturierung, Ergonomie und Anthroprometrie.

Durch die *Arbeitsteilung,* die geplanten Betriebsmittel nach Art und Anzahl, die festgelegten *Ablaufprinzipien* und die gesetzlichen Vorschriften sind die Bemessung und Gestaltung der Räume und ihre Anordnung weitgehend vorbestimmt.

Die Qualität der Raumplanung bestimmt nicht nur den reibungslosen und wirtschaftlichen Ablauf, sondern sie entscheidet maßgeblich über die Arbeitssicherheit und die Belastung des Menschen und beeinflußt so die das Arbeitsergebnis bestimmende Leistungsbereitschaft.

b) Planungsgrundsätze – Standort –

Die Raumplanung ist von der Produktionsaufgabe und dem Produktionsvorgang abhängig und wird von der Art und Menge der Erzeugnisse, den vorgesehenen Fertigungsverfahren und Fertigungsprinzipien beeinflußt. Die Planung einer Anlage wird meistens parallel zur Entwicklung der Erzeugnisse vorgenommen. Es kann unterschieden werden:

1. die übergeordnete Planung, die sich mit der Wahl des Standortes, der Anordnung der Gebäude und Räume zueinander und

2. die Planung, die sich mit der Raumaufteilung und der Anordnung der Betriebsmittel und Arbeitsplätze befaßt (siehe Ablaufprinzipien).

Die Auswahl des Standortes einer Anlage richtet sich nach dem Vorhandensein der erforderlichen Produktionsfaktoren und der notwendigen Dienstleistungen bzw. danach, ob dieselben mit dem geringsten Aufwand der Produktionsstätte zugeführt werden können. Dabei kann entweder der Bedarf an Energie und Arbeitskräften sowie die vorhandenen Transportmöglichkeiten und schließlich die Entfernungen zu den Absatzmärkten und Beschaffungsmärkten für die Wahl des Standortes maßgebend sein. Abhängig ist die Orientierung nach diesen Gesichtspunkten davon, welchen Anteil sie an den Produktionskosten haben. Bei der Planung einer Produktionsanlage sollte stets an die Zukunft gedacht, die Räume so bemessen, angeordnet und gestaltet werden, daß eine Erweiterung möglich ist ohne daß gleichzeitig wesentliche Umbauten vorgenommen werden müssen oder daß gar der Abbruch von Gebäuden oder Gebäudeteilen erforderlich wird. Da die wirtschaftliche Entwicklung auch in Zukunft mit einem sich steigernden Tempo vonstatten gehen wird, ist die Anpassung an neue Gegebenheiten auch in Zukunft wahrscheinlich öfter notwendig, als dies in der Vergangenheit der Fall war. Das Lieferprogramm unterliegt nämlich einem ständigen Wandel und macht deshalb, abgesehen von der Tatsache, daß aus Wettbewerbsgründen die Betriebsmittel ohnehin in kürzeren Zeiträumen durch neue ersetzt werden müssen, den Einsatz weiterer und wirtschaftlicher arbeitender Maschinen und sonstiger Einrichtungen notwendig.

Zu großzügig geplante Räume können einerseits die Kosten infolge von zu hohem Kapitaldienst, zu großen Abschreibungen, Instandhaltungs- und Betriebskosten erheblich vergrößern, während andererseits zu eng geplante Räume den Produktionsablauf und die Kapazitätsausweitung behindern. Oft werden die durch zu enge Räume entstehenden zusätzlichen *Kosten in ihrer wahren Größe überhaupt nicht oder nur fehlerhaft erfaßt.* Es entsteht auch hinsichtlich der Auswirkung in wirtschaftlicher Beziehung ein falsches Bild.

c) Räumliche Anordnung der Arbeitsplätze – Materialfluß – Transport – [1]

Die Anordnung der Räume zueinander richtet sich nach dem Fertigungsfluß vom Eingang des Rohstoffes bis zum Ausgang des Fertigerzeugnisses. Dabei kommt es darauf an, daß auch die einzelnen Arbeitsplätze innerhalb der Räume so angeordnet sind, daß der Stoff von Arbeitsvorgang zu Arbeitsvorgang unter Zurücklegung der geringsten Wegstrecken transportiert werden kann. An den Arbeitsplätzen ist

---

[1] Siehe H.4.a) ... d). Ablaufplanung: Arbeitsteilung, Arbeitsprinzip, Arbeitsplatzanordnung.

genügend Abstellfläche für die Lagerung des zu verarbeitenden Werkstoffes sowie der Vorrichtungen und Werkzeuge vorzusehen, damit die Arbeit ungehindert und unfallsicher verrichtet werden kann.

Hinsichtlich der Planungsdurchführung selbst kann zwischen der Überschlagsplanung und der Feinplanung unterschieden werden. Während die Überschlagsplanung mit spezifischen Werten (m^2 pro Beschäftigten, m^2 pro Erzeugungseinheit usw.) arbeitet, muß die Feinplanung von den Fertigungsplänen ausgehend den Arbeitsablauf im einzelnen berücksichtigen. Dabei bedient man sich bei größeren Objekten maßstabgetreuer räumlicher Modelle. Die Grobplanung dient vor allem einer ersten Überschlagsrechnung, die auch zur Ermittlung einer ersten Kapitalbedarfsplanung verwendet werden kann.

Zunächst geht es darum für die Bemessung und Auswahl der Transportmittel die Art Menge,

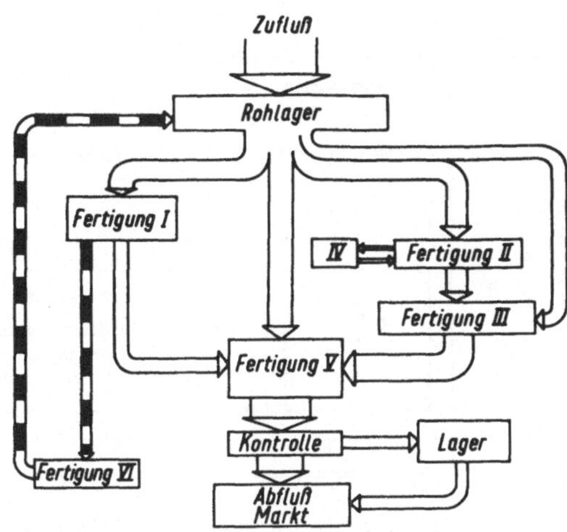

Bild H/28. Materialströme innerhalb des Fertigungsflusses

Abmessungen der Güter und den Verlauf des Güterstromes zu ermitteln (Bild H/28). Danach sind die Anordnung der Maschinen und Transportmittel maßstabgerecht in den Räumen vorzunehmen. Prinzipdarstellung zeigt Bild H/29.

Die Raumplanung wird bei einer Serienfertigung stets bessere Lösungsmöglichkeiten ergeben, als dies bei der Einzelfertigung möglich ist. Dies trifft in besonderem Maße für die Gestaltung des Fertigungsflusses zu (Bild H/30).

Vor allem müssen jedoch auch die mittelbaren Tätigkeiten in die Raumplanung einbezogen werden. Es geht auch hier um die sinnvolle und fertigungsnahe Einordnung dieser Arbeitsplätze (Planung, Steuerung, Überwachung) (siehe auch Band III Bilder 2 und 7, Tabelle 9).

Einfluß auf die Gestaltung der Gesamtanlage sowie die Anordnung der einzelnen Räume zueinander hat schließlich auch die Art des Produktes, nämlich hinsichtlich seiner Abmessung und seines Gewichtes. Schwere Gegenstände werden des Transportes und der Belastbarkeit der Gebäudedecken wegen vorzugsweise zu ebener Erde gefertigt, während kleinere Gegenstände auch in übereinander angeordneten Räumen wirtschaftlich transportiert werden können. Die Transportmöglichkeit und die Auswahl geeigneter Transportmittel sind, da die Transportkosten u.U. eine erhebliche Bedeutung haben können, bevorzugt in die Raumplanung einzubeziehen. Schließlich sind die Arbeitsplätze unter Beachtung der Grundsätze der Arbeitsstrukturierung in die Räume einzuordnen (Bild H/31).

Bild H/29

Anordnung der Betriebsmittel und der Transporteinrichtungen

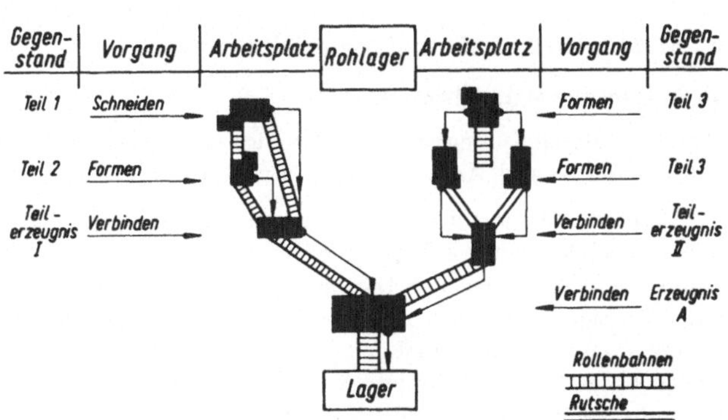

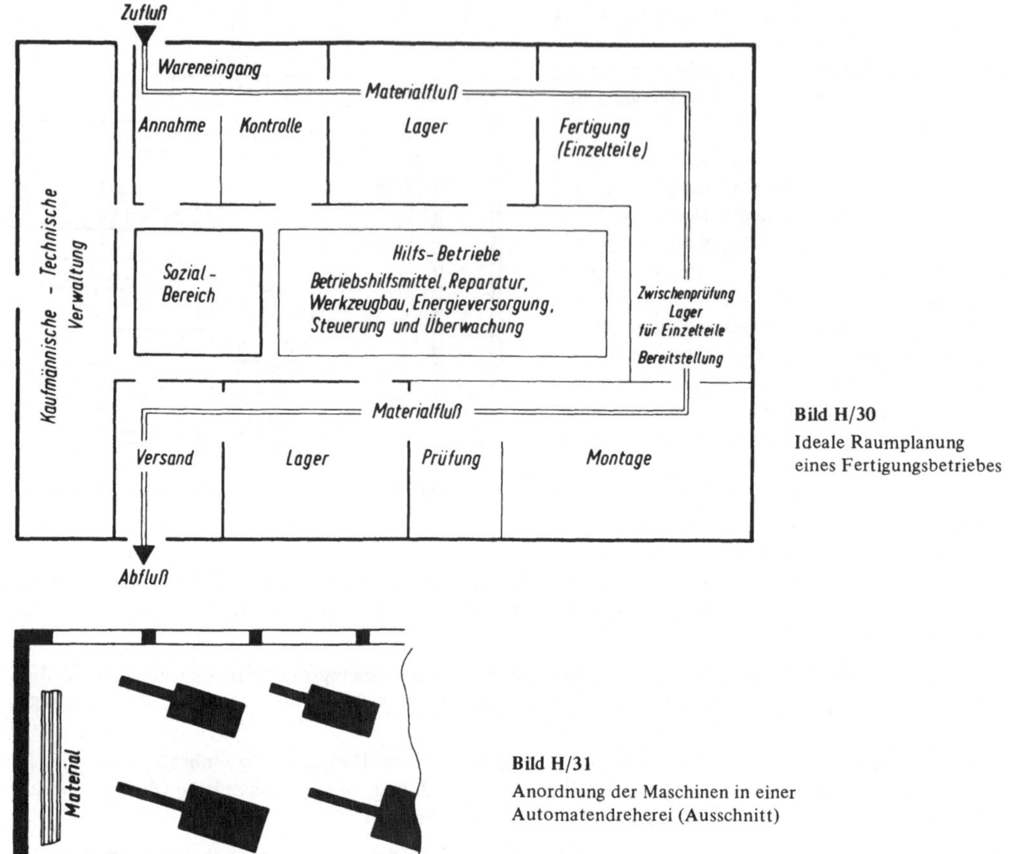

Bild H/30
Ideale Raumplanung
eines Fertigungsbetriebes

Bild H/31
Anordnung der Maschinen in einer
Automatendreherei (Ausschnitt)

Auf die Beleuchtung, Belüftung, Beheizung usw. wurde bereits an anderer Stelle hingewiesen, auch die *Farbgestaltung* der Räume kann einen bedeutenden Einfluß auf die Arbeitsleistung der beschäftigten Personen ausüben.

6. Materialwirtschaft und Materialplanung

a) Aufgabe der Materialwirtschaft

Ziel der Materialplanung ist die Ermittlung des zur Erstellung der Leistung — des Erzeugnisses — erforderlichen Materials nach Art und Menge unter Beachtung wirtschaftlicher und terminlicher Gesichtspunkte.

Die *Materialwirtschaft* hat, abhängig von der Art und Zusammensetzung des Erzeugungsprogrammes und je nachdem ob die Produktion materialintensiv ist oder nicht, bei der Leistungserstellung eine unterschiedliche Bedeutung. Die Materialwirtschaft beeinflußt die Rentabilität des Leistungsprozesses und die Liquidität des Unternehmens. Zu hohe Materialbestände und zu frühzeitige Bereitstellung sichern zwar einen reibungslosen Fertigungsablauf, sie binden jedoch das Kapital unnötig und verursachen Kapitalkosten außerdem Verwaltungs- und Raumkosten. Die Materialplanung und -disposition hat deshalb auch einen wesentlichen Einfluß auf die wirtschaftliche Entwicklung eines Betriebes.

Dem Bereich, der sich mit dem Produktionsfaktor Material befaßt, ist eine große Anzahl Funktionen, die unter der Bezeichnung Materialwirtschaft zusammengefaßt werden können, zugeordnet. Diese Funktionen können gegliedert werden in:

1. die Materialplanung,
2. die Materialdisposition,
3. die Materialbeschaffung,
4. die Materialverwaltung, umfassend die Mengen- und Qualitätsprüfung und die Lagerung. (III. L.)

Die Einordnung dieser Aufgaben in die Hauptaufgabenbereiche der Organisation ist in der Wirtschaft keineswegs einheitlich. Während die Materialplanung, darunter wird die Bedarfsermittlung verstanden, oft dem technischen Bereich, der Arbeitsvorbereitung zugeteilt ist, wird die Beschaffung des Materials meistens dem kaufmännischen Bereich zugeordnet. Die Beschaffung obliegt dem Einkauf. Ihm ist oft auch der mit der Mengen- und Qualitätsprüfung beauftragte *Wareneingang* und das Materiallager unterstellt. Der Einkauf ist das verbindende Glied zwischen dem Materialanforderer und dem Materiallieferanten. Er schließt mit dem Lieferanten die Lieferverträge ab und ist für den rechtzeitigen Materialeingang verantwortlich. Das *Materialwesen* hat den Produktionsfaktor Material zu bewirtschaften. Auf den Einfluß der Materialbestände und ihre Bewertung auf die Bilanz, die Rentabilität und Wirtschaftlichkeit sei hiermit erneut hingewiesen (siehe II. B. 4., III. J. 2. e., Bild H/32, H/33, J/6, Band III).

Die Materialdisposition wird hingegen entweder dem einen oder dem anderen Bereich zugeteilt. Da die rechtzeitige Bereitstellung des Materials über den Fertigungsbeginn bestimmt, ist sie zugleich auch eine der wesentlichsten Voraussetzungen zur termingerechten Befriedigung des Kunden.

b) Materialplanung

Es wird zwischen *Fertigungsmaterial, Fertigungshilfsmaterial* und *Betriebshilfsmaterial* unterschieden.

Der Fertigungshilfs- und Betriebshilfsmaterialbedarf umfaßt diejenigen Materialarten und Mengen, die zum Betrieb der Produktionseinrichtungen notwendig sind.

Für diese Hilfsmaterialarten ist kennzeichnend, daß sie durch den Fertigungsprozeß nicht zu verkaufsfähigen Gütern umgeformt werden. Sie sind zwar nur mittelbar an der Güterproduktion beteiligt, können jedoch ebenfalls einen erheblichen Anteil an den Gesamtkosten beanspruchen.

Die *Bedarfsplanung des Fertigungsmaterials* kann zunächst, insbesondere bei der Serienfertigung, unabhängig vom Fertigungsprogramm vorgenommen werden. Für eine bestimmte Fertigungsstückzahl, die gewöhnlich mit der Losgröße übereinstimmt, werden die Einheitsmengen aufgrund der Fertigungsstückliste festgelegt (siehe Bild H/4 sowie Band III).

Es wird dabei zwischen Fertigteilen und Rohmaterial unterschieden. Diese Fertigteile können entweder ständig im fertigen oder im halbfertigen Zustand bezogen werden. Es handelt sich dabei meistens um Gegenstände, die aus wirtschaftlichen Gründen grundsätzlich (Normteile) von auswärts bezogen oder Gegenstände, die mangels geeigneter eigener Produktionsanlagen nicht selbst gefertigt werden können. Schließlich werden auch Gegenstände wegen zu geringer Kapazität von Zulieferanten bezogen, obwohl sie auch ebenso wirtschaftlich im eigenen Hause gefertigt werden könnten.

Der Materialbedarf wird entweder in Listen- oder in Karteiblattform nach Materialart, -form und -abmessung geordnet und zusammengestellt. Oft dienen die gleichen Formulare auch den Dispositionen; auf diesen werden dann auch die Bestellungen und die Bestände verzeichnet. In größeren Betrieben werden diese Vorgänge zuverlässig und schnell auf maschinellem Wege vorgenommen.

7. Kapitalbedarfsplanung

Ohne Zweifel muß eine Unternehmung stets eine genaue Übersicht über den Bedarf an Kapital haben, denn nur dann, wenn für die Durchführung des Produktionsprozesses das Kapital rechtzeitig in der richtigen Höhe zur Verfügung steht, ist der reibungs- und verlustlose Ablauf der Arbeitsvorgänge gesichert (siehe Band III).

144 H. Planung

Durch den Finanzplan werden Zeitpunkt und Höhe des Kapitalbedarfes für das Fertigungsprogramm festgestellt. Er gibt zugleich einen Überblick über die Liquidität und die wirtschaftliche Entwicklung und läßt auch Schlüsse über den zu erwartenden Erfolg zu. Eine kontinuierliche Produktion ist nur dann gewährleistet, wenn Zufluß und Abfluß der Zahlungsmittel im gleichen Rhythmus verlaufen.

Bedeutende Unterlagen zum Aufstellen eines Finanzplanes liefern die Arbeitsvorbereitung und die für den Absatz der Produktion verantwortlichen Bereiche. Der Finanzbedarf ergibt sich aus der Gegenüberstellung der aus dem Absatz der Erzeugnisse zu erwartenden Einnahmen sowie des Zuflusses an Kapital aus anderen Finanzquellen, und aus den voraussichtlichen sich aus dem Produktionsprozeß ergebenden Zahlungsverpflichtungen.

Der Finanzplan kann in graphischer und tabellarischer Form ausgeführt werden. Bild H/32 zeigt die Tabellenform eines Finanzplanes. (II. B. 4., Bild H/17 sowie Band III.)

Finanzplan für das Fertigungsprogramm Nr. 005 (1000 DM)

| Monat | Soll/Ist | Geldmitteleingang aus Erzeugnisgruppe | | | | Fremdfinanzierung | Summe 5 bis 6 | Geldmittelbedarf einmaliger Art | | | Geldmittelbedarf laufender Art (Produktion) | | | | Summe 11 bis 14 | Summe 10+15 | Finanzbedarf Unterdeckung | | Finanzbedarf Überdeckung | |
		A	B	C	Summe 2 bis 4			Investitionen	Entwicklung	Summe 8 bis 9	Materialkosten	Personalkosten	Betriebskosten	Sonstige Kosten			Spalte 16 minus 7	Gesamt	Spalte 7 minus 16	Gesamt
Spalte	1	2	3	4	5	6	7	8	9	10	11	12	13	14	15	16	17	18	19	20
Januar	Soll	60	18	285	363	50	413	22	28	50	110	125	87	46	368	418	5			
	Ist	65	15	279	359	45	404	20	25	45	108	126	85	47	366	411	7			
Februar	Soll	52	16	272	340	20	360	12	6	18	90	105	76	43	314	332			28	23
	Ist	56	19	278	353	22	375	14	9	23	92	108	79	41	320	343			32	25
März	Soll	72	24	310	406	–	406	11	12	23	140	135	82	51	408	431	25	2		
	Ist	74	21	318	413	3	416	10	11	21	145	137	83	52	417	438	22			3

Bild H/32. Finanzplan in Tabellenform

Das Aufstellen eines Finanzplanes ist je nach der Betriebsgröße und der Zusammensetzung des Bauprogrammes oft eine recht aufwendige Arbeit, da zunächst die voraussichtlichen Einnahmen und Ausgaben nach der Höhe und der zeitlichen Folge für die einzelnen Produkte ermittelt werden müssen. Dabei erfolgt der Geldrückfluß — das sind die eingehenden Zahlungen — aufgrund der ausgelieferten Bestellungen verzögert und keineswegs immer in einem gleichbleibenden Rhythmus. Aus der Differenz der Einnahmen und Ausgaben entwickelt sich die Liquiditätssituation. Die Aufstellung eines Finanzplanes ist stets mit einem Risiko verbunden, da der Zeitpunkt und die Höhe der zu erwartenden Zahlungen im voraus nicht immer genau genug ermittelt werden können, sondern auch auf Schätzungen, insbesondere auch des voraussichtlichen Absatzes beruhen. Da die Liquiditätssteigerung oder -minderung die Entfaltung der wirtschaftlichen Tätigkeit der Unternehmung beeinflussen, ist die Beobachtung der Entwicklung der finanziellen Situation besonders wichtig. Die Grundlage zum Aufstellen des Finanzplanes bilden der Absatzplan und der sich daraus ergebende Produktionsplan. Da der Produktionsplan nicht nur die Kundenbestellungen, sondern auch die Vorratsdispositionen umschließt, können sich Liquiditätsschwierigkeiten dann ergeben, wenn die Vorratsdispositionen falsch waren und sich der Absatz nicht in der geplanten Weise entwickelte oder wenn der Produktionsprozeß nicht wirtschaftlich verlief.

Der Gesamtplan entsteht aus einer Anzahl von Teilplänen. Zunächst muß nämlich der Bedarf an Finanzmitteln für die einzelnen Produktionsbereiche, die Erzeugnisgruppen und sogar die einzelnen Erzeugnisse ermittelt werden.

Die voraussichtlichen Einnahmen ergeben sich

1. aus den voraussichtlichen Zahlungseingängen für die ausgelieferten Kundenbestellungen. Diese Posten bilden die sichere Grundlage über die zu erwartenden Einnahmen, da Zahlungsausfälle einzelner, in Liquiditätsschwierigkeiten geratener Kunden nur gelegentlich vorkommen;

2. aus dem geschätzten zusätzlichen Absatz. Diese Zahlenwerte beruhen auf den aus der Verkaufsstatistik gewonnenen Zahlenwerten und beinhalten stets ein Risiko.

Die voraussichtlich erforderlichen Mittel ergeben sich im wesentlichen aus den Ausgaben, die die Bereitstellung der Produktionsfaktoren erfordern. Sie werden aufgrund des Produktionsplanes errechnet.

Die Voraussetzung zur Ermittlung der zu erwartenden Ausgaben für die einzelnen Produktarten bilden u.a. die Fertigungsstücklisten, Materialbedarfslisten und -pläne, Terminpläne und die Arbeitspläne. In letzteren sind die erforderlichen Zeiten sowie der die Fertigungslohnkosten beeinflussende Arbeitswert und die Betriebsmittel festgelegt.

Die voraussichtlichen Ausgaben setzen sich zusammen aus:

1. den Mitteln, die zur Finanzierung der laufenden Produktion mit den vorhandenen Produktionseinrichtungen erforderlich sind. Zu ihnen zählen die unmittelbar zur Erzeugung der Güter erforderlichen Beträge zur Beschaffung der Werkstoffe, zur Bezahlung der Löhne und Gehälter und schließlich aller sonstigen zum Betrieb der Anlagen notwendigen Sachmittel, wie Hilfsstoffe, Energie, Werkzeuge und dgl. (variabler Kapitalbedarf siehe auch Band II u. III);

2. den Mitteln, die zur Finanzierung geplanter und zusätzlich notwendiger Produktionseinrichtungen sowie für die Entwicklung neuer Produkte oder zur Steigerung des Ausstoßes erforderlich sind. Im Gegensatz zu den unter 1. genannten laufend erforderlichen Mitteln, die sich aus dem Geldrückfluß der an den Markt abgegebenen Leistungen selbst finanzieren, handelt es sich hier um einmalige Finanzierungsvorgänge. Sie können entweder aus den erzielten Überschüssen der eigenen Leistungen oder auch aus fremden Kapitalquellen vorgenommen werden (fixer Kapitalbedarf).

Von der Präzision, mit der die in diesen Unterlagen festgelegten Werte errechnet wurden, sowie von der Steuerung des Arbeitsablaufes, derart, daß die Terminpläne und die errechneten wirtschaftlichen Daten auch eingehalten wurden, hängt es ab, wie weit sich innerhalb einer Periode Soll und Ist der einzelnen Planungswerte decken und somit auch die Liquidität gesichert ist (siehe Bild H/17, Abschn. B und C).

8. Fertigungsplanung

a) Planungsanstoß und Auftragsdurchlauf

Die Fertigungsplanung ist Teil der Gesamtplanung. Im engeren Sinne befaßt sie sich mit der Planung der Abläufe im Makrobereich, insbesondere jedoch auch im Mikrobereich. Ihre wichtigsten Aufgaben bestehen in der Erstellung der *Arbeitspläne,* der *Bedarfspläne,* der *Fristenpläne* und schließlich weiterer Nebenpläne, die insbesondere notwendig sind zur Ermittlung der in den Arbeitsplänen enthaltenen Daten (siehe Band II und III).

Aus diesen Plänen entstehen die für die Steuerung der Fertigung notwendigen Unterlagen, wie die Werkstattaufträge mit den Begleitpapieren, die zugleich wichtigste Datenträger auch für die Überwachung des Ablaufes in zeitlicher und wirtschaftlicher Hinsicht sind.

Diese Pläne sind die Grundlagen und zugleich die Organisationsmittel für die Durchführung einer Aufgabe, die ihren Anstoß durch den Fertigungsauftrag erhält.

Der *Fertigungsauftrag* darf wohl als eines der bedeutendsten Organisationsmittel angesehen werden, das zum Erreichen der dem Betrieb aufgegebenen Ziele führen soll. Seine Ausfertigung wird vom Vertrieb durch den Eingang von Kundenbestellungen oder durch eigene Dispositionen ausgelöst, indem das Lager aufgrund statistischer Beobachtungen des Absatzes ergänzt werden soll oder daß schließlich neue Produkte in das Lieferprogramm aufgenommen werden müssen. Die Gesamtdisposition wird in übersichtlicher Form tabellarisch oder graphisch zusammengefaßt auch als Bauprogramm bezeichnet.

Der Fertigungsauftrag formt die Kunden- und Vertriebswünsche in die technische Sprache um und leitet die Arbeiten der Arbeitsvorbereitung und alle sonstigen den einzelnen Betriebsstellen zur Lösung zugeteilten Aufgaben ein. Der Laufweg eines Fertigungsauftrages ist davon abhängig, ob eine Arbeit erstmalig ausgeführt wird oder ob es sich um einen Wiederholungsauftrag handelt (Bild H/33).

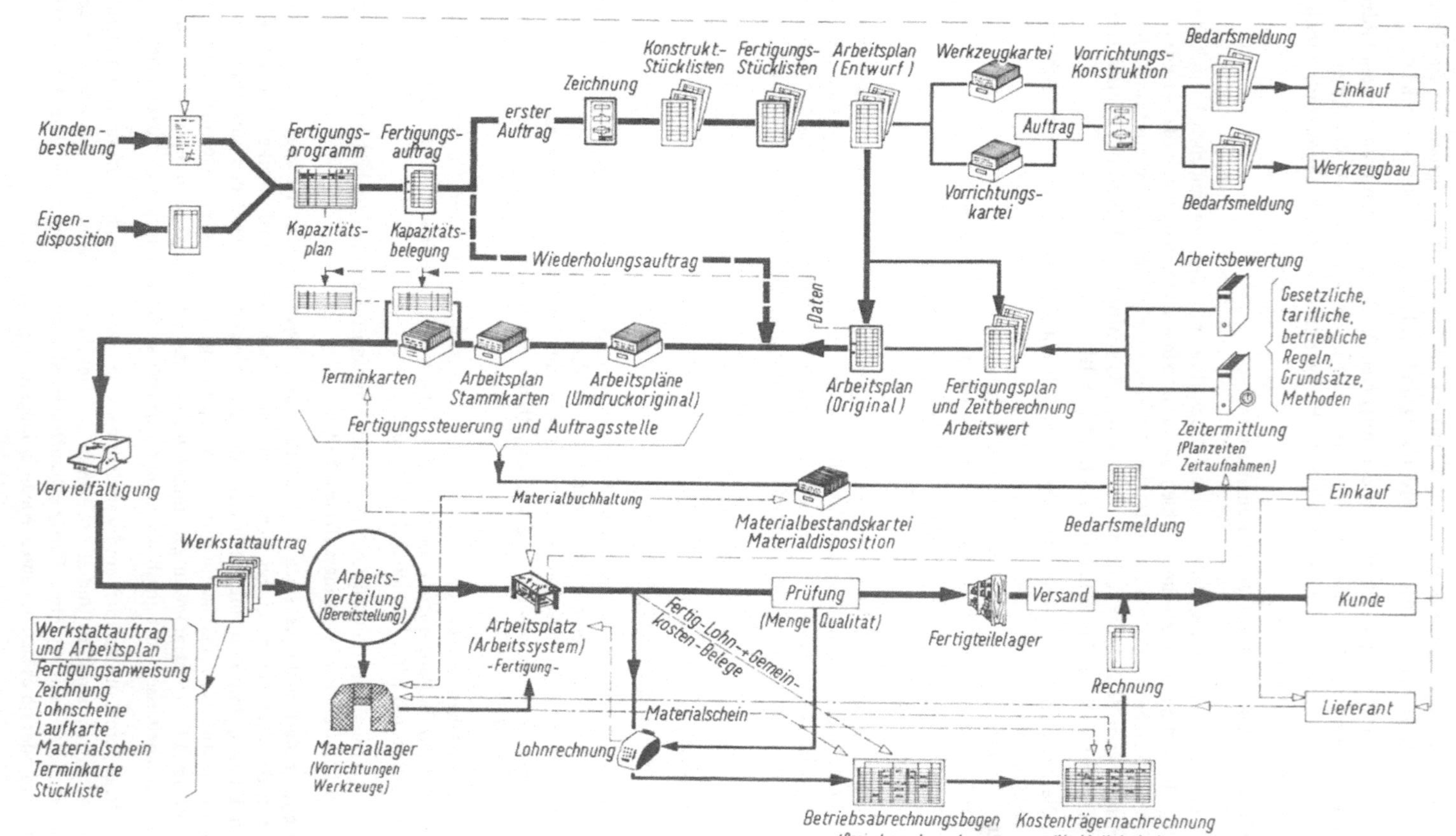

Bild H/33. Ablaufsystem des Fertigungs- und Werkstattauftrages (siehe Band III Bild 1)

Bei *erstmalig* anfallenden Aufgaben löst der Fertigungsauftrag alle in der Arbeitsvorbereitung zu verrichtenden Maßnahmen aus. Diese umfassen die Entwicklung des Erzeugnisses, die Vorbereitung der Fertigung und die Fertigungssteuerung und Überwachung (Planungsablauf siehe Band III).

Im *Wiederholungsfalle* wird hingegen der Fertigungsauftrag unmittelbar der Fertigungssteuerung und Auftragsstelle zugeleitet und hier in den Werkstattauftrag umgewandelt. Die Anzahl, Art, Gestaltung und der Laufweg der organisatorischen Mittel ist außer vom Umfang des Betriebes und des Produktes davon abhängig, ob die technisch-wirtschaftliche Datenverarbeitung (DV) manuell oder maschinell (vollautomatisch-elektronisch-EDV) erfolgt.

Den Durchlauf eines Auftrages vom Eingang der Kundenbestellung bis zur Fertigstellung des Erzeugnisses zeigt Bild H/33. Bei erstmalig anfallenden Aufgaben beginnt der Durchlauf, nachdem die Aufgabe in eindeutiger Form festgelegt ist, mit dem Entwurf des Erzeugnisses, seiner Berechnung und der Anfertigung der Konstruktionsstücklisten und schließlich der Einzelteilzeichnungen. Unmittelbar folgend oder parallel zu den Konstruktionsarbeiten werden die Fertigungsstücklisten und die Arbeitspläne entworfen.

Die Konstruktionsunterlagen werden den mit der Vorbereitung der Fertigung beauftragten Stellen und der Fertigungssteuerung zugeleitet. Sie bilden dann gemeinsam mit dem Arbeitsplan und einer Anzahl weiterer dazugehöriger Organisationsmittel, wie dem Fertigungsplan, den Fertigungsanweisungen, den Material- und Lohnscheinen, die wesentlichsten zur Durchführung eines Fertigungsauftrages erforderlichen Unterlagen.

Die Konstruktion ist insbesondere auf die wirtschaftliche Fertigung rechtzeitig und möglichst bereits zum Zeitpunkt des Entwurfes zu überprüfen. Die Konstruktion muß auch bei einem bereits bestehenden Produktionssystem auf die Fertigungsmöglichkeiten Rücksicht nehmen (siehe Wertanalyse und Rationalisierung).

b) Arbeits- und Fertigungsplanung

α) Arbeitsplan

Der Arbeitsplan bildet das Fundament für alle den Fertigungsablauf unmittelbar betreffenden Planungsarbeiten sowie für den störungsfreien Fertigungsverlauf, die termingerechte Fertigstellung des Produktes in einwandfreier Qualität und zur Sicherung des wirtschaftlichen Ergebnisses. Im Arbeitsplan ist festgelegt, in welcher *Reihenfolge* an welcher *Stelle* und mit welchen *Mitteln* die *Arbeitsvorgänge* zu verrichten sind. Der Arbeitsplan ist das organisatorische Mittel, das es ermöglicht, die Arbeit von Arbeitsplatz zu Arbeitsplatz zu steuern. In ihm sollten die optimalen Produktionsmöglichkeiten festgelegt sein. Da im Arbeitsplan zugleich die Vorgabezeiten und der Arbeitswert (Lohngruppe) festgesetzt sind, bildet er auch eine wichtige Grundlage für alle Wirtschaftlichkeitsrechnungen, insbesondere auch der Kostenträgervorrechnung und somit auch die Unterlage zur Ermittlung des erforderlichen Preises für ein Produkt. Zugleich ist er eine bedeutende Grundlage für die Aufstellung des Finanzplanes, da in ihm die erforderlichen Produktionsfaktoren zum Teil festgelegt sind. Der Arbeitsplan muß deshalb nicht nur den technischen, sondern auch den ökonomischen Forderungen Rechnung tragen. Schließlich ist der Arbeitsplan die Grundlage für den Fristenplan und die Kapazitätsplanung (Bild H/34).

Da im Arbeitsplan der Fertigungsablauf im einzelnen festgelegt werden muß, stellt seine Ausfertigung hohe Anforderungen an das Können der Arbeitskräfte in der Arbeitsvorbereitung. Es sind umfassende Kenntnisse der im Betrieb vorhandenen Maschinen und Werkzeuge, der Produktionsverfahren und der Arbeitsmethoden sowie über die Bearbeitbarkeit der Werkstoffe und die dabei einzusetzenden Werkzeuge notwendig. Darüber hinaus muß der Ausfertiger von Arbeitsplänen über den allgemeinen Stand der Entwicklung von Maschinen und Werkzeugen und die Betriebsmittel, die der Markt anbietet, orientiert sein. Schließlich sollte er das *Arbeits- und Zeitstudium* beherrschen. Da der Aufbau einer Fertigung natürlich von der Konstruktion des Erzeugnisses, insbesondere seiner Einzelteile, beeinflußt wird, müssen zugleich die Funktionsbelange des Erzeugnisses berücksichtigt werden. Schließlich sind die körperliche und geistige Leistungsfähigkeit des arbeitenden Menschen bei der Planung von Arbeitsverrichtungen zu berücksichtigen[1].

---

[1] Grundlage für die differenzierte Planung ist die Projektgliederung z.B. in Bild H/4, 4/5/, H/12)

Grundsätzlich müssen alle im Arbeitsplan gemachten Angaben klar und unmißverständlich sein, damit Rückfragen vermieden und die Produktion ohne Hemmungen vonstatten gehen kann.

Formulartechnisch ist der Arbeitsplan von Betrieb zu Betrieb unterschiedlich aufgebaut. In großen Zügen enthält er aber etwa stets die gleichen Angaben. Bild H/34 zeigt einen Arbeitsplan für einen Spanungsvorgang. Je nach der Schwierigkeit, die das Objekt bei seiner Fertigungsplanung bereitet, wird der Arbeitsinhalt nicht nur beschrieben, sondern, wie das Beispiel zeigt, in einem Fertigungsplan die zu bearbeitenden Stellen am Gegenstand durch Skizzen hervorgehoben (Bild H/35). Auch können die Wesensmerkmale und der Aufbau der notwendigen Vorrichtungen im Entwurf skizziert sein. Aus diesem Arbeitsplanentwurf entsteht später das in die Fertigung laufende vereinfachte Arbeitsplanformular.

Im Kopf des Formulares sind allgemeine Angaben verzeichnet z.B. Benennung des Typs, Bezeichnung des Erzeugnisses, Zeichnungs-Nummer, Stücklisten-Nummer, Werkstoffart, Werkstofform, Werkstoffabmessung. Modell- oder Gesenk-Nummer, sowie die Losgrößen, für die Vorgabezeiten errechnet sind (siehe III. J. 2. e), Band II F. 6. b). sowie Band III)[1]

Die Aufteilung des Formulares in Spalten ist hinsichtlich ihrer Zahl und Reihenfolge ebenfalls von Betrieb zu Betrieb verschieden. Die wesentlichsten Spalten und ihr Inhalt werden nachstehend erörtert.

Der *Ort* an dem die Arbeitsvorgänge zu verrichten sind, ist durch die Festlegung der Kostenstelle bestimmt. In den meisten Fällen ist es darüber hinaus erforderlich, innerhalb der Kostenstelle den Arbeitsplatz, an dem der Arbeitsvorgang ausgeführt werden muß, festzulegen. Es werden die Maschinen oder die sonstigen Betriebsmittel bezeichnet. Meistens bedient man sich auch hier einer Zahlensystematik oder sonstiger Symbole.

Die Spalte *Arbeitsvorgang* enthält die Angaben über den Arbeitsinhalt der einzelnen Arbeitsvorgänge oder der Teilvorgänge. Das möglichst umfassende und eindeutige Beschreiben des Arbeitsvorganges, das Festlegen der Reihenfolge der Arbeitsverrichtung, der Betriebsmittel und Arbeitsmethoden, darf

Arbeitsplan

Auftrags-Menge 2500	Einheit Stck.	Losgröße 500	Ausstelltag 15. 9. 64	Durchlaufzeit 4 Wochen		Arbeitsplan Nr. 10 2913			
Benennung	Deckel			Zeichnungs-Nr. 630 - 310. 32		Baumuster-Type 630		Bl.-Nr. 1	
Werkstoff-Menge 500	Einh. Stck.	Werkstoff Deckel -Rohteil GG-22		Abmessung/Modell-Nr. 630 - 310. 31		Kostenart-Konto			
Kostenst	Arbeitsplatz	Arb-folge	Arbeitsvorgang	Werkzeug Vorrichtung	Lohn-Gr.	t_r	t_e		
255	Revolver-drehmasch.	1	Bohrung ϕ 121,5 $^{+0,5}$ und ϕ 120 drehen	Vierbacken-futter	6	48	7,84		
			Stirnfläche plandrehen						
256	Raboma	2	4 Löcher ϕ 13 bohren, entgraten	Bohrvorrichtg. Bohrer ϕ 13	5	42	6,0		
			und senken	Senker ϕ 25					
258	Waager.-Fräsmasch.	3	2 Flächen fräsen	Fräsvorrichtg. Walzenstirn-fräser ϕ 50	5	72	3,0		
301	Kontrolle	4	Prüfen						
406	Lager	5	Anliefern Lager 504						

Bild H/34. Arbeitsplan zur spanabhebenden Bearbeitung eines Erzeugnisses
       (t_e = 7,84 min ist dem Zeit-Berechnungsplan Bild H/36 nicht abgerundet entnommen).

Anmerkung: Die für die Durchführung der Vorgänge erforderlichen technologischen Daten sind im Fertigungsplan enthalten (Bild H/35). Wird der Fertigungsplan nicht der Fertigung zugleitet, so müssen die technischen Daten im Arbeitsplan ausgewiesen werden.

[1]) Berechnung der wirtschaftlichen Losgröße siehe Band II und III.

als die wesentlichste Aufgabe angesehen werden, weil davon auch die Höhe der Vorgabezeiten abhängig ist. Hier ergeben sich jedoch im allgemeinen Schwierigkeiten infolge Platzmangels in den Formularen. Da in den überaus meisten Fällen die Daten maschinell verarbeitet werden müssen, beschränken sich die Angaben über den Inhalt der Arbeitsverrichtung deshalb nur auf wenige Worte oder auf Symbole bzw. Kurzzeichen. Der Arbeitsvorgang ist in diesen Fällen nur unzureichend geschildert. Auch fehlt es gewöhnlich im Formular an Platz für die Bekanntgabe der wichtigsten technischen Daten. Dieser Mangel macht sich besonders bei mechanisierten Arbeitsvorgängen bemerkbar. Im Interesse eines geordneten Arbeitsablaufes müßten jedoch aus Gründen der Qualitätssicherung und dem Erzielen des leistungsgerechten Lohnes, die einzelnen Teilverrichtungen und ihre Folge innerhalb eines Arbeitsvorganges genauer beschrieben und mit den ihnen zugehörigen technischen Daten versehen sein. Nur dann kann der Arbeitsablauf in der Praxis so gestaltet werden, daß er mit der Zeitrechnung, die der Planung zugrunde liegt, übereinstimmt (siehe Band III).

Die *Vorgabezeiten* werden unter Anwendung der verschiedensten Zeitermittlungsmethoden bestimmt und im Arbeitsplan in Rüstzeiten und Zeiten je Einheit untergliedert. Falls Vorgabezeiten Erholungszeiten enthalten, ist es zweckmäßig, diese gesondert bekanntzugeben. Die in der Praxis mit dem arbeitenden Menschen entstehenden Differenzen haben oft ihre Ursache in unzureichend ausgeführten Arbeitsplänen, insbesondere, weil der Arbeitsvorgang nicht ausreichend geschildert wurde. Im wesentlichen geht es dann um die Qualität und den Verdienst. (Als Zeitmaßstab kann die Stunde oder die Minute gewählt werden.) (siehe Band II und III)

Die *Lohngruppen*, nach denen die einzelnen Arbeitsvorgänge bezahlt werden, sind in besonderen Spalten verzeichnet. Das Festlegen der diesen entsprechenden Arbeitswerte erfolgt unter Beachtung der tariflichen Bestimmungen nach den Lohngruppenmerkmalen oder den bekannten Arbeitsbewertungsmethoden (siehe Band II und III).

Werkzeuge, Vorrichtungen und *Meßgeräte* sollten schließlich ebenfalls einzeln aufgeführt werden. Auch hier ist sehr oft der formulartechnische Platzmangel die Ursache für unvollständige Angaben. Es bleibt in diesen Fällen dann der Arbeitskraft überlassen, sich das Richtige auszuwählen, obwohl gerade auch diese Angaben in Verbindung mit den technischen Daten das Einhalten der Vorgabezeiten bestimmen. Diese sind z.B. von der Schnittgeschwindigkeit, den Vorschüben und der Anzahl der Schnitte abhängig. Sie bestimmen den ordnungsgemäßen technisch-wirtschaftlichen Arbeitsablauf.

Schließlich enthält der Arbeitsplan meistens noch Spalten allgemeiner Art, in die z.B. Anzahl der Ausschuß- und Gutstücke, die Termine und dergleichen eingetragen werden.

β) Fertigungsplan – Fertigungsanweisung – Zeitberechnungsplan –

Fertigungspläne (Bild H/35) müssen dann zusätzlich angefertigt werden, wenn Arbeitsvorgänge sich aus umfangreichen Teilverrichtungen zusammensetzen und im Arbeitsplan aus formulartechnischen Gründen der Arbeitsablauf im einzelnen nicht ausreichend geschildert werden kann. In den Fertigungsplänen werden oft Arbeitsvorgänge so weit aufgegliedert, daß der Arbeitsablauf bis in die feinsten Phasen geschildert wird und somit auch die erforderlichen Vorgabezeiten einwandfrei errechnet werden können. In diesem Plan wird die Arbeitsmethode festgelegt. Er dient also zwei Zwecken, und zwar

1. der Festlegung des Arbeitsablaufes in einzelne, in sich abgeschlossene kleinere Arbeitsverrichtungen (Arbeitsstufen und Bewegungsvorgänge). Er stellt somit eine Ergänzung zum Arbeitsplan dar und wird in diesen Fällen formulartechnisch gewöhnlich in Form von Arbeitsanweisungen, Fertigungsvorschriften und Prüfvorschriften dem Betrieb zugeleitet;

2. der Ermittlung von Vorgabezeiten. Bild H/35 zeigt den Fertigungsplan zum Arbeitsvorgang Nr. 1 des Arbeitsplanes Bild H/34 und Bild H/36 das Formular zur Berechnung der Vorgabezeiten. Der Ablauf wird in kleine Abschnitte – Mikrobereich – aufgegliedert. Die Gliederung muß die *Arbeitsmethode* und die *Zeitberechnungsunterlagen* berücksichtigen (Standarddaten). Seine Aufstellung erfordert vertiefte Kenntnisse technologischer und arbeitsmethodischer Art (siehe Band II und III).

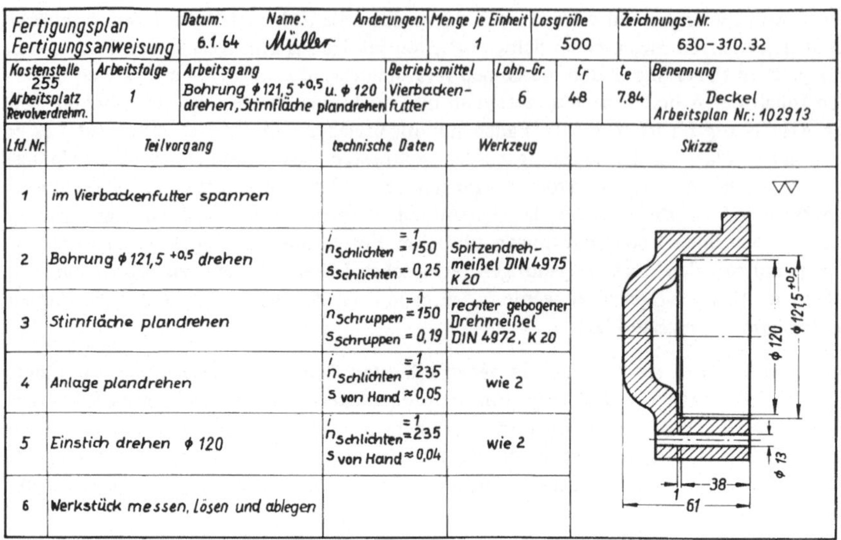

Fertigungsplan Fertigungsanweisung	Datum: 6.1.64 Name: Müller	Änderungen:	Menge je Einheit 1	Losgröße 500	Zeichnungs-Nr. 630-310.32
Kostenstelle 255 Arbeitsplatz Revolverdrehm.	Arbeitsfolge 1	Arbeitsgang: Bohrung φ121,5 $^{+0,5}$ u. φ120 drehen, Stirnfläche plandrehen	Betriebsmittel: Vierbackenfutter	Lohn-Gr. 6 t_r 48 t_e 7,84	Benennung: Deckel Arbeitsplan Nr.: 102913

Lfd. Nr.	Teilvorgang	technische Daten	Werkzeug	Skizze
1	im Vierbackenfutter spannen			
2	Bohrung φ121,5 $^{+0,5}$ drehen	$i=1$ $n_{Schlichten}=150$ $s_{Schlichten}=0,25$	Spitzendrehmeißel DIN 4975 K 20	
3	Stirnfläche plandrehen	$i=1$ $n_{Schruppen}=150$ $s_{Schruppen}=0,19$	rechter gebogener Drehmeißel DIN 4972, K 20	
4	Anlage plandrehen	$i=1$ $n_{Schlichten}=235$ s von Hand $\approx0,05$	wie 2	
5	Einstich drehen φ120	$i=1$ $n_{Schlichten}=235$ s von Hand $\approx0,04$	wie 2	
6	Werkstück messen, lösen und ablegen			

Bild H/35. Fertigungsplan zum Arbeitsvorgang (Arbeitsfolge Nr. 1, Bild H/34)

Vorgabezeit-Berechnung	Menge je Einheit 1	Losgröße 500	Zeichnungs-Nr. 630-310.32
Arbeitsplatz: Revolverdrehmasch.	Arbeitsfolge Nr. 1	Arbeitsvorgang: Bohrung φ121,5 $^{+0,5}$ drehen, Stirnfläche plandrehen	Betriebsmittel: Vierbackenfutter Benennung: Deckel Arbeitsplan Nr.: 102913

Lfd. Nr.	Arbeitsablaufabschnitt	$\frac{D}{v}$	$\frac{L}{n}$	$\frac{B}{s}$	$\frac{i}{a}$	Richt-wert	t_{hb}	t_{hu}	t_{nb}	t_{nu}	t_b
1	Werkstück aufnehmen	—	—	—	—	I/6			33,5		
2	Werkstück in Vierbackenfutter spannen	—	—	—	—	I/5			40		
3	Maschine schalten	—	—	—	—	I/7			28,5		
4	Bohrung drehen	$\frac{121,5}{57}$	$\frac{43}{150}$	0,25	$\frac{1}{3,0}$			115			
5	Maschine schalten	—	—	—	—	I/7			30,5		
6	Stirnfläche plandrehen	$\frac{176}{83}$	$\frac{35}{150}$	0,19	$\frac{1}{3,0}$			125			
7	Werkzeug wechseln	—	—	—	—	II/3			11,5		
8	Maschine schalten	—	—	—	—	I/7			44,5		
9	Anlage plandrehen (Vorschub v. Hd.)	$\frac{118}{88}$	$\frac{9}{235}$	0,05	$\frac{1}{2,5}$		74				
10	Werkzeug wechseln	—	—	—	—	II/3			16		
11	Maschine schalten	—	—	—	—	I/7			19		
12	Einstich drehen (Vorschub v. Hd.)	$\frac{120}{57}$	$\frac{2}{150}$	0,04	—		34				
13	Werkzeug wechseln	—	—	—	—	II/3			16		
14	Maschine ausschalten, Werkzeug säubern	—	—	—	—	I/8			33,5		
15	Werkstück messen	—	—	—	—	V/2			39		
16	Werkzeug ausspannen	—	—	—	—	II/4			21		
17	Werkstück ablegen	—	—	—	—	I/6			18,5		
	Summe						108	240	351,5		
	Haupt-Nebennutzungszeit						348		351,5		
	Grundzeit t_{gB}						700				
	Verteilzeit ($Z_v = 12\%$) t_{vB}						84				
	Zeit je Einheit t_{eB}						7,84 min				

	Datum	Name		Ersatz für
berechnet	6.1.64	Müller		Ersatz durch
geprüft	10.1.64	Schulz		Blatt Nr. 1 Bl. Anz. 1

Bild H/36

Formular zur Vorgabezeit-Berechnung (Arbeitsfolge Nr. 1, Bild H/34)

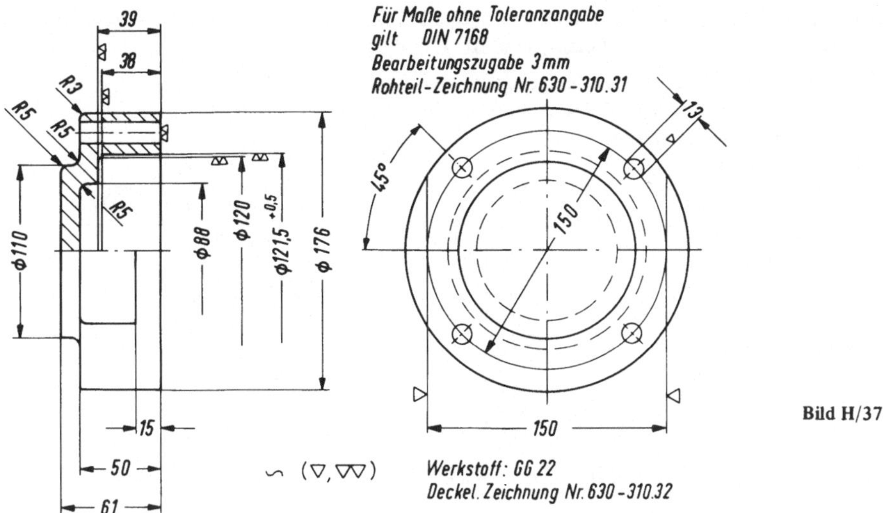

Bild H/37

Dem Plan zur Berechnung der Vorgabezeit (Bild H/36) liegt die Zeichnung Bild H/37 zugrunde.

γ) Vorrichtungs- und Werkzeugbedarfsplan

Die Vorrichtungen und Werkzeuge und u.U. auch die zusätzlich benötigten Maschinen, werden unter Beachtung der festgesetzten Produktionsmengen und der Liefertermine geplant und durch Ausfertigung der Bedarfsmeldung entweder dem Einkauf zur Beschaffung vom Markt aufgegeben oder ihre Anfertigung im eigenen Hause veranlaßt. Diese Betriebsmittel werden insbesondere zum Überwachen der Termine in übersichtlicher Weise in Tabellen oder Karteiblättern registriert. Auch hier bildet der Arbeitsplan die Grundlage für das Zusammenstellen des Betriebsmittelbedarfes. Außer dieser Werkzeug- und Betriebsmittelbedarfsaufstellung bei Anlauf eines neuen Produktes, muß zusätzlich der ständige Bedarf an Werkzeugen überwacht und für die rechtzeitige Bereitstellung Sorge getragen werden, damit der Produktionsprozeß nicht infolge Werkzeugmangels zum Stillstand kommt (siehe Band III).

δ) Fristenplan

Durch den Fristenplan werden die Durchlaufzeiten, d.h. der erforderliche Zeitraum vom Beginn bis zur Beendigung der Fertigung eines Erzeugnisses, und zwar der Einzelteile, der Teilerzeugnisse und des Gesamterzeugnisses ermittelt. Grundlage für das Bestimmen der Durchlaufzeiten sind die errechneten und in den Arbeitsplänen verzeichneten Vorgabezeiten sowie die Produktionsmengen. Die Darstellung des Fristenplanes erfolgt meistens in graphischer Form. Bild H/38 zeigt einen solchen Plan. Das Wesensmerkmal des Fristenplanes besteht darin, daß die Durchlaufzeit unabhängig von der Kapazität der einzelnen Arbeitsplätze bestimmt wird. Er gibt deshalb nur einen Überblick über den erforderlichen Zeitraum für die Herstellung eines Erzeugnisses unter der Voraussetzung, daß die Kapazität es erlaubt, die Arbeitsvorgänge in der geplanten Weise ununterbrochen aufeinander folgen zu lassen. Die einzelnen Teilvorgänge werden also lückenlos aneinandergereiht, wobei entsprechende Sicherheiten, z.B. für den Transport, die Prüfung und die Lagerung in der Bereitstellung eingeplant werden. Fristenpläne werden vor allem bei Einzelobjekten mit sehr großen Bauzeiten, insbesondere aber für die Serienfertigung aufgestellt. Bei der Serienfertigung beziehen sie sich auf festgelegte Losgrößen. Als Ausgangspunkt für den Aufbau eines Fristenplanes kann z.B. der Beginn des Zusammenbaues der Einzelteile gewählt werden. Nach diesem Punkt richtet sich das Hinter- und Nebeneinander der einzelnen Arbeitsvorgänge. In der Serienfertigung folgen die Arbeitsverrichtungen von Produktionsvorgang zu Produktionsvorgang in einem regelmäßigen Rhythmus (siehe III. H. 4. e, Bild H/38a).

Der *Fristenplan* ist *unabhängig* von der *Kalenderzeit* (Bild H/38, H/38a). Zum *Kalender* und der *Kapazität* in bezug gebracht entsteht der *Terminplan* (siehe III. J. 2. d).).

Als Nullpunkt von dem an die Zeitdaten festgelegt werden kann je nach den Erfordernissen der Fertigungsbeginn (Vorwärtsterminierung) oder der Fertigstellungszeitpunkt (Rückwärtsterminierung) oder der Zusammenbaubeginn gewählt werden
(siehe auch Bilder H/25, J/4).

Durchlauffristen sind auch abhängig davon, wie weit es möglich ist, einzelne Arbeitsverrichtungen zu überlappen bzw. nebeneinander her ablaufen zu lassen. Eine Kombinationsmöglichkeit von Fristen- und Terminplan zeigt Bild H/38. Der Terminplan kann beliebig oft ausgewechselt werden. Eine Kombination – Fristen – Kapazitätsplan zeigt Bild J/4.

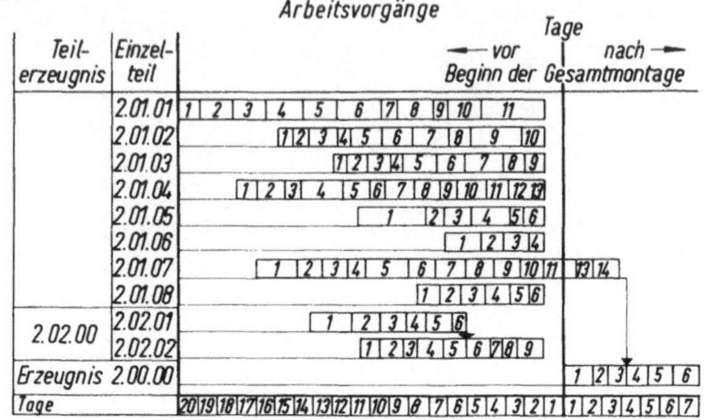

Bild H/38
Fristen- und Terminplan –
Durchlaufzeiten

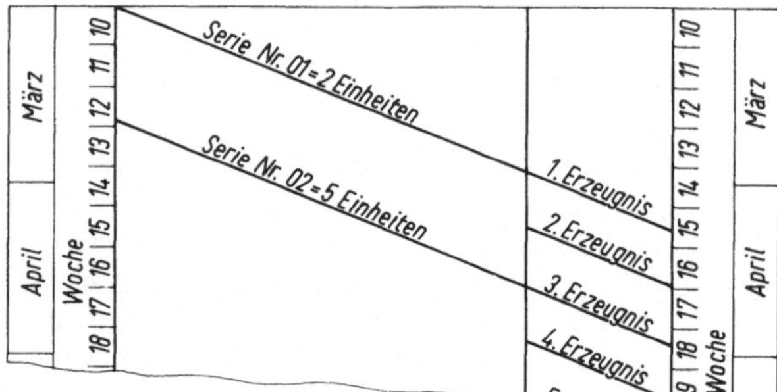

Zeichnung Nr.:	Anzahl	Erzeugnis	Hauptgruppe	Baugruppe	Einzelteil	1 t_r	1 t_e	1 T	1 t_{zw}	2 t_r	2 t_e	2 T	2 t_{zw}	3 t_r	3 t_e	3 T	3 t_{zw}	T_D
2.0.0.00	1	●												1	2	21	8	29
2.1.0.00	1		●											2	2,5	27	8	35
2.1.1.00	1			●		1	0,8	9	8									48
2.1.1.01	1				○	2	2,2	24	8									32
2.1.1.02	1				○					5	1,5	20	8					28
2.1.0.01	1				○	1	1	11	8	2	1,9	21	8					48
2.1.0.02	2				○					3	1,5	33	8					41
2.0.0.01	1				○	3	2,8	31	8	1	1	11	8					58
2.0.0.02	8				○	-	1,4	112	8									64
2.0.0.03	2				○	2	1	22	8	1	0,5	11	8					49

Termin - Plan: Jahr 1981 · Monat Juni · Woche 23, 24, 25, 26
Fristen - Plan. Vorgang (Zeit: Std). Arbeitssystemart (1 bis 3).
vor Fertigstellung (Tage): 12 11 10 9 8 7 6 5 4 3 2 1
nach Fertigungsbeginn (Tage): 1 2 3 4 5 6 7 8 9 10 11 12 13
Tage vor Montage: 8 7 6 5 4 3 2 1 – nach Montage: 1 2 3 4

Gesamt - Durchlaufzeit (wobei $t_{zu} = 0$) $T_{DG} = T + T_{zw} + T_{zu}$

Bild H/38a Ermittlung der Durchlaufzeit „Darstellungsart Zeitbalken" – (Maßstab: 0,6 mm ≙ 1 Std. / 4,8 mm ≙ 1 Tag)
(siehe auch Bild J/4 „Durchlaufzeit und Kapazitätsbedarf")
1) Einsatz von zwei Arbeitssystemen „Kapazität T_K = 16 Std/Schicht".

J. Steuerung

1. Aufgabe der Steuerung

a) Aufgabenübersicht

Die *Durchführung* der Aufgaben wird unter dem Begriff Steuerung *veranlaßt*. Ausgehend von den Aufträgen, insbesondere vom Bauprogramm und den Fertigungsaufträgen leitet die Steuerung alle Maßnahmen für eine wirtschaftliche, termingerechte Erledigung der Aufgaben ein. Dabei ist das Bestreben darauf gerichtet, die Kapazitäten optimal auszulasten und die Durchlaufzeiten aus Gründen der Kapitalbindung und der schnellen Kundenbefriedigung zu minimieren (Bild H/33).

Die Hauptfunktionen bestehen im

Veranlassen, sowie im Überwachen und Sichern.

Die Veranlassung erfolgt durch die Ausfertigung der verschiedensten Aufträge — Beschaffungsaufträge, Entwicklungsaufträge, Fertigungsaufträge für die Teilefertigung und die Montage usw.

Die zielgerechte Durchführung einer Aufgabe setzt die Ermittlung der erforderlichen Produktionsfaktoren Mensch, Betriebsmittel und Stoff nach Art und Menge und ihre rechtzeitige Bereitstellung voraus.

Der REFA definiert z.B.:

Die Arbeitssteuerung umfaßt alle Maßnahmen, die für eine der Arbeitsplanung entsprechenden Auftragsabwicklung erforderlich sind, wobei die Aufträge zum richtigen Termin bei kurzen Durchlaufzeiten und hoher Kapazitätsauslastung erledigt werden sollen (Bild I/4, I/5).

Überwachung und Sicherung sind einander ergänzende Funktionen. Die Überwachung erstreckt sich auf die Feststellung, ob die festgesetzten Daten eingehalten, d.h. ob die Abläufe planmäßig nach Inhalt, Zeit und Termin verlaufen, die vorgegebenen Auftragszeiten, die Kosten und die vorgesehene Qualität eingehalten und erreicht werden.

Diese Aufgaben zu erfüllen setzt einen zuverlässigen und schnellen Datenfluß voraus.

Die in Bereitstellen und Veranlassen gegliederten Aufgaben der Steuerung können organisatorisch verschiedenen Stellen der Aufbauorganisation zugeordnet werden.

Der *Steuerung* sind in der Gütererzeugung wichtige Funktionen zugeordnet, die vor allem den planmäßigen und reibungslosen Ablauf in der Fertigung insbesondere in zeitlicher Hinsicht bestimmen. Die Grundlagen für die Durchführung der Steuerungsaufgaben sind die in der Planung erstellten Listen, Pläne und die Soll-Daten. Wenn die Steuerung den ihr zugeordneten Aufgaben voll gerecht werden soll, dann muß sie wie ein Regelsystem wirken. Das bedeutet, daß eingetretene Ereignisse und die damit verbundenen Soll-Ist-Abweichungen zeitnah festgestellt und Maßnahmen zur Abwendung negativer Wirkungen rechtzeitig eingeleitet werden müssen. Der zuverlässige Datenfluß ist eine notwendige und zugleich aufwendige Aufgabe.

Für den Fertigungsbereich können Steuerungsaufgaben in die Arbeitsvorbereitung eingeordnet werden.

Das *Steuern* besteht aus dem *Bereitstellen* und dem *Veranlassen*. Der Steuerung obliegt die Durchführung folgender Aufgaben! (Bild I/5.)

α) Bauprogramm

Das *Aufstellen* des *Bauprogrammes* in Form von Tabellen oder Lieferplänen in graphischer Darstellung erfolgt in Abstimmung mit dem Verkauf, wobei in das Bauprogramm die von den Kunden erteilten Bestellungen und die Eigendispositionen aufgrund von Absatzdaten der Vergangenheit eingeordnet werden. Das Bauprogramm muß gemeinsam mit dem Verkauf erarbeitet werden, da ein unmittelbarer Zusammenhang zwischen der für den geplanten Ausstoß erforderlichen und der verfügbaren Kapazität besteht. Von besonderer Bedeutung ist der Produktionsengpaß. Er liegt nicht immer bei den gleichen Arbeitssystemen, sondern kann sich von Erzeugnisart zu Erzeugnisart, infolge der oft veränderlichen Struktur der Vorgänge und der Belegungszeiten der Betriebsmittel auf andere Systeme verlagern (Band III).

β) Bereitstellung der Kapazität – Terminfestlegung –

Die *Bereitstellung* befaßt sich mit der zeitgerechten Verfügbarkeit der Produktionsfaktoren, insbesondere der Kapazität (siehe Band III).

Die *Terminfestlegung* ist eine Schwerpunktaufgabe. Es geht um die Bestimmung der Kalender-Zeitpunkte, zu denen die große Zahl der für die Fertigung der Einzelteile, der Teilerzeugnisse und der Enderzeugnisse erforderlichen Arbeitsgänge begonnen und beendet werden müssen. Die Lösung dieser Aufgabe ist mit der *Kapazitätsbelegung* der Maschinen und der Ermittlung des *Personalbedarfes* verbunden. Je nach Größe und Umfang der Erzeugnisse, den Fertigungsverfahren, der Arbeitsteilung und den Ablaufprinzipien ist diese Aufgabenlösung mit einem hohen Aufwand verbunden und auch deshalb schwierig, weil Störungen den planmäßigen Ablauf beeinflussen können (Bild L/6, L/7, L/8).

Terminpläne und Kapazitätsbelastungspläne sind u. a. die Ergebnisse dieser Aufgabenlösung.

Bei der *Bereitstellung* der *Kapazität* geht es im Zusammenhang mit der Terminfestlegung um die *Belegung* einer vorhandenen *Kapazität* und nicht um die Entwicklung bzw. Planung eines neuen Produktionssystems. Diese Aufgaben sind von einmaliger Art und stehen im Zusammenhang mit Investitionsplanungen. Aufgaben dieser Art werden jedoch in anderen Planungsstellen der Aufbauorganisation bearbeitet (Bild J/4).

Zu den Aufgaben der Bereitstellung gehört auch die Sorge um die rechtzeitige Verfügbarkeit sonstiger Betriebs- und Arbeitsmittel, wie z. B. der Vorrichtungen und Werkzeuge.

γ) Bereitstellung des Materials

Der Bereitstellung obliegt auch die Ermittlung des für das Bauprogramm erforderlichen Materials, die rechtzeitige Anforderung des Materialbedarfes und die Sorge um das termingerechte Vorhandensein bei Fertigungsbeginn. Diese Aufgaben werden im allgemeinen der Arbeitsvorbereitung übertragen. Für die Berechnung des Materialbedarfes bilden die Ergebnisse der Planung die Grundlage. Die Bedarfsdaten sind in den Arbeitsplänen, Stücklisten oder Materialbedarfslisten usw. verankert, wobei die ausgewiesenen Daten auf die Erzeugniseinheit bezogen sind, so daß der Bedarf für einen bestimmten Ausstoß leicht errechenbar ist.

Für die *Materialbeschaffung* von Lieferanten ist hingegen das Beschaffungswesen zuständig.

Die Bestellmengen werden unter Einbeziehung der Bestände und weiterer insbesondere marktpolitischer Gesichtspunkte festgelegt (siehe III. J. 2. e)).

δ) Veranlassen

Das *Veranlassen* leitet die Durchführung der Fertigung ein durch Ausfertigung der Aufträge und der erforderlichen Informations- und Datenträger, wie z. B. der Zeichnungen, Fertigungs- und Prüfanweisungen, Materialentnahmescheine, Lagerentnahmelisten, Lohnscheine und der Terminbegleitkarten. Die wichtigste Arbeit besteht im Fertigungsbereich in der Ausfertigung der Werkstattaufträge, mit denen im allgemeinen die Arbeitspläne formulartechnisch verbunden sind (siehe Bild H/33, J/7).

Die folgenden Ausführungen können sich nur mit einigen Steuerungsaufgaben aus dem Fertigungsbereich befassen.

2. Bereitstellungsaufgaben

a) Lieferplan – Bauprogramm –

Der Lieferplan stellt das Bauprogramm für bestimmte Perioden dar. Er ist als Gesamtauftrag anzusehen, aus dem der Ausstoß der Produkte nach Art und Menge für die einzelnen Wirtschaftsperioden zu entnehmen ist. Der Lieferplan kann in Form von Tabellen oder in graphischer Form dargestellt werden.

Der Lieferplan gibt nur eine Gesamtübersicht über den Fertigungsverlauf. Er kann zugleich als die graphische Darstellung eines Bauprogrammes für eine bestimmte Erzeugnisart angesehen werden. In ihm sind nur die wesentlichsten Terminpunkte, wie der Beginn der Werkstoffbestellung sowie Beginn und Ende der Einzelfertigung und des Zusammenbaues verzeichnet. Bild J/1 zeigt einen Lieferplan für eine

Serienfertigung, also einen rhythmischen Fertigungsverlauf. Diesem Plan können die Termine für die Einzelteile oder gar der einzelnen Arbeitsvorgänge nicht entnommen werden. In der Praxis bestehen – wie bereits erwähnt – die Schwierigkeiten nicht im Aufstellen von Durchlauf- und Terminplänen, sondern bei einer vielseitigen Fertigung in der Abstimmung mit der Kapazität sowie im steuernden Eingreifen in den Ablauf, wenn sich derselbe nicht in den vorgesehenen Bahnen vollzieht (Planungsfehler oder Störungen). siehe auch Band III.

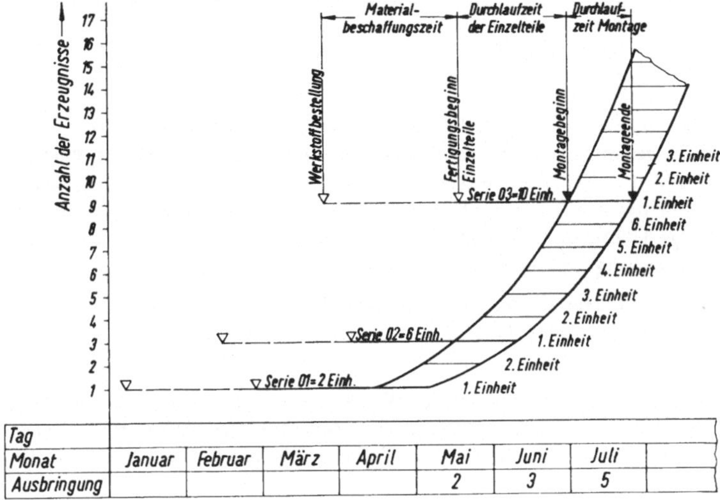

Tag								
Monat	Januar	Februar	März	April	Mai	Juni	Juli	
Ausbringung					2	3	5	

Bild J/1. Lieferplan – Terminplan – für eine Serienfertigung

b) Zeitlicher Ablauf der Fertigung, Terminwesen [1])

Die Abstimmung des zeitlichen Ablaufes eines Fertigungsauftrages mit der Kapazität, ist in den meisten Fällen bei der Vielfalt der zu fertigenden Einzelteile und der großen Anzahl der zu verrichtenden Arbeitsvorgänge eine recht schwierige Aufgabe, die stets zu individuellen Lösungen beim Entwurf der organisatorischen Mittel führt und für die es kaum allgemeingültige Verfahren und Regeln gibt, die sich ohne weiteres von Betrieb zu Betrieb übertragen lassen. Die Grundlage für das Festsetzen von Terminen ist die vorhandene Kapazität und der *Fristenplan.* Dieser gibt die Durchlaufzeiten der einzelnen Erzeugnisse an. Das Problem beim Festsetzen von Terminen besteht jedoch darin, daß der Zeitpunkt für das Einordnen der Arbeitsvorgänge sich nicht allein nach dem Fristenplan, sondern nach der freien Betriebskapazität richten muß. Die Gesamtfertigungszeit eines Erzeugnisses ist also nicht allein von den Durchlaufzeiten, die die einzelnen Teile benötigen, bestimmt, sondern durch das Einordnen dieser Arbeitsvorgänge in die freie Kapazität der einzelnen Arbeitsplätze. Diese Aufgabe bereitet bei einer guten Beschäftigungslage erhebliche Schwierigkeiten. Entscheidend für den terminlichen Ablauf ist auch der engste Querschnitt innerhalb der Produktionskette.

Bei der Terminfestsetzung muß zunächst von den Kundenwünschen ausgegangen und geprüft werden, ob sich der Aufwand in der freien Kapazität unterbringen läßt. Das Einhalten einmal zugesagter Termine ist wohl von ebenso großer Bedeutung, wie die Befriedigung der zugesagten Qualität. Die Planungs- und Steuerungsstellen bedienen sich der verschiedensten technischen Mittel, um dieser schwierigen Aufgaben gerecht zu werden. Mit der Herstellung von Planungs- und Überwachungseinrichtungen befaßt sich eine spezielle Industrie. Die Aufgabe besteht hier aus zwei Teilaufgaben, nämlich der *Terminplanung* und der *Terminsteuerung* und *Terminüberwachung.*

---

[1]) Grundlagen für die Errechnung der Durchlaufzeit siehe H.4.e), β)

Ausgehend von der verfügbaren Kapazität, die natürlich in Teilkapazitäten aufgeteilt werden muß, werden zunächst die Aufträge hinsichtlich ihrer Dringlichkeit eingeplant. Die sich aus den Auftragszeiten ergebenden Belastungen der Arbeitsplätze werden entweder in Listenform oder in graphischer Form dargestellt.

Die Überwachung des Arbeitsfortschrittes kann summarisch erfolgen, indem entweder der Stundenaufwand oder durch ein besonderes Belegwesen die Erledigung der einzelnen Arbeitsvorgänge der Überwachungs- und Steuerungsstelle gemeldet wird. Natürlich werden auch beide Methoden kombiniert angewendet (Bilder J/2 bis J/4, L/6 bis L/9).

c) Terminplan

Der Terminplan legt, ausgehend von einem Anfangs- oder Endtermin eines herzustellenden Erzeugnisses, aufgrund der aus dem Fristenplan gewonnenen Durchlaufzeiten die Anfangs- und Endtermine einzelner Arbeitsvorgänge für die Einzelteile und Teilerzeugnisse fest. Da die Durchlaufzeiten nicht nur von der Losgröße, den Vorgabezeiten und von der Dauer der Schichtzeit bestimmt sind, müssen U.u. auch die Einflüsse des Zeiteinlaufes infolge Übung und sonstige durch Störungen zu erwartende Verzögerungen und schließlich der Zeitgrad berücksichtigt werden sowie die Kapazität verfügbar sein.

Einen Terminplan in Verbindung mit dem Fristenplan zeigt Bild H/38. Die eingezeichneten Terminlinien ermöglichen das Ablesen von Beginn und Ende nicht nur der Gesamtfertigung, sondern der einzelnen Arbeitsvorgänge.

Der Terminplan ist eine Grundlage für die Ausstellung des Werkstattauftrages, in dem u.a. festgelegt werden muß, zu welchem Zeitpunkt die einzelnen Vorgänge eines Ablaufes begonnen werden oder beendet sein müssen. Die Grundlage für die Aufstellung dieser Pläne wurde ausführlich behandelt (siehe Bilder H/38, J/4, L/7, L/8).

d) Kapazitätsbelastung und Terminplanung [1])

Die Terminfestsetzung kann nur im Zusammenhang mit der Kapazitätsbelastungsplanung vorgenommen werden. Die Zeitdauer für den Durchlauf ist neben der Auftragszeit wesentlich von den Zwischenzeiten abhängig. Die Kapazitätsauslastung bestimmt maßgeblich die Liegezeiten, in denen die unmittelbare Durchführung der mehr oder weniger großen Anzahl der erforderlichen Vorgänge unterbrochen wird.

Eine zuverlässige Terminplanung setzt die Auflösung der Gesamtkapazität in Teilkapazitäten voraus, denn die zeitliche Folge der Durchführung der Vorgänge oder Teilvorgänge setzt freie Kapazität des jeweiligen Arbeitssystems und zwar des kleinsten Systems – des Arbeitsplatzes – voraus (Bild L/7).

Die Kapazität wird gebildet durch Mensch und Betriebsmittel. Der reibungslose, zeitgerechte Ablauf setzt die Abstimmung von vorhandener Kapazität und die Belegungsplanung voraus. Hier liegt ein Schwerpunkt der Steuerung, der einen erheblichen Aufwand erfordert, da auch die nicht vorhersehbaren Störungen eine laufende Überwachung – Datenfluß – und Korrektur der Planung erfordern.

Es ist zu unterscheiden zwischen der *Grobplanung* und der *Feinplanung*.

Die *Grobplanung* teilt die Kapazität nicht weiter oder nur in größere Teilkapazitäten auf. Sie kann daher nur eine erste Entscheidungshilfe für die Übernahme größerer Projekte sein. Die Durchführung eines Projektes erfordert, wenn die Termine und die Finanzierung der Aufgabendurchführung sicher sein sollen, immer die Auflösung der Gesamtkapazität in mehr oder weniger große Teilkapazitäten. Nur damit sind die terminbestimmenden *Kapazitätsengpässe* feststellbar (Bild H/27).

Feinplanung. Die Belegung der Teilkapazitäten zeigt Bild J/2. Bei dieser Darstellung handelt es sich noch um ein summarisches Verfahren, aus dem die Belegung der Kapazität der Produktbereiche A, B ersichtlich ist.

Bild J/3 stellt eine feinere Aufteilung der Kapazitätsbelegung dar. Mehrere gleichartige Betriebsmittel sind zu einer Kapazitätseinheit zusammengefaßt, z.B. Drehmaschinen, Bohrmaschinen usw.

---

[1]) Grundlagen für die Errechnung der Durchlaufzeit siehe H.4.e), β)

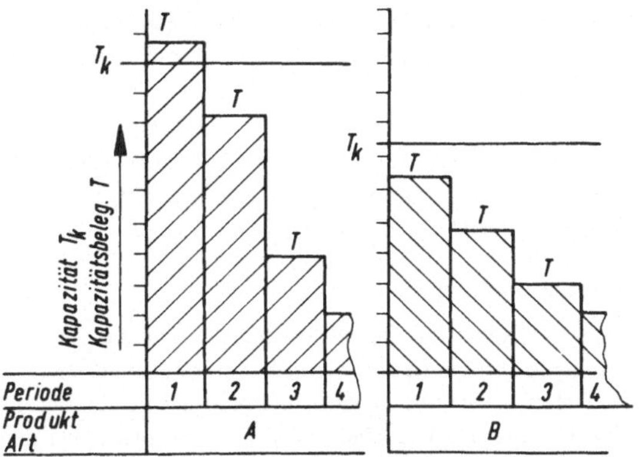

Bild J/2. Kapazität T_K und Kapazitätsbelegung T der Produktarten A, B . . .

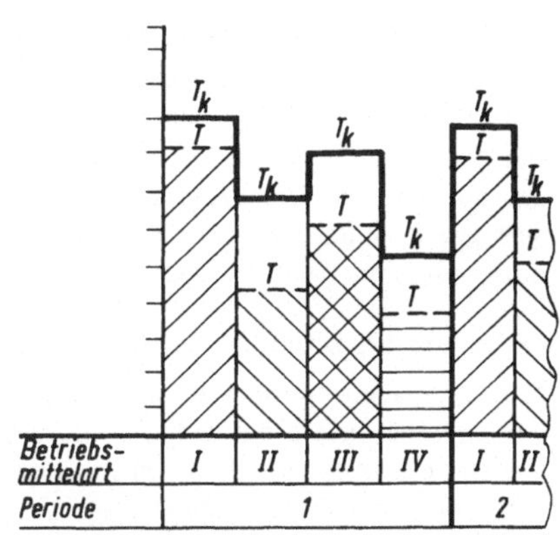

Bild J/3. Kapazität T_K und Kapazitätsbelegung der Maschinenarten (Arbeitsplätze)

Bild J/4 — Zeitskala: März / April 1975

Kalendertage: 25 26 27 | 1 2 3 4 7 8 9 10 11 14 15 16 17 18 21 22 23

Tage vor Fertigstellung: 19 18 17 16 15 14 13 12 11 10 9 8 7 6 5 4 3 2 1 0

Tage nach Fertigungsbeginn: 1 2 3 4 5 6 7 8 9 10 11 12 13 14 15 16 17 18 19 20

Erzeugnisstruktur — Arbeitsvorgang Nr., Auftragszeit T (Std.), Losgröße $m = 10$ Einh., Betriebsmittel, Σ Std.:

Erzeugnis	Teilerzeugnis 1. Ordnung	Einzelteil Nr.	Anzahl je Erzeugnis	Art der Herstellung	BM I	BM II	BM III	BM IV	BM V	Σ Std.
A			1	F					$^{1}46$	46
	a		1	F					$^{1}15$	15
		1	1	F	$^{1}30$	$^{2}20$		$^{3}16$		66
		2	2	F	$^{1}40$	$^{3}20$	$^{2}25$			85
		3	1	F	$^{2}20$		$^{1}17$			37
	b			F					$^{1}30$	30
		4	2	F	$^{1}15$			$^{2}22$	$^{3}16$	53
		5	1	F			$^{1+3}50$	$^{2}20$		70
		6	4	N						
		7	1	F	$^{1}35$	$^{2}25$				60
		8	2	F				$^{2}20$	$^{1}28$	48
		9		N						
Σ Std.					105	75	117	78	135	510

I. Warmbehandlung auswärts

Erklärungen:
Kapazität: T_k Std./Schicht
Kapazitätsbelegung: T Std./Schicht
Beschäftigungsgrad: z_B %
Zwischenzeit: t_{zws} ▢
(Betriebsmittelbelegung)

Kapazitätsbelegung und Beschäftigungsgrad je Tag nach Fertigungsbeginn (Tag 1–20):

Betriebsmittel	Größe	1	2	3	4	5	6	7	8	9	10	11	12	13	14	15	16	17	18	19	20
$T_k = 16$ Std.	T Std.	8	8	13	16	16	16	8			7	8	5								
	z_B %	50	50	81	100	100	100	50			44	50	31								
$T_k = 24$ Std.	T Std.							3	15	16	16	16	9								
	z_B %							12	63	67	67	67	56								
$T_k = 16$ Std.	T Std.			5	14	16	11	8	8	5	7	8	8	8	8	8	8				
	z_B %			31	88	100	69	50	50	31	44	50	50	50	50	50	19				
$T_k = 16$ Std.	T Std.								7	15	13	8	8	7		8	8	4			
	z_B %								44	94	81	50	50	44		50	50	25			
$T_k = 24$ Std.	T Std.										8	12	16	8	10	16	9	18	18	16	4
	z_B %										33	50	67	33	42	67	34	75	75	67	17

Bild J/4 Fristen und Terminplan – Kapazität – Kapazitätsbelegung (Beschäftigungsgrad)
(F Fertigungsteile, N Normteile) Anmerkung: Für Teil Nr. 3 bedeutet 2_{20} die 2 = 2. Arbeitsvorgang, 20 Std. = T

Komplizierte Abläufe für eine größere Anzahl miteinander verketteter Abläufe erfordern jedoch eine Planung derart, daß zeitlicher Ablauf und Kapazitätsbelegung für jede einzelne Ablaufphase darzustellen sind (Bild J/4). Diese Darstellung ermöglicht die genaue Bestimmung der Durchlaufzeit, der Termine, der Kapazitätsbelegung und läßt die für den Ablauf maßgeblichen Engpässe und die sich daraus ergebenden Liegezeiten erkennen. Die Erstellung derartiger Pläne und ihre z.T. während des Ablaufes notwendige Berichtigung erfordert einen zuverlässigen Datenfluß und einen hohen Aufwand.

Die Kapazitätsbelegung des einzelnen Arbeitsplatzes ist in vielen Fällen notwendig, insbesondere jedoch dann, wenn es sich um Engpaßstellen und kapitalintensive Betriebsmittel, – wie große Bohrwerke, numerisch gesteuerte Maschinen – handelt.

Für die Kapazitätsbelastung ist die Sollzeit für den Auftrag $T = t_r + m \cdot t_e$ und die Arbeitszeit A_r maßgebend. Mögliche Brachzeiten, sowie die Auswirkungen des Leistungs- bzw. Zeitgrades des Menschen sind gegebenenfalls zu berücksichtigen. In Bild J/4 wurde davon ausgegangen, daß Korrekturen nicht notwendig sind (siehe auch Kapazitätsplanung, sowie Planung des Betriebsmittelbedarfes).

e) Materialdisposition, Materialanforderung und Materialbeschaffung

Die Materialanforderung erfolgt aufgrund der Vertriebsdisposition im allgemeinen durch die Arbeitsvorbereitung, indem die Bedarfsmengen und die Eingangstermine dem Einkauf bekanntgegeben werden. Die Dispositionen über die wirklich zu beschaffenden Mengen erfolgen nach Abstimmung mit den bereits vorgenommenen Dispositionen bzw. den Beständen anhand der Lagerbestandskartei. Natürlich werden die Dispositionen auch noch von sonstigen geschäftspolitischen Überlegungen beeinflußt. Von der einwandfreien Erledigung dieser Aufgaben sind der wirtschaftliche Erfolg des Unternehmens und die termingerechte Abwicklung der gegenüber dem Kunden eingegangenen Verpflichtungen abhängig. Die Beschaffung nimmt der Einkauf vor.

Voraussetzung für die Funktion des Materialwesens ist die Kenntnis des Marktes. Sie besteht insbesondere im Auffinden preiswürdiger Beschaffungsquellen bei günstigen Lieferfristen und der Sicherheit, daß die Termine vom Lieferer eingehalten werden.

Dabei spielt die Preis-Qualitätsfrage eine besondere Rolle. Während über die Qualität des Fertigungsmaterials bereits bei der Entwicklung des Produktes eindeutig entschieden ist, sind für die Beschaffung der Hilfsstoffe meistens nur kaufmännische Überlegungen maßgebend.

Die Disposition über die Bestellmenge und den Bestellzeitpunkt hat nicht nur terminliche, sondern auch betriebswirtschaftliche Belange zu berücksichtigen.

Die Bedarfsermittlung bezieht sich auf die Bedarfsarten, wie Fertigungsstoffe, Fertigungshilfsstoffe und Betriebsstoffe. Es geht dabei darum, die Bedarfsmengen für die einzelnen Wirtschaftsperioden zu bestimmen. Dabei sind Bedarf und Bestand anzugleichen unter Berücksichtigung eines Sicherheitsbestandes. Für die Bedarfsermittlung werden zwei Methoden angewendet.

1. Die *analytische Methode* – auch deterministische Methode genannt – ermittelt den Auftragsbedarf für jedes Teil eines Erzeugnisses nach Art und Menge. Die Grundlage dafür bildet die Stückliste. Der Zeitpunkt für die Bestellung und Bereitstellung für die Fertigungsdurchführung ergibt sich aus dem Terminplan unter Berücksichtigung der Lieferzeiten für die Gegenstände. Diese Methode wird vor allem angewendet in der Serien- und Massenfertigung, jedoch auch für Großprojekte.

2. Die *statistische Methode* – auch als stochastische Methode bezeichnet – ermittelt den Bedarf summarisch nach dem Durchschnittsverbrauch der Vergangenheit. Außer für den Bedarf des Fertigungsmaterials wird sie für die Ermittlung des Bedarfs der Hilfsstoffe und der Betriebshilfsstoffe sowie für Werkzeuge (Bohrer, Fräser usw.) angewendet. Sie geht im wesentlichen von den Verbrauchsdaten aus, muß jedoch mögliche Bedarfsänderungen beobachten und berücksichtigen. Die Verbrauchsschwankungen können verschiedene Ursachen haben. Einflußgrößen sind die saisonalbedingten, oft zyklisch auftretenden Schwankungen und der insgesamt zu erwartende Trend, die Zu- oder Abnahme des Bedarfs in Abhängigkeit von dem zu erwartenden Beschäftigungsgrad.

Aus den Verbrauchsdaten der Vergangenheit ergibt sich der durchschnittliche Verbrauch einer Periode, soweit der Trend, d.h. die Zu- oder Abnahme linear verläuft, kann der Zukunftsbedarf X_n einer Periode n errechnet werden

$$X_n = a + b \cdot n.$$

Die Daten für a und b können nach den gleichen Gesetzen errechnet werden, wie unter L.2. Statistische Gundlagen der Überwachung; b) Statistische Auswertung von Daten dargestellt.

Auf die Methode der exponentiellen Glättung sei nur hingewiesen.

Schließlich sind *wirtschaftliche* Gesichtspunkte zu berücksichtigen. Die sich aus der Disposition ergebenden Lagerbestände haben einen wesentlichen Einfluß auf die Wirtschaftlichkeit und Rentabilität. Die Materialbestände und der Verbrauch bestimmen die Lagerzeiten und binden in Abhängigkeit von der Mengendisposition und der Durchlaufzeit in der Fertigung hohe Kapitalbeträge. Diese Einflußgrößen bestimmen die Liquidität und insbesondere die Kapitalzinsen und die Kosten für die Lagerung und Verwaltung (siehe II. B. 4, B. 6., B. 7. sowie Band III).

Aus diesen Gründen ist es notwendig, die kostenoptimalen Beschaffungsmengen und die Zeitpunkte für die Bestellung und Anlieferung zu ermitteln. Die Bestellungen sind dem Fertigungsrhythmus anzupassen, der sich nach Kostengesichtspunkten richten muß.

	Anzahl der Bestellungen je Jahr (Lose)	Menge je Bestellung
Eigenfertigung	$x = \sqrt{\dfrac{\dfrac{p_z}{200} \cdot k_{Ho} \cdot n}{K_R}}$ (Anzahl/Jahr)	$\dfrac{n}{x} = \sqrt{\dfrac{200 \cdot K_R \cdot n}{p_z \cdot k_{Ho}}}$ (Stück/Bestellung)
Fremdfertigung	$x = \sqrt{\dfrac{\dfrac{p_z}{200} \cdot k_{Fr} \cdot n}{K_{Be}}}$ (Anzahl/Jahr)	$\dfrac{n}{x} = \sqrt{\dfrac{200 \cdot K_{Be} \cdot n}{p_z \cdot k_{Fr}}}$ (Stück/Bestellung)

p_z % Zinssatz für Kapitaldienst und Lagerung

n Menge je Jahr

k_{Ho} DM/Stck Herstellkosten ohne Rüstkosten

k_{Fr} DM/Stck Fremdkosten (Bezugskosten)

K_R DM/Los Rüstkosten je Los (Werkstattauftrag)

K_{Be} DM   Bestellkosten je Bestellung

Die Zusammenhänge zeigt Bild J/5. Die so errechneten Daten sind jedoch nicht allein entscheidend für die Festlegung von Bestellmenge und Rhythmus, sie sind als Entscheidungshilfe anzusehen. Diese Daten werden in den Bestands- und Dispositionsunterlagen (Karteien) verankert.

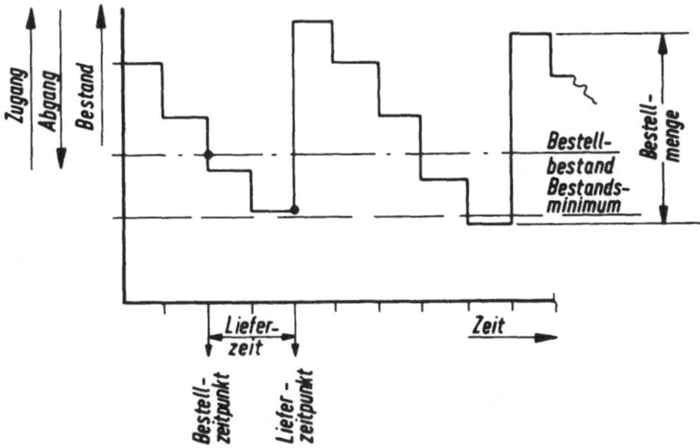

Bild J/5. Lagerbewegung, Bestellmenge und Bestellzeitpunkt

3. Veranlassen

a) Werkstattauftrag

In der Fertigungssteuerung, insbesondere in der Auftrags- und Terminstelle wird der Fertigungsauftrag in den Werkstattauftrag umgewandelt. Der Gesamtauftrag wird bei einem umfangreichen Objekt meistens in eine größere Anzahl von Einzelaufträgen aufgeteilt, daß die Einzelteile und die Teilerzeugnisse unabhängig voneinander parallel oder hintereinander gefertigt und schließlich zum verkaufsfähigen Endprodukt zusammengefügt werden können.

Der Werkstattauftrag (Bild J/6) ist durch die auf ihm verzeichnete Auftragsnummer gekennzeichnet, auf der insbesondere alle entstehenden Kosten gesammelt werden. Außerdem sind auf ihm verzeichnet: die Fertigungsmenge und der Liefertermin. Eine Gesamtauftragsmenge kann auf mehrere Fertigungsaufträge – Lose – verteilt werden. Wie bereits erwähnt, ist der Werkstattauftrag mit dem Arbeitsplan gekoppelt und bildet gewöhnlich formulartechnisch mit ihm eine Einheit. Deshalb entsteht er aus dem Arbeitsplanoriginal im sogenannten Umdruckverfahren. Dabei wird der Kopf des Arbeitsplanes zum Werkstattauftrag ergänzt. In der Auftragsstelle wird das Arbeitsplanoriginal zur Umwandlung in eine beliebige Anzahl von Werkstattaufträgen hergerichtet. Zur Überwachung dieser wichtigen Unterlagen, ob sie sich auf dem jeweils neuesten Stand befinden, wird eine Arbeitsplan-Stammkartei geführt (Bild H/33).

Werkstattauftrag (Laufkarte)

Auftrags-Menge 2 500	Los-Nr. 3	Losgröße 500	Ausstelltag 15. 9. 64	Termin 15. 10. 64		Auftrags-Nr. 10 29 13						
Benennung Deckel				Zeichnungs-Nr. 630 – 310. 32		Baumuster-Typ 630					Bl.-Nr. 1	
Werkstoff-Menge 500	Einh. Stck.	Werkstoff Deckel-Rohteil GG-22		Abmessung/Modell-Nr. 630 – 310. 31		Kostenart-Konto						
Kostenst.	Arbeitsplatz	Arb-folge	Arbeitsvorgang		Vorrichtung Werkzeug	Lohn-Gr.	t_r	t_e	Kontroll-vermerk	Ausschuß Fabr.	Mat.	gute Stücke
255	Revolver-drehmasch.	1	Bohrung $\diameter 121,5^{+0,5}$ und $\diameter 120$ drehen		Vierbacken-futter	6	48	7,84				
			Stirnfläche plandrehen									
256	Raboma	2	4 Löcher $\diameter 13$ bohren, entgraten und		Bohrvorrichtg. Bohrer $\diameter 13$	5	42	6,0				
			senken		Senker $\diameter 25$							
258	Waager.-Fräsmasch.	3	2 Flächen fräsen		Fräsvorrichtg. Walzenstirn-fräser $\diameter 50$	5	72	3,0				
301	Kontrolle	4	Prüfen									
406	Lager	5	Ausliefern Lager 502									

Bild J/6. Werkstattauftrag zum Arbeitsplan

Anmerkung: Die für die Durchführung der Vorgänge erforderlichen technologischen Daten sind im Fertigungsplan Bild H/35 enthalten. $t_e = 7{,}84$ ist dem Zeitberechnungsplan Bild H/36 entnommen.

b) Begleitunterlagen – Terminkarte, Materialentnahmeschein, Lohnschein

Der Werkstattauftrag kann weiterhin eine Anzahl zusätzlicher, die Arbeit begleitender Papiere enthalten, wie die Laufkarte entsprechend Bild J/6, die Materialentnahmescheine (Bild J/8), für jeden Arbeitsvorgang einen Lohnschein (Bild J/9), und zwar je nach dem Lohnsystem, entweder den Akkord- oder Zeitlohnschein, schließlich die Zeichnungen und die Terminkarte. Sie entspricht im Aufbau Bild J/6

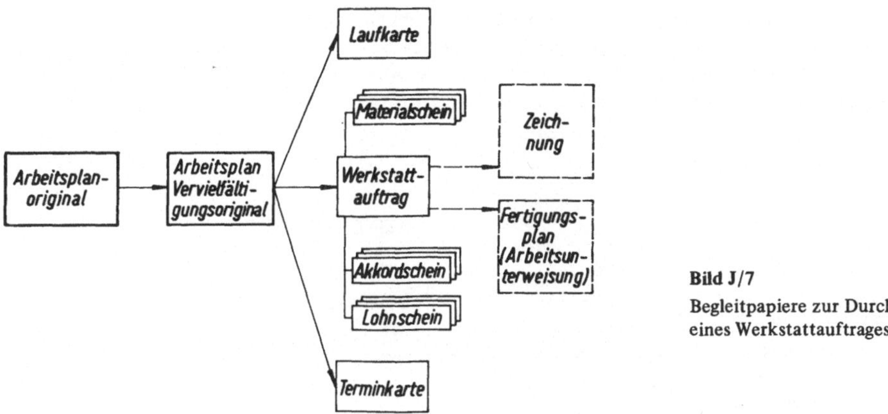

Bild J/7
Begleitpapiere zur Durchführung
eines Werkstattauftrages

und ist zusätzlich am oberen Rand mit einem Terminstreifen versehen. Der Werkstattauftrag, insbesondere die Laufkarte begleitet die zu fertigenden Gegenstände von Produktionsstufe zu Produktionsstufe bis zu ihrer völligen Fertigstellung.

Montageaufträgen sind außerdem noch Lagerentnahmelisten zugeordnet, auf denen die für den Zusammenbau erforderlichen Einzelteile und ihre Mengen verzeichnet sind.

Der *Materialentnahmeschein* (Bild J/8) ermöglicht die Materialentnahme aus dem Lager. Er enthält neben der Auftragsnummer die zur Erfassung der Materialkosten erforderlichen Daten, z.B. die Materialart, -form und -abmessung, die Materialmenge sowie weitere Felder zum Errechnen der Fertigungsmaterialkosten.

Der Materialentnahmeschein läuft über die Arbeitsverteilung oder auch direkt zum Rohlager. Dort werden auf ihm die ausgegebenen Mengen verzeichnet. Das zu bearbeitende Material wird dem Arbeitsplatz zugeleitet, während der Materialentnahmeschein zur Materialbewertungsstelle gegeben wird. Dort werden aufgrund der entnommenen Mengen die Geldwerte errechnet, mit denen schließlich die Materialbuchhaltung die Bestandskonten entlastet. Die gesamten in einer Periode entnommenen Werkstoffe werden außerdem gewöhnlich für statistische Auswertungen und für Dispositionszwecke nach Werkstoffarten, -formen und -abmessungen, tabellarisch zusammengestellt. Die dem Materiallager insgesamt in einer Periode entnommenen Werte, werden schließlich in der Buchhaltung erfaßt und in den Betriebsabrechnungsbogen übertragen. Danach laufen diese Belege zur Nachkalkulation, werden hier zur Belastung des Kostenträgers nach Auftragsnummern geordnet und so die Materialkosten für diesen Kostenträger ermittelt (Bild H/33).

Die *Akkord- bzw. Zeitlohnscheine* (Bild J/9) dienen der Errechnung des Lohnes, den die Arbeitskraft aufgrund der Leistung zu beanspruchen hat, und vor allem auch der Erfassung der Fertigungslohnkosten, mit denen der Kostenträger zu belasten ist.

Materialentnahmeschein

Auftragsmenge	Los-Nr.	Losgröße	Ausstelltag	Termin		Auftrags-Nr.		
2 500	3	500	15. 9. 64	15. 10. 64		102 913		
Benennung				Zeichnungs-Nr.		Baumuster-Type		Bl.-Nr.
Deckel				630 – 310. 32		630		1
Werkstoff-Menge	Einh.	Werkstoff		Abmessung/Modell-Nr.		Kostenart-Konto		
500	Stck.	Deckel-Rohteil GG –22		630 – 310. 31				
	Quittung des Empfängers			ausgegebene		Einheitspreis		Gesamtpreis	
ausgegeben am	Name	Datum	Kostenst.-Abt.	Menge	Einh.	DM	Pf	DM	Pf
Lagerkartei gebucht									

Bild J/8. Materialentnahmeschein zum Werkstattauftrag

Außer den auf dem Werkstattauftrag enthaltenen allgemeinen Angaben, besitzen die Lohnscheine zusätzliche, der Lohnverrechnung und der Erfassung der Lohnkosten dienende Felder. Insbesondere sind verzeichnet: Der Arbeitsvorgang, Name und Stammnummer des Arbeiters, die abgelieferten und somit zu verrechnenden Mengen an guten Erzeugnissen. Sehr oft werden für statistische Zwecke auch die tatsächlich gebrauchten Zeiten auf ihm verzeichnet.

Akkordschein

<table>
<tr><td>Auftragsmenge
2500</td><td>Los-Nr.
3</td><td>Losgröße
500</td><td>Ausstelltag
15.9.64</td><td colspan="2">Termin
15. 10. 64</td><td colspan="5">Auftrags-Nr.
102 913</td></tr>
<tr><td colspan="4">Benennung
Deckel</td><td colspan="2">Zeichnungs-Nr.
630–310. 32</td><td colspan="3">Baumuster-Type
630</td><td colspan="2">Bl.-Nr.
1</td></tr>
<tr><td>Werkstoff-Menge
500</td><td>Einh.
Stck.</td><td colspan="2">Werkstoff
Deckel-Rohteil GG-22</td><td colspan="2">Abmessung/Modell-Nr.
630 – 310 31</td><td colspan="5">Kostenart-Konto</td></tr>
<tr><td>Kostenst.</td><td>Arbeitsfolge</td><td colspan="2">Arbeitsvorgang</td><td>Betriebsmittel
Werkzeug-Vorrichtg.</td><td>Masch.-Gruppe</td><td>Lohngruppe
oder Faktor</td><td>Zeitvorgabe
rüsten(t_r)</td><td>Stück(t_e)</td><td>Gesamt-
minuten</td><td>Lohn-Betrag
DM   Pf</td></tr>
<tr><td>255</td><td>1</td><td colspan="2">Bohrung ϕ 121,5 $^{+0,5}$ und ϕ 120 drehen, Stirnfläche plandrehen</td><td>Vierbacken-
Futter</td><td>Pittler
Rev.</td><td>6</td><td>48</td><td>7,84</td><td></td><td></td></tr>
<tr><td colspan="2">Name des Arbeiters</td><td>Kontroll-Nr.</td><td>Arbeitsbeginn:</td><td></td><td>Kontrolle</td><td>Ausschuß
Fabr.   Mat.</td><td>Gut-Stück</td><td>Abschlag
Minuten</td><td colspan="2">Gegenzeichnung
Meister Lohnbüro</td></tr>
<tr><td colspan="2"></td><td></td><td>Arbeitsende:</td><td></td><td></td><td></td><td></td><td></td><td colspan="2"></td></tr>
</table>

Bild J/9. Akkordlohnschein für Werkstattauftrag nach Bild J/6, Arbeitsfolge Nr. 1

Die Lohnbelege laufen über die Arbeitsverteilung zum einzelnen Arbeitsplatz, von dort schließlich zur Lohnverrechnungsstelle, nachdem der Arbeiter seine Eintragungen vorgenommen hat und die Mengen- und Qualitätsprüfung an den Gegenständen erfolgte. Die Lohnverrechnungsstelle sortiert diese Belege zur Ermittlung der Gesamtlohnsumme nach Stammnummern. Nach Erledigung der Lohnrechnung gehen sie zur Betriebsbuchhaltung, werden hier nach *Kostenstellen* geordnet und die so ermittelten Gesamtsummen der Fertigungslöhne in den BAB übertragen. Schließlich werden sie der Nachkalkulation zur Nachrechnung der vom *Kostenträger* verursachten Fertigungslohnkosten zugleitet und dort nach Auftragsnummern geordnet[1]).

K. Einführung in die elektronische Datenverarbeitung

1. Aufbau und Arbeitsweise

a) Bedeutung und Aufgabe – Daten

Bei der Planung, Steuerung und Überwachung des technischen und wirtschaftlichen Leistungsprozesses fallen in großer Zahl Daten an, die nach den verschiedensten Gesichtspunkten geordnet und zusammengestellt werden müssen. Dabei sind gleichzeitig zum Teil umfangreiche und komplizierte Rechenoperationen durchzuführen. Zusätzlich besteht die Forderung, daß das Zahlenmaterial zuverlässig möglichst unmittelbar nach dem die Daten verursachenden Geschehen verfügbar sein muß. Bei der manuellen Zusammenstellung der Daten besteht das Problem darin, daß der Zeitraum, den die Verarbeitung der Daten erfordert, zu groß ist, und so das Zahlenmaterial, das Steuerungsmaßnahmen in wirtschaftlicher oder zeitlicher Hinsicht veranlassen soll, nicht rechtzeitig zur Verfügung steht. Gegeben aus diesen Tatsachen und den komplexen Vorgängen in einem Wirtschaftsprozeß können diese Forderungen heute

---

[1]) Diese Datenverarbeitungsvorgänge werden in zunehmendem Maße nicht mehr manuell, sondern mit Datenverarbeitungsanlagen, EDVA, ausgeführt.

in großen Wirtschaftseinheiten angesichts der umfangreichen und aus vielen Teilerzeugnissen bestehenden Erzeugnisse, die in vielen Produktionsstufen hergestellt werden, nur mit Anlagen, die unter der Sammelbezeichnung „Elektronische Datenverarbeitungsanlagen – EDVA" – bekannt sind, erfüllt werden.

Eingeleitet wurde diese Technik „Elektronische Datenverarbeitung (EDV)" im Jahre 1889 von *Hermann Hollerith*. Eine wesentliche Weiterentwicklung setzte jedoch erst etwa im Jahre 1946 ein, nachdem die Elektronenröhre, dann die Transistoren und schließlich die Monolithtechnik – ca. 30 Transistoren und Widerstände sind in einem Kristallblock vereinigt – entwickelt waren, die unvorstellbar kurze Zeiten für die Schaltvorgänge benötigen und so eine sehr große Zahl von Zeichen verarbeiten können.

Daten sind *Informationen* in Form von Ziffern, Buchstaben und Worten. In eine elektronisch arbeitende Anlage – EDVA – werden Daten *eingegeben,* von ihr *verarbeitet* und wieder *ausgegeben.* Eine EDVA kann also Daten lesen, speichern, die unterschiedlichsten Operationen (Rechenvorgänge) ausführen und die Ergebnisse in den verschiedensten Arten ausgeben. Es werden unterschieden: *konstante* Daten, wie z.B. Adressen (Anschriften), Zeichen, Nummern usw. und *variable* Daten, wie z.B. Auftragsnummern, Bestellnummern, Datum usw.

Da auch in der Arbeitsvorbereitung Daten in großer Anzahl von betriebswirtschaftlicher und technischer Bedeutung anfallen, wird die elektronische Datenverarbeitung zunehmend auch in diesem Bereich Bedeutung bekommen. Für den Arbeitsvorbereiter geht es weniger darum, die Feinheiten der technisch-physikalischen Arbeitsweise der Anlage zu beherrschen, als vielmehr um Kenntnisse für ihren Einsatz „Systemanalyse".

Der wirtschaftliche Einsatz der Anlage erfordert jedoch umfangreiche und gründliche organisatorische Vorbereitungen, die nicht auf die Arbeitsorganisation beschränkt sein können, sondern auch die Gesamtorganisation des Unternehmens in die Überlegung einbeziehen müssen, da die Arbeitsorganisation als ein in diese integrierter Bestandteil angesehen werden muß. Der Arbeitsvorbereiter muß sich dabei hinsichtlich der bisher von ihm gegebenen z.T. umfangreichen Textinformationen umstellen auf andere Informationsarten, da beim Einsatz der EDVA die Informationen codiert werden.

b) Aufbau der Anlage

Eine elektronische Datenverarbeitungsanlage besteht aus je einer *Eingabeeinheit, Zentraleinheit* und *Ausgabeeinheit.*

Die verschiedenen Systeme unterscheiden sich insbesondere durch ihre Kapazität, die Art der Datenspeicherung, die Medien und ihre Arbeitsgeschwindigkeit. Eine Anlage muß eine große Zahl von Informationen speichern, zur Lösung bestimmter Aufgaben verarbeiten und diese schließlich wieder ausgeben können. Aus dieser Aufgabenstellung ergibt sich der in Bild K/1 dargestellte Grundaufbau. Die Auswahl der Einheiten muß unter Berücksichtigung der jeweiligen Aufgaben erfolgen, da die einzelnen Geräte sich wesentlich voneinander unterscheiden und je nach Art und Umfang der Aufgaben besondere Vorzüge haben und verschiedene Medien verarbeiten (siehe Speicher).

Bei der Rechenmaschine werden die Daten manuell mittels Tasten in die Apparatur eingegeben und verarbeitet. Im Prinzip arbeitet eine elektronische Anlage ähnlich, jedoch mit dem Unterschied, daß der Befehl für gewünschte Funktionen von ihr vollautomatisch ausgeführt, zusätzlich kontrolliert und sehr viel schneller ausgeführt wird, wobei sich die Vorgänge innerhalb der Anlage fast ausschließlich nicht mechanisch vollziehen.

Die Einzelgeräte übernehmen durch Lesen oder Fühlen die verschlüsselten Informationen von den Eingabemedien wie z.B. Lochkarten, Lochstreifen oder auch von der Klarschrift usw., geben diese an die Zentraleinheit und Speicher ab und stellen sie so der Recheneinheit zur Durchführung des dieser aufgegebenen Programmes zur Verfügung.

Für die unterschiedlichen Aufgaben wurden einige mit verschiedenen Medien arbeitende *Eingabe- und Ausgabegeräte* entwickelt, mit denen je dem Zweck entsprechend die Anlagen ausgerüstet werden können (siehe Bild K/1). Diese Geräte sind mit der Datenverarbeitungsanlage – manchmal über große Entfernungen mittels Kabel – verbunden.

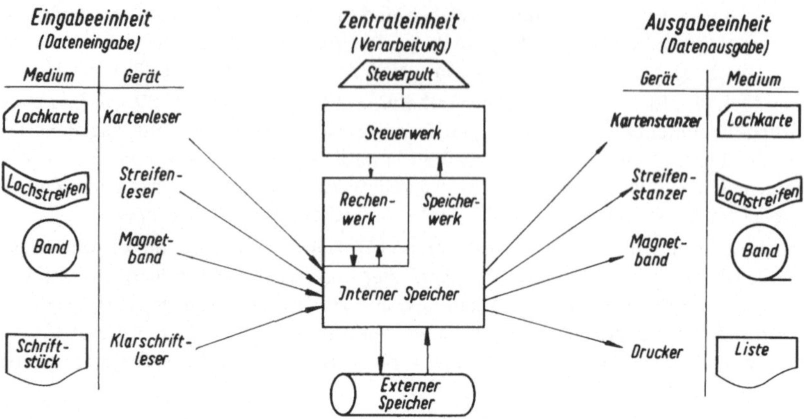

Bild K/1. Schematischer Grundaufbau einer Datenverarbeitungsanlage

c) Ein- und Ausgabemedien, Ein- und Ausgabegeräte

Die in der Praxis anfallenden verschiedenartigen Informationen – Daten – müssen maschinell lesbar gemacht werden. Deshalb ist es notwendig, die Daten auf Medien zu geben, die die Anlage verarbeiten kann. Für die Ein- und Ausgabegeräte werden etwa folgende Medien verwendet.

Die Lochkarte (Bild K/2) ist die zuerst entwickelte und wohl bekannteste Art. In sie werden die nach einem bestimmten Code (z.B. Hollerith) verschlüsselten Daten für die Eingabe mit dem Kartenlocher, der mit einer der Schreibmaschine ähnlichen Tastatur versehen ist, in Form von rechteckigen (oder runden) Durchbrüchen *eingebracht.* Für die *Ausgabe* der Daten sind *Lochstanzen* entwickelt. Die Lochung wird bei der Verarbeitung gleichzeitig auf Lochungsfehler überprüft.

Der Lochstreifen (Bild K/2) besteht aus einem Band, in das die verschlüsselten Daten ebenfalls in Form von Löchern eingebracht werden (Fernschreiber).

Das Magnetband findet wegen seiner maschinellen Lesbarkeit, der hohen Arbeitsgeschwindigkeit und der großen Kapazität, insbesondere bei sehr großen Datenmengen eine zunehmende Bedeutung. Auf dem sogenannten Trägermaterial befindet sich eine magnetisierbare Schicht, auf die die Zeichen in Form magnetischer Felder durch den Schreibkopf aufgebracht werden. Jeder Impuls stellt eine 1, *kein Impuls* eine 0 dar. Anzahl und Folge der Impulse sind vom Code bestimmt. Beim Lesen spielt sich der Vorgang umgekehrt ab.

Als Ausgabemedien sind neben der Lochkarte und dem Lochstreifen, die in Klarschrift gedruckten Listen – Tabellen – zu nennen.

Maschinelles Lesen von Schrift erfordert die Entwicklung einer besonderen Schrift – Normschrift A nach DIN 66008 (Bild K/3).

Schließlich sind die *optischen* Lesegeräte (Belegleser) zu nennen. Mit diesen kann Schrift direkt verarbeitet werden (Bild K/3).

Ein Magnetkopf magnetisiert das aus einzelnen Steuerzeichen und aus senkrecht angeordneten und variierbaren Balken bestehende Zeichen und ermöglicht so ein elektromagnetisches Lesen von Ziffern und Buchstaben. Dieses Verfahren hat den Vorzug, daß die Daten der Urbelege nicht mehr manuell auf die Lochkarten oder -streifen übertragen werden müssen. Das Verfahren wird deshalb als ein wesentlicher Fortschritt hinsichtlich des wirtschaftlichen Einsatzes der Anlagen angesehen.

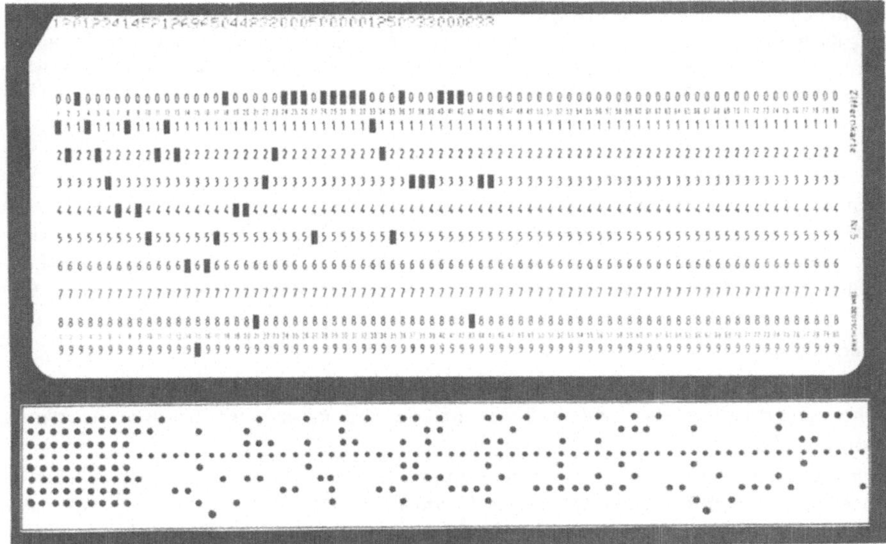

Bild K/2. Lochkarte und Lochstreifen mit eingestanzten Daten

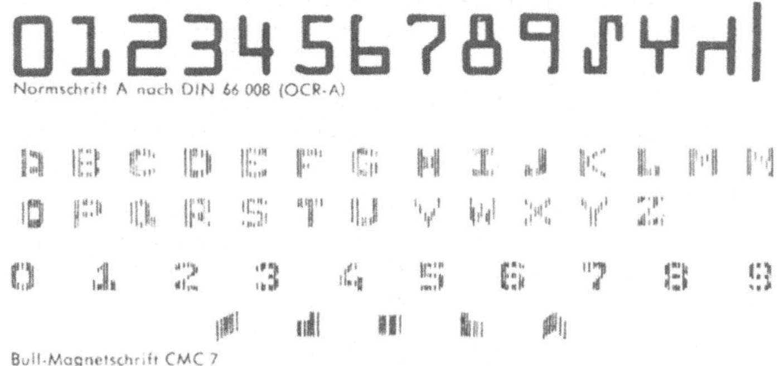

Bild K/3. Schrift für direktes Lesen — Normschrift — Magnetschrift

Zeilendrucker drucken die erarbeiteten Daten auf Listen in Klarschrift. Diese Geräte unterscheiden sich von der Arbeitsweise der Schreibmaschine dadurch, daß sie sofort eine ganze Zeile und nicht wie die Schreibmaschine die einzelnen Buchstaben nacheinander drucken. Es gibt rotierende Typenträger, die etwa 120 000 Zeilen pro Stunde drucken, wobei eine Zeile 80 bis 120 Schreibstellen umfaßt, und andere Systeme, die mit Typenstäben arbeiten, und mit einer Schreib- und Lesegeschwindigkeit von 200 000 bis 300 000 Zeichen pro Sekunde arbeiten.

Es werden weiter unterschieden:

Geräte für Einzelinformationen mit denen von *Hand einzelne* veränderliche *Daten* der Zentraleinheit mitgeteilt werden. Derartige Geräte haben Ähnlichkeit mit dem Fernschreiber. Sie sind so gestaltet, daß sie gleichzeitig die gewünschten von der Zentraleinheit kommenden Informationen *direkt* ausgeben können.

Automatisch arbeitende Geräte können hingegen große *Mengen* an *Informationen* schnell ein- und ausgeben. Das ist, da die elektronischen Rechner mit sehr hoher Geschwindigkeit arbeiten, von entscheidender Bedeutung für die Wirtschaftlichkeit einer Anlage. Die Bestrebungen gehen dahin, die wesentlich langsamer arbeitenden Ein- und Ausgabegeräte den Rechnern anzupassen.

d) Speicher

Speicher haben die Aufgabe, Informationen auf beliebig lange Zeit aufzubewahren, um sie jederzeit für die Durchführung von Operationen zur Verfügung zu haben. Die Speicher bestimmen die als Kapazität bezeichnete Aufnahmefähigkeit einer Anlage. Gespeichert werden numerische (Ziffern) und alphanumerische (Buchstaben) Zeichen. Die Kapazität kann durch Ausbau oder Erweiterung vergrößert werden.

Es werden unterschieden:

Interne Speicher, Hauptspeicher, die die Grundkapazität darstellen, die durch *externe* —außerhalb angeordnete Speicher ergänzt (vergrößert) werden können, und die dazu da sind, den Hauptspeicher ständig mit Informationen aufzufüllen.

Externe Speicher können zwar eine große Menge an Informationen aufnehmen, sie sind jedoch hinsichtlich ihrer Schnelligkeit wesentlich *langsamer* als die *internen* Speicher. Da die externen Speicher ihre Informationen an den internen Speicher abgeben, ist die Zugriffszeit, das ist die Zeit die benötigt wird, um eine Information abzurufen, von Bedeutung. Die Speicher sind heute so weit entwickelt, daß die Informationen auch bei Stromausfall nicht verloren gehen.

Die Informationen sind im Speicher auf einen bestimmten Platz übertragen. Der *Platz* ist durch laufende numerische (Ziffern) oder durch alphanumerische (Ziffern, Buchstaben und sonstige Zeichen) *Adressen* gekennzeichnet. Die Adresse ist nicht mit der Information selbst zu verwechseln. Es geht auch darum, die Informationen so zu speichern und nach Prioritäten zu ordnen, daß der Zugriff in kürzester Zeit erfolgen kann. Es sind u. a. entwickelt:

Magnettrommelspeicher Bild K/4 sind mit einer magnetisierbaren Schicht überzogene Metallzylinder, deren Oberfläche in parallel verlaufende Bahnen eingeteilt sind auf denen ca. 24 000 bis 200 000 Zeichen gespeichert werden können. Ein Schreib/Lesekopf entnimmt der mit 3000 bis 18 000 Umdrehungen pro Minute rotierenden Trommel die Informationen.

Die Maschine erzeugt bei dem Lese-Schreibvorgang durch kurze elektrische Stromstöße kleine Elektromagnete, die ihre Polarität von der Stromrichtung erhalten, denen beim dualen System die 1 oder 0 zugeordnet sind. Diese Speicher haben bei kleinen Zugriffszeiten eine geringe Speicherkapazität.

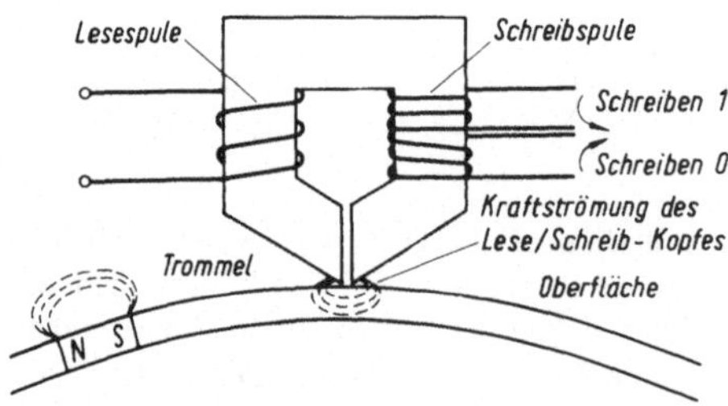

Bild K/4
Daten speichern und lesen
durch eine Magnettrommel
(Werkbild IBM)

Magnetkernspeicher werden aufgrund der guten Eigenschaften als *interne* Speicher verwendet. Bei diesem System wird die Speicherung der Zeichen in kleinen magnetisierbaren Eisenkernen (ϕ 1–2 mm) vorgenommen. Die Eisenkerne sind in den Kreuzungspunkten eines rechtwinkligen Drahtgitternetzes eingeordnet (siehe Bild K/5). Die Magnetisierung erfolgt durch den durch die Drähte geschickten Strom, wobei die Polarität durch die Stromrichtung bestimmt wird. Da bei diesem System sich keine mechanischen Vorgänge abspielen, ist die Zugriffsgeschwindigkeit und auch die Kapazität sehr groß.

Der Dünnschichtspeicher besitzt gegenüber den vorgenannten Speichersystemen noch weit geringere Zugriffszeiten (1/1 000 000 000 s), bei einem sehr geringen Platzbedarf. Er besteht aus einer dünnen (einige 100 000stel mm dicken) ferromagnetischen Schicht. Die durch Aufdampfen im Vakuum hergestellten Punkte sind durch aufgepreßte Leitungen magnetisierbar.

Für die *externe Speicherung* sind eine große Zahl von unterschiedlichen Einrichtungen geschaffen.

Lochkarten, Lochstreifen und der mit maschinell lesbarer Schrift versehene Beleg sind Speichermittel, die sowohl der Eingabe wie der Ausgabe dienen können, ihre Verwendung ist wegen der geringen Kapazität, (bezogen auf den Raumbedarf, den ihre Aufbewahrung erfordert) begrenzt.

Magnetbandspeicher können große Informationsmengen speichern, benötigen einen geringen Platzbedarf, werden für Eingabe und Ausgabe verwendet. Sie sind durch ihre hohe Arbeitsgeschwindigkeit (bis 340 000 Zeichen pro Sekunde) in der Lage, Misch- und Sortiervorgänge schnell auszuführen. Den Aufbau des Arbeitsschemas zeigt Bild K/6.

Das Magnetband besteht aus dem Trägerband (Kunststoff), auf das eine dünne magnetisierbare Ferritschicht aufgebracht ist (Bandlänge bis 1250 m).

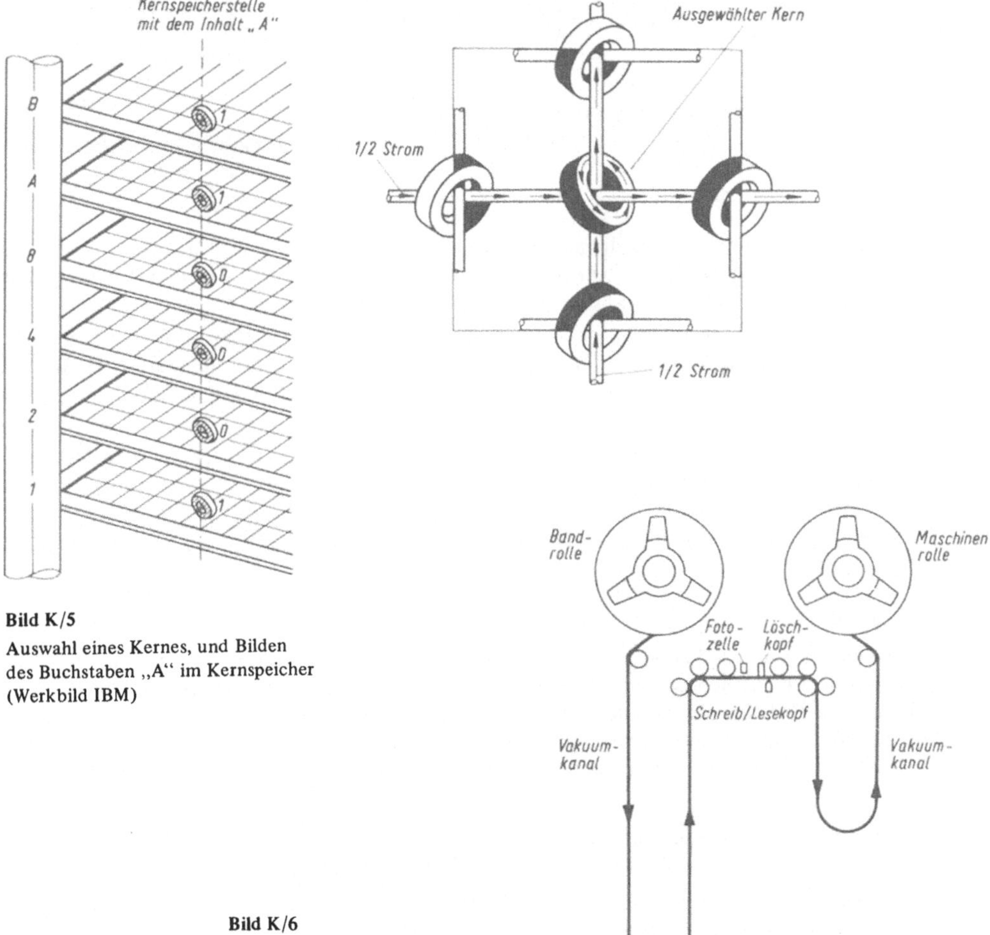

Bild K/5
Auswahl eines Kernes, und Bilden
des Buchstaben „A" im Kernspeicher
(Werkbild IBM)

Bild K/6
Ablaufschema eines Magnetbandes
(Werkbild IBM)

Auf dem Magnetband werden quer zur Längsrichtung die Informationen aufgebracht, dabei entspricht ein Magnetpunkt 1-Bit. Die Daten sind zu Gruppen von Informationen zusammengefaßt. Eine Informationseinheit bildet den Magnetbandsatz. Wegen der erforderlichen Anlaufzeit und Bremszeit für das Schreiben und Lesen eines Satzes sind zwischen den Sätzen Zwischenabstände notwendig (siehe Bild K/7).

Zur Erhöhung der Bandkapazität werden mehrere Sätze zu einem Block zusammengefaßt.

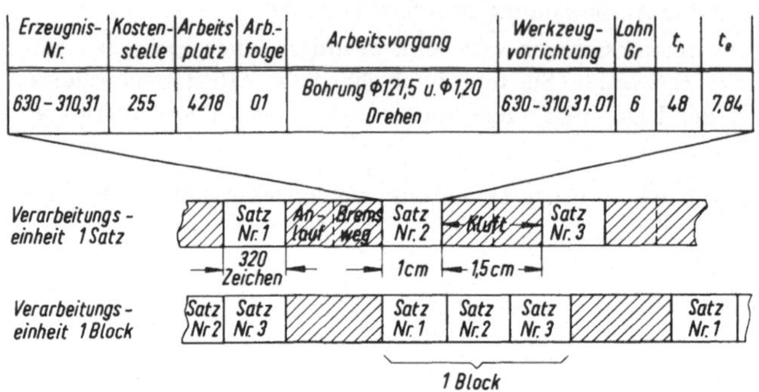

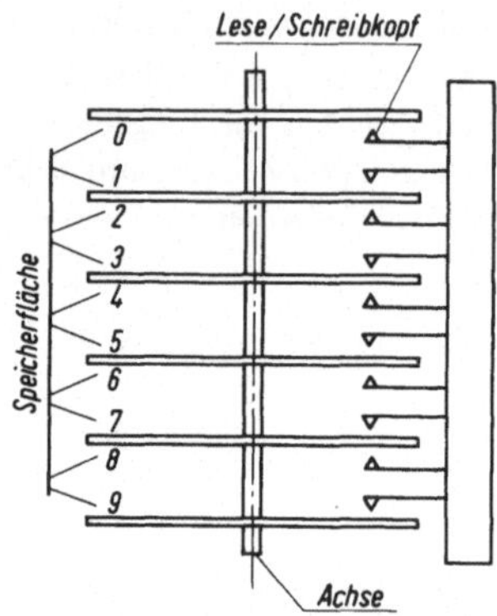

Bild K/7. Speicherung der Daten des Arbeitsplanes auf einem Magnetband

Bild K/8. Prinzipdarstellung des Magnetplattenspeichers

Auf 1 cm Bandlänge können bis 600 alphanumerische Zeichen gespeichert werden. Die Abnahme der Informationen vom Band erfolgt mit dem Schreib/Lesekopf an dem das Band vorbeiläuft und dabei elektrische Impulse erzeugt, die verstärkt der Zentraleinheit zugeführt werden.

Magnetplattenspeicher ermöglichen vor allem einen sehr schnellen direkten Zugriff zu den Daten. Für die Aufgaben der Arbeitsvorbereitung sind sie deshalb besonders geeignet. Die Plattenspeicher können mehrere Platten aufnehmen. Eine Anlage kann wieder mit mehreren (bis 5) Plattenspeichern ausgerüstet werden (Bild K/8).

Die Informationen sind hier ebenfalls auf ferro-magnetischen Schichten nach den gleichen technisch-physikalischen Grundsätzen gespeichert und werden von einem Schreib- und Lesesystem aufgenommen oder abgenommen.

In der Arbeitsvorbereitung werden insbesondere Lochkarten, Magnetbänder, Platten- und Trommelspeicher verwendet.

e) Recheneinheit

Alle Rechenoperationen werden in einer elektronischen Datenverarbeitungsanlage auf die Addition zurückgeführt. Die Subtraktion ist ebenfalls eine ergänzende Addition der Subtrahenden. Bei der Multiplikation wird eine fortlaufende Addition bei der Division eine fortlaufende Subtraktion vorgenommen. Die Operationen werden im Rechenwerk dadurch ausgeführt, daß die dabei erforderlichen Vorgänge durch Öffnen oder Schließen von Stromkreisen veranlaßt werden. Es werden 3 Grundschaltungen ausgeführt:

Bei der Und-Schaltung kann der Stromfluß durch zwei hintereinander angeordnete Schalter, die einzeln oder gleichzeitig geöffnet oder geschlossen sind, gesteuert werden.

Bei der Oder-Schaltung kann der Strom fließen, wenn ein oder zwei parallel in der Leitung angeordnete Schalter geschlossen sind.

Bei der Umkehr-Schaltung fließt der Strom, wenn ein Schalter geschlossen ist.

Der Rechenvorgang kann im Rahmen dieses Buches nur an einem einfachen Beispiel im Prinzip dargestellt werden. Die *Elektronik* wandelt die Daten zu Binärzeichen um, wobei einer Stelle zwei Zeichen, die 0 (Null) bzw. die 1, zugeordnet werden. Im *Dezimalsystem* läßt sich jede Stelle auf die Zehnerpotenz zurückführen.

Auf der Basis 10 ergibt sich für die Zahl 125

$$1 \text{ mal } 10^2 + 2 \text{ mal } 10^1 + 5 \text{ mal } 10^0.$$

$$100 \quad + \quad 20 \quad + \quad 5$$

Dabei kann jede Stelle einen Wert zwischen 0 und 9 annehmen. *Beim Dualsystem* ist hingegen die 2 als Basis gewählt. Hier kann jede Stelle den Wert 0 oder 1 annehmen. Zur Kennzeichnung des Systems wird für die 1 das Zeichen L, wenn der Wert dieser Stelle *angerechnet*, und die 0, wenn der Wert dieser Stelle *nicht* angerechnet werden soll.

Das Prinzip des Systems sei in der folgenden Tabelle nur in seinen Grundlagen dargestellt.

Potenz	2^7	2^6	2^5	2^4	2^3	2^2	2^1	2^0
Stellenwert	128	64	32	16	8	4	2	1
Dualzahl (für 125)	0	L	L	L	L	L	0	L

Die Tabelle zeigt die Dualzahlen für die Zahl 125 = (64 + 32 + 16 + 8 + 4 + 1).

Für die Rechnung mit Dualzahlen gelten folgende Additionsregeln:

$$0 + L = L$$
$$L + 0 = L$$
$$0 + 0 = 0$$
$$L + L = 0$$

(sowie Übertrag von L auf die nächst höhere Stelle). Zum Beispiel für 5 + 2 ergibt sich die Darstellung im Dualsystem

		8	4	2	1
5		0	L	0	L
+ 2		0	0	L	0
		0	L	L	L
7		—	(4	+ 2	+ 1)

Auf die anderen Systeme wie z.B. die dezibinäre Darstellung, sowie die Verarbeitung von alphabetischen Zeichen und sonstige Kombinationen muß hier verzichtet werden.

f) Steuerwerk

Das Steuerwerk steuert und kontrolliert das der Anlage aufgegebene Programm. Die elektronische Datenverarbeitungsanlage ist vergleichbar mit einer *intern* programmgesteuerten Maschine, die ihre Aufgabe im wesentlichen vollautomatisch ausführt. Eine *externe* Steuerung durch die Bedienungsperson ist außerdem zusätzlich möglich.

Die internen Steuerungsfunktionen werden vom *Programmierer* festgelegt. Die Daten werden vom internen Speicher bzw. über den externen Speicher von der Maschine übernommen. Im Programm sind die Regeln aufgestellt, nach denen die Informationen zu erarbeiten sind. Es wird unterschieden

> der *Befehlsteil*, das ist die auszuführende Aufgabe „was zu tun ist",

> der *Adressenteil,* das sind die Plätze, an denen sich die Daten befinden.

Dabei ist ein vom Hersteller festgelegter Befehlschlüssel, der sich aus alphanumerischen Zeichen zusammensetzt, zu verwenden. Die Ausführung des Befehls erfolgt in mehreren Einzeloperationen, deren Reihenfolge durch das Arbeitssystem der Maschine festgelegt ist. Die einzelnen Instruktionen werden dabei nacheinander vom Speicher zum Rechenwerk übertragen.

2. Systemanalyse – Einsatz der elektronischen Datenverarbeitung

a) Notwendigkeit der Analyse

Wie bereits dargestellt, werden die Gesamtaufgaben eines Unternehmens in Teilaufgaben ausgelöst, wobei für die Lösung der Teilaufgaben einzelne Systeme aufgestellt werden, die miteinander verkettet sind. Diese Systeme, die Regelkreise darstellen müssen, sind inneren und äußeren Einflüssen ausgesetzt, die den planmäßigen Prozeß stören und sich auch auf die dabei anfallenden Daten auswirken.

Da die Systemanalyse mit dem *Einsatz der elektronischen Datenverarbeitung,* insbesondere die Datenerfassung, die Vorbereitung und die Auswahl der zweckmäßigen Geräte für die Lösung der Aufgaben zum Ziele hat, kommt es darauf an, die sich gegenseitig beeinflussenden Faktoren zu berücksichtigen. Die Analyse muß die Fakten aller zur Lösung einer Aufgabe erforderlichen Teilaufgaben und ihre Verknüpfungen miteinander erfassen. Sie untersucht alle Aktivitäten nach Art und Inhalt, sowie den zeitlichen Verlauf. Eine umfassende, lückenlose Analyse bildet die Grundlage für die Planung des Einsatzes der elektronischen Datenverarbeitung. Bei dieser auch als Strukturanalyse bezeichneten Untersuchung geht es, wenn sie z.B. die Aufgaben der Arbeitsvorbereitung erfassen soll, etwa um folgende Fakten für die Aufgaben der Planung:

> *Stücklisten* – Anzahl und Gliederung der Listen, Anzahl der Positionen, Angabe über Rohmaterial, Fertig- oder Halbfabrikate, Lagerteile, Normteile, Wiederholteile usw.

> *Arbeitspläne – Fertigungspläne.* – Aufbau, Anzahl der Arbeitsgänge, Daten über Zeit und Arbeitswert, Arbeitsvorgangsinhalte, Werkzeuge, Vorrichtungen, Kostenstellen, Arbeitsplätze.

Im Zusammenhang mit dem Auftrags- und Terminwesen ist es die

> *Kapazität.* – Anzahl der Arbeitsplätze, der Maschinen und sonstigen Betriebsmittel, der Durchlaufzeit für die Fertigung der Erzeugnisse usw.

Die Planung der EDVA kann von einem *Istzustand* oder von einem *theoretisch entwickelten Idealzustand* ausgehen.

Ermittlung des Istzustandes

Mit dem Istzustand werden die bestehenden Fakten ermittelt.

Zweckmäßigerweise werden zunächst Listen aufgestellt, in denen jene Fragen aufgeführt sind, die bei der Lösung des Problems eine besondere Bedeutung haben. Fragenkomplexe sind z.B. die Arbeitsplätze mit ihrem Inhalt, ihrer Gestaltung und Ausstattung, sowie ihre Anordnung und ihre Beziehungen zueinander, die Arbeitsmethoden, Arbeitsregeln, Arbeitskoordination, die Kontrollfunktionen, die organisatorischen Mittel und schließlich der tätige Personenkreis. Bei der Ermittlung des Istzustandes werden angewendet:

> das *Interview* – die direkte Befragung bzw. die indirekte Befragung durch Anwendung von Fragebogen,

> die *Aufnahme* des Ablaufes, der Tätigkeiten bei gleichzeitiger Erfassung aller Faktoren durch Beobachtung und Aufzeichnung, sowie die Einsichtnahme in die Unterlagen.

Die *Sicherheit des Ergebnisses des Interviews* ist wesentlich von der Auswahl der Fragen abhängig, die auf die Lösung der Aufgaben den Haupteinfluß haben und die Aufgeschlossenheit und Bereitschaft der Befragten zur Mitarbeit. Die Befragung erfordert deshalb neben Sachlichkeit und Sachverstand Takt und Geschick. Es geht dabei auch darum, Wesentliches vom Unwesentlichen zu unterscheiden und die Mitarbeit des betroffenen Personenkreises zu gewinnen, anstatt Abneigung und Widerstand aufkommen zu lassen.

Die *Aufnahme* erfaßt hingegen den Istzustand *direkt* durch die *systematische Beobachtung und Aufzeichnung aller Funktionen* (Aktivitäten), ihr Hinter- und Nebeneinander in der Zeit, unter Berücksichtigung aller Faktoren in qualitativer und quantitativer Hinsicht, ähnlich wie sie methodisch im Arbeitsstudium schon lange angewendet werden. Neben der beschreibenden Form werden die Abläufe des Informationsflusses auch zusätzlich in Ablaufdiagrammen unter Verwendung von Symbolen dargestellt. Diagramme haben den Vorteil, daß sich die zum Teil recht komplizierten und komplexen Zusammenhänge besser übersehen und gestalten lassen.

b) Planung des Arbeitsablaufes einer elektronischen Datenverarbeitung

Entwicklungsgrundlage des Ablaufes

Die Entwicklung des Sollablaufes und die Verknüpfung der Teilabläufe miteinander kann erfolgen, entweder unter Einbeziehung der bei Aufnahme des *Istzustandes ermittelten Fakten*, oder ausgehend von einem *theoretischen Idealmodell*, aus dem schließlich das realisierbare Konzept entsteht, dabei bedarf in diesem Falle ein solches Konzept der gründlichen Überprüfung und Überwachung bei der Einführung.

Die Wahl der Datenträger stellt eine wichtige Entscheidung dar. Die Art der Datenerfassung, Dateneingabe und -ausgabe und des Datenumfanges bestimmen das Arbeitssystem der Anlage, somit über die Geräteart, aus denen sich die Anlage zusammensetzt und schließlich auch über die organisatorischen Maßnahmen, die Arbeitsgeschwindigkeit und Wirtschaftlichkeit der Anlage.

Der *Vordruck*, das Formular, ist das *organisatorische Mittel* zur Festlegung von Arbeitsinhalten, des zeitlichen Aufwandes und Ablaufes, der Vorgabe und der Isterfassung der Daten, Größe, Format, Farbe, Vervielfältigungsverfahren, Anordnung der Daten auf dem Vordruck sind wichtige Faktoren bei der Gestaltung der Vordrucke. Der Vordruck kann als Datenträger zugleich Medium sein, von dem die Daten maschinell entnommen werden können.

c) Code

Durch den Code – die Verschlüsselung – werden bestimmte Informationen – z.B. Gegenstände *eindeutig*, d.h. unverwechselbar, identifiziert. Der Code ersetzt Namen, Bezeichnungen usw. durch eine Anzahl von Zeichen, wie z.B. Ziffern, Buchstaben und sonstige Zeichenkombinationen. Die Codierung ist nicht erst mit der Entwicklung der elektronischen Datenverarbeitung entstanden. Seit Jahren sind z.B. die Gegenstände (wie vollständige Erzeugnisse, Teilerzeugnisse), Werkstoffe, Wertstattaufträge, Kostenstellen, Kostenarten usw. durch Nummernsysteme gekennzeichnet. Für das Gebiet der Arbeitsvorbereitung müssen u.a. folgende Informationen – Daten – verschlüsselt werden: Erzeugnisse, Baugruppen, Teile, Arbeitsvorgänge, Arbeitsmittel, Kostenstellen, Arbeitsplätze, Kostenarten, Kostenträger, Lohnart, Lohndaten, Auftrag, Personaldaten, Materialart, Materialform usw. Für einen Gegenstand kann z.B. *folgender* Code aufgestellt werden (siehe Bild H/3 Aufbau einer Zeichnungsnummer).

d) Darstellung der Abläufe (Flußdiagramm)

Bei den Darstellungen werden genormte (DIN 66001, Bild K/9) und firmeneigene Symbole verwendet. Es werden z.B. Ablauf-, Systemfunktions- und Programmfunktionsdiagramme unterschieden.

In den Diagrammen sind lückenlos die Wege, welche der Informationsfluß durchläuft, sowie die Medien, die Art der Speicher und die Aktivitäten dargestellt.

Das Diagramm der *Systemfunktionen* zeigt nur den *Fluß der Informationen,* ohne daß dabei auf die Tätigkeiten der Anlage eingegangen wird. Es werden nur Eingänge und Ausgänge (siehe Bild K/10) und die in Anspruch genommenen Stellen dargestellt. Dieses Diagramm zeigt den Fluß aus übergeordneter Sicht, ohne daß dabei auf Feinheiten eingegangen wird. Die Darstellung zeigt die organisatorischen Verknüpfungen der Stellen (siehe auch Bilder H/14, H/33).

Im Rahmen des Einsatzes der EDVA ist das Diagramm, das die Programmfunktionen zeigt, das Wichtigste. In diesem Diagramm sind die den Ablauf bestimmenden einzelnen Funktionen enthalten. Das Bild K/11 zeigt in einem Ausschnitt einige Programmschritte, wie sie für die Lohnabrechnung eines Prämienlohnsystemes, in dem auch im Zeitlohn ausgeführte Aufträge anfallen, auszuführen sind, unter Verwendung der in Bild K/9 dargestellten Symbole.

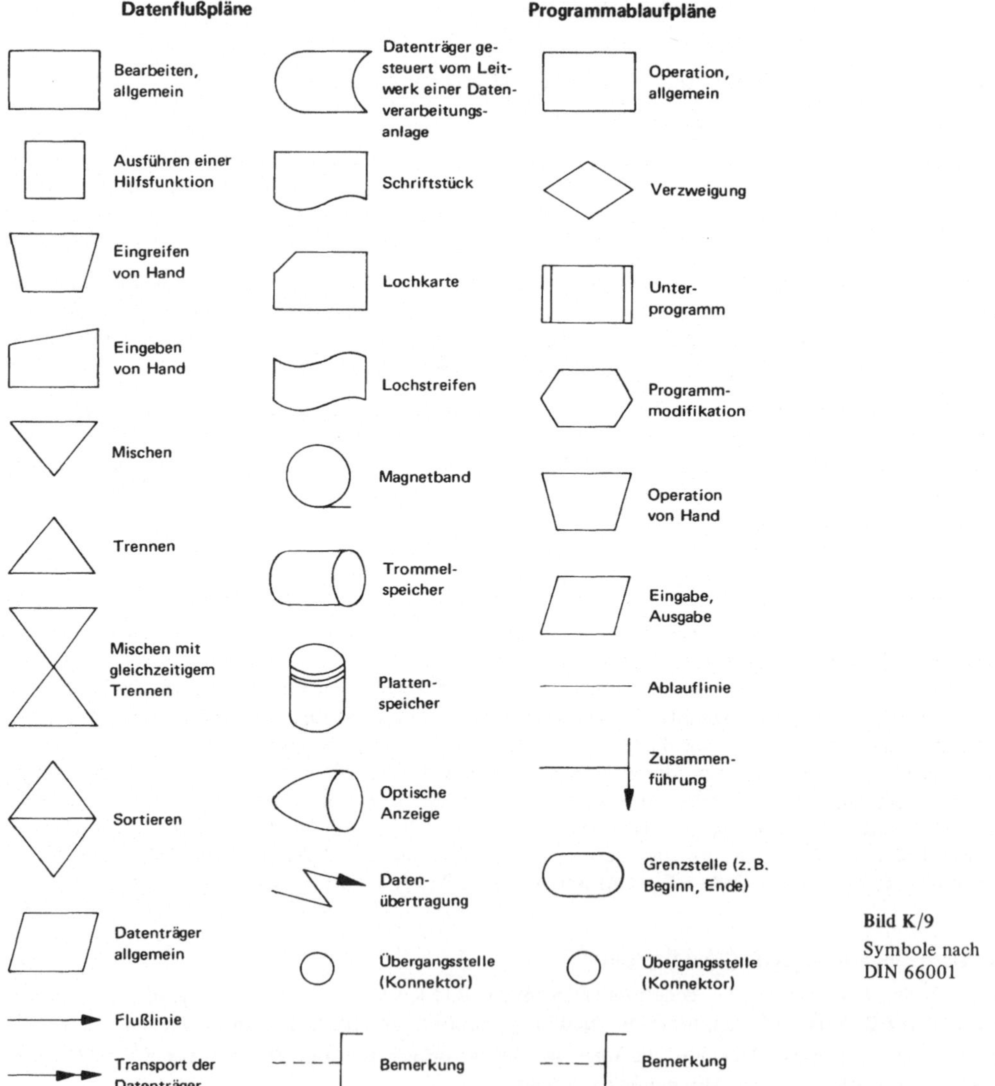

Bild K/9

Symbole nach DIN 66001

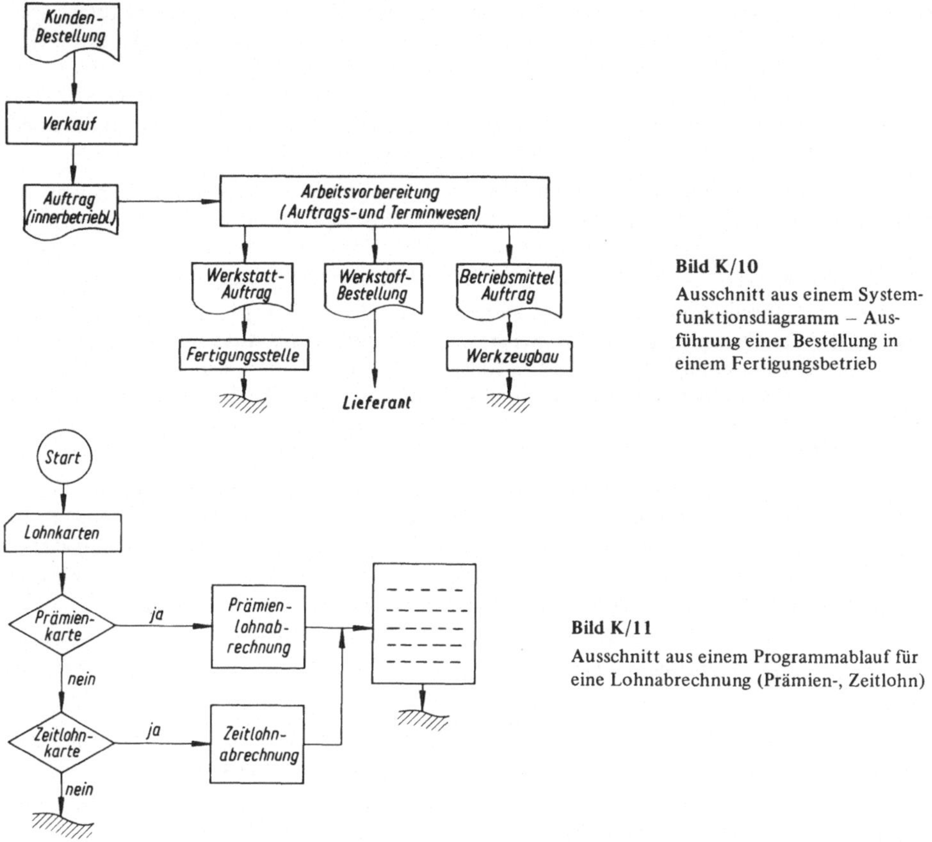

Bild K/10

Ausschnitt aus einem Systemfunktionsdiagramm – Ausführung einer Bestellung in einem Fertigungsbetrieb

Bild K/11

Ausschnitt aus einem Programmablauf für eine Lohnabrechnung (Prämien-, Zeitlohn)

3. Datenverarbeitung in der Arbeitsvorbereitung

In der Arbeitsvorbereitung werden die Grundlagen für den störungsfreien und wirtschaftlichen Ablauf eines Produktionsprozesses gelegt. Ein besonderes Merkmal der der Arbeitsvorbereitung zugeordneten Aufgaben ist die Ermittlung und Festlegung einer großen Zahl von Daten und Datenarten, die miteinander in Beziehung stehen und außerdem von verschiedenen Einflußgrößen abhängig sind.

Die erforderlichen Zusammenstellungen und Verarbeitungen der Daten erfordern einen hohen Arbeits- und Zeitaufwand, wenn die Arbeiten auf manuelle Weise ausgeführt werden.

Da der Produktionsablauf Störungen ausgesetzt sein kann, ist es notwendig, daß die mit dem Ablauf verbundenen Daten laufend kontrolliert und das Ist dem Soll gegenübergestellt wird. Die möglichen Abweichungen, können u.U. auch in Planungsfehlern ihre Ursachen haben, sie müssen rechtzeitig festgestellt und dann Maßnahmen zur Abwendung von negativen Wirkungen in Bezug auf die Wirtschaftlichkeit und den zeitlichen Arbeitsfortschritt eingeleitet werden.

Die Datenverarbeitungsanlage ist in der Lage, die Daten in kürzester Frist für erforderliche Entscheidungen, die zum regulierenden Eingreifen notwendig sind, zu erarbeiten.

Insbesondere in der industriellen Erzeugung von Gütern fallen Zahlen in so großer Menge an, daß ihre Verarbeitung in kurzer Zeit und bei tragbarem Aufwand nur durch die DV-Anlage möglich ist. Ohne systematische Datenerfassung und -verarbeitung sind die vielfältigen Abläufe und das damit verbundene Geschehen in großen Unternehmen nicht überschaubar und lenkbar. So sind z.B. nicht nur einmal bei der Vorkalkulation, sondern für *jeden Auftrag* die tatsächlich entstandenen Kosten eines Kostenträgers wiederholt zu errechnen. In Abhängigkeit von der Anzahl der Einzelteile, aus denen sich das Gesamterzeugnis zusammensetzt und der großen Zahl der für ihre Herstellung und ihren Zusammenbau zum Gesamterzeugnis notwendigen Arbeitsvorgänge, bereitet die Durchführung der Kostenträgerrechnung einen sehr hohen Aufwand. Aus diesem Grunde werden bei manueller Datenverarbeitung oft nur Stichprobenrechnungen durchgeführt oder summarische Kostenrechnungsverfahren angewendet.

Die Einführung der Datenverarbeitung erfordert jedoch die Entwicklung eines geeigneten Organisationssystems. Hier liegt auch der Schwerpunkt für die Sicherheit der Arbeitsergebnisse und die Auswertungsvielfalt der Daten. Dieses System sollte so konzipiert werden, daß eine Ausweitung des Einsatzes der Anlagen auf andere Gebiete ohne Änderung der Organisation und der Organisationsmittel möglich ist.

Die Entwicklung der Organisationssysteme setzt spezielle Kenntnisse voraus. Die Hersteller von DV-Anlagen entwickelten modulartig aufgebaute Systeme, die eine stufenweise Ausdehnung der Datenverarbeitung auf alle Gebiete ermöglichen. Derartige Anlagen sind so geschaffen, daß sie die verschiedensten Datenarten verarbeiten und Rechenvorgänge durchführen können. Die Daten werden nach den erforderlichen Gesichtspunkten geordnet, in Tabellen zusammengestellt, und wenn notwendig bildlich von der Anlage dargestellt.

Diese Standard-Anwendungssysteme erfordern jedoch eine individuelle Anpassung des DV-Programmes, sowie der Datenträger und der Organisationsmittel an die Bedürfnisse und Eigenarten eines Unternehmens. Bei der Entwicklung des Organisationssystemes ist zu berücksichtigen, daß bei der Ausführung eines Auftrages und der zeitlichen und wirtschaftlichen Überwachung der Abläufe viele Funktionen wirksam sind, die zueinander in Beziehung stehen und koordiniert werden müssen.

In das in Bild K/12 dargestellte Anwendungssystem sind eine Anzahl Funktionen aus verschiedenen Aufgabenbereichen einer Fertigungsindustrie integriert und zueinander in Beziehung gebracht. Das Anwendungssystem enthält die wichtigsten Aufgaben des

technischen Bereiches, insbesondere der Arbeitsvorbereitung, wie z.B. die Erstellung von Stücklisten, Materialbedarfslisten, Werkstattaufträge und die Begleitpapiere, sowie des

kaufmännischen Bereiches, wie z.B. die Gehalts- und Lohnabrechnung, Lagerbestandsführung, Finanzbuchhaltung, Statistik und Erfolgsrechnung.

Das dargestellte Gesamtsystem muß in Teilanwendungssysteme aufgelöst werden, in denen die Funktionen in kleinere Funktionseinheiten aufgelöst sind, die schrittweise die Aufgaben lösen.

Die mit der *Planung, Steuerung* und *Durchführung* eines *Werkstattauftrages* verbundenen Funktionen zeigt das Bild K/13. Die Ergebnisse der zunächst manuell erstellten Pläne und die in diesen enthaltenen Daten werden durch die DV-Anlagen je nach den Erfordernissen weiter verarbeitet und in die Organisationsmittel, wie z.B. in die Materialentnahmescheine oder -listen Werkstattaufträge, Lohnscheine, Anweisungen übertragen. Zugleich dienen diese Organisationsmittel für die Rückmeldung des terminlichen Ablaufes, des Zeitverbrauches, der Kosten usw. Festgestellte Abweichungen von der Planung leiten die notwendigen Änderungen ein.

Die Funktionen, die z.B. mit der Materialbedarfsplanung zusammenhängen, zeigt Bild K/14.

Als eine wichtige und zugleich aufwendige Aufgabe ist im Rahmen der Arbeitsvorbereitung die Aufstellung der verschiedenen Stücklisten, auf denen die Materialplanung und Beschaffung und die Fertigungsplanung beruhen, anzusehen.

Die rechtzeitige *Materialbereitstellung* ist u.a. eine Voraussetzung für den termingerechten Ablauf der Fertigung.

Die Grundlage für die Bestimmung des *Materialbedarfes* ist der Ausstoß und die Kenntnis der Materialart, -form und -menge je Erzeugniseinheit.

Die Materialart wird für die Einzelteile, aus denen sich ein Erzeugnis zusammensetzt in den Zeichnungen und den Stücklisten zunächst von der Konstruktion festgelegt. Vor der Durchführung der Fertigung ist es je nach Art und Größe eines Erzeugnisses, der Fertigungsorganisation, den angewendeten Fertigungs-

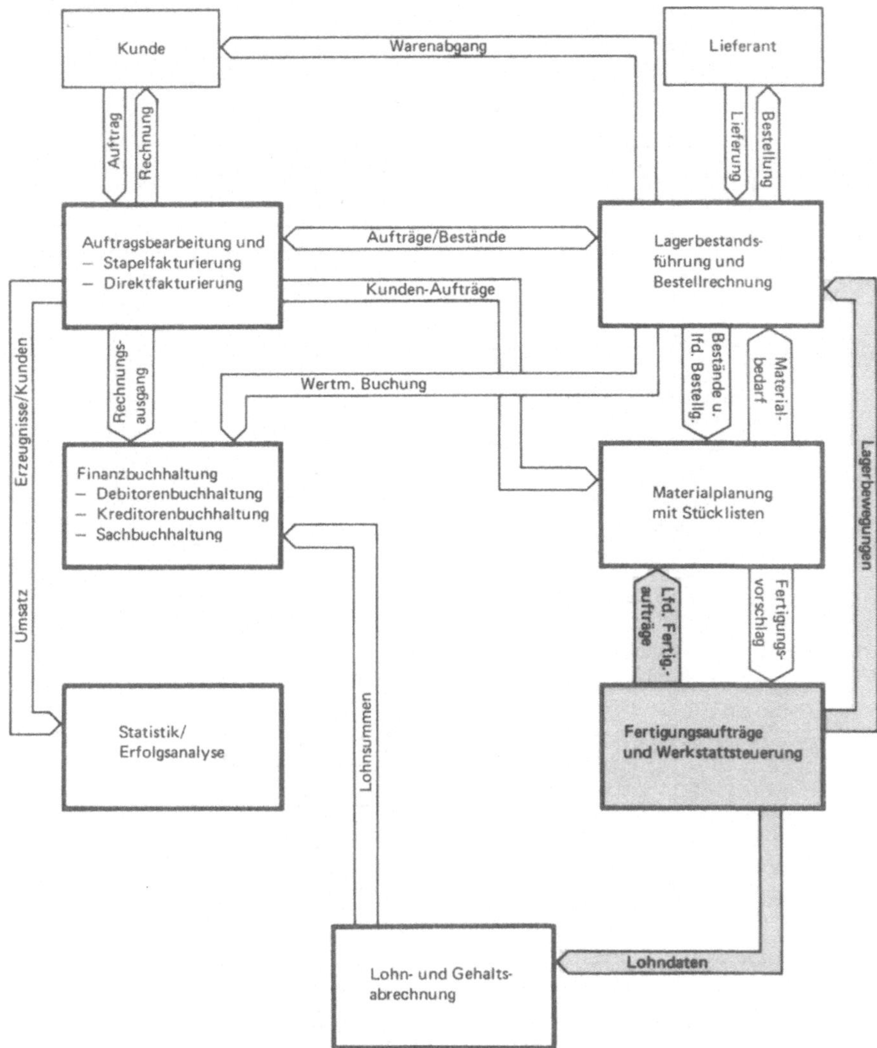

Bild K/12. DV-Anwendungsprogramm für die Fertigungsindustrie (Werkbild IBM)

verfahren usw. erforderlich, aus der Konstruktionsstückliste weitere Stücklistenarten abzuleiten. Im allgemeinen ist die Arbeitsvorbereitung – Planung – zum Teil in Gemeinschaft mit der Konstruktion mit der Aufstellung der verschiedenen Stücklisten befaßt. Aus den Konstruktionsstücklisten werden die Fertigungsstücklisten und weitere Stücklistenarten entwickelt. Einige Stücklistenarten zeigen die Bilder K/16–K/19 in ihrem schematischen Aufbau. Die einzelnen Listenarten können von der DV-Anlage ausgedruckt werden. Bild K/15 zeigt als Beispiel eine von der DV-Anlage ausgedruckte Struktur-Stückliste (siehe Bilder H/2, H/4, H/5).

Die *Baukastenstückliste* (Bild K/16) gibt Aufschluß über die Einzelteile, aus denen sich ein Enderzeugnis insgesamt zusammensetzt und welche Einzelteile aus funktionstechnischen, organisatorischen und fertigungstechnischen Gründen zu Baugruppen verschiedener Ordnung zusammengefaßt werden.

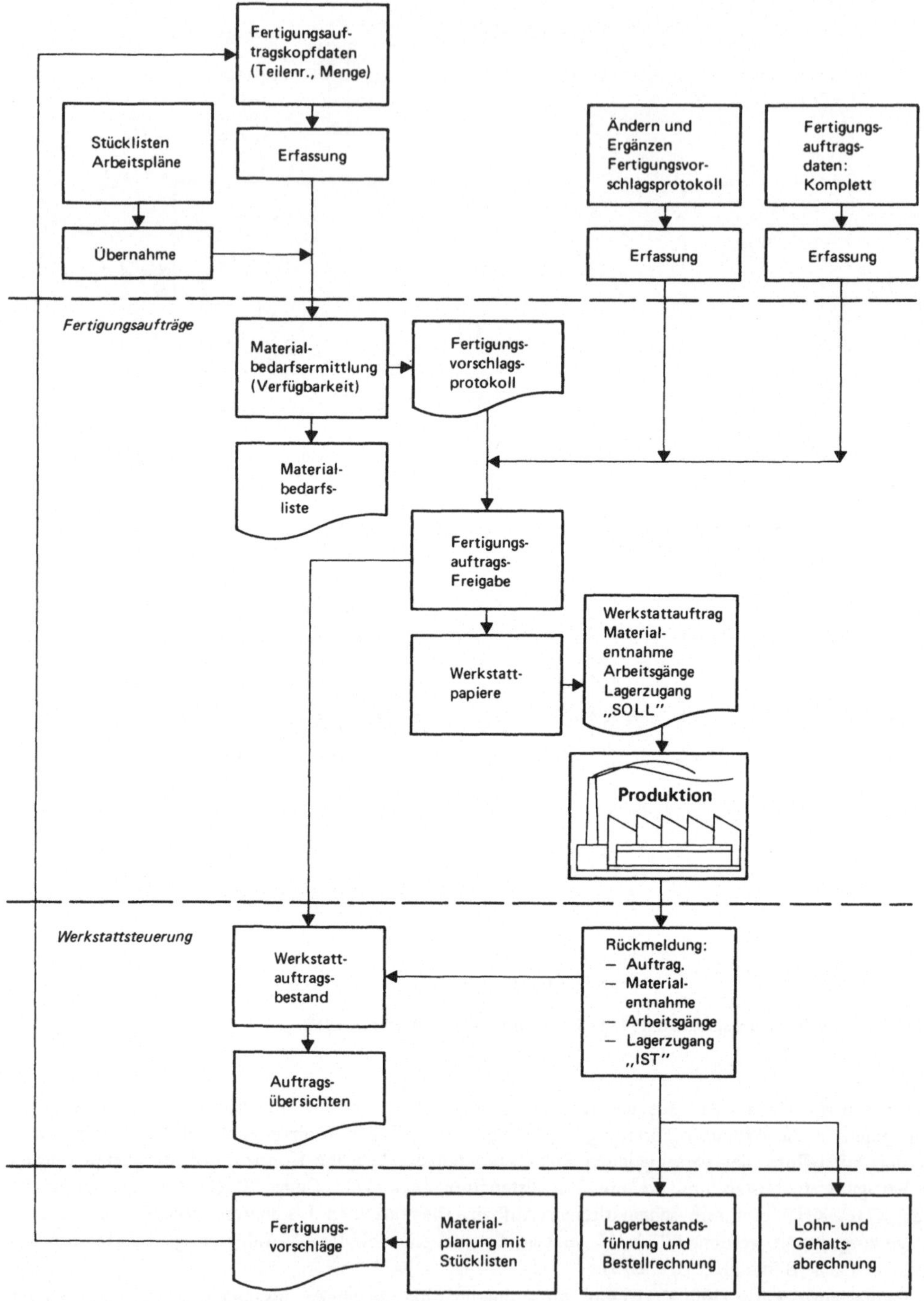

Bild K/13. DV-Anwendungsprogramm für die Erstellung der Werkstattaufträge und der Begleitpapiere (Werkbild IBM)

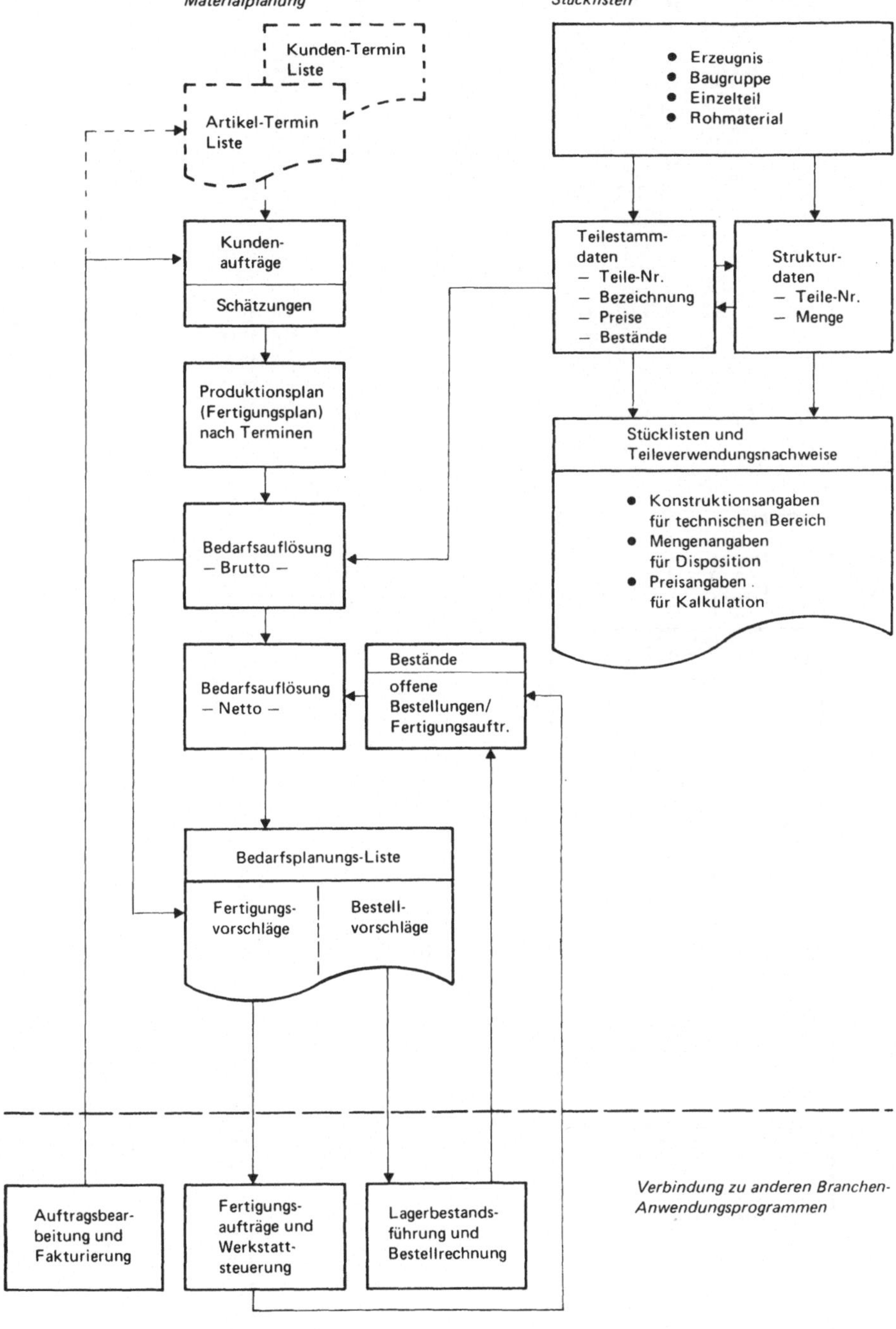

Bild K/14. DV-Anwendungsprogramm der Materialbedarfsplanung und der Stücklistenerstellung (Werksbild IBM)

STRUKTUR - STUECKLISTE   DATUM 12.01.76   SEITE   1

STUFE	TEILENR.	BEZEICHNUNG	ZEICHNUNGSNR./FORMAT	ME	MENGE	WS-SCHL.	AEND-NR	TA
	10001000	TAUCHPUMPE TYP 052		031	1		00000	1
1	03908400	HALBRUNDKERBNAGEL	2 X 5 DIN 1476	031	2,00	AL	00000	4
1	04009901	INNENSECHSKANTSCHR.	M6 X 18 DIN 912	031	4,00	AI	00000	4
1	04509901	SECHSKANTSCHRAUBE	M6 X 45 DIN 933	031	3,00	AI	00000	4
1	04509910	SECHSKANTSCHRAUBE	M6 X 15 DIN 933	031	3,00	AI	00000	4
1	06700200	LINSENS.M.KREUZSCHL.	AM4 X 8 DIN 7985	031	7,00	4.8.	00000	4
1	08103700	FEDERRING	6 DIN 127A	031	4,00	A2	00000	4
1	08201800	FEDERRING	4 DIN 7980	031	7,00	FEDERST.	00000	4
1	10000100	ANSCHLUSSEINHEIT		031	1,00		00000	1
.2	02001150	RUNDDICHTRING	7 X 2 DIN 3770-70	031	1,00	PERBUNAN	00000	4
.2	03900200	KNEBELKERBSTIFT	5 X 20 DIN 1475	031	1,00	AL	00000	4
.2	05703200	ISS	M6 X 16 DIN 7984	031	2,00	A2	00000	4
.2	06800800	LINSENS.M.KREUZSCHL.	M5 X 16 DIN 7986	031	2,00	TYP RXTT	00000	4
.2	07501700	VERSCHLUSS-SCHRAUBE	M10 X 1 DIN 910	031	1,00	A2	00000	4
.2	25500100	KLEMMBRETTHAUBE	A3-U -300	031	1,00	GD- ST12	00000	4
.2	29000300	HANDGRIFF	A4-U -303	031	1,00	CVP 9023	00000	4
.2	29100400	KABELBRILLE	SCHWARZ A4-U -409	031	1,00	CVP 9023	00000	4
.2	29200300	KLEMMSTUECK	SCHWARZ A4-U -408	031	1,00	CVP 9023	00000	4
.2	91102100	KNICKSCHUTZTUELLE	40.226	031	1,00	OELFEST	00000	4
.2	91404300	SCHALTLITZE 0,75 MM	50 LG. 40.629	011	3,00		00000	4
.2	91507200	5M NYMHY-J 4X1,5	MAX. 8,8 DURCHM.	011	1,00	PVC	00000	4
.2	93201200	DREHSTROM PERILEX	STECKER 16A DIN4944	031	1,00		00000	4
.2	97101800	SCHALTBILD	40.597	031	1,00	PVC SKLB	00000	4
.2	97700200	ERDANSCHLUSSBOLZEN	A4-U-413	031	1,00	MS 58	00000	4
.2	98205100	KLEMMSCHEIBE	TN 900/1292	031	2,00	ST	00000	4
.2	98401300	GUMMIDICHTRING	18,5 /7 X 6	031	1,00	OELFEST	00000	4
1	10000200	STATOR KOMPLETT		031	1,00		00000	1
.2	02001150	RUNDDICHTRING	7 X 2 DIN 3770-70	031	1,00	PERBUNAN	00000	4
.2	04801700	LINSENSCHNEIDSCHR.	A M4 X 10 DIN 7516	031	2,00	C 15	00000	4
.2	05305900	DUBO- RING	M4 NR. 199/99	031	2,00	NYLON 6	00000	4
.2	06700400	LINSENS.M.KREUZSCHL.	M4 X 12 DIN 7985	031	2,00	4.8.	00000	4
.2	07501700	VERSCHLUSS-SCHRAUBE	M10 X 1 DIN 910	031	1,00	A2	00000	4
.2	25200700	STATORGEHAEUSE	A3-U -299	031	1,00	GD- ST12	00000	"

Bild K/15. Struktur-Stückliste (Werkbild IBM)

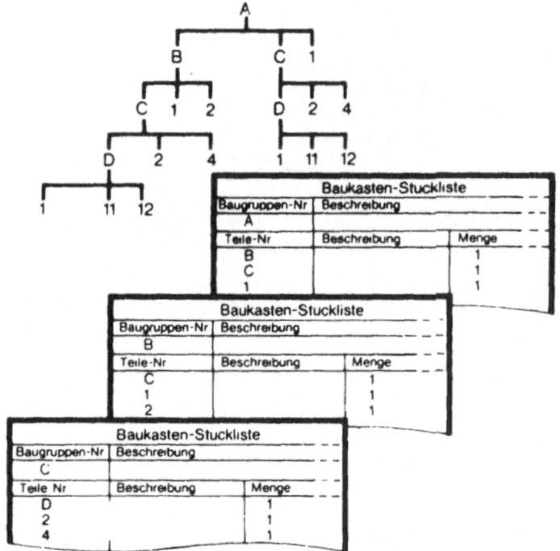

Bild K/16. Baukasten-Stückliste (Werkbild IBM)

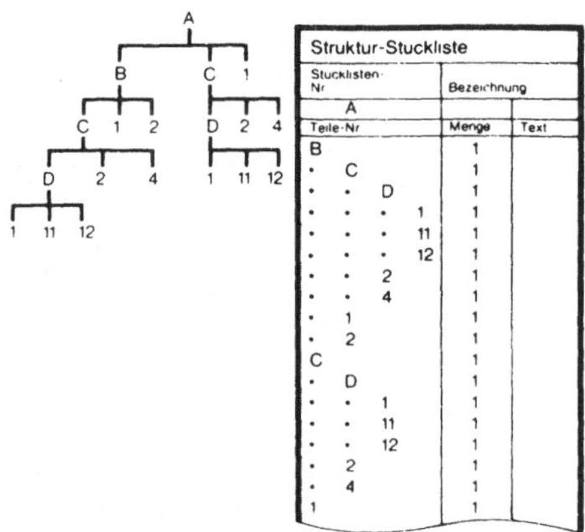

Bild K/17. Struktur-Stückliste (Werkbild IBM)

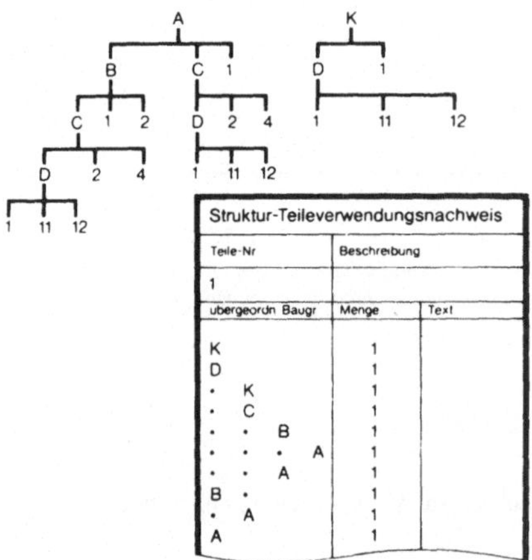

Bild K/18. Struktur-Teileverwendungsnachweis
(Werkbild IBM)

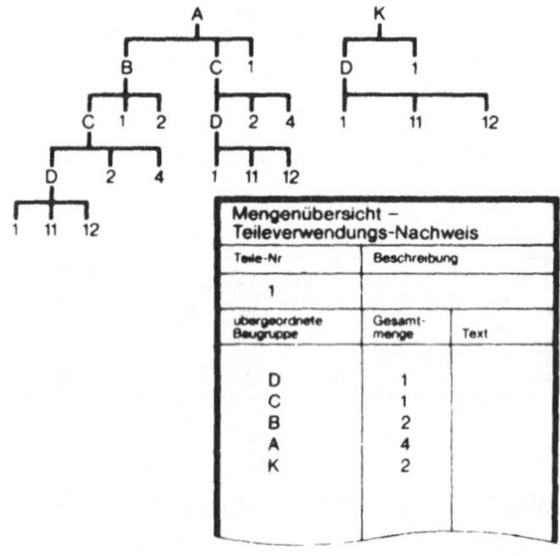

Bild K/19. Mengen-Teileverwendungsnachweis
(Werkbild IBM)

Die *Strukturstückliste* (Bild K/17) zeigt, welche Gegenstände direkt oder indirekt in einem Enderzeugnis oder einer Baugruppe enthalten sind.

Der *Strukturverwendungsnachweis* (Bild K/18) zeigt, in welchen Baugruppen und Enderzeugnissen ein Einzelteil direkt oder über welche Fertigungsstufen enthalten ist.

Im *Mengenverwendungsnachweis* (Bild K/19) sind die untergeordneten Teile (Einzelteile) aus allen Baugruppen und dem Enderzeugnis mengenmäßig zusammengefaßt.

Im Rahmen der Zielsetzung des Buches konnte nur eine Übersicht über die Einsatzmöglichkeit einer DV-Anlage zur Lösung der einer Arbeitsvorbereitung zugeordneten Teilaufgaben gegeben werden. Eine vertiefte Behandlung des Themas erforderte einen großen Darstellungsumfang (siehe auch Erzeugnisgliederung Bilder H/2 bis H/5).

L. Überwachen und Sichern

1. Allgemeine Bedeutung

Ohne systematische Datenerfassung und -auswertung kann ein Unternehmen weder überwacht noch gesteuert werden. Die Überwachung muß sich auf viele Teilbereiche eines Unternehmens erstrecken. Der Umfang der mit der Überwachung verbundenen Aufgaben ist von vielen Faktoren abhängig. Das Maß der Überwachung muß mindestens so groß sein, daß Überraschungen durch eine völlig unvorhergesehene Entwicklung ausgeschlossen, oder doch wesentlich vermindert werden. Mit einer geordneten Überwachung sollen schließlich die fast immer mit der wirtschaftlichen Tätigkeit verbundenen Risiken vermindert werden.

Überwachen, auch als Kontrollieren bezeichnet, und Sichern sind Funktionen, die je nach der Größe eines Unternehmens von hoher Bedeutung für seine Existenz sind. Je umfangreicher, unüberschaubarer und komplizierter ein Produktionsprozeß und je höher der für die Herstellung eines Erzeugnisses erforderliche Aufwand und die Qualitätsansprüche werden, um so notwendiger, aber auch zugleich schwieriger wird die Überwachung. Sie kann dann nicht nur gelegentlich, sondern muß ständig nach bestimmten Ordnungsgesichtspunkten und festen Regeln erfolgen.

Bei der Überwachung geht es u.a. darum, rechtzeitig Abweichungen der Abläufe und der mit den Abläufen verbundenen Plandaten festzustellen, um, sobald die zulässigen Toleranzen überschritten werden, noch rechtzeitig regelnd in das Geschehen eingreifen zu können.

Die Überwachung erfordert deshalb einen zeitnahen, vollständigen, mit der Datenermittlung verbundenen Informationsfluß. Wesentlich ist dabei, daß zugleich die Abweichungsursachen festgestellt und beurteilt werden können. Zur Sicherung von Ansehen und Existenz eines Unternehmens erstreckt sich die Überwachung u.a. auf:

- die *Wirtschaftlichkeit* des Produktionsprozesses, von der auch die *Rentabilität* abhängig ist;

- die *Erfüllung des Bauprogrammes;*

- die *termingerechten* Abläufe der vielen für die Fertigung eines Erzeugnisses erforderlichen Vorgänge, und schließlich insbesondere

- die *Einhaltung* des dem Kunden *zugesagten Zeitpunktes* der Auslieferung einer Bestellung;

- die *Qualität* der Einzelteile, der Teilerzeugnisse und des Enderzeugnisses sowie

- die *Mengen,* die allgemein mit der Qualitätsprüfung verbunden sind und schließlich

- die vom *Gesetzgeber* vorgegebenen Auflagen im humanitären- und Sicherheitsbereich. Die Überwachung wird zum Teil vom Gesetzgeber direkt oder durch außerbetriebliche von ihm Beauftragte vorgenommen.

Die für die Sicherung der Zielsetzung erforderliche Überwachung muß sich mindestens auf diejenigen Daten erstrecken, die das Gesamtergebnis beeinflussen. Die Überwachung muß den Mengenausstoß, die Qualität der Erzeugnisse und die Wirtschaftlichkeit erfassen. Die wichtigsten Zusammenhänge sind, ausgehend von den Hauptzielsetzungen in Bild L/1 dargestellt (Bild B/1, C/5, H/1).

Die Darstellung kann jedoch nur eine Gesamtübersicht geben. Eine Auswahl einiger wichtiger Überwachungsfunktionen sind Gegenstand einer ausführlichen Behandlung. Da die aus den dargestellten Überwachungssystemen gewonnenen Ergebnisse von weiteren Daten abhängig sind, muß insbesondere zur Aufklärung von Soll-Ist-Abweichungen das Überwachungssystem weiter differenziert und eine größere Zahl verschiedener Datenarten erfaßt werden. Die wesentlichen, die Hauptziele beeinflussenden Größen und Faktoren sind etwa folgende:

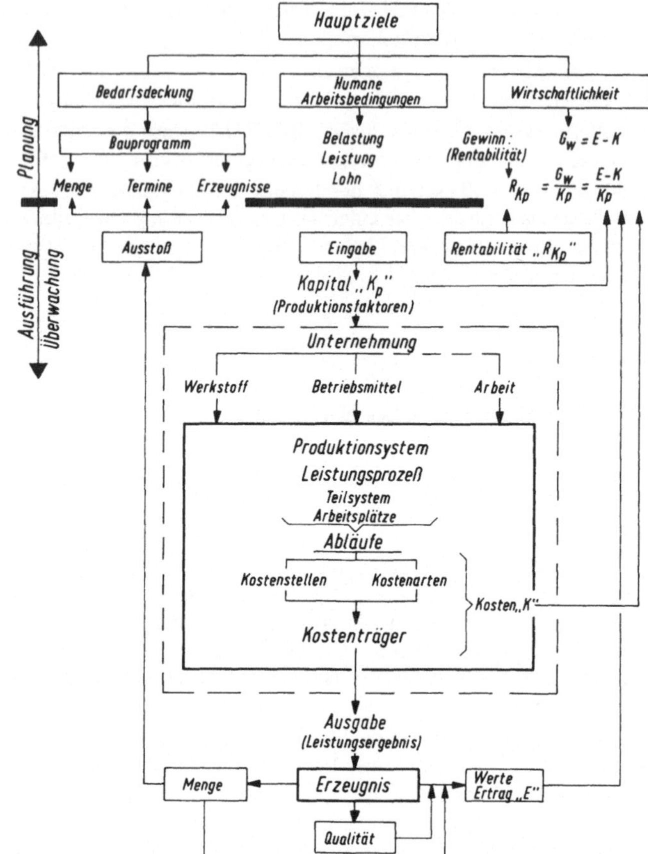

Bild L/1. Zielsetzung und Überwachung des Leistungsprozesses (G_W Gewinn, E Ertrag, K Kosten, K_p Kapital, R_{Kp} Kapitalrentabilität)

1. Die *Bedarfsdeckung* und die Qualität

Die Bedarfsdeckung wird im Bauprogramm festgelegt. In Tabellen oder graphischen Darstellungen werden die in einer Periode zu erstellenden Güterarten und Mengen, sowie die Zeitpunkte ihrer Lieferung zusammengestellt.

Die *Überwachung* erstreckt sich auf die *Qualität* der Erzeugnisse *und den zeitgerechten Mengenausstoß.*

Zwischen Mengenausstoß und Qualität und Erlösen bestehen einerseits unmittelbar das wirtschaftliche Ergebnis bestimmende Beziehungen, andererseits ist die termingerechte Lieferung ein das Ansehen eines Unternehmens bei den Abnehmern bestimmender Faktor. Von diesen für die Beurteilung der Zuverlässigkeit eines Geschäftspartners wesentlichen Faktoren ist auch die zukünftige Beschäftigungslage eines Unternehmens abhängig.

2. Die *Wirtschaftlichkeit* und *Rentabilität*

Da die *Wirtschaftlichkeit* und *Rentabilität* des Leistungsprozesses die zukünftige Leistungsfähigkeit und damit auch die Existenzsicherheit eines Unternehmens maßgeblich bestimmen, ist es erforderlich, die die Ergebnisse kennzeichnenden Daten in *absoluten Werten* und in *Kennzahlen* zu erfassen und mit den Plandaten zu vergleichen. Eine übergeordnete Bedeutung ist wohl dem erzielten *Gewinn* und der *Rentabilität* zuzumessen (siehe auch B. 6—7 und C. 2—4).

Die Höhe der *Kosten* sind bei materialintensiven Erzeugnissen weitgehend von der Konstruktion vorbestimmt. Sie sind jedoch weiterhin von der Gestaltung der Abläufe und der für ihre Durchführung erforderlichen Zeitdauer, sowie der Wirtschaftlichkeit der Produktionsprozesse abhängig. Im Herstellungsbereich liegt bei der industriellen Gütererzeugung auch der die Wirtschaftlichkeit bestimmende Schwerpunkt und der größte und aufwendigste Teil der Überwachung.

Die Kostenüberwachung muß sich erstrecken auf die in einer

> *Periode* in den
>
> *Kostenstellen* und den Arbeitsplätzen angefallenen
>
> *Kostenarten* und auf die für die Herstellung der
>
> *Leistungseinheiten*, also für die Ausführung der Aufträge für den Kostenträger aufgewendeten Kosten.

Die *Abweichungen* zwischen den Soll- und Istkosten können nur aufgeklärt werden, wenn die Fragen beantwortet werden können, wo, welche Kostenarten für welches Erzeugnis entstanden sind. Die Abweichungsursachen können vielfältiger Art sein. Insbesondere wird die Höhe der Abweichungen bestimmt von der Qualität und Sicherheit der Planung der Abläufe und den mit der Planung im Zusammenhang stehenden Fertigungsverfahren und der Wirtschaftlichkeit der Prozesse, den eingesetzten Betriebsmitteln, den angewendeten Arbeitsmethoden, der Arbeitsorganisation,der Werkstoffe usw. Die Planung der Abläufe kann als die Kernaufgabe für die Wirtschaftlichkeit eines Leistungsprozesses angesehen werden, denn sie legt fest, was, wann, womit, zu welchem Zeitpunkt und mit welchem Aufwand an Zeit und Kosten durchgeführt werden soll.

Der *Kapitalbedarf* bestimmt, zum Gewinn in Bezug gesetzt, die wohl wichtigste *Kennzahl* für die Beurteilung und Überwachung des Leistungsprozesses, nämlich die *Kapitalrentabilität*. In dieser Kennziffer wird das Gesamtergebnis zusammengefaßt sichtbar.

Der für ein Produktionssystem erforderliche Kapitalbedarf beruht im wesentlichen auf den Daten, die in der technischen Planung erarbeitet werden. Einen wesentlichen Kapitalanteil erfordert die Bereitstellung der Kapazität und der sonstigen Produktionsfaktoren (siehe II. B. 4, Bild H/17, H/32).

Gewinne sind notwendig zur Finanzierung der Entwicklung neuer Erzeugnisse und Anpassungen der Produktionssysteme an den allgemeinen und insbesondere den technischen Fortschritt. Die Wettbewerbsfähigkeit eines Unternehmens ist für größere Planungshorizonte von den Neuinvestitionen abhängig.

Erlöse aus den abgesetzten Erzeugnissen und die Kosten, die für die Durchführung des Leistungsprozesses aufgewendet wurden, bestimmen die Höhe des Gewinnes.

Die *Erlöse*, die für die an den Markt abgegebenen Erzeugnisse erzielt werden, bestimmt zwar der Markt, sie sind jedoch nicht nur von der Wettbewerbssituation, also von Angebot und Nachfrage, sondern auch von der Erzeugnisqualität abhängig.

Die *Zeitüberwachung* sollte sich auf die für die Durchführung der einzelnen *Arbeitsvorgänge* verbrauchte *Zeit* und die *Durchlaufzeit* erstrecken. Beide Zeitarten beeinflussen das betriebswirtschaftliche Ergebnis. Die Zeit je Einheit ist ebenso wie die Durchlaufzeit eine den *terminlichen* Ablauf und die *Kosten* je Erzeugniseinheit bestimmende Größe. Kostenabweichungen können u.a. in den Abweichungen zwischen Sollzeit und Istzeit ihre Ursache haben. Schließlich beeinflußt die Durchlaufzeit die Kapitalbindungsdauer und so die Kapitalhöhe und auch die Rentabilität.

2. Statistische Grundlagen der Überwachung

a) Daten und Tabellen

Für die Überwachung von Produktionsprozessen gewinnt die Statistik eine zunehmende Bedeutung. Bei der industriellen Gütererzeugung sind eine große Zahl von Einflußgrößen wirksam. Die Werte der Einflußmerkmale sind in Daten ausgedrückt, während des Ablaufes zu erfassen, oder durch Rechnung bei der Planung zu bestimmen.

Die Statistik ordnet die verschiedensten in unterschiedlicher Häufigkeit und in scheinbar wahlloser Folge *anfallenden Istdatenarten* und stellt gesetzmäßige Zusammenhänge über ihren Wirkungseinfluß auf die Prozesse und die sich aus diesen ergebenden Erkenntnisse in qualitativer und quantitativer Hinsicht fest.

Von wesentlicher Bedeutung ist es, diese Zahlen nicht nur für die Überwachung eines Produktionsprozesses zu verwenden, sondern sie so aufzubereiten, daß die gewonnenen Ergebnisse auch für die Planung nutzbar werden. Die Statistik stellt die Daten in Tabellen zusammen oder graphisch dar. Insbesondere werden jedoch mathematische Methoden angewendet, um die Abhängigkeit zwischen den Zielgrößen und den Merkmalen mit großer Sicherheit auszudrücken, sowie die Streuungen und die Abweichungen zwischen den Soll-Daten und den Ist-Daten zu beurteilen und schließlich die Zielgrößen zu berechnen.

In Tabellen werden die in abgelaufenen Wirtschaftsperioden angefallenen Zahlen und Daten, nach bestimmten Gesichtspunkten geordnet, ausgewiesen, um aus ihnen die erforderlichen Informationen zu erhalten. Diese Ist-Daten geben also Aufschluß über bestimmte in einer Periode oder an einem Stichtag bestehende Zustände.

Daten werden nach folgenden Gesichtspunkten gegliedert:

> *Grunddaten,* auch als Urdaten bezeichnet, sind Zahlenwerte ohne Bezugsgrößen.
>
> Maßstäbe sind DM, m, cm, m^3, Stunden, Minuten usw.
>
> *Bezogene Daten* sind auf anderen Datenarten bezogene Grunddaten, z.B. DM/Std, m/min, Stck/Std, Std/Stck.
>
> *Verhältniszahlen,* auch als Kennzahlen bezeichnet, sind Daten, die für die allgemeine Betriebswirtschaft und Fertigungswirtschaft von besonderer Bedeutung sind, weil sie für vorzunehmende Beurteilungen eine wichtige Vergleichsbasis bilden können.

Zur Darstellung der Abhängigkeiten von Einflußgrößen insbesondere in Form von mathematischen Gesetzmäßigkeiten werden die Daten in fixe und variable Daten gegliedert. Dabei geht es u.a. in der Statistik um die Errechnung von Zielgrößen in Abhängigkeit von Einflußgrößen — Merkmalen —.

Die Daten werden aber nicht nur für die Kontrolle von noch laufenden oder bereits abgelaufenen Prozessen benötigt. Vielmehr soll durch die sinnvolle Auswertung eine Beurteilung des Geschehens ermöglicht werden und sich anbahnende Tendenzen zeigen, um daraus Erkenntnisse über zu erwartende Zukunftsentwicklungen rechtzeitig zu gewinnen. Die Ist-Daten müssen so aufbereitet werden, daß aus ihnen Plandaten entwickelt werden, mit denen dann Sollzustände mit größerer Sicherheit geplant werden können.

Mit der Statistik ist es möglich, Einsichten in komplizierte Vorgänge mit größerer Sicherheit zu erhalten.

Die Grundlage bildet die fehlerfreie, lückenlose Datenermittlung. Die Datenerfassung setzt als organisatorische Mittel den Einsatz einwandfreier Datenträger voraus. Im wesentlichen sind es die Organisationsmittel die zugleich für die Durchführung anderer Aufgaben ohnehin erforderlich sind. Da mit der Datenerfassung und -auswertung ein hoher Aufwand verbunden sein kann, kommt es darauf an, statistische Auswertungen nur soweit vorzunehmen, wie es die Überwachung tatsächlich erfordert.

Tabellen dienen der Zusammenstellung von Daten nach bestimmten zweckgerichteten Ordnungsgesichtspunkten. Tabellen sollen übersichtlich und allgemeinverständlich aufgebaut sein. Die in den Tabellen enthaltenen Felder entstehen durch senkrechte, als Spalten bezeichnete und durch waagerechte, als Zeilen bezeichnete Linien. Felder von besonderer Bedeutung werden durch entsprechende Strichstärken hervorgehoben und an bestimmten Stellen angeordnet. Gegenüber den graphischen Darstellungen haben Tabellen den *Vorteil,* daß die Daten genau abgelesen werden können. Der *Nachteil* besteht jedoch darin, daß Streuungen und die Abhängigkeit von Einflußgrößen und somit bestehende Tendenzen nur schwer erkennbar sind.

Graphische *Darstellungen* haben zwar den *Nachteil,* daß je nach den Maßstäben Einzelwerte *nicht* immer *genau* genug *abgelesen* werden können, der Vorteil besteht in dem Deutlich werden der Streuungen und

Abhängigkeiten von Einflußgrößen. Deshalb werden im Bereich der Überwachung und Steuerung und zum Erkennen der mathematisch auszudrückenden Beziehungen und auch aus optischen Gründen, die Tabellen durch graphische Darstellungen ergänzt.

Als graphische Darstellungen werden verwendet: Linien-, Stab-, Säulen-, Staffel- und Flächendiagramme (siehe Bilder L/3 bis L/5).

b) Statistische Auswertung von Daten

Eine zuverlässige Beurteilung der Daten ist allein aufgrund ihrer Zusammenfassung in Tabellen oder graphischen Darstellungen nicht ausreichend möglich. Ein besonderes Merkmal im Bereich der Betriebswirtschaft und der Fertigungswirtschaft besteht darin, daß die Daten von einer mehr oder weniger großen Zahl von Einflußgrößen abhängen und zugleich streuen. Die erfaßten Daten erfordern nicht nur eine fundierte Beurteilung der Streuungen und die Diskussion über die Ursachen, sondern auch die Feststellung der gesetzmäßigen Abhängigkeit der Zielgrößen von den Merkmalen. Diese Forderungen können durch die Anwendung der mathematischen Statistik erfüllt werden. Sie ermöglicht die systematische Untersuchung der Streuungen und die Ableitung mathematischer Funktionen. Sie gibt Aufklärung über die Ursachen der Abweichungen, und stellt Ansätze für die Lösung schwieriger Probleme auf und trägt dazu bei, Fehlentscheidungen zu vermeiden. Im Rahmen der Zielsetzung dieser Ausführungen werden jedoch nur einige Grundlagen der Statistik behandelt. Für die Lösung der Aufgaben wendet die Statistik graphische und mathematische Methoden an.

Die mathematische Statistik befaßt sich in Bezug auf die hier zu behandelnden Probleme insbesondere mit der *Untersuchung* der Streuungen und der Feststellung der Abhängigkeit der Zielgrößen von den Einflußgrößen, die auch als Merkmale bezeichnet werden.

α) Meßstichprobe

Folgende Kenngrößen und Beziehungen sind von Bedeutung: Der arithmetische Mittelwert

der *Grundgesamtheit*

$$\mu = \frac{\sum\limits_{i=1}^{N} x_i}{N}$$

und als Schätzung von μ aus

der *Stichprobe*

$$\bar{x} = \frac{\sum\limits_{i=1}^{n} x_i}{n},$$

wenn bezeichnet werden:

N Anzahl aller Zahlenwerte der Grundgesamtheit

n Anzahl der Zahlenwerte der Stichprobe

x_i Einzelwerte

Bei großen Zahlenkollektiven wird auch der sogenannte gewogene Durchschnitt errechnet

$$\bar{x} = \frac{h_1 \cdot x_1 + h_2 \cdot x_2 + \ldots + h_m \cdot x_m}{h_1 + h_2 + \ldots + h_m}$$

bzw.

$$\bar{x} = \frac{\sum\limits_{j=1}^{m} (h_j \cdot x_i)_j}{\sum\limits_{j=1}^{m} h_j}$$

wobei h_j die Häufigkeit der Einzelwerte x_i, oder wenn mit dem Klassen-Mittelwert x_j einer Klasse k_j gerechnet wird

$$\bar{x} = \frac{\displaystyle\sum_{j=1}^{n_k} (n_j \cdot x_j)}{\displaystyle\sum_{j=1}^{n_k} n_j}$$

wobei n_j die Häufigkeit der Einzelwerte x_i innerhalb einer Klasse ist und die Anzahl der Klassen etwa aus der Beziehung

$$n_k = \sqrt{n}$$

errechnet wird.

Spannweite wird die Differenz zwischen dem maximalen Einzelwert x_{max} und dem minimalen Einzelwert x_{min} bezeichnet

$$R = x_{max} - x_{min} \; .$$

Die errechnete relative Spannweite z wird auf den Mittelwert $\bar{x}$ bezogen

$$z = \frac{R}{\bar{x}} \; .$$

Umfaßt eine Stichprobe mehr als 14 Einzelwerte, dann werden aus jeweils 5 Einzelwerten Zahlengruppen (Klassen k_j; $n_j = 5$) gebildet und die Spannweite R_j jeder Gruppe errechnet.

Es ist dann die mittlere Spannweite (Variationsbreite)

$$\bar{R} = \frac{\displaystyle\sum_{j=1}^{n_k} R_j}{n_k}$$

wobei die Anzahl der Klassen für n-Werte

$$n_k = \frac{n}{5}$$

auf volle Werte aufgerundet wird und die relative Spannweite

$$z = \frac{\bar{R}}{\bar{x}}$$

ist.

Die Streuungsuntersuchung ist u.a. wichtigster Gegenstand der statistischen Untersuchungen. Die graphische Darstellung der gehäuften Einzelwerte zeigt wie sich die Einzelwerte um den Mittelwert verteilen. Der Verteilung liegen mathematische Beziehungen zugrunde. Theoretische Verteilungsmodelle sind z.B. die Normalverteilung, binomische Verteilung usw. In Abhängigkeit von den Streuungen und den Einflüssen, von denen sie abhängen, weichen die sich aus den praktischen Vorgängen ergebenden Daten, von diesen theoretischen Modellen mehr oder weniger ab.

Die mathematischen Untersuchungen beziehen sich vorwiegend auf die Streuungen der Einzelwerte und den Mittelwert der Stichproben. Der errechnete Mittelwert $\bar{x}$ wird von der Streuung s^2 beeinflußt und kann je nach dem Stichprobenumfang mehr oder weniger vom wahren Mittelwert μ der Grundgesamtheit abweichen.

Es geht nun darum festzustellen, welche Genauigkeit der aus einer Stichprobe errechnete Mittelwert $\bar{x}$ in Bezug auf den Mittelwert der Grundgesamtheit μ hat. Diese Feststellung ist insbesondere dann von Bedeutung, wenn aus den Ist-Werten Plan-Werte abgeleitet werden.

Ein Vergleich der aus den Istdaten der laufenden Überwachung errechneten Mittelwerte, kann dann, wenn sie mit den festgesetzten, jedoch fehlerhaften Plandaten verglichen werden, zu Fehlschlüssen führen.

Die Verfahren der Untersuchung wurden angewendet insbesondere bei der Qualitätskontrolle und dem Arbeitsstudium (siehe Bd. II).

Das Streumaß einer Stichprobe auch *Varianz* bezeichnet wird errechnet aus der Beziehung

$$s^2 = \frac{\sum_{i=1}^{n}(x_i - \bar{x})^2}{n - 1}$$

und die *Standardabweichung*

$$s = \sqrt{\frac{\sum_{i=1}^{n}(x_i - \bar{x})^2}{n - 1}}$$

wobei die Einzelabweichung des Einzelwertes x_i vom Mittelwert $\bar{x}$ mit

$$x_{Ai} = x_i - \bar{x}$$

bezeichnet wird.

Die *mittlere* Abweichung beträgt für n Werte

$$\bar{x}_{Ai} = \frac{\sum_{i=1}^{n} x_{Ai}}{n}$$

wobei

$$x_{Ai} = |x_i - \bar{x}|.$$

Bild L/2 zeigt die Verteilung der Grundgesamtheit und eine mögliche Verteilung der Einzelwerte einer Stichprobe.

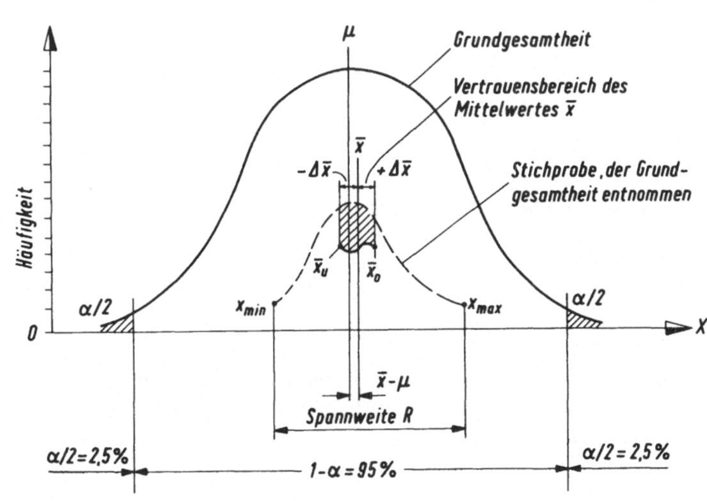

Bild L/2. Verteilung der Werte der Grundgesamtheit und der Stichprobe

Das Untersuchungsziel besteht nun darin, bei einer festgesetzten statistischen Sicherheit von z.B. $S = 95\%$ $(1 - \alpha = 0,95)$ festzustellen, in welchen Grenzen bei Wiederholung der Stichproben, entnommen aus der gleichen Grundgesamtheit, deren Mittelwerte $\bar{x}$ um den wahren Mittelwert der Grundgesamtheit μ streuen werden.

Der gefundene Vertrauensbereich um den wahren Mittelwert μ wird, da der Mittelwert μ nicht bekannt ist, auf den berechneten Mittelwert $\bar{x}$ der durchgeführten Stichprobe übertragen.

So ist der Mittelwert $\bar{x}$ eine Schätzung von μ der Grundgesamtheit,

die Streuung (Varianz) s^2 eine Schätzung von σ^2 der Grundgesamtheit,

der Vertrauensintervall $\Delta\bar{x}$ eine Schätzung von $\bar{x} - \mu$ der Grundgesamtheit.

Die Abweichung des arithmetischen Mittelwertes $\bar{x}$ einer Stichprobe vom Mittelwert μ der Grundgesamtheit kann betragen

$$\Delta\bar{x} = \bar{x} - \mu$$

Die Abweichung $\Delta\bar{x}$ wird, bezogen auf den Mittelwert $\bar{x}$ als absoluter Vertrauensintervall (Streubreite) bezeichnet.

Da der Mittelwert $\bar{x}$ der Stichprobe sowohl unter als auch über dem Mittelwert μ der Grundgesamtheit liegen kann, wird der Vertrauensbereich um den Mittelwert $\bar{x}$ festgelegt mit

$$\bar{x} \pm \Delta\bar{x}$$

Daraus ergeben sich die Vertrauensgrenzen, innerhalb denen der Mittelwert $\bar{x}$ bei Wiederholung der Stichprobe entsprechend der gewählten statistischen Sicherheit S oder $1 - \alpha$ bzw. $1 - \alpha/2$ wahrscheinlich auftreten wird.

$$\bar{x}_G = \bar{x} \pm \Delta\bar{x}$$

Oder der kleinste Wert von $\bar{x}$

$$\bar{x}_u = \bar{x} - \Delta\bar{x}$$

und der größte Wert von $\bar{x}$

$$\bar{x}_o = \bar{x} + \Delta\bar{x}.$$

Der absolute Vertrauensintervall $\Delta\bar{x}$ kann mit den Werten t_* der Prüfverteilung (t-Verteilung) aus der Beziehung

$$t_* = \frac{\bar{x} - \mu}{\sigma} \sqrt{N}$$

und auf die Meß-Stichprobe bezogen

$$t_* = \frac{\Delta\bar{x}}{s} \sqrt{n}$$

errechnet werden.

Für die Prüfgröße t_* sind Werte in Abhängigkeit vom Freiheitsgrad $f = n - 1$ der Stichprobe bzw. dem Stichprobenumfang n und der statistischen Sicherheit S in Tabellen (Bd. II) aufgestellt, so daß $\Delta\bar{x}$ errechnet werden kann

$$\Delta\bar{x} = \frac{t_* \cdot s}{\sqrt{n}}$$

Die aus den Daten ermittelten Vertrauensgrenzen ergeben sich dann nach der Formel

$$\overline{x}_G = \overline{x} \pm \frac{t_* \cdot s}{\sqrt{n}}$$

Entspricht der aus einer Stichprobe errechnete absolute Vertrauensintervall $\Delta\overline{x}$, ermittelt aus dem relativen Vertrauensintervall ϵ aus der Beziehung

$$\Delta\overline{x} = \epsilon \cdot \overline{x}$$

nicht dem festgesetzten Wert von ϵ, so muß die Stichprobe erweitert werden auf

$$n = \frac{t_*^2 \cdot s^2}{\epsilon^2 \cdot \overline{x}^2}$$

Die Grenzen zwischen denen dann der wahre Mittelwert mit der angenommenen statistischen Sicherheit liegen wird, ergeben sich aus der Beziehung

$$\overline{x}_G = \overline{x} \pm \Delta\overline{x}$$

Sind aus einer graphischen Darstellung mehrere Häufigkeitsgipfel (Dichtester Wert) zu erkennen, so liegen mehrere Einflußgrößen vor. Auf die statistischen Trennverfahren sei lediglich hingewiesen.

β) Zählstichprobe

Im Gegensatz zur Meßstichprobe werden bei der Zählstichprobe die interressierenden Ereignisse ausgezählt.

Der Zählstichprobe liegt die Theorie der Wahrscheinlichkeitsrechnung zugrunde mit der

Wahrscheinlichkeit p und der

Gegenwahrscheinlichkeit q, wobei $q = 1 - p$.

Auch hier wird ein Zusammenhang zwischen t-Verteilung, Wahrscheinlichkeit p und dem Stichprobenumfang n hergestellt, so ergibt sich die Beziehung

$$t_* = \frac{\Delta p}{\sqrt{p \cdot q}} \ \sqrt{n}$$

oder

$$t_* = \frac{\Delta p}{\sqrt{p(1 - p)}} \ \sqrt{n}$$

Der absolute Vertrauensintervall Δp kann, indem der relative Vertrauensintervall ϵ festgelegt wird, aus

$$\Delta p = \epsilon \cdot p$$

berechnet werden.

Dann ergibt sich die rechnerisch zu bestimmende Prüfgröße,

$$t_* = \frac{\epsilon \cdot p}{\sqrt{p(1 - p)}} \ \sqrt{n}$$

die mit dem Tabellenwert t_* verglichen wird.

Für den Fall zu großer Abweichungen der t_*-Werte, muß die Zählstichprobe erweitert werden nach der Formel

$$n = \frac{t_*^2 (1 - p)}{\epsilon^2 \cdot p}$$

In obige Formel muß der Tabellenwert t_* aus der Tabelle der t-Verteilung eingesetzt werden.

γ) Einflußgrößenrechnung

Die Einflußgrößenrechnung befaßt sich mit der Ermittlung der *mathematischen Beziehungen* zwischen den Zielgrößen y und den Einflußgrößen (Merkmalen) x. Im Bereich der Wirtschaft und Technik können viele Vorgänge auf proportionale Funktionen der Form

$$y = a + bx$$

zurückgeführt werden. Dabei ist es wesentlich, die Grenzen von x festzulegen, für die dann die konstante Größe a und der Regressionsfaktor b gültig sind (siehe bildliche Darstellung).

Die in das Koordinatensystem eingetragene Funktionslinie wird als *Regressionsgerade* bezeichnet. Sie kann auch angenähert zeichnerisch gefunden werden. Für die Errechnung der Größen a und b gelten die Beziehungen

$$a = \overline{y} - b \cdot \overline{x}$$

wobei

$$\overline{y} = \frac{1}{n} \sum_{i=1}^{n} y_i$$

$$\overline{x} = \frac{1}{n} \sum_{i=1}^{n} x_i$$

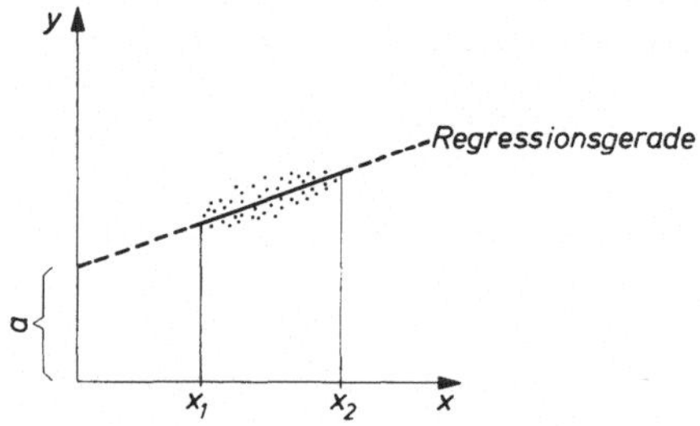

und damit die konstante Größe

$$a = \frac{1}{n} \left[\Sigma y - b \cdot \Sigma x \right]$$

und der Regressionsfaktor

$$b = \frac{\sum_{i=1}^{n} \left[(x_i - \overline{x})(y_i - \overline{y}) \right]}{\sum_{i=1}^{n} (x_i - \overline{x})^2}$$

symbolisch geschrieben

$$b = \frac{Sxy}{Sxx}$$

oder als vereinfachte Berechnungsformel

$$b = \frac{\Sigma x \cdot y - \frac{1}{n} \Sigma x \cdot \Sigma y}{\Sigma x^2 - \frac{1}{n} (\Sigma x)^2}$$

Die Formel zur Errechnung von a und b sind in Bd. II für die Kostenfunktion $K = f(B)$ angewendet.

Je nach den Erfordernissen ist zu überprüfen ob und in welcher Genauigkeit die Annahme einer linearen Regressionsgeraden zutrifft. Darüber gibt unter anderem das Bestimmtheitsmaß B Auskunft nach der Beziehung

$$B = \frac{\left\{ \sum_{i=1}^{n} \left[(x_i - \overline{x})(y_i - \overline{y}) \right] \right\}^2}{\sum_{i=1}^{n} (x_i - \overline{x})^2 \cdot \sum_{i=1}^{n} (y_i - \overline{y})^2}$$

symbolisch geschrieben

$$B = \frac{Sxy^2}{Sxx \cdot Syy}$$

oder als vereinfachte Berechnungsformel

$$B = \frac{(\Sigma x \cdot y - \frac{1}{n} \Sigma x \cdot \Sigma y)^2}{[\Sigma x^2 - \frac{1}{n} (\Sigma x)^2] \cdot [\Sigma y^2 - \frac{1}{n} (\Sigma y)^2]}$$

Der berechnete B-Wert ist mit dem B-Wert der B-Verteilung nach statistischer Vorschrift zu vergleichen.

Auf die Darstellung, Beschreibung und Ableitung nicht linear verlaufender Funktionen und die anzuwendenden Prüfverfahren wird hier verzichtet.

c) Kennzahlen

Die Überwachung des Leistungsprozesses und der damit verbundenen Ergebnisse und Vorgänge erfolgt durch Erfassen von Istdaten und insbesondere durch Gegenüberstellung zu den Plandaten. Die Überwachung befaßt sich mit der Feststellung der Abweichungen, insbesondere der Planabweichungen, und der Ermittlung der Abweichungsgründe. Es geht weiterhin dabei darum, Veränderungen und Trends, und die Gründe die dazu führen, rechtzeitig festzustellen und zu erklären. Die verschiedenen Datenarten sind vielfach voneinander abhängig. Aus diesen und anderen Gründen werden auch *Kennzahlen* gebildet in denen *verschiedene Datenarten zueinander* in *Beziehung* gesetzt werden.

Kennzahlen sind *Verhältniszahlen,* die vor allem wichtige Aussagen und Aufschlüsse geben sollen. Kennzahlen kommen deshalb eine größere Bedeutung zu, weil sie bessere Vergleiche für die verschiedensten Vorgänge und Leistungsbereiche untereinander ermöglichen und den Einfluß, den Bezugszahlen ausüben, erkennbar machen. Daraus ergibt sich die Notwendigkeit, die zueinander in Bezug gebrachten Daten statistisch zu überwachen, da diese selbst wieder von Einflußgrößen abhängen.

In der Produktionswirtschaft werden Kennzahlen in großer Zahl gebildet. Um den in den meisten Fällen komplizierten Prozeß zu überwachen, sind stets mehrere Kennzahlen notwendig. Da jedoch mit dem Erfassen der Daten ein erheblicher Aufwand verbunden ist, sollten nur solche Daten erfaßt und verarbeitet werden, die für eine sichere Kontrolle notwendig sind. Veränderungen der Kennzahlen sind nur erklärbar, wenn die zueinander in Beziehung gebrachten Zahlen und die für sie jeweils bestehenden Abhängigkeiten bekannt sind. Bei der Bildung der Kennzahlen geht es darum, die sinnvoll zueinander passenden Daten auszuwählen.

Auf eine Aufzählung der vielen möglichen Kennzahlen wird hier verzichtet. In den Bänden I und II sind im Zusammenhang mit der Behandlung der einzelnen Themen auch Kennzahlen ausgewiesen. Allgemein gilt die Beziehung

$$Kennzahl = \frac{Zahl}{Bezugszahl}$$

Die bei der Beurteilung von Kennzahlen bestehenden Probleme werden an *einem* Beispiel dargestellt. Angesichts der hohen Bedeutung die die Kostenträgerrechnung für das wirtschaftliche Ergebnis eines Leistungsprozesses hat, werden die Zusammenhänge an dem Kalkulationszuschlag, der für die Errechnung der Materialgemeinkosten notwendig ist, gezeigt. Die Richtigkeit einer Kostenträgerrechnung und die Übereinstimmung zwischen dem Soll (Vorkalkulation) und dem Ist (Nachkalkulation) ist bestimmt von den geplanten und den tatsächlichen Abläufen und den erforderlichen Zeiten, den Fertigungsmaterialkosten, den Fertigungslohnkosten und den Gemeinkosten.

Die Materialgemeinkosten Bilder L/3 und L/4 werden z.B. beim Verfahren der Zuschlagskalkulation mit dem Materialgemeinkostenzuschlag Z_M (%) errechnet aus der Beziehung

$$K_{Mg} = Z_M \cdot K_{Me} \ .$$

Dieser Zuschlag kann als eine Kennzahl angesehen werden. Er wird entweder aus Istzahlen oder Planzahlen errechnet. Es gilt die Beziehung:

$$Gemeinkostenzuschlagsprozentsatz = \frac{\Sigma \ Materialgemeinkosten}{\Sigma \ Fertigungsmaterialkosten}$$

$$Z'_M = \frac{K'_{Mg}}{K'_{Me}}$$

wenn die Istzahlen für die

Materialgemeinkosten K'_{Mg} (DM/Monat) und für das dem Betrieb zur Verarbeitung zugeführte

Fertigungsmaterial K'_{Me} (DM/Monat)

bezeichnet werden.

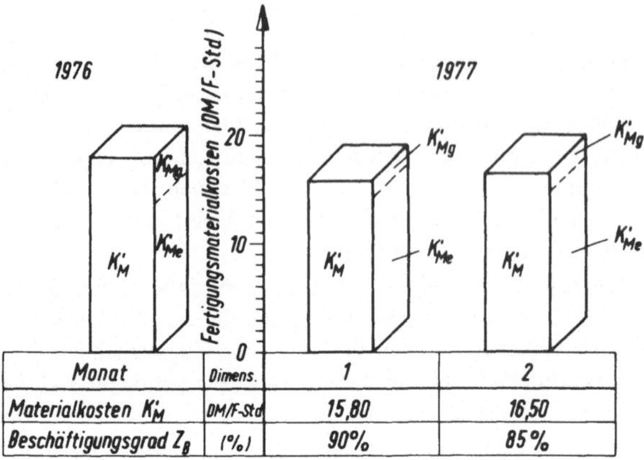

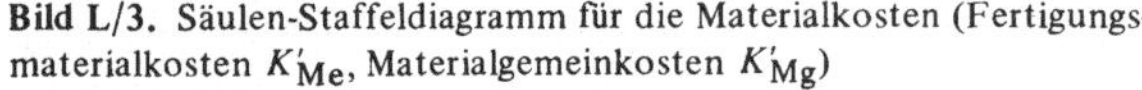

Monat	Dimens.	1	2
Materialkosten K'_M	DM/F-Std	15,80	16,50
Beschäftigungsgrad Z_B	(%)	90%	85%

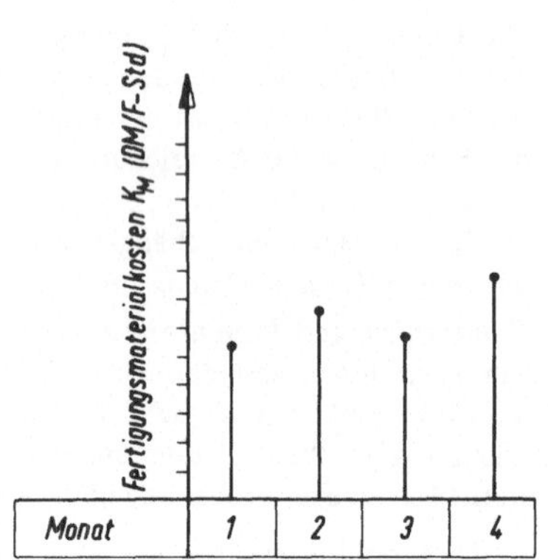

Bild L/3. Säulen-Staffeldiagramm für die Materialkosten (Fertigungsmaterialkosten K'_{Me}, Materialgemeinkosten K'_{Mg})

Bild L/4. Stabdiagramm für die Durchschnittkosten des Fertigungsmaterials (DM/F-Std.)

Diese Kennzahl ist jedoch nicht konstant. Sie muß deshalb ständig kontrolliert und ihr Trend beobachtet werden, damit die oft weit in die Zukunft gerichteten Kalkulationen den dann wahrscheinlich bestehenden Verhältnissen entsprechen.

Werden zu hohe Kalkulationsfaktoren in Ansatz gebracht, besteht die Gefahr, daß das Angebot im Wettbewerb unterliegt. Sind sie zu niedrig angesetzt besteht die Möglichkeit, daß das Ergebnis des Leistungsprozesses negativ wird. Beide Risiken müssen jedoch vermieden werden.

Diese Kennzahl ist abhängig u. a. von

- der Beschäftigtenzahl,

- dem Ausstoß,

- der Programmstruktur und -summe,

- der Kostenstruktur der Erzeugnisse,

- den Beschaffungspreisen,

- der Gemeinkostenstruktur und ihrer Abhängigkeit der einzelnen Gemeinkostenarten von Einflußgrößen.

Es muß hier darauf verzichtet werden, die komplizierten Zusammenhänge und Wirkungen der Faktoren auf die Materialkosten und die Gemeinkosten zu behandeln. Das Beispiel zeigt jedoch, daß es nicht genügt, allein die Kennzahl Z'_M zu beobachten und sie graphisch darzustellen.

In Bild L/3 sind in einem Säulen-Staffeldiagramm die Fertigungsmaterialkosten DM/Monat und die Materialgemeinkosten und zugleich in Tabellenform die Kennzahl: Materialkosten/F-Stunden ausgewiesen und in einem Stabdiagramm dargestellt

$$Kennzahl = \frac{\Sigma\ Fertigungsmaterialkosten}{\Sigma\ Fertigungsstunden}$$

Die Entwicklung der Kennzahl „Materialgemeinkostenzuschlag" zeigt das Liniendiagramm (Bild L/5).

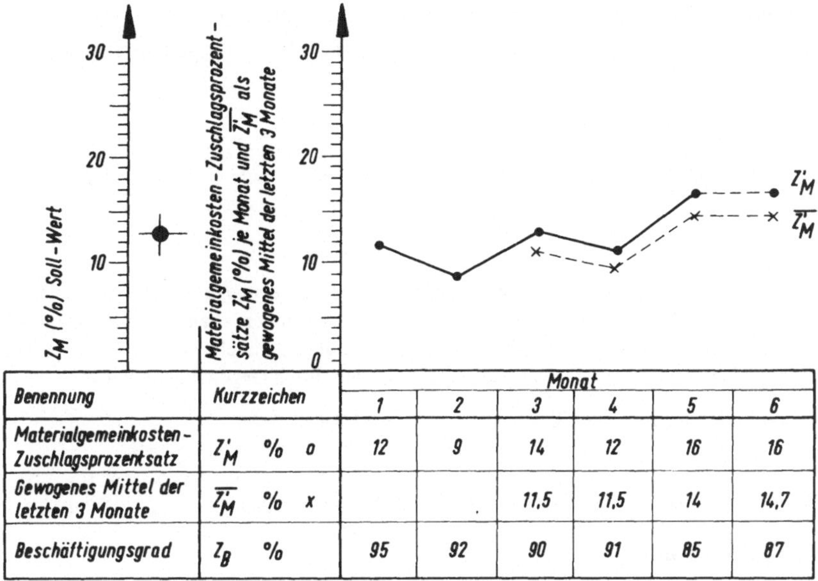

Benennung	Kurzzeichen		Monat					
			1	2	3	4	5	6
Materialgemeinkosten-Zuschlagsprozentsatz	Z'_M % o		12	9	14	12	16	16
Gewogenes Mittel der letzten 3 Monate	$\overline{Z'_M}$ % x				11,5	11,5	14	14,7
Beschäftigungsgrad	Z_B %		95	92	90	91	85	87

Bild L/5. Liniendiagramm für den Materialgemeinkostenprozentsatz pro Monat und laufendem Vierteljahr

Da diese Kennzahl von vielen Einflußgrößen innerbetrieblicher und außerbetrieblicher Art bestimmt wird, kann sie erheblich streuen. Da es jedoch darauf ankommt nicht nur die Zahl von Z'_M auszuweisen, sondern auch den Trend zu erkennen, kann der Durchschnitt der jeweils letzten Monate errechnet werden. Für die jeweils letzten Monate (Vierteljahr des n-ten Monats siehe Bild L/5) beträgt der Mittelwert

$$\overline{Z'_M} = \frac{\displaystyle\sum_{i=n-3}^{n} K'_{Mgi}}{\displaystyle\sum_{i=n-3}^{n} K'_{Mei}}$$

Die Istzahlen Z'_M und $\overline{Z'_M}$ sind mit den Planzahlen Z_M zu vergleichen. Der in der Kostenträgerrechnung in Ansatz zu bringende Betrag muß entweder, wenn dieses aus Wettbewerbsgründen möglich ist den Istzahlen angepaßt oder Z'_M muß durch kosteneinsparende Maßnahmen der Planzahl angepaßt werden.

3. Erfolgskontrolle

a) Allgemeine Ziele

Die Erfolgskontrolle erstreckt sich auf die gesetzten

Hauptziele und auf die mit diesen im Zusammenhang stehenden *Teilzielen* bzw. *Nebenzielen.*

Im Vordergrund steht die Überwachung der gesamtwirtschaftlichen Ziele von denen die Existenzsicherheit unmittelbar abhängt. Es geht um die Feststellung und Sicherung

- der *Rentabilität* und Wirtschaftlichkeit, die im wesentlichen von den *erzielten Erlösen* und dem aufgewendeten und bewerteten als *Kosten* bezeichneten Mengenverbrauch bestimmt ist;

- der *Qualität* der erstellten *Leistungen,* also der Erzeugnisse oder Dienstleistungen;
- der *Lieferzeitpunkte,* auch Termine bezeichnet und der Abläufe, die auch den Zeitverbrauch bestimmen.

Die Überwachung erstreckt sich auf

> *Zeiträume* und *Leistungseinheiten*

sowie auf einzelne

> Betriebe, Kostenstellen oder Arbeitssysteme, also die Arbeitsplätze.

Aus der großen Zahl der notwendigen Kontrollen kann auch hier nur eine Auswahl von Beispielen getroffen werden. Eine sehr differenzierte Kontrolle erfordert insbesondere beim Soll-Ist-Vergleich eine sehr große Zahl von Daten, die erfaßt und in Ordnungsprinzipien gebracht werden müssen. Die Abweichungen unter vergleichbaren Daten können festgestellt werden durch Gegenüberstellen von

> *Istdaten* und *Istdaten* der abgelaufenen Perioden oder Leistungsergebnisse

oder von

> *Istdaten* und *Plandaten* die aus Istdaten abgeleitet oder errechnet wurden.

b) Kontrolle der Wirtschaftsperiode

Die auf Perioden bezogene Kontrolle muß die *Überwachung* des *Gesamtgeschehens* in einem Unternehmen oder in seinen einzelnen Leistungsbereichen und Betriebsteilen ermöglichen. Sie gestattet dann auch die Feststellung durch welche Daten und in welcher Weise das Gesamtergebnis beeinflußt wurde.

Als eine der wichtigsten Kennzahl, die über die Wirksamkeit eines Leistungsprozesses Aufschluß gibt, ist wohl die Kapitalrentabilität anzusehen. Sie ist abhängig vom erzielten Gewinn, der sich aus der Differenz der erzielten Erlöse und den Kosten und der Höhe des eingesetzten Kapitals ergibt. Während die Feststellung der Erlössumme nur einen geringen Aufwand erfordert, setzt die Feststellung der Gesamtkosten eine systematisch und zeitnah arbeitende Organisation (Rechnungswesen) voraus, da eine wirksame Überwachung der Kosten die Frage nach den Ursachen und den Orten des Entstehens beantworten muß. Die Tabelle L/1 zeigt, aus welchen Erzeugnisgruppen die Erlöse erzielt, welche Kostenarten im Abrechnungszeitraum angefallen sind und welche Gewinne erzielt wurden. Darüber hinaus erfordert die Erfolgsüberwachung die Bildung einer größeren Zahl von Kennzahlen und die Erfassung von weiteren Daten. Istzahlen sollen auch bei der perioden-gebundenen Kontrolle Plandaten gegenübergestellt werden. Zugleich sollen die die Zahlen und die Kennzahlen wesentlich beeinflussenden Daten erfaßt und dargestellt werden (siehe Tabelle L/1). Diese Kontrollrechnung der betriebswirtschaftlichen Daten und Kennzahlen gibt einen Einblick in das Gesamtgeschehen (siehe B. 5...7, C1...4, Bilanz, G u. V).[1]

Um die Ursachen unbefriedigender Ergebnisse aufzuklären, sind weitere Differenzierungen für den Aufbau einer Analyse notwendig.

c) Kostenkontrolle

Eine Kostenkontrolle erhält dann eine volle Wirksamkeit und ermöglicht ein rechtzeitiges Eingreifen, wenn sie sich auf eine Perioden bezogene

- *Plankostenrechnung,* für die Kostenstellen oder Kostenstellenbereiche und zugleich auf die
- *Kostenträgerrechnung* stützt.

Die Erlöse werden zwar einerseits maßgeblich vom Markt bestimmt, andererseits sind sie jedoch auch von der Qualität abhängig.

Da die Erlöse und die Kosten das Leistungsergebnis bestimmen, ist eine laufende Kostenüberwachung bezogen auf die Perioden und Kostenträger notwendig. Für die Übereinstimmung der Sollkosten mit

---

[1] Eine auch vom Gesetzgeber geforderte Kontrolle besteht in der Aufstellung der Bilanz und der Gewinn- und Verlustrechnung, (G.- u. V.-Rechnung) (siehe Bild B/6 und C/1).

Tabelle L/1. Betriebswirtschaftliche Daten   Monat . . .   Jahr . . .

Daten-Gruppe	Spalte	Benennung	Dimension	IST-Daten	Vergleichs-Daten Zeitraum von bis	Abweichungen ± Δ
Zeile		1	2	3	4	5
Erträge	1	Erzeugnisgruppe A	DM	4 763 200		
	2	Erzeugnisgruppe B	DM	1 296 500		
	3	Erlöse (Z_1+Z_2)	DM	6 059 700		
Kosten	4	Fertigungsmaterialkosten	DM	1 495 700		
	5	Fertigungslohnkosten	DM	1 158 300		
	6	Direkte Kosten (Z_4+Z_5)	DM	2 654 000		
		Gemeinkosten:				
	7	Beschaffungswesen	DM	207 000		
	8	Fertigungsbereich	DM	2 605 500		
	9	Vertrieb und Verwaltung	DM	317 400		
	10	Indirekte Kosten $(Z_7+Z_8+Z_9)$	DM	3 129 900		
	11	Kostensumme (Z_6+Z_{10})	DM	5 783 900		
Basiszahlen	12	Gewinn (Verlust)	DM	+ 275 800		
	13	Kapital	DM	30 000 000		
	14	Vergleichsbeschäftigung	F-Std/Monat	109 600		
	15	Ist-Beschäftigung	F-Std/Monat	95 330		
Kennzahlen	16	Umsatzrentabilität	%	4,55		
	17	Kapitalrentabilität	%	11,03		
	18	Kapitalumschlag	–	2,31		
	19	Beschäftigungsgrad	%	86,98	90,00	– 3,02
Beziehungszahlen	20	Fertigungslohndurchschnittskosten pro Fertigungsstunde	DM/F-Std	12,15	12,30	– 0,15
	21	Gemeinkosten je Fertigungsstunde des Fertigungsbereiches	DM/F-Std	27,33	28,00	– 0,67
	22	Gesamtkosten je Stunde ohne Fertigungsmaterial	DM/F-Std	44,98	45,80	– 0,82
	23	Fertigungsmaterialkosten je Fertigungsstunde	DM/F-Std.	15,69		
	24	Gesamtkosten je Fertigungsstunde einschl. Fertigungsmaterial	DM/F-Std	60,67		
	25	Erlös je Fertigungsstunde	DM/F-Std	63,57		

den Istkosten ist insbesondere die Qualität der technischen Planung verantwortlich. Sie bestimmt auch über die Sicherheit, mit der die gesetzten wirtschaftlichen Ziele erreicht werden. Daß die Lösung dieser wichtigen Teilaufgabe, außer einem Sachverstand ein hohes Maß von Erfahrungen erfordert, geht aus den behandelten Themen der Planung und Datenermittlung hervor.

α) Plankostenrechnung

Die Plankostenrechnung legt für zukünftige Wirtschaftsperioden für die einzelnen Kostenarten die Beträge in Abhängigkeit von Einflußgrößen fest. Die Sollkostenbeträge beruhen entweder auf den erfaßten und statistisch überprüften Istwerten, oder sie werden mit Hilfe mathematischer Verfahren errechnet. Jedoch gehen auch in die auf mathematische Weise errechneten Zahlen Erfahrungen ein, die das Ergebnis mehr oder weniger beeinflussen.

Den Plankosten werden im allgemeinen die Istkosten gegenübergestellt und die Abweichungen in beschäftigungsabhängige und sonstige Abweichungen unterteilt. Die Ursachen, die nicht durch die Beschäftigungsabweichungen begründet sind, werden geklärt. Sie lösen die Überprüfung der Plandaten oder die Beseitigung der Ursachen aus. Im wesentlichen stellt die Plankostenrechnung eine Erweiterung der periodenbezogenen Istkostenrechnung dar, wie sie im Betriebsabrechnungsbogen ihren Niederschlag findet.[1]

Für die Kostenüberwachung ist es notwendig, die Ergebnisse der Plankostenrechnung aufzugliedern und sie in Form eines Budgets den Kostenstellenverantwortlichen zu übergeben. Da aus der auf Perioden bezogenen Kostenrechnung die Kalkulationsfaktoren abgeleitet werden, kommt der mit der Budgetierung verbundenen Kostensicherung eine hohe Bedeutung auch für die Sicherung der Kostenträgerrechnung und Wirtschaftlichkeit zu.

Der Aufbau und die Auswertung der Plankostenrechnung ist in Band II behandelt.

β) Kostenträgerrechnung

Die Kostenträger-Sollrechnung muß durch eine Kostenträger-Istrechnung ergänzt werden. Dies ist zur Feststellung notwendig, ob der zur Herstellung eines Erzeugnisses durchgeführte Leistungsprozeß den geplanten wirtschaftlichen Erfolg hatte, da sich der erzielte Gewinn aus der Differenz von Erlös und aufgewendeten Kosten ergibt. Denn der erforderliche Gesamterfolg einer Wirtschaftsperiode setzt sich aus der Summe der Einzelerfolge zusammen. Deshalb müssen die negativen Ergebnisse und ihre Ursachen festgestellt und in der Zukunft vermieden werden.

Das Hauptziel der Kostenträgernachrechnung besteht darin, festzustellen, ob die für den Kostenträger, also das Erzeugnis, geplanten und der Preisbildung zugrundeliegenden Kosten eingehalten wurden, bzw. in welchen Kostengruppen Abweichungen zwischen Soll und Ist aus welchen Ursachen entstanden sind.

Die Kontrollrechnung, auch Nachkalkulation genannt, muß nach dem gleichen Verfahren, wie sie für die Sollrechnung angewendet wurden, erfolgen.

Abweichungen im Materialbereich können verhältnismäßig leicht aufgeklärt werden. Sie können begründet sein im abweichenden Mengenverbrauch oder in Preisänderungen.

Schwierig wird es mit dem Finden und Aufklären der Ursachen der Abweichungen im Fertigungsbereich. Die Ursachen können in Abweichungen des Istablaufes vom geplanten Ablauf und des Inhalts der Vorgänge, insbesondere in den Zeitabweichungen für die Ausführung der Vorgänge und schließlich in den Kalkulationsfaktoren liegen.

Die *Lohnfaktoren* sind abhängig vom Schwierigkeitsgrad der Arbeitsaufgabe und den in dem Mantel- und Lohntarif festgelegten Regeln und Lohnbeträgen.

Für mögliche Abweichungen der *Gemeinkostenzuschlagsprozentsätze* oder -faktoren gibt es viele Gründe. Insbesondere sind es die Veränderungen der einzelnen Gemeinkostenarten. Sie ergeben sich u.a. auch dadurch, daß sie teilweise von dem Grad der Beschäftigung abhängig sind. (siehe Band II und Kennzahlen).

Eine Kostenkontrollrechnung ist in Tabelle L/2 für die Herstellkosten vorgenommen.

d) Terminüberwachung

Die Termineinhaltung ist ein das Ansehen eines Unternehmens bestimmendes Merkmal. An der Termintreue wird u.a. die Zuverlässigkeit eines Partners gemessen. Qualität, Preis und Termintreue bestimmen u.a. den Absatz. Die Terminüberwachung ist deshalb eine wichtige Funktion, deren Sicherung je nach der Größe und Art eines Produktes hohe Aufmerksamkeit zukommt, und die zugleich einen erheblichen Aufwand verursachen kann.

---

[1] Abweichungen ergeben sich aus Planungsfehlern, Mengenabweichungen im Verbrauch und Preisabweichungen.

Tabelle L/2. Kostenträgerrechnung (Soll–Ist) und Feststellung der Abweichungen
(T_e Durchschnittszeit je Einheit, Z_F Gemeinkostenprozentsatz, f_G Lohnfaktor)

Zeile	Kostenbezeichnung	Formelzeichen	SOLL			IST			Abweichungen		
			DM/Stck	Menge	Faktor	DM/Stck	Menge	Faktor	Δk DM/Stck	Δk %	ΔT_e %
—	1	2	3	4	5	6	7	8	9	10	11
1	Fertigungsmaterialkosten	k_{Me}	10,50	5,00 kg/Stck	2,10 DM/kg	12,10	5,50 kg/Stck	2,20 DM/kg	+ 1,60	+ 15,2	
2	Materialgemeinkosten	k_{Mg}	1,05		$10\,\%\,Z_M$	1,09		$9,00\,\%\,Z_M$	+ 0,04	+ 3,8	
3	Materialkosten $\quad(Z_1+Z_2)$	k_M	11,55			13,19			+ 1,64	+ 14,2	
4	Fertigungslohnkosten Kostenstelle Nr. 1	k_{Fl_1}	31,50	T_{e1} 3,00 F-Std/Stck	f_{G1} 10,50 DM/F-Std	40,25	T'_{e1} 3,5 F-Std/Stck	f'_{G1} 11,50 DM/F-Std	+ 8,75	+ 27,8	+ 16,7
5	Kostenstelle Nr. 2	k_{Fl_2}	24,00	T_{e2} 2,00 F-Std/Stck	f_{G2} 12,00 DM/F-Std	20,00	$T'_{e\cdot2}$ 1,6 F-Std/Stck	$f'_{G\cdot2}$ 12,50 DM/F-Std	− 4,00	− 16,7	− 20,0
6	Summe der Fertigungslohnkosten $\quad(Z_4+Z_5)$	$\Sigma\,k_{Fl}$	55,50			60,25			+ 4,75	+ 8,6	
7	Fertigungsgemeinkosten Kostenstelle Nr. 1	k_{Fg_1}	56,70		Z_{F_1} 180 %	80,50		Z_{F_1} 200 %	+ 23,80	+ 42,7	
8	Kostenstelle Nr. 2	k_{Fg_2}	48,00		Z_{F_2} 200 %	42,00		Z_{F_2} 210 %	− 6,00	− 12,5	
9	Summe der Fertigungsgemeinkosten (Z_7+Z_8)	$\Sigma\,k_{Fg}$	104,70			122,50			+ 17,80	+ 17,0	
10	Herstellkosten $\quad(Z_3+Z_6+Z_9)$	k_H	171,75			195,94			+ 24,19	+ 14,1	

Die Terminüberwachung befaßt sich mit den zeitgerechten Abläufen im Makrobereich (siehe III/H.4).

Für die Überwachung der Termine sind zwar von Spezialunternehmen Grundmodelle und die Organisationsmittel entwickelt worden, jedoch muß daneben jedes Unternehmen zusätzliche eigene Systeme erarbeiten, die seine speziellen Bedürfnisse berücksichtigen.

Die Systeme sind zunächst abhängig vom wirtschaftlich tragbaren Aufwand und der Zuverlässigkeit in der *termingerechten Ausführung* der Teilaufgaben durch die *eigenen Mitarbeiter*. Bei der Entwicklung der Organisationssysteme sind zu berücksichtigen die Betriebsgröße, Art und der Umfang und die Mengen der Erzeugnisse sowie die Produktionsverfahren, die Arbeitsteilung und die Ablaufprinzipien. Für die Übereinstimmung des Soll-Istverlaufes in der Zeit, ist jedoch außer der Sicherheit, mit der das Organisationssystem arbeitet, die fehlerlose Planung verantwortlich. Insbesondere ist die Folge und der Inhalt der Vorgänge und die für die Erledigung der Arbeitsaufgaben erforderliche Zeit von Bedeutung (siehe III. H. 4. e), Bild H/18).

Es können zwei Grundmodelle der Terminüberwachung unterschieden werden, die jeweils für bestimmte Situationen geeignet sind. Die Terminüberwachung der Einzelfertigung und der Serien- oder Massenfertigung.

Recht schwierig ist die Terminüberwachung und -sicherung für eine *Einzel-* oder *Kleinserienfertigung* dann, wenn eine große Zahl verschiedenartiger, aus vielen Einzelteilen bestehender, Erzeugnisse in vielen Vorgängen gleichzeitig herzustellen sind. In diesen Fällen wird die Terminüberwachung in Verbindung mit der Kapazitätsbelegung vorgenommen. Die Aufmerksamkeit konzentriert sich in diesen Fällen besonders auf den Engpaß. Dieser besteht vor allem dann, wenn es um die Fertigung von Großbauteilen, deren Fertigungszeiten groß sind und für deren Durchführung nur eine oder eine geringe Anzahl Maschinen verfügbar sind.

Für die Arbeitsplätze können Belegungs- und Terminüberwachungstafeln nach Bild L/6 verwendet werden.   Für kleinere Teile mit mehr oder weniger großer Belegungsdauer werden ebenfalls in Verbindung mit der Kapazitätsauslastung Terminüberwachungseinrichtungen der in Bild L/7 dargestellten Art verwendet. Die Terminüberwachungspapiere werden geordnet nach Fertigungsbeginnterminen oder Fertigstellungsterminen in die Plantafeln eingelegt und am jeweiligen Stichtag überprüft.

Für die Serienfertigung oder Massenfertigung ist, insbesondere dann, wenn der Ablauf nach dem Fluß-Reihenprinzip erfolgt, die Terminüberwachung einfacher.

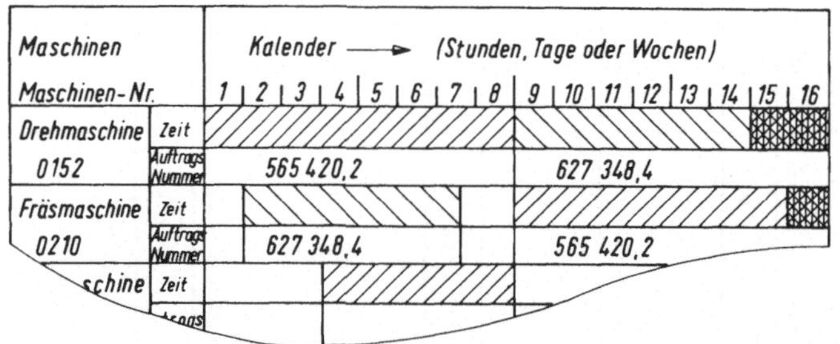

Bild L/6

Maschinenbelegungs- und Terminüberwachungsplan

Nachfolgend wird ein Überwachungs- und Sicherungssystem dargestellt (Bild L/7) aus dem auch der verhältnismäßig hohe Aufwand sichtbar wird. Derartige Systeme werden bei Großproduktionen auch in Verbindung mit der Netzplantechnik angewendet. Sie sind jedoch eine Voraussetzung dafür, daß der Ablauf überwacht und rechtzeitig beeinflußt werden kann, wenn Abweichungen eintreten.

Die Grundlage bildet die Planung der Vorgänge, und die Vorgangsfolge für die Fertigung der Einzelteile und die Beziehungen der Einzelteile untereinander und zu den Teilerzeugnissen verschiedener Ordnung sowie die Durchlaufzeit. Das Ergebnis dieses Teiles der zeitlichen Planung des Ablaufes ist der Fristenplan, aus dem im Zusammenhang mit der Kapazität der Terminplan entwickelt wird. Der Terminplan ist die Grundlage für die Terminüberwachung (siehe Bilder J/4, H/38).

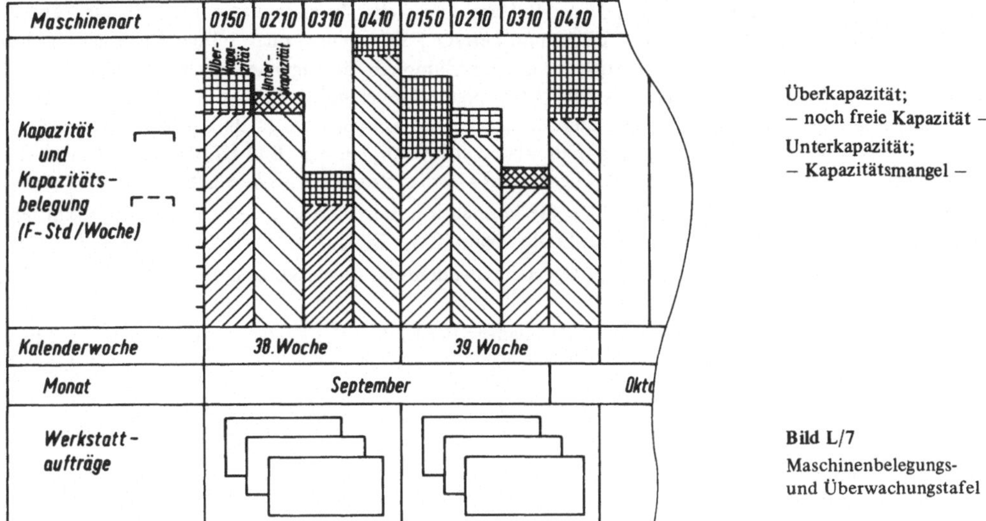

Überkapazität;
— noch freie Kapazität —
Unterkapazität;
— Kapazitätsmangel —

Bild L/7
Maschinenbelegungs- und Überwachungstafel

Während des Ablaufes wird der *Arbeitsfortschritt* erzielt. Diesen gilt es ständig zu überwachen. Bild L/8 zeigt einen Termin-Arbeitsfortschrittsplan für die Fertigung eines größeren komplexen Erzeugnisses. In den Terminplan wird in gewissen Zeitintervallen der Stand der Fertigung eingetragen und so der Termin- vorlauf oder -rückstand festgestellt. Aus dem Plan kann der Stand der Fertigung der einzelnen Serien für Einzelteile und Baugruppen entnommen werden.

Die Terminverzögerungen können ihre Ursache in Fehlplanungen und sonstigen Störungen, wie z.B. Materialmangel, Betriebsmittelstörungen, Personalausfall und sonstigen Organisationsmängeln, haben. Derartige Ereignisse sind jedoch sofort bekannt und führen zu Ausgleichsmaßnahmen.

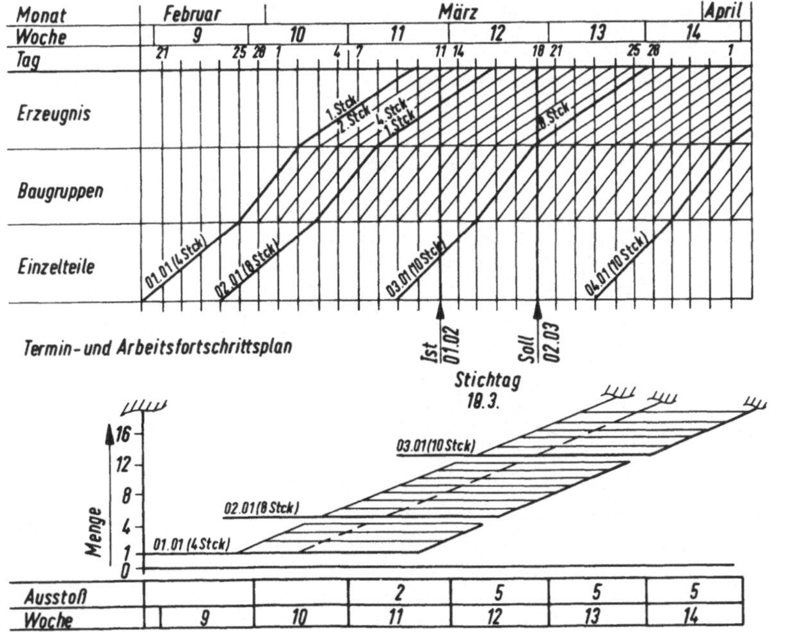

Bild L/8
Termin-Arbeits- fortschrittsplan, Lieferplan

In Bild L/8 ist der Produktionsrückstand am 18. März dargestellt. Zu diesem Stichtag sollte aus Serie 02 das 3. Erzeugnis fertiggestellt sein. Der Rückstand beträgt 5 Erzeugnisse oder 5 Tage. Der Rückstand ist zum Teil in einem höheren Zeitverbrauch für die Erstellung der Erzeugnisse begründet (siehe Bild L/9 Summenkurve). Der in diesem Fall in Bild L/4 dargestellte charakteristische S-förmige Verlauf der Summenkurve ergibt sich aus der Kumulierung der für die Teilperioden (z.B. Tage) entsprechend der Soll-Ablauffolge der Fertigungsvorgänge (Durchlaufzeit-Fristenplan z.B. Bild H/20) geplanten Soll-Zeiten bzw. der aufgewendeten Ist-Zeiten des Ist-Ablaufes (Arbeitsfortschrittes Bild L/8).

Problematischer sind jedoch Planungsfehler. Sie können u.a. bestehen in ungeeigneten Betriebsmitteln, fehlerhaften Ablauf- und Zeitplanungen und falsch beurteiltem Einlauf der Fertigungszeiten (Bild L/9).

In diesem Bild ist im Prinzip ein Modell dargestellt, bei dem die Auswirkungen dieser Ursachen sichtbar werden.

Dabei ist gegebenenfalls beim Anlauf neuer Erzeugnisse der Einlauf der Fertigungszeit zu berücksichtigen (Bild L/9, siehe auch Band II).

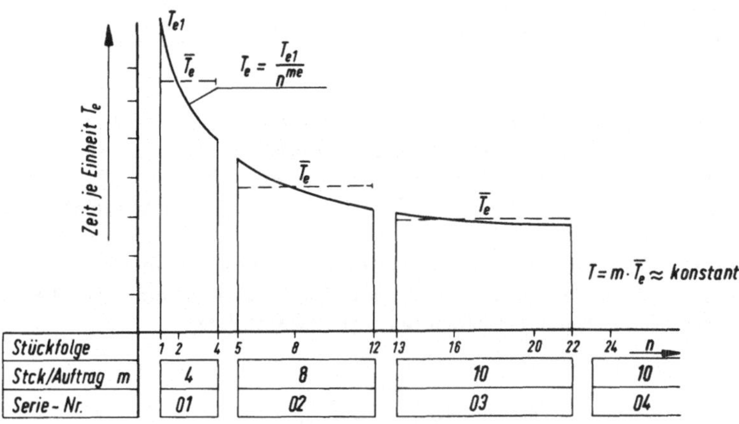

Stückfolge	1 2 4 5 8 12 13 16 20 22 24 n
Stck/Auftrag m	4	8	10	10
Serie - Nr.	01	02	03	04

Einlauf der Auftragszeit T in Abhängigkeit von der Stückfolge

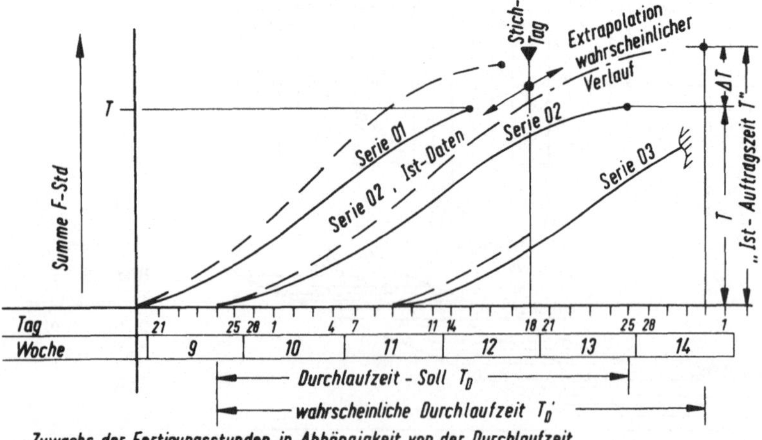

Tag	21 25 28 1 4 7 11 14 18 21 25 28 1
Woche	9	10	11	12	13	14

Zuwachs der Fertigungsstunden in Abhängigkeit von der Durchlaufzeit

Bild L/9. Summenkurve (Soll-Ist-Daten) und Einlaufkurven der Fertigungszeit zu Bild L/8

Die Soll-Istabweichungen der Summenkurven ergeben u. a. eine Erklärung für die im Arbeitsfortschrittsplan festgestellten Verzögerungen des Arbeitsablaufes. Die deshalb zu erwartenden Verschiebungen des Endtermins können durch Extrapolation der Ist-Summenkurve besser abgeschätzt werden. Zugleich ist zu untersuchen, bei welchen Teilen und Arbeitsvorgängen Planungsfehler vorliegen.

Die Grundlagen dafür bilden die Arbeitspläne, die mit den Werkstattaufträgen eine Einheit und zugleich die Entlohnungsgrundlage bilden. Die Einlaufzeit ist den Veränderungen anzupassen. In diesem Zusammenhang ist darauf hinzuweisen, daß Veränderungen der Zeit und des zeitlichen Ablaufes sich nicht nur auf die Termine, sondern auch auf die Kosten auswirken.

4. Qualitätsüberwachung

a) Ziel der Überwachung

Für das Ansehen eines Unternehmens und seine Marktposition sind nicht nur Preiswürdigkeit und termingerechte Lieferung, sondern zugleich die Güte der Erzeugnisse maßgebend. Das Ziel der Qualitätsüberwachung ist deshalb die Gütesicherung. Im weiten Sinne ist jedoch die Güte nicht nur von der *Präzision* der *Herstellung*, sondern auch von der Konstruktion abhängig. Die Konstruktion und Berechnung eines Produktes bestimmen gemeinsam mit der Herstellungsgenauigkeit die Zuverlässigkeit einer erwarteten Funktion und die Lebensdauer eines Erzeugnisses.

In die Qualitätsplanung müssen organisatorisch mehrere Stellen einbezogen werden. Mit der Bearbeitung dieser Aufgaben sind befaßt das Marketing, die Konstruktion und die Arbeitsvorbereitung, jedoch insbesondere das Qualitätswesen.

Eine Aufgabe des Marketing besteht nämlich darin, die Markterwartungen für ein Erzeugnis zu erforschen und u. a. die Qualitätsansprüche, den Mengenbedarf und den erzielbaren Preis zu ermitteln. Diese Daten bilden u. a. auch die Grundlagen der Qualitätsprüfung. Für die Konstruktion gilt die Bedingung, ein gut absetzbares, den Konkurrenten überlegenes Erzeugnis zu entwickeln. Dazu gehört, daß das Erzeugnis die Funktionsansprüche erfüllt und zu einem wettbewerbsgerechten Preis hergestellt werden kann. Die Arbeitsvorbereitung muß bei der Planung die Qualitätsforderungen berücksichtigen und die Güteprüfung sinnvoll in den Ablauf einordnen (Bild L/10).

b) Güteforderungen

Die Konstruktion bestimmt zunächst maßgeblich durch die Entwurfs- und Entwicklungsarbeiten, ob ein Erzeugnis die Qualitätsansprüche erfüllen wird. Die Soll-Funktionen werden durch Beschreibung der Wirkungsweise und somit die technisch-physikalischen Daten und Kennzahlen festgelegt. Sind Daten von Einflußgrößen abhängig, so werden die Funktionen in Formeln ausgedrückt oder es werden die Zusammenhänge in Tabellen oder Diagrammen dargestellt, und die zulässigen Abweichungen von den Sollwerten festgelegt. Gütemerkmale können auch vom Abnehmer festgelegt und müssen vom Hersteller im Angebot oder bei der Auftragsannahme bestätigt werden.

Güteanforderungen erstrecken sich jedoch nicht nur auf die Funktion eines Produktes höherer Ordnung, sondern auch auf die Beschaffenheit der Einzelteile.

Die Anforderungen an die Maß- und Formgenauigkeit und die Oberflächengüte werden insbesondere in Zeichnungen festgelegt. Diese Merkmale bestimmen einerseits die Sicherheit der Funktion und die Lebensdauer, andererseits zugleich das reibungslose und wirtschaftliche Zusammenfügen der Einzelteile zum Gesamterzeugnis und schließlich die Kosten.

Außerdem sind Qualitätsforderungen auch durch Normen, Sicherheitsbestimmungen usw. des Gesetzgebers oder der Fachverbände zwingend zu erfüllen. Es beziehen sich also Güteforderungen auf die

- *Funktion.* Diese kann festgelegt werden für *vollständige Geräte*, die sich aus einer mehr oder weniger großen Zahl von Einzelteilen zusammensetzen können,

- Maß- und Formgenauigkeit und die Oberflächengüte. Diese Forderungen gelten insbesondere für die Einzelteile und einzelne Stellen der Einzelteile. Diese Qualitätsforderungen beanspruchen bei der industriellen Gütererzeugung den weitaus größten Anteil des Prüfungsaufwandes.

- Materialart – Festigkeit, Härte, Gefüge –

Der oft hohe Aufwand für die Qualitätsprüfung ist auch deshalb gerechtfertigt, weil manchmal kleine Mängel an scheinbar unkomplizierten und unbedeutenden Einzelteilen, bezogen auf ihren Eigenwert, negativ Wirkungen auf die Wirtschaftlichkeit sowie den terminlichen Ablauf ausüben können.

Überhöhten Ansprüchen an die Qualität steht ein stark, meistens progressiv zunehmender Kontrollaufwand gegenüber. Außerdem erfordert dann die Fertigung den Einsatz sehr kapitalintensiver und auch kostenintensiver Betriebsmittel. Die Prüfung wird zudem deshalb teuerer, weil sie nur mit hochwertigen Kontrolleinrichtungen vorgenommen werden kann.

Gleichzeitig kann die Kontrollorganisation komplizierter werden. Folgende Grundsätze sollten beachtet werden.

Für die *Konstruktion* gilt: soviel Genauigkeit, wie notwendig und für die *Arbeitsvorbereitung:* sowenig Kontrolle wie möglich bei gleicher Qualitätssicherheit.

Es werden unterschieden Eigenschaftsmerkmale (Attribute) und meßbare Merkmale (Variable Merkmale).

Die Prüfung nach *Attributsmerkmalen* ist eine Sichtprüfung. Sie besteht im Wahrnehmen und Beurteilen von Fehlern, mit denen Gegenstände behaftet sein können. Entscheidungsmerkmale sind „gut oder schlecht", oder Fläche fehlt, Gewinde fehlt, Rille fehlt, Kante enthält Grat. Diese Art der Qualitätsbeurteilung unterliegt vor allem in Grenzfällen dem Ermessen des Beurteilenden und erlaubt einen Diskussionsspielraum, weil die Merkmale nicht quantifizierbar sind.

Bei der Prüfung von den sogenannten *variablen Merkmalen* werden quantifizierbare, im allgemeinen also meßbare Merkmale kontrolliert. Der Ermessensspielraum ist dadurch eingeschränkt, da für die meßbaren Merkmale die Grenzen der zulässigen Abweichungen von den Sollwerten festgelegt werden. Die gemessenen Größen müssen innerhalb der als Toleranzen bezeichneten Grenzen liegen. Meßbare Merkmale sind Längen, Oberflächen, Lautstärken, Lichtstärken usw. In der industriellen Gütererzeugung werden beide Merkmalarten geprüft.

c) Organisatorische Einordnung des Qualitätswesens

In der Aufbauorganisation soll das Qualitätswesen in der Linie eine, von den Stellen die sie kontrollieren muß, *weisungsunabhängige* Position in den oberen Organisationsebenen erhalten. Teilaufgaben können jedoch aus der Linie genommen und von Stabsstellen bearbeitet werden. Derartige Aufgaben bestehen z.B. in der Gestaltung der Kontrollorganisation für größere Unternehmenseinheiten, der Entwicklung von Prüfmethoden und Prüfungseinrichtungen. Es muß sichergestellt werden, daß die Kontrollaufgaben unbeeinflußt und objektiv von den dafür zuständigen Stellen ausgeführt werden können.

Die Kontrollorganisation soll nicht nur die Qualität gewährleisten, indem die Mängel festgestellt werden, sondern es geht zugleich darum, die Ursachen zu finden und die Beseitigung der Mängel sofort einzuleiten. Dies erfordert die unmittelbare Zusammenarbeit zwischen Kontrolle, Fertigung und Konstruktion. Dieses Ziel setzt einen schnellen und vollständigen Informationsfluß auch deshalb voraus, um materiellen Schaden zu vermeiden und zu vermindern. Der Informationsfluß erfolgt in Bezug auf die Mengenverluste durch die Werkstattaufträge, die Begleitpapiere und Kontrollberichte. Die Kontrollberichte enthalten die festgestellten Mängel, oft auch die Ursachen, die für die Mängel verantwortlich sind. Das mit den Prüfungsaufgaben befaßte Personal ist zur Sicherstellung der Unabhängigkeit der Kontrolleitung unterstellt (Bild F/2 und Band III Bild 3).

d) Verteilung der Kontroll-Aufgaben

Dem Qualitätswesen ist die Planung der Kontrollvorgänge, die Entwicklung der Kontrollorganisation, der Prüfungsmethoden und der Prüfungsmittel übertragen. Die Aufgaben der Gütekontrolle werden in einem Unternehmen räumlich verschiedenen Stellen zugeordnet. Bild L/10 gibt eine Übersicht. Die Kontrollvorgänge setzen beim Wareneingang ein. Sie bestehen aus der Mengen- und der Güteprüfung. Die Güteprüfung erstreckt sich auf die Prüfung des Werkstoffes und die Qualität der Ausführung der von den Lieferern bezogenen Gegenstände.

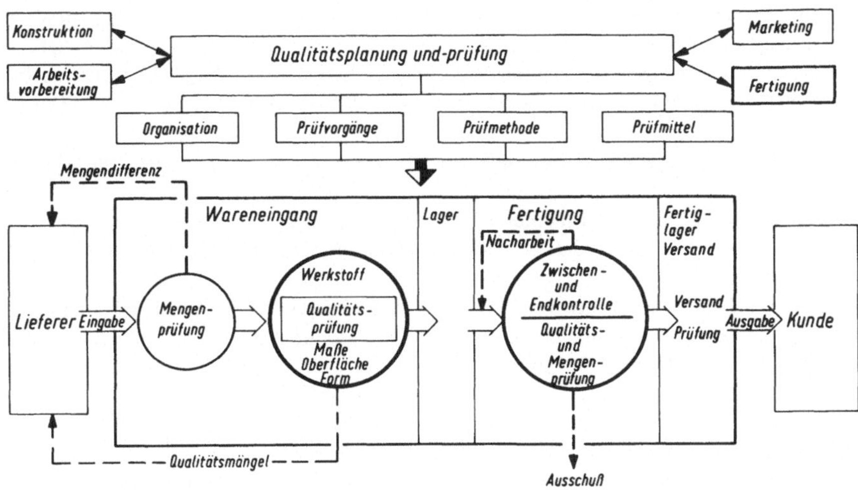

Bild L/10. Produktionsfluß und Qualitätsprüfung

Der Schwerpunkt der Qualitätsprüfung liegt jedoch bei der industriellen Erzeugung von Gütern, auch in Bezug auf den Kontrollaufwand in der Fertigung. Hier kann unterschieden werden die Zwischenkontrolle und die Fertigkontrolle (Endkontrolle).

Die *Zwischenkontrolle* ist mit der Prüfung von Einzelteilen noch während der Fertigung, also vor ihrer Fertigstellung befaßt. Dabei geht es u.a. darum, mangelhafte Teile bereits innerhalb der einzelnen Fertigungsstufen festzustellen, um die Mängel noch rechtzeitig zu beseitigen, um größeren Schaden auszuschließen, der dadurch entstehen kann, daß mangelhafte Teile unnötig weiter bearbeitet werden oder daß gar ein ganzes Los mit dem Schaden behaftet am Ende als unbrauchbar erklärt werden muß. Große materielle Schäden, Störungen im terminlichen Ablauf und die sich daraus ergebenden Folgen sollen vermieden werden.

Die *Endkontrolle* bezieht sich auf die Prüfung der *Einzelteile* nach ihrer Fertigstellung und der vollständigen *Geräte*.

Die *Endkontrolle* der *Einzelteile* erstreckt sich auf die Maß- und Formgenauigkeit, die Oberflächengüte und auch auf den Werkstoff, Härteprüfung, Rißprüfung usw.

Die *Montagekontrolle* prüft das Gesamterzeugnis, vorzugsweise in Bezug auf die Funktionsforderungen, jedoch auch auf das äußere Ansehen (Lackierung usw.).

Die *Versandprüfung* erstreckt sich auf die Vollständigkeit der für den Kunden bestimmten Lieferungen. Es geht dabei um die Überprüfung einer Sendung auf Vollständigkeit und auf die Transportsicherheit der Sendung zur Verhinderung von Beschädigungen. Diese Kontrollaufgaben sind jedoch nicht unbedingt dem Qualitätsprüfwesen zugeordnet.

e) Planung der Prüfvorgänge der Fertigung

In die Planung des Fertigungsablaufes ist im allgemeinen auch die Planung der Kontrollvorgänge einbezogen. Es wird in der Fertigungsplanung u.U. auch in Abstimmung mit dem Prüfwesen festgelegt nach welcher Vorgangsfolge welche Prüfvorgänge an welcher Stelle, in welcher Häufigkeit mit welchen Mitteln die Erzeugnisse geprüft werden sollen. Die Prüfungsvorgänge sind in den Arbeitsplänen verzeichnet. Der Prüfumfang ist entweder im Arbeitsplan beschrieben, oder es müssen für umfangreiche und komplizierte Qualitätsprüfungen besondere Prüfungsanweisungen erarbeitet werden. Die Grundlage für die Festlegung des Prüfungsumfanges sind die Zeichnungen. Aus ihnen müssen die Qualitätsforderungen unmißverständlich hervorgehen.

Prüfungen zwischen den einzelnen Fertigungsvorgängen sind als Zwischenprüfungen anzusehen.

Das Ziel dieser Prüfungen besteht darin, aus Kostengründen die bereits während der Fertigung mit Mängeln behafteten Gegenstände aus der weiteren Fertigung herauszunehmen. Zwischenkontrollen werden auch deshalb vor oder nach der Warmbehandlung aus dem gleichen Grunde vorgenommen, um bestehende, jedoch nacharbeitbare Mängel zu beseitigen, wenn dies nach der Warmbehandlung nicht mehr möglich ist.

Um den Kontrollaufwand in den wirtschaftlich tragbaren Grenzen zu halten, muß der Kontrollinhalt festgelegt werden.

In den Arbeitsplänen werden auch die Prüfmethoden und Prüfgeräte festgelegt. Dabei ist zu beachten, daß der Fertigung die gleichen Prüfmittel zur Verfügung stehen, wie sie auch von den Kontrollen verwendet werden.

Die Zwischenprüfungen haben auch nachteilige Wirkungen. Sie bestehen in zusätzlich erforderlichen Liegezeiten, Transportvorgängen, Terminsteuerungsaufgaben. Insbesondere wird die Durchlaufzeit, die zur Herstellung der Erzeugnisse notwendig ist, größer.

f) Stichprobenprüfung

Mit der Anzahl der zu prüfenden Gegenstände und den an diesen zu kontrollierenden Stellen kann der Aufwand für die Güteprüfung gegenüber dem Aufwand den die Herstellung der Teile erfordert, auf eine nicht mehr tragbare Höhe anwachsen. Die Vollprüfung kann dann aus wirtschaftlichen Gründen nicht mehr durchgeführt werden, obwohl auch bei derartigen Teilen ein Höchstmaß an Qualitätssicherheit notwendig sein kann. In welchem Umfang eine Vollprüfung notwendig ist, bestimmt einerseits die Präzision, mit der die Betriebsmittel die Arbeiten ausführen können und schließlich die Zuverlässigkeit der Mitarbeiter.

Das Qualitätsergebnis ist in Abhängigkeit von den Arbeitssystemen recht verschieden. Gleiche Aufgaben können hinsichtlich der Fertigungsverfahren und der Qualität der Betriebsmittel mit einem recht unterschiedlichen Güteergebnis ausgeführt werden. Die Entscheidung über die Fertigung erfolgt in der Fertigungsplanung. Ein zylindrischer Körper kann z.B. durch Feindrehen oder durch Schleifen hergestellt werden. Die Sicherheit, mit der jedoch die festgelegten Toleranzen eingehalten werden können, ist im allgemeinen bei Anwendung des Schleifverfahrens größer.

Nach den bestehenden Einflußgrößen muß sich auch die Entscheidung richten, nach welchen Vorgängen und für welche Merkmale mit welchen Prüfgeräten eine Vollprüfung vorgenommen werden muß, oder ob eine Stichprobenkontrolle genügend Qualitätssicherheit bietet.

Tabelle L/3. Urliste, gemessene Werte x_i

Nr.	x_i	Nr.	x_i	Nr.	x_i	Nr.	x_i	Nr.	x_i
1	20,02	11	20,01	21	20,00	31	20,01	41	20,09
2	20,04	12	20,02	22	20,03	32	20,08	42	20,02
3	20,09	13	20,05	23	20,05	33	20,02	43	20,00
4	19,98	14	19,97	24	20,01	34	19,98	44	20,04
5	20,03	15	20,02	25	20,04	35	20,05	45	20,06
6	20,06	16	19,99	26	20,09	36	20,06	46	20,04
7	20,05	17	20,05	27	19,96	37	20,05	47	20,02
8	20,08	18	20,00	28	20,03	38	20,01	48	19,99
9	20,01	19	20,06	29	20,10	39	20,05	49	20,11
10	20,00	20	20,03	30	20,04	40	20,03	50	20,01

In der Auswahl der Prüfmerkmale und der Festlegung des Prüfumfanges liegt eine Hauptverantwortung der Planung. Es geht darum, das richtige Verhältnis zwischen Qualitätssicherung und Aufwand zu finden. Nach diesen Kriterien ist auch zu entscheiden, welche Prüfmethoden, ob Voll- oder Stichprobenprüfung, angewendet werden soll.

Die Stichprobenprüfung wendet die Gesetze der mathematischen Statistik an. Für die Stichprobenkontrolle sind von der Deutschen Gesellschaft für Qualität e. V. (DGQ) Prüfpläne und Auswertungsregeln entwickelt worden, die in der Praxis eine mehr oder weniger schematische Anwendung, auch durch die in der mathematischen Statistik unkundige Personen, ermöglichen. Zur Vermeidung des Rechenaufwandes werden Vordrucke in Form von Tabellen und Diagrammen verwendet. Aus der großen Zahl der möglichen Kontrollauswertungsverfahren sind nachfolgend einige ausgewählt.

Die Ergebnisse und Auswertung einer Meßstichprobe zeigen die Tabellen L/3 und L/4 und Bild L/11 für die Meßwerte. Der Soll-Wert eines Durchmesser ist auf 20 mm festgelegt. Da insgesamt 50 Gegenstände gemessen werden, sollen Klassen gebildet werden.

Tabelle L/4. Statistische Auswertung der gemessenen Werte

Klasse j	Klassenuntergrenze k_u	Klassenobergrenze k_o	Klassenmittenwerte x_j	Absolute Häufigkeit Strichliste	n_j	$x_j \cdot n_j$	$x_j - \bar{x}$	$(x_j - \bar{x})^2$	$n_j(x_j - \bar{x})^2$	Häufigkeit in % n_j	Summenhäufigkeit in % B_j
1	2	3	4	5	6	7	8	9	10	11	12
1	19,951	19,970	19,96	II	2	39,92	$-0,06$	0,0036	0,0072	4	4
2	19,971	19,990	19,98	IIII	4	79,72	$-0,04$	0,0016	0,0064	8	12
3	19,991	20,010	20,00	HHH HHH	10	200,00	$-0,02$	0,0004	0,0040	20	32
4	20,011	20,030	20,02	HHH HHH I	11	220,22	0	0,0000	0,0000 .	22	54
5	20,031	20,050	20,04	HHH IIII	9	180,36	$+0,02$	0,0004	0,0036	18	72
6	20,051	20,070	20,06	HHH II	7	140,42	$+0,04$	0,0016	0,0112	14	86
7	20,071	20,090	20,08	HHH	5	100,40	$+0,06$	0,0036	0,0180	10	96
8	20,091	20,110	20,10	II	2	40,20	$+0,08$	0,0064	0,0128	4	100
				Σ	50 Σn_j	1001,24 $\Sigma(x_j \cdot n_j)$			0,0632 $\Sigma[n_j(x_j - \bar{x})^2]$		

Aus den Werten der Tabelle L/4 können nun die Kennzahlen der Stichprobe ermittel werden. Der arithmetische Mittelwert ist

$$\bar{x} = \frac{\sum\limits_{j=1}^{n_k} (x_j \cdot n_j)}{\sum\limits_{j=1}^{n_k} n_j} = \frac{1001,24}{50} = 20,02 \text{ mm}$$

und die Varianz bzw. Streuung

$$s^2 = \frac{\sum\limits_{j=1}^{n_k} [n_j(x_j - \bar{x})^2]}{\Sigma n_j - 1} = \frac{0,0632}{50 - 1} = 0,00129 \,.$$

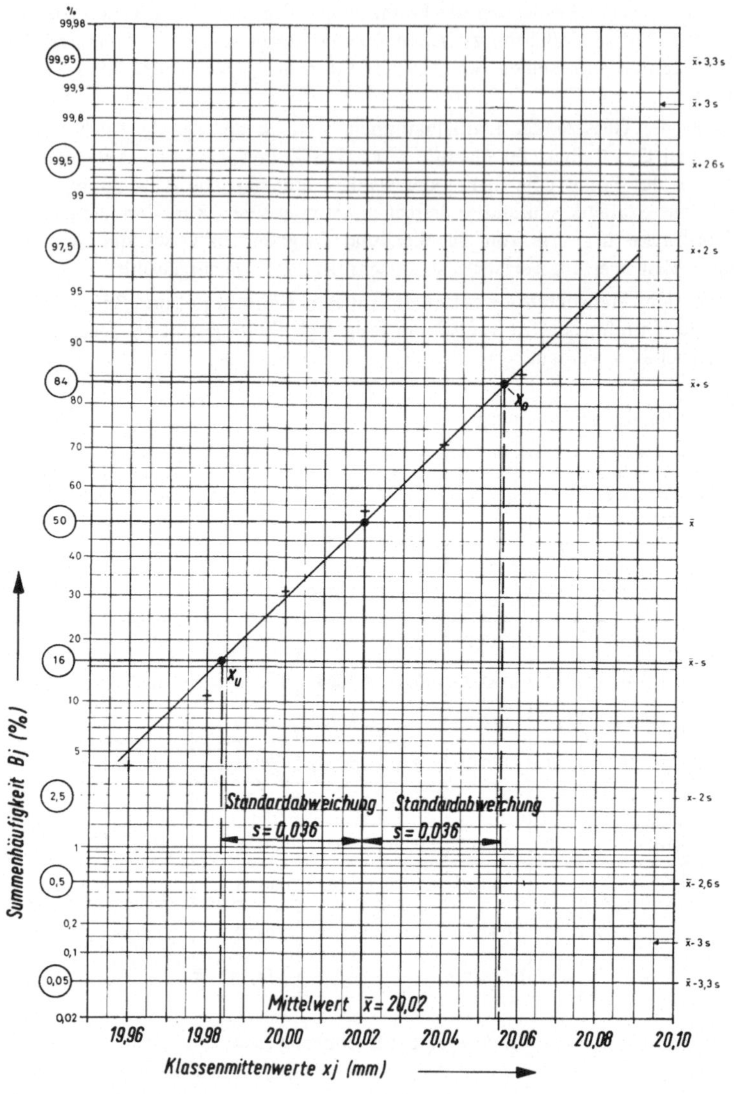

Bild L/11
Summenlinie der Klassen-
mittenwerte x_j (mm)

Aus der Varianz wird die Standardabweichung berechnet

$$s = \sqrt{s^2} = \sqrt{0,00129} = 0,0359$$

Die Standardabweichung wird graphisch bestimmt, indem die Werte $\bar{x}$ und x_o bzw. x_u aus Bild L/11 abgelesen werden, dann ist

$$s \cong x_o - \bar{x} \cong 20,056 - 20,02 \cong 0,036$$

Die Grenzen des Vertrauensbereiches um den Mittelwert $\bar{x}$ sind

$$\bar{x}_G = \bar{x} \pm \Delta\bar{x} \qquad \text{wobei} \qquad \Delta\bar{x} = t_* \frac{s}{\sqrt{n}}$$

somit

$$\bar{x}_{\mathrm{G}} = \bar{x} \pm t_* \, \frac{s}{\sqrt{n}} = 20{,}02 \pm 2{,}009 \, \frac{0{,}0359}{\sqrt{50}} = 20{,}02 \pm 0{,}0102$$

also die Untergrenze

$$x_{\mathrm{u}} = \bar{x} - \Delta\bar{x} = 20{,}02 - 0{,}0102 = 20{,}0098 \text{ mm}$$

und die Obergrenze

$$x_{\mathrm{o}} = \bar{x} + \Delta\bar{x} = 20{,}02 + 0{,}0102 = 20{,}0302 \text{ mm}$$

Die Rechnung ergibt, daß von 100 Stichproben 95 Stichproben einen Mittelwert haben werden der in den Grenzen von 20,0098 bis 20,0302 mm liegen wird.

5. Ermittlung der Qualitätsmängel und ihre Ursachen

Bei der Qualitätskontrolle geht es neben dem Vermeiden von wirtschaftlichen Auswirkungen auch darum, die verursachenden Stellen in geeigneter Form mit einem geringen organisatorischen Aufwand zeitnah über die Kontrollergebnisse, nämlich die Art der Mängel, die Häufigkeit ihres Auftretens, der Schadenswirkungen und ihre Ursachen zu informieren. Das bedeutet, daß die mengenmäßig erfaßten Fehlerarten ihrer Bedeutung entsprechend ausgewertet und in eine Rangordnung gebracht werden müssen.

Für die *Festlegung* der Ordnungsprinzipien und der *Prioritäten* sind zunächst die *Fehlermerkmale* und das *Gewicht* nach ihren Wirkungen zu finden. Für die Findung des Gewichtes können außer der Häufigkeit des Vorkommens, die Folgewirkungen in bezug auf die Funktionssicherheit des Erzeugnisses und die Störungen des Produktionsablaufes im Makrobereich, die Wirtschaftlichkeit usw. von Bedeutung sein.

Die *Verwendbarkeit* von fehlerhaften Gegenständen kann z. B. wie folgt klassifiziert werden: Bedingt verwendbar nach individueller Entscheidung — verwendbar durch Nacharbeit — nicht verwendbar (Ausschuß) —.

Die Fehlerursachen können z. B. gegliedert werden:

sachlicher Bereich — Konstruktion, Werkstoff, Verfahren, Maschinen, Werkzeuge, Meßeinrichtungen,

menschlicher Bereich — Organisation, Kenntnisse, Fähigkeiten, Verhalten.

Die *Zuordnung* der Fehlerarten kann zu den sie verursachenden *Stellen* (— Arbeitssystemen —) oder zu den Einzelerzeugnissen bzw. zu den Erzeugnisgruppen usw. erfolgen.

Aus den dargestellten möglichen Gliederungsprinzipien zeigt der sich unter Umständen mit der Auswertung verbundene Aufwand.

Ist keine Stichprobenkontrolle unter Anwendung der statistischen Verfahren vorgesehen, so gibt der relative Fehleranteil:

$$\text{Fehlerprozentsatz} = \frac{\text{Summe der Fehler}}{\text{Summe der geprüften Gegenstände}} \cdot 100\,\%$$

eine ausreichende Übersicht und einen ersten genügenden Aufschluß über die einzuleitenden Maßnahmen zur Abwendung der Mängel.

Sachwortverzeichnis

Hugo Sonnenberg

Betriebslehre und Arbeitsvorbereitung

Band III: Planungsstudie eines Produktionssystems

Unter Mitarbeit von Hermann Koch. Mit 39 Abbildungen und 72 Tabellen. 1980. XVI, 151 Seiten (Viewegs Fachbücher der Technik). Kartoniert

<u>Inhalt</u>: Vorbemerkungen und Übersicht über die Planungszusammenhänge / Allgemeine Informationen über das Unternehmen: Daten des Unternehmens, Organisation / Aufgaben und Ziel: Produktions- und Umsatzplan, Ergebnis der Marktforschung, wirtschaftliche Ergebnisse der Planung / Technische Planung: Erzeugnisplanung, Arbeitsstrukturierung und Leistungsmotivation, Kapazitätsplanung, Planung des Materialbedarfs, Fertigungsablauf und Zeitplanung / Kostenrechnung: Allgemeine Grundlagen, Ist-Kosten und Kalkulationsfaktoren für E_1 ... E_{62}, Plankosten und Kalkulationsfaktoren für E_1 ... E_{68}, Kostenträgerrechnung, Deckungsbeitragsrechnung / Zusammenfassung der Ergebnisse der Planungsstudie.

Das Buch beschreibt die Planung eines komplexen, aber dennoch überschaubaren Produktionssystems für die Herstellung eines Industrieerzeugnisses. Das Ziel der Planungs-Studie ist die Darstellung der Zusammenhänge und Abhängigkeiten der zu bearbeitenden Textaufgaben, der Lösungsansätze und Lösungsmethoden sowie der Bedeutung der Planungsergebnisse und ihrer Wirkungen auf die menschliche Arbeit und den organisatorisch-ökonomischen Bereich.

Rudolf Ott und Manfred Wendlandt

Wirtschafts-, Rechts- und Sozialkunde

10., verbesserte Auflage 1981. VIII, 227 Seiten. DIN C 5 (Viewegs Fachbücher der Technik). Kartoniert

<u>Inhalt</u>: Wirtschaftskunde: Einführung in die Wirtschaft, die Unternehmung als finanziell-rechtliche Einheit, der industrielle Fertigungsbetrieb, der betriebliche Umsatzprozeß / Rechtskunde: Einführung, Schuldverhältnisse, aus dem Sachenrecht, aus dem Handelsrecht, Zahlungsverkehr — Wertpapiere, Gerichtswesen, Arbeitsrecht, Versicherungen, Steuern, gewerblicher Rechtsschutz, Familie-Gemeinde-Staat — überstaatliche Organisationen / Anhang / Sachwortverzeichnis.

Dieses einführende Lehrbuch hat sich als Lehr- und Lernbuch für den Unterricht an Fachschulen seit Jahren bewährt. In der 10., verbesserten Auflage sind die neuen gesetzlichen Entwicklungen berücksichtigt worden. Der Inhalt entspricht den Lehrplänen für Fachschulen. Zahlreiche Beispiele im Text veranschaulichen den Stoff.